高等学校教材

农田水利学

（第三版）

武汉大学　郭元裕　主编

中国水利水电出版社
www.waterpub.com.cn

内 容 提 要

本书除绪论外，共分十章。其内容包括农田水分状况和土壤水分运动、作物需水量和灌溉用水量、灌水方法、灌溉渠道系统、灌溉管道系统、灌溉水源和取水方式、田间排水、排水沟道系统、分区水利问题及其治理、灌溉排水管理与环境等。书中着重阐述了农田灌排和地区水利规划的基本原理以及我国农田水利建设的基本经验，并介绍了有关新技术在农田水利中的应用。

本书是高等院校农田水利工程专业的通用教材，也可作为其他水利工程专业的教材和从事农田水利工作的工程师、技术员的参考书。

图书在版编目（CIP）数据

农田水利学/郭元裕主编．—3版．—北京：中国水利水电出版社，2007（2023.11重印）
高等学校教材
ISBN 978-7-80124-350-8

Ⅰ．农… Ⅱ．郭… Ⅲ．农田水利-高等学校-教材
Ⅳ．S27

中国版本图书馆CIP数据核字（2007）第109674号

书　　名	高等学校教材　**农田水利学**（第三版）
作　　者	武汉大学　郭元裕　主编
出版发行	中国水利水电出版社 （北京市海淀区玉渊潭南路1号D座　100038） 网址：www.waterpub.com.cn E-mail：sales@mwr.gov.cn 电话：（010）68545888（营销中心）
经　　售	北京科水图书销售有限公司 电话：（010）68545874、63202643 全国各地新华书店和相关出版物销售网点
排　　版	北京市金剑照排厂
印　　刷	清淞永业（天津）印刷有限公司
规　　格	184mm×260mm　16开本　20.5印张　486千字
版　　次	1980年12月第1版　1980年12月第1次印刷 1986年12月第2版 1997年10月第3版　2023年11月第27次印刷
印　　数	126391—128390册
定　　价	**57.00**元

第 三 版 前 言

本书是根据1990—1995年高等学校水利水电专业本科教材规划要求，在1986年出版的《农田水利学》（第二版）教材基础上修订的。

《农田水利学》是农田水利工程专业的一门专业课。在修订过程中，本着继承与发展相结合的原则，保留过去比较成熟的教学内容，吸取近年来国内外农田水利建设中的新成就以及教学实践中的经验，坚持加强基本理论，力求少而精和便于教学，对原教材从体系到内容进行了修改。考虑到我国幅员辽阔，自然条件十分复杂，各地存在的农田水利问题和采取的治理措施有很大的差别，因此，本书根据面向全国、照顾地区的原则，主要介绍农田水利基本内容如灌溉、除涝排水及其他水利改良土壤措施的规划设计和运行管理等。本书除绪论外，共分十章，其中第九章介绍了分区治理的经验，对这部分内容，各院校可根据实际需要加以取舍。

参加本次第三版修订工作的则有武汉大学张蔚榛（第一、第七章及第九章第三节）、许志方（第二、第十章）、郭元裕（绪论、第八章和第九章第二节）、刘肇祎和袁宏源（第六章及第九章第一节）、陈大雕（第三、第五章）以及河海大学房宽厚（第四章）。本书由郭元裕主编。西北农业大学朱凤书教授主审。主审人认真审阅了修订稿，提出了许多宝贵意见，对此表示衷心的感谢。本书第三版修订大纲曾在1992年9月召开的全国农田水利教学组会议上提交讨论修改，得到了与会代表的热情帮助，在此一并表示谢意。

对于书中错误和不妥之处，恳请读者批评指正。

编　者

1995年7月

第一版前言

本书是根据1978年4月制定的高等学校《农田水利工程》专业教学计划及1978年至1981年高等学校水利电力类教材编审规划进行编写的。

《农田水利学》是农田水利工程专业的一门专业课。在编写过程中，我们充分注意了反映我国农田水利建设中的经验和学科发展的新成就，同时也尽可能地加强了基本理论的阐述。全书分为两篇，第一篇为灌溉排水，主要介绍灌溉排水的基本理论、灌排渠系的规划设计、灌排田间工程、灌水新技术以及灌区用水管理等，这是农田水利的基本内容，也是各地农田水利共同性的问题。第二篇为地区水利规划，主要介绍山区丘陵地区、南方圩区和北方平原地区这三大类地区的规划治理措施及其有关的基本理论。其中，对于山丘区重点介绍了山丘区灌溉系统的特点及其规划方法；对于南方圩区介绍了防洪、除涝、排渍和灌溉等措施及其规划设计的理论与方法；对于北方平原地区介绍了旱涝碱综合治理的经验和地下水运动的理论与井灌、井排的计算等；最后简要地介绍了水资源系统最优规划的理论与方法，强调了水利工作中技术经济论证的重要性。第二篇也是农田水利的重要内容，但由于我国地域辽阔，自然条件十分复杂，各地区存在的农田水利问题和采取的措施有很大差别，因此各院校讲授时可根据实际情况对本书第二篇的内容作适当的取舍。

参加本书编写的有武汉水利电力学院郭元裕（绪论和第三、第五、第六、第十章等）、李恩羊（第一章）、沈佩君（第二章）、许志方（第四章）、陈大雕、董文楚（第七章）、茆智（第八章）、刘肇祎、马文正（第九章）、白宪台、雷声隆（第十章）、袁宏源（第一、第二、第九、第十二章等）以及华北水利水电学院田园、武汉水利电力学院沈荣开（第十一章）等。参加本书有关章节编写和修改定稿的还有陈学敏、黄德玖和魏永曜。全书由郭元裕主编，袁宏源参加了统编工作，张蔚榛教授提出了许多宝贵意见。初稿完成后，由朱凤书、许永嘉和许益科等同志进行了审阅，并由主审单位——西北农学院水利系召开了审稿会议，参加审稿会议的有西北农学院、华东水利学院、华北水利水电学院、合肥工业大学、成都科技大学、新疆八一农学院等单位的代表。在本书编写过程中，还得到许多生产单位和兄弟院校的积极支持和热情指导，在此一并表示衷心的感谢。

对于书中错误和不妥之处，恳请读者批评指正。

编　者

1980年1月

第 二 版 前 言

本书是根据1983年3月制定的高等学校“农田水利工程”专业教学计划及教学大纲(试行),在1980年出版的《农田水利学》教材基础上修订的。

《农田水利学》是农田水利工程专业的一门专业课。在修订过程中,我们充分注意了反映我国农田水利建设中的经验和科学发展的新成就,尽可能地加强基本理论的阐述,同时本着少而精和便于教学的原则,对原教材从体系到内容进行了较多的修改和精简。考虑到我国幅员辽阔,自然条件十分复杂,各地区存在的农田水利问题和采取的治理措施有很大差别,因此,本书将根据面向全国、照顾地区的原则,主要介绍农田水利基本内容如灌溉、除涝排水及其他水利改良土壤措施的规划设计、运行管理以及经济分析方法等。本书除绪论外,共分十二章,其中第十章介绍了分区治理的经验,对这部分内容,各院校可根据实际需要加以取舍。

参加本书初版编写的有武汉水利电力学院郭元裕(绪论和第三、第五、第六、第十章等)、李恩羊(第一章)、沈佩君(第二章)、许志方(第四章)、陈大雕、董文楚(第七章)、茆智(第八章)、刘肇祎、马文正(第九章)、白宪台、雷声隆(第十章)、袁宏源(第一、第二、第九、第十二章等)、华北水利水电学院田园、武汉水利电力学院沈荣开(第十一章)以及陈学敏、黄德玖和魏永曜。

参加这次修订工作的则有张蔚榛(第一、第七、第八章及第十章第三节)、许志方(第二、第三、第四章及第十一章第一、第二、第三节),刘肇祎(第五章及第十章第一节)和郭元裕(绪论、第六、第九、第十二章、第十章第二节及第十一章第四节)。全书由郭元裕主编。安徽合肥工业大学许益科同志任主审,并主持召开了审稿会议。参加审稿的同志有华东水利学院许永嘉,华北水利水电学院朱光大,合肥工业大学何灵甫,西北农学院朱凤书、王鸣周,陕西机械学院王云涛以及河北农学院张增圻等同志。审稿同志认真审阅了修订稿,提出了宝贵意见,对此我们表示衷心的感谢。在本书编写和修订过程中,还得到许多生产单位和兄弟院校的积极支持,在此一并表示谢意。

对于书中错误和不妥之处,恳请读者批评指正。

编　者

1985年7月

目　录

绪 论

一、我国的农田水利事业

农田水利是水利工程类别之一，其基本任务是通过各种工程技术措施，调节和改变农田水分状况及其有关的地区水利条件，以促进农业生产的发展。

农业是国民经济的基础。搞好农业是关系到我国社会主义经济建设高速度发展的全局性问题，是实现四个现代化的一个重要方面。实践证明，只有农业得到了发展，国民经济的其他部门才具备最基本的发展条件。

我国疆域辽阔，各地自然特点不同，发展农业的水利条件也有差异。秦岭山脉和淮河以南，通称南方，年降雨量为800～2000mm，故又称水分充足地区，无霜期一般为220～300d，作物以稻、麦为主，一年至少两熟。其中南岭山脉以南的华南地区，年降雨量为1400～2000mm，终年很少见霜，一年可三熟。南方雨量虽较丰沛，但由于降雨的时程分配与作物的田间需水要求不够适应，经常出现不同程度的春旱或秋旱，故仍需灌溉。长江中下游平原低洼地区，太湖流域河网地区以及珠江三角洲等地，汛期外河水位经常高于地面，内水不能自流外排，洪水和渍涝威胁比较严重。

淮河以北，通称北方，年降雨量一般少于800mm，属于干旱或半干旱地区。其中，属于干旱地区的有新疆、甘肃、宁夏、陕西北部、内蒙古的北部和西部地区以及青藏和云贵高原的部分地区。干旱地区降雨量稀少，蒸发强烈，绝大部分地区的年降雨量为100～200mm，有的地方几乎终年无雨，而年蒸发量的平均值为1500～2000mm，远远超过降雨量，因而造成严重的干旱和土壤盐碱化现象。干旱地区主要是农牧兼作区，种植的主要作物有棉花、小麦和杂粮等，灌溉在农业生产上占极重要的地位，牧草也需要进行灌溉，大部分地区没有灌溉就很难保证农、牧生产的进行。半干旱地区的主要作物有棉花、小麦、玉米和豆类，水稻也有一些。这些地区的降雨量虽然基本上可以满足作物的大部分需要，但由于年际变差大和年内分布不均，经常出现干旱年份和干旱季节。水源主要是河川径流和地下水。这一地区农业生产的突出问题是由于降雨量在时间上分布不均、水利资源与土地资源不相适应等原因而形成的旱涝灾害问题。以华北地区为例，常常春旱秋涝，涝中有旱，涝后又旱，其他地区也有类似的情况。此外，有些排水不良的半干旱地区、地下水位较高，地下水矿化度大，土壤盐碱化威胁较重。在东北平原还有部分沼泽地，在黄河中游的黄土高原，存在严重的水土流失现象。

由上可见，发展我国农业生产，一方面具有较好的自然条件，但另一方面也程度不同地存在着各种不利因素。因此，兴修水利，大力开展防洪、除涝、灌溉、治碱等水利工作，战胜洪涝、干旱、盐碱和水土流失等自然灾害，对发展我国农业生产具有十分重要的意义。

数千年来，我们的祖先在发展农业生产的同时，一直和水旱灾害进行不懈的斗争，写下了光辉灿烂的农田水利史。我国的农田水利，可以追溯到很古老的年代。相传夏商时期，黄河流域就已出现了“沟洫”，即古代兼作灌溉排水的渠道。公元前6世纪，楚国人民兴建了芍陂（今安徽省寿县城南），利用洼地构筑成约长100里的水库，引蓄淠河的水进行灌溉，这是我国有历史记载的最早的蓄水灌溉工程。公元前4世纪，魏国的西门豹治邺（今河北临漳）时，创建了引漳十二渠，这是早期较大的引水灌溉工程。此后，战国时昭襄王（公元前3世纪）令蜀守李冰在四川兴建了我国古代最大的灌溉工程——都江堰，这项工程不仅具有完善的渠首枢纽，且开辟了许多灌溉渠道，灌溉了川西平原，为秦始皇统一中国奠定了物质基础。两千多年来，都江堰工程在农业生产中始终发挥着巨大作用。现经改建、扩建，到1981年灌溉面积已达1100多万亩，这一工程充分显示了我国劳动人民的无穷智慧和伟大的创造力。除此以外，秦汉时期较大的农田灌溉工程还有陕西的郑国渠、白渠和龙首渠，宁夏的秦渠、汉渠和唐徕渠，浙江的鉴湖灌溉工程等。隋、唐、宋时期，中国农田水利进入巩固发展的时期。太湖下游兴修圩田、水网；黄河中下游地区大面积放淤；同时，水利法规渐趋完备，唐有《水部式》、宋有《农田水利约束》等。元、明、清时期，长江、珠江流域，特别是两湖、两广地区，农田水利得到了进一步发展。明天启年间《农政全书》问世，书中记载了中国农田水利史；《泰西水法》为我国介绍西方水利技术的最早著述。19世纪末，西方灌溉、排水科学技术开始在中国应用。20世纪30年代，陕西省建成泾惠、渭惠、梅惠等大型自流灌区。其他各省也相继兴建了一些不同类型的农田水利工程。与此同时，从南方的广东、江苏到北方的陕西、宁夏等地，先后开展了一些灌溉、排水的科学研究工作。

综上所述，我国的农田水利有着悠久的历史，历代劳动人民创造了很多宝贵的治水经验，在我国水利史上放射着灿烂的光辉。但是漫长的封建社会，压抑着劳动人民的积极性和创造性，严重阻碍了我国农业生产的发展，农田水利建设进展缓慢。社会主义新中国的建立，为我国农田水利事业的发展开创了无限广阔的前景。建国40多年来，我国农田水利事业得到了巨大发展，主要江河都得到了不同程度的治理，黄河扭转了过去经常决口的险恶局面，淮河流域基本改变了“大雨大灾、小雨小灾、无雨旱灾”的多灾现象，海河流域减轻了洪、涝、旱、碱四大灾害的严重威胁。水利资源也得到初步开发，截至1990年，全国建成了大中小型水库83387多座，总蓄水库容4660亿m^3；全国机井已建成273多万眼；机电排灌动力从解放初的6.7万kW增长到6805万kW。全国现有灌溉面积为7.2亿亩，居世界首位，比1949年的2.4亿亩增加了两倍；其中30万亩以上的灌区有144处，万亩以上的灌区有5198处。全国推广管道输水的灌溉面积已达5000余万亩，实行井渠结合灌溉的面积达到3000余万亩，喷灌面积1000余万亩。全国3.5亿亩低洼易涝耕地中，约有2.78亿亩得到了治理；得到改良利用的盐碱地面积达到7493万亩，约占全国盐碱化耕地面积的66%。此外，还改善和开发了牧区11.0万km^2的缺水草场。由于进行了这些工作，在占全国总耕地2/5的灌溉土地上，生产着约占全国总产量2/3的粮食。农田水利建设不仅为中国农业生产的物质基础，也是我国国民经济建设的基础产业。

随着我国水利建设的不断发展，在辽阔的土地上，已出现了许多宏伟的农田水利工程，如有灌溉面积超过1000万亩的四川省都江堰灌区、安徽省淠史杭灌区和内蒙古自治区的河套灌区，装机容量超过4万kW的江苏省江都排灌站；总扬程高达700m以上的甘肃省景泰川二期抽灌站；以及流量超过$15m^3/s$、净扬程达50m的湖北省青山水轮泵站，等等。此外，还新建了一些规模巨大的引黄济青、引滦入津、引大入秦、引黄入卫等调水工程，江苏省的江水北调工程也已基本建成。

我国农田水利建设的蓬勃发展，创造和积累了许多有益的经验，主要经验有三点：一是在大力发展灌溉的同时，要充分重视排水，做到灌排并重，蓄泄兼顾；二是充分利用水资源，节约水资源；三是因地制宜，针对不同地区的具体情况，采取不同的治理措施。例如，在山区、丘陵区的规划治理方面，各地的经验是要在管好、用好大中型水库的同时，大力整修塘堰和小水库，充分利用当地径流，建立蓄水、引水、提水联合运行的长藤结瓜水利系统；在渠系配套改建、防止山洪、改造冷浸田以及整治沟壑，修建梯田梯地等方面，也都取得了不少经验。南方圩区的经验是在保证防洪安全前提下，搞好灌溉除涝，控制地下水位；该区采取了内外水分开，高低水分开，灌排系统分开，水旱作物分开及控制地下水位和内河水位的“四分开、二控制”的措施。另外，各地圩区在有计划分洪蓄洪的基础上，还发展了联圩并垸，撇洪改河和留湖滞涝的经验。北方平原成功地发展了旱、涝、碱综合治理的经验；大多数灌区，实现了井渠结合，提高了灌溉用水保证率，也有利于维持灌区地下水平衡和土壤盐碱化的防治。特别是近年来，灌溉排水新技术在我国有了较大发展，如喷、滴灌技术，暗管排水和低压管道输水，均得到了不同程度的推广应用；电子计算机、遥测、遥控等自动化管理技术和系统工程优化技术也已开始应用于灌排工程；而在农田灌排基本理论的研究方面，例如土壤水、盐运动规律和大气—植物—土壤连续体中水分传输规律的研究，灌排工程系统分析和灌排工程经济的研究，作物需水规律和各种节水灌溉方法的理论研究等，也都取得了较大的进展。

总之，建国40多年来，我国的农田水利建设取得了很大成绩，对抗御旱涝灾害，改良土壤、发展农业和林牧业等生产起了重大作用。但是另一方面，我国水资源并不丰富，特别是北方地区水资源紧缺，供需矛盾突出；灌排工程有的配套不全，有的老化失修，抗旱除涝标准较低，效益不高，远不能适应今后农业生产和国民经济发展的需要。因此，大力发展农田水利仍是今后的长期任务，不仅要求继续提高抗御水旱灾的能力。而且要提高科学管理的水平、改进技术装备，进一步扩大灌溉、除涝、排渍、治碱的工程经济效益。实现农田水利现代化，把农田水利事业推向新的高度，是我们面临的重要任务。

二、世界灌溉与排水的发展概况

农田水利这一古老工程技术可以远溯至新石器时代。从世界范围而言，有文字记载的最早的灌溉工程，是公元前3400年左右美尼斯王朝修建在埃及孟菲斯城附近截引尼罗河洪水的淤灌工程。约公元前2200年，巴比伦在底格里斯和幼发拉底河河谷建造了当时世界上规模最大的奈赫赖万灌溉渠道。中国、印度、古罗马、古波斯等国的灌溉，起源也都很早。公元前2500年左右，印度就有引洪淤灌，到20世纪30年代，印度开始应用现代工程技术修建大型自流灌溉工程，同时发展小型提水灌溉与井灌。伊朗、叙利亚、意大利等国的灌溉，也有几千年的历史，其中伊朗和亚美尼亚等国，且以坎儿井众多闻名。19世纪中叶，在美国西部大盐湖河谷地带，开始了移民垦殖，发展灌溉。20世纪初，美国联邦政府开始在西部17州进行以灌溉为主的水利综合开发，1985年全美喷灌面积达1.34亿亩，占其总灌溉面积（3.64亿亩）的37%。前苏联的灌溉农业也有较长的历史，公元前6世纪阿姆河和锅尔河流域就开始了灌溉，十月革命后，灌溉事业有了较大的发展，主要灌区集中在中亚细亚。

全世界灌溉面积1950年为9600万hm^2，1985年为2.2亿hm^2，增加1.2倍。灌溉面积占耕地面积的比例由1950年的7%增加到1985年16%，灌溉农田的农产品产值约占全部农产品产值的一半。世界上灌溉面积最多的国家为中国，其次为印度、美国、苏联和巴基斯坦（表0-1）。欧洲西部一些国家，因雨量较丰沛，且分布较均匀，灌溉设施一般较少。据预测，全世界人口到21世纪中叶，将增加47%，而耕地只能增加4%，为满足未来对粮食的需求，主要靠提高单位面积产量，因此，发展灌溉仍将是今后发展农业的重要措施之一。今后世界灌溉发展的趋势是：①灌溉方法仍将以地面灌溉为主，喷、微灌面积会有较大的发展；②为提高灌溉水的利用系数，缓解水资源紧缺程度，衬砌渠道、管道输水和非充分灌溉等节水灌溉技术将日益发展；③改进灌溉管理，提高自动化程度。电子计算机、激光、红外线遥测、遥控等新技术将广泛地得到应用。

关于国外排水事业，在公元前5世纪中叶，希腊历史学家希罗多德曾记载了尼罗谷的排水工程。荷兰的农田排水历史悠久，在世界上享有盛名，它是与围海造地联系在一起的。荷兰低于海平面的面积，约占国土的1/4，排除渍水和控制地下水位是荷兰农田排水的主要任务，其暗管排水技术在世界上处于领先地位。英国的排水，始于13世纪，17世纪初首先使用鼠道式暗管，19世纪中叶，发明了挖沟机等。近100年来，世界上不少国家由于灌区急剧发生土壤次生盐碱化问题，进一步推动了排水事业的步伐。埃及于1909年后，大力发展深沟排水，解决了棉田的盐碱化问题。美国于1849—1850年建立了沼泽地法案，广泛开展了农田排水，到1960年，排水面积达4100万hm^2。日本大规模地发展排水事业，起始于20世纪50年代初期；到80年代中期，暗管排水面积已达水田排水面积的1/3，农田排水工程施工基本上已实现了机械化，大部分排水系统的闸、站建筑物，都实现了管理自动化，做到了雨量、水位、流量和水质等遥测和遥控。在其他工业发达的国家里，目前也多实现了排水工程的施工和管理的现代化。

三、农田水利学的研究对象和基本内容

农田水利学是一门研究农田水分状况和有关地区水情的变化规律及其调节措施、消除水旱灾害和利用水资源为发展农业生产而服务的科学。农田水利在英、美等国称为灌溉排水，苏联称为水利土壤改良。农田水利学的研究对象主要包括以下两方面：

（一）调节农田水分状况

农田水分状况一般是指农田土壤水、地面水和地下水的状况及其相关的养分、通气、热状况。农田水分的不足或过多，都会影响作物的正常生长和作物的产量。调节农田水分状况的水利措施一般有：

（1）灌溉措施，即按照作物的需要，通过灌溉系统有计划地将水量输送和分配到田间，以补充农田水分的不足。

（2）排水措施，即通过修建排水系统将农田内多余的水分（包括地面水和地下水）排入容泄区（河流或湖泊等），使农田处于适宜的水分状况。在易涝易碱地区，排水系统还有控制地下水位和排盐作用。控制地下水位对增产的重要性，近年来已越来越被人们所认识和重视。

在调节农田水分状况方面需要研究的问题是：

表 0-1　　世界部分国家的灌溉面积统计表（1990 年数字）

国家 \ 项目	耕地面积/万亩	灌溉面积/万亩	灌溉面积占耕地/%
印度	248100	64575	26.0
美国	281821.5	35652	12.6
苏联	337650	31822.5	9.4
巴基斯坦	30450	24750	81.3
印度尼西亚	24000	11400	47.5
伊朗	21150	8625	40.8
墨西哥	34725	7770	22.4
泰国	28500	6450	22.6
西班牙	23340	5055	21.7
罗马尼亚	14175	4824	34.0
意大利	13647	4680	34.3
孟加拉	13279.5	4399.5	33.1
日本	6181.5	4270.5	69.1
阿富汗	11865	4140	34.9
巴西	75600	4050	5.4
伊拉克	7875	3825	48.6
土耳其	37320	3555	9.5
埃及	3495	3495	100.0
苏丹	19245	2850	14.8
澳大利亚	77111.5	2850	3.7
越南	8535	2760	32.3
阿根廷	37500	2520	6.7
菲律宾	6825	2340	34.3
朝鲜	2550	2310	83.5
韩国	2925	2032.5	69.4
摩洛哥	13069.5	1905	14.6
智利	6405	1897.5	29.6
保加利亚	5784	1894.5	32.8
秘鲁	5100	1890	37.0
希腊	4306.5	1800	41.8
法国	26983.5	1755	6.5
南非	18540	1692	9.1
缅甸	14350.5	1500	10.4

注　本表数据主要摘自联合国粮农组织 1991 年生产年鉴，美国灌溉面积采用美国《灌溉杂志》上 1991 年的数据。

1）研究农田水、盐运动规律，探求土壤、作物和水分、盐分之间的内在联系，以指导排灌和改造中、低产田（包括盐碱地和冷浸田等），控制适宜的土壤水分和地下水位，促进农业高产、优质、高效。

2）研究节水灌溉的技术和理论。灌溉节水是充分利用水资源、提高灌溉效益，促进农业进一步发展的重要措施，在水资源并不丰富的我国，特别是严重缺水的北方，对此已得到了普遍重视，并已开展了以下各种节水灌溉技术的试验研究和实施推广，如渠道防渗、低压管道输水、喷灌、滴灌、微灌、膜上灌、节水灌溉制度、井渠结合灌溉以及工程节水与农业节水相结合的措施等。但是各种节水灌溉措施都有一定的适用条件，在不同地区和不同情况下应采取哪种或哪些措施，还缺乏深入研究；而且每一种节水灌溉技术和节水灌溉理论，例如非充分灌溉（又称限额灌溉）的节水理论、高产省水的作物需水规律和作物水分生产函数等，都有待进一步开展试验研究加以充实提高。

3）研究不同地区灌排系统的合理布置，做到山、水、田、林、路综合治理，既便于灌排和控制地下水位，又适应机耕。目前国外灌排系统的发展趋势是地下管道化。暗管排水和低压管道输水在我国有些地区也有一定的发展，但地下排灌面积还不到耕地面积的5%。因此如何进一步提高地下排灌理论、发展灌排新技术、寻求合适的管材和降低费用等，亟待研究。

4）研究灌排工程施工机械化。灌排工程是面广量大的水利工程，实现机械化施工，对加速灌排工程的兴建与配套具有重要的意义。目前我国主要依靠人力施工，与技术先进的国家相比，差距很大，今后应在发展运输、浇筑、凿岩和机电排灌等机械的同时，研究发展开沟、衬砌、铺管等各种专用机械，以逐步实现农田水利施工机械化。

5）研究灌排系统管理。加强灌排系统管理工作是当前首要任务之一，管理好坏直接影响灌排工程效益的发挥，因此必须针对当前灌排系统实际存在的问题，改革管理体制，研究切实的工程管理和用水管理措施，做到适时适量灌水、及时排水和控制地下水位、减少渠道渗漏，防止次生盐碱化，充分发挥工程效益。除少数试点外，我国目前尚无完善的自动化灌排系统。今后须加强遥测，遥控等自动化管理新技术的研究，实现灌排管理现代化。

6）研究系统工程和电子计算技术在灌排水方面的应用，提高灌排工程规划设计和运行管理的技术水平。

（二）改变和调节地区水情

随着农业生产的发展和需要，人类改造自然的范围越来越广，农田水利措施不仅局限于改变和调节农田本身的水分状况，而且要求改变和调节更大范围的地区水情。

地区水情主要是指地区水资源的数量、分布情况及其动态。我国幅员辽阔，水资源在不同地区以及不同年份和季节分配不均，供水与需水在时间和空间上亦常不一致，时旱、时涝或旱涝交替出现，这是影响农业高产稳产的一个重要原因。因此，发展农田水利，首先要根据水土资源条件，通过各工程措施，改变和调节地区水情。

改变和调节地区水情的措施，一般可分为以下两种：

（1）蓄水保水措施。通过修建水库、河网和控制利用湖泊、地下水库以及大面积的水土保持和田间蓄水措施，拦蓄当地径流和河流来水，改变水量在时间上（季节或多年范围内）和地区上（河流上下游之间、高低地之间）的分布状况，通过蓄水措施可以减少汛期洪水流量，避免暴雨径流向低地汇集，可以增加枯水时期河水流量以及干旱年份地区水量储备。

(2) 调水、排水措施。调水排水措施主要是通过引水渠道，使地区之间或流域之间的水量互相调剂，从而改变水量在地区上的分布状况。用水时期借引水渠道及取水设备，自水源（河流、水库、河网、地下含水层等）引水，以供地区用水。某一地区水源缺乏时，可借人工河道自水源充足地区调配水量，我国已建成的引滦入津工程和引黄济青工程及拟建的长江水北调工程等，都是调水工程的典型例子。汛期某一地区水量过多时，则可通过排水河道将多余水量调送至地区内部的蓄水设施存蓄，或调送至水量较少的其他地区，我国许多减河和分洪工程，即属此类。

据统计，全国江河正常年径流量有 26140 亿 m^3，而已建工程可控制的地表水占地面水资源总量的比例很小，不少地区的地下水尚待开发，故水资源的潜力还很大。但是另一方面，为实现四个现代化，灌溉、发电、航运、养殖、工矿企业等各部门所需要的工农业用水以及生活用水量也日益增长，因此，研究最有效地利用水资源的科学理论，合理调配水资源，最大限度地保证各部门用水要求，同时解决好洪涝等灾害，便成为我国水资源工程现代化的一个重要内容。在这方面需要研究以下一些问题：

1）在深入调查水量供、需情况的基础上，研究制定地区长远的水资源规划及水土资源平衡措施。

2）研究当地地面水、地下水和外来水的统一开发及联合运用，应用系统工程的理论与方法，寻求水资源系统的最优规划、扩建和运行方案。

3）研究洪涝规律，采取有效措施，解除洪涝威胁，并同水资源开发利用结合起来统一规划，做到洪涝旱碱综合治理。

4）研究水资源开发、利用和保护等方面的经济效益、生态环境和社会福利问题，探求符合社会主义市场经济原则的水资源系统规划、管理的经济论证方法。

总之，无论是调节农田水分状况或是地区水情，都是要认识自然规律，总结水利建设的经验，坚持科学态度，讲究经济效益并从理论和技术上解决农田水利现代化中出现的新问题，把农田水利科学技术不断推向前进。

第一章　农田水分状况和土壤水分运动

农田水分状况系指农田地面水、土壤水和地下水的多少及其在时间上的变化。一切农田水利措施，归根结底都是为了调节和控制农田水分状况，以改善土壤中的气、热和养分状况，并给农田小气候以有利的影响，达到促进农业增产的目的。因此，研究农田水分状况对于农田水利的规划、设计及管理工作都有十分重要的意义。

第一节　农田水分状况

一、农田水分存在的形式

农田水分存在三种基本形式，即地面水、土壤水和地下水，而土壤水是与作物生长关系最密切的水分存在形式。

土壤水按其形态不同可分为气态水、吸着水、毛管水和重力水等。

(1) 气态水。气态水存在于土壤空隙中的水汽，有利于微生物的活动，故对植物根系有利。由于数量很少，在计算时常略而不计。

(2) 吸着水。吸着水包括吸湿水和薄膜水两种形式：吸湿水被紧束于土粒表面，不能在重力和毛管力的作用下自由移动；吸湿水达到最大时的土壤含水率称为吸湿系数。薄膜水吸附于吸湿水外部，只能沿土粒表面进行速度极小的移动；薄膜水达到最大时的土壤含水率，称为土壤的最大分子持水率。

(3) 毛管水。毛管水是在毛管作用下土壤中所能保持的那部分水分，亦即在重力作用下不易排除的水分中超出吸着水的部分。分为上升毛管水及悬着毛管水，上升毛管水系指地下水沿土壤毛细管上升的水分。悬着毛管水系指不受地下水补给时，上层土壤由于毛细管作用所能保持的地面渗入的水分（来自降雨或灌水）。

(4) 重力水。土壤中超出毛管含水率的水分在重力作用下很容易排出，这种水称为重力水。

在这几种土壤水分形式之间并无严格的分界线，其所占比重视土壤质地、结构、有机质含量和温度等而异。可以假想在地下水面以上有一个很高（无限长）的土柱，如果地下水位长期保持稳定，地表也不发生蒸发入渗，则经过很长的时间以后，地下水面以上将会形成一个稳定的土壤水分分布曲线。这个曲线反映了土壤负压和土壤含水率的关系，亦即是土壤水分特征曲线（图 1-1），这一曲线可通过一定试验设备确定。在土壤吸水和脱水过程中取得的水分特征曲线是不同的，这种现象常称为滞后现象。曲线表示吸力（负压）随着土壤水分的增大而减少的过程。在曲线中并不能反映水分形态的严格的界限。

根据水分对作物的有效性，土壤水也可分为无效水、有效水和过剩水（重力水）。吸着水紧缚于土粒的表面，一般不能为作物所利用。低于土壤吸着水（最大分子持水率）的水分为无效水。当土壤含水率降低至吸湿系数的 1.5～2.0 倍时，就会使植物发生永久性凋萎现象。这时的含水率称为凋萎系数。不同土质，其永久凋萎点含水率是不相同的。相应的土壤负压变化于（7～40）×10^5Pa（10^5Pa＝1 巴＝0.987 大气压），一般取为 15×10^5Pa。凋萎系数不仅决定于土壤性质，而且还与土壤溶液浓度、根毛细胞液的渗透压力、作物种类和生育期有关。重力水在无地下水顶托的情况下，很快排出根系层；在地下水位高的地区，重力水停留在根系层内时，会影响土壤正常的通气状况，这部分水分有时称为过剩水。在重力水和无效水之间的毛管水，容易为作物吸收利用，属于有效水。一般常将田间持水率作为重力水和毛管水以及有效水分和过剩水分的分界线。在生产实践中，常将灌水 2d 后土壤所能保持的含水率叫做田间持水率。相应的土壤负压约为（0.1～0.3）×10^5Pa。由于土质不同，排水的速度不同，因此排除重力水所需要的时间也不同。灌水 2d 后的土壤含水率，并不能完全代表停止重力排水时的含水率。特别是随着土壤水分运动理论的发展和观测设备精度的提高，人们认识到灌水后相当长时间内土壤含水率在重力作用下是不断减少的。虽然变化速率较小，但在长时间内仍可达到相当数量。因此，田间持水率并不是一个稳定的数值，而是一个时间的函数，田间持水率在农田水利实践中无疑是一个十分重要的指标，但以灌水后某一时间的含水率作为田间持水率，只能是一个相对的概念。

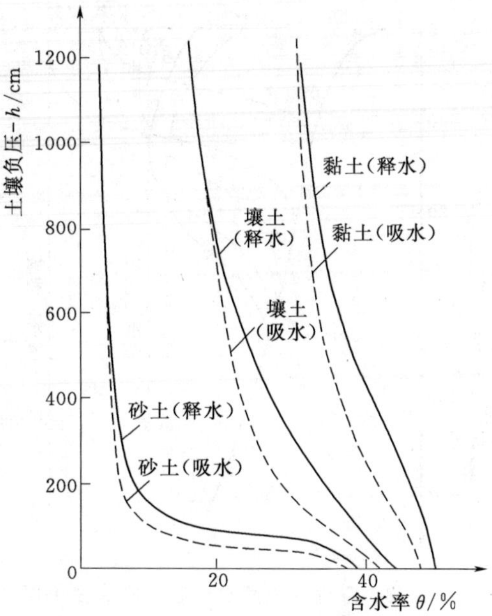

图 1－1　土壤水分特征曲线示意图

二、旱作地区农田水分状况

旱作地区的各种形式的水分，并非全部能被作物所直接利用。如地面水和地下水必须适时适量地转化成为作物根系吸水层（可供根系吸水的土层，略大于根系集中层）中的土壤水，才能被作物吸收利用。通常地面不允许积聚水量，以免造成淹涝，危害作物。地下水一般不允许上升至根系吸水层以内，以免造成渍害，因此，地下水只应通过毛细管作用上升至根系吸水层，供作物利用。这样，地下水必须维持在根系吸水层以下一定距离处。

在不同条件下，地面水和地下水补给土壤水的过程是不同的，现分别说明如下：

1）当地下水位埋深较大和土壤上层干燥时，如果降雨（或灌水），地面水逐渐向土中入渗，在入渗过程中，土壤水分的动态如图 1－2 所示。从图中可以看出，降雨开始时，水自地面进入表层土壤，使其接近饱和，但其下层土壤含水率仍未增加。此时含水率的分布如图 1－2 中曲线 1；降雨停止时土壤含水率分布如图 1－2 中曲线 2；雨停后，达到土层田间持水率后的多余水量，则将在重力（主要的）及毛管力的作用下，逐渐向下移动，经过一定时期后，各层土壤含水率分布的变化情况如图 1－2 中曲线 3；再过一定时期，在土层中水分向下移动趋于缓慢，此时水分分布情况如图 1－2 中曲线 4；上部各土层中的含水率均接近于田间持水率。

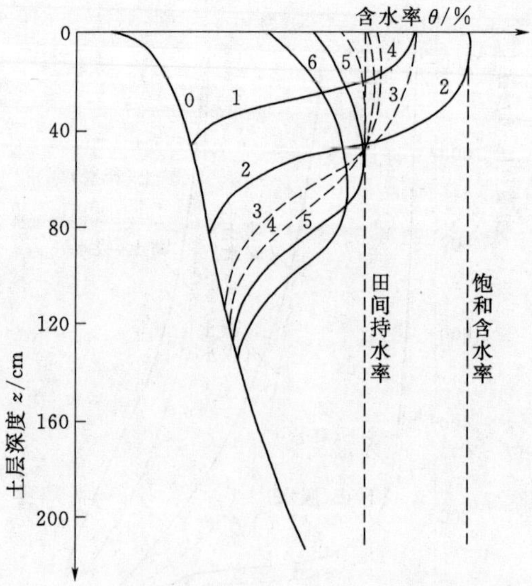

图 1-2　降雨（或灌水）后不同深度土层的湿润过程示意图

在土壤水分重新分布的过程中，由于植物根系吸水和土壤蒸发，表层土壤水分逐渐减少，其变化情况如图 1-2 中曲线 5 及曲线 6 所示。

2）当地下水位埋深较小，作物根系吸水层上面受地面水补给，而下面又受上升毛管水的影响时，土层中含水率的分布和随时间的变化情况如图 1-3 所示。

图 1-3（a）中曲线 0 是还未受到地面水补给的情况，当有地面水补给土壤时，首先在土壤上层出现悬着毛管水，如图 1-3 中曲线 1、2、3 所示。地面水补给量越大，则入渗的水量所达到的深度越大，直至与地下水面以上的上升毛管水衔接，如图 1-3 中曲线 4。当地面水补给土壤的数量超过了原地下水位以上土层的田间持水能力时，即将造成地下水位的上升，如图 1-3（b）。在上升

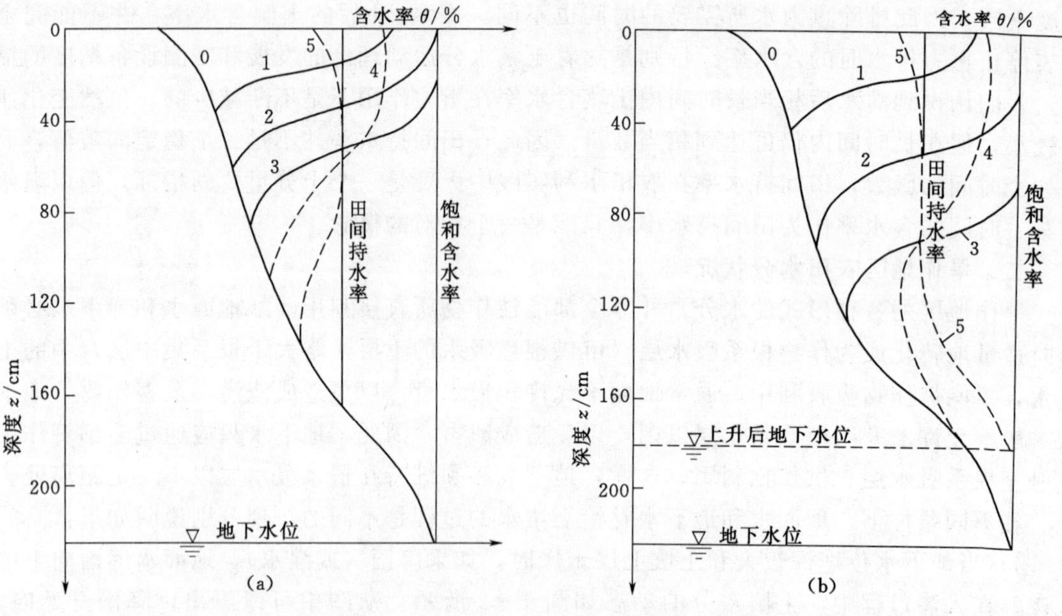

图 1-3　降雨（或灌水）后土壤含水率随时间变化示意图（地下水埋深较小时）

毛管水能够进入作物根系吸水层的情况下，地下水位的高低便直接影响着根系吸水层中的含水率，如图 1-4 所示。在地表积水较久时，入渗的水量将使地下水位升高到地表与地面水相连接。

作物根系吸水层中的土壤水，以毛管水最容易被旱作物吸收，是对旱作物生长最有价值的水分形式。超过毛管水最大含水率的重力水，一般都下渗流失，不能为土壤所保存，

因此，很少能被旱作物利用。同时，如果重力水长期保存在土壤中，也会影响到土壤的通气状况（通气不良），对旱作物生长不利。所以，旱作物根系吸水层中允许的平均最大含水率一般不超过根系吸水层中的田间持水率。当根系吸水层的土壤含水率下降到凋萎系数以下时，土壤水分也不能为作物利用。

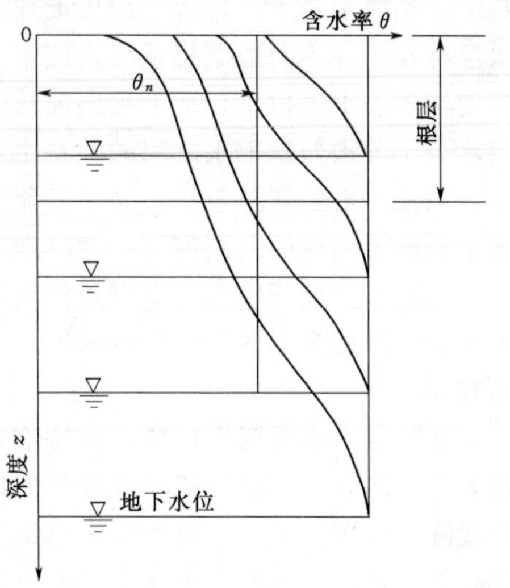

图 1-4　地下水位对作物根系吸水层内土壤含水率分布的影响示意图

当植物根部从土壤中吸收的水分来不及补给叶面蒸发时，便会使植物体的含水量不断减小，特别是叶片的含水量迅速降低。这种由于根系吸水不足以致破坏了植物体水分平衡和协调的现象，即谓之干旱。由于产生干旱的原因不同，可分大气干旱和土壤干旱两种情况。在农田水分尚不妨碍植物根系的吸收，但由于大气的温度过高和相对湿度过低，阳光过强，或遇到干热风造成植物蒸腾耗水过大，都会使根系吸水速度不能满足蒸发需要，这种情况谓之大气干旱。我国西北、华北均有大气干旱。大气干旱过久会造成植物生长停滞，甚至使作物因过热而死亡。若土壤含水率过低，植物根系从土壤中所能吸取的水量很少，无法补偿叶面蒸发的消耗，则形成所谓土壤干旱的情况。短期的土壤干旱，会使产量显著降低，干旱时间过长，即会造成植物的死亡，其危害性要比大气干旱更为严重。为了防止土壤干旱，最低的要求就是使土壤水的渗透压力不小于根毛细胞液的渗透压力，凋萎系数便是这样的土壤含水率临界值。

土壤含水率减小，使土壤溶液浓度增大，从而引起土壤溶液渗透压力增加，因此，土壤根系吸水层的最低含水率，还必须能使土壤溶液浓度不超过作物在各个生育期所容许的最高值，以免发生凋萎。这对盐渍土地区来说更为重要。土壤水允许的含盐溶液浓度的最高值视盐类及作物的种类而定。按此条件，根系吸水层内土壤含水率应不小于如下值：

$$\theta_{\min}=\frac{S}{C}\times 100\% \tag{1-1}$$

式中　$\theta_{\min}$——按盐类溶液浓度要求所规定的最小含水率（占干土重的百分数）；

S——根系吸水土层中易溶于水的盐类数量（占干土重的百分数）；

C——允许的盐类溶液浓度（占水重的百分数）。

养分浓度过高也会影响到根系对土壤水分的吸收，甚至发生枯死现象。因此在确定最小含水率时还需考虑养分浓度的最大限度。

根据以上所述，旱作物田间（根系吸水层）允许平均最大含水率不应超过田间持水率，最小含水率不应小于凋萎系数。为了保证旱作物丰产所必需的田间适宜含水率范围，应在研究水分状况与其他生活要素之间的最适关系的基础上，总结实践经验，并与先进的农业增产措施相结合来加以确定。

三、水稻地区的农田水分状况

由于水稻的栽培技术和灌溉方法与旱作物不同，因此农田水分存在的形式也不相同。

我国水稻灌水技术，传统采用田面建立一定水层的淹灌方法，故田面经常（除烤田外）有水层存在，并不断地向根系吸水层中入渗，供给水稻根部以必要的水分。根据地下水埋藏深度，不透水层位置，地下水出流情况（有无排水沟、天然河道，人工河网）的不同，地面水、土壤水与地下水之间的关系也不同。

当地下水位埋藏较浅，又无出流条件时，由于地面水不断下渗，使原地下水位至地面间土层的土壤空隙达到饱和，此时地下水便上升至地面并与地面水连成一体。

当地下水埋藏较深，出流条件较好时，地面水虽然仍不断入渗，并补给地下水，但地下水位常保持在地面下一定的深度。此时，地下水位至地面间土层的土壤空隙不一定达到饱和。

水稻是喜水喜湿性作物，保持适宜的淹灌水层，能对稻作水分及养分的供应提供良好的条件；同时，还能调节和改善其他如湿、热及气候等状况。但过深的水层（不合理的灌溉或降雨过多造成的）对水稻生长也是不利的，特别是长期的深水淹灌，更会引起水稻减产，甚至死亡。因此，淹灌水层上下限的确定，具有重要的实际意义。通常与作物品种发育阶段，自然环境及人为条件有关，应根据实践经验来确定。

四、农田水分状况的调节措施

在天然条件下，农田水分状况和作物需水要求通常是不相适应的。在某些年份或一年中某些时间，农田常会出现水分过多或水分不足的现象。

农田水分过多的原因，不外以下几方面：

1）降雨量过大。

2）河流洪水泛滥，湖泊漫溢，海潮侵袭和坡地水进入农田。

3）地形低洼，地下水汇流和地下水位上升。

4）出流不畅等。

而农田水分不足的原因有：

1）降雨量不足。

2）降雨形成的地表径流大量流失。

3）土壤保水能力差，水分大量渗漏。

4）蒸发量过大等。

农田水分过多或不足的现象，可能是长期的也可能是短暂的，而且可能是前后交替的。同时，造成水分过多或不足的上述原因，在不同情况下可能是单独存在，也可能同时产生影响。

农田水分不足，通常叫做“干旱”；农田水分过多，如果是由于降雨过多，使旱田地面积水，稻田淹水过深，造成农业歉收的现象，则谓之“涝”；由于地下水位过高或土壤上层滞水，因而土壤过湿，影响作物生长发育，导致农作物减产或失收现象，谓之“渍”；至于因河、湖泛滥而形成的灾害，则称为洪灾。

当农田水分不足时，一般应采取增加来水或减少去水的措施，增加农田水分的最主要措施就是灌溉。这种灌溉按时间不同，可分为播前灌溉、生育期灌溉和为了充分利用水资源提前在农田进行储水的储水灌溉。此外，还有为其他目的而进行的灌溉，例如培肥灌溉（借以施肥）、调温灌溉（借以调节气温、土温或水温）及冲洗灌溉（借以冲洗土壤中有害盐分）等。减少农田去水量的措施也是十分重要的。在水稻田中，一般可采取浅灌深蓄的办法，以便充分利用降雨。旱地上亦可尽量利用田间工程进行蓄水或实行深翻改土、免耕、塑料膜和秸秆覆盖等措施，减少棵间蒸发，增加土壤蓄水能力。无论水田或旱地，都应注意改进灌水技术和方法，以减少农田水分蒸发和渗漏损失。

当农田水分过多时，应针对其不同的原因，采取相应的调节措施。排水（排除多余的地面水和地下水）是解决农田水分过多的主要措施之一，但是在低洼易涝地区，必须与滞洪滞涝等措施统筹安排，此外还应注意与农业技术措施相结合，共同解决农田水分过多的问题。

第二节　土 壤 水 分 运 动

如前所述，土壤水是农田水分存在的主要形式，且地面水和地下水（饱和土壤水）运动的基本原理已在水力学课程中进行了论述，因此，本节着重介绍非饱和土壤水分运动问题。

土壤水分运动的研究一般有两种途径，一种是毛管理论，另一种是势能理论。前者把土壤看成为一束均匀的或不同管径的毛管，将土壤水运动简化为水在毛管中的运动。毛管理论清楚易懂，50 年代以前应用比较广泛，目前仍有一定实际意义。但这种方法有一定局限性，仅适用于对一些简单问题的分析。势能理论则是根据在土壤水势基础上推导出的扩散方程，研究土壤的水分运动。这种方法的理论比较严谨，可以适用于各种边界条件，特别是随着电子计算机和数值计算的应用，近 30 年来利用势能理论研究土壤水分运动已取得很大的进展，用于研究有关灌溉排水中的土壤水运动问题有着广阔的前景。为此本节主要介绍这一理论。

一、土壤水运动的基本方程

在一般情况下，达西定律同样适用于非饱和土壤水分运动。在水平和垂直方向的渗透速度 v_x、v_z 可分别写成

$$\left.\begin{aligned} v_x &= -K(\theta)\frac{\partial \varphi}{\partial x} \\ v_z &= -K(\theta)\frac{\partial \varphi}{\partial z} \end{aligned}\right\} \tag{1-2}$$

$$K(\theta) = K_s\left(\frac{\theta-\theta_0}{\theta_s-\theta_0}\right)^n \tag{1-3}$$

式中　φ——土壤水总势能，$\varphi=h+z$（以总水头表示）；

h——压力水头，在饱和土壤（地下水）的情况下压力水头为正值，在非饱和土壤中 h 为毛管势（或基质势）水头，为负值；

z——位置水头（重力势水头），坐标 z 向上为正时，位置水头取正值，坐标 z 向下为正时，位置水头取负值；

K——水力传导度（或导水率），为土壤体积含水率 θ 的函数 $K(\theta)$ 或土壤负压水头 h 的函数 $K(h)$；

K_s——θ 等于 θ_s（即饱和含水率）时的水力传导度；

n——经验指数，$n=3.5\sim4$；

θ_0——不易移动的土壤含水率，其值可取最大分子持水率。

水力传导度与土壤压力水头之间的关系式可写成

$$K(h)=\frac{a}{|h|^n+b} \tag{1-4}$$

或
$$K(h)=K_s e^{ch} \tag{1-5}$$

式中 a、b、c——经验常数。

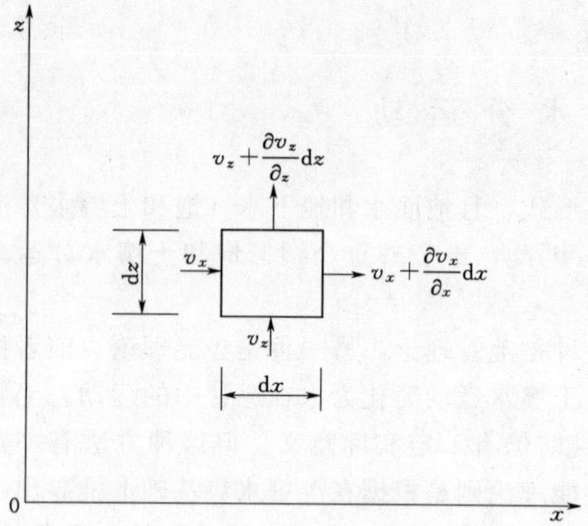

图 1-5 微小土体内土壤水运动示意图

设土壤水在垂直平面上发生二维运动，取微小体积 $\Delta x\cdot\Delta z\cdot 1$（垂直 xz 平面厚度为 1），如图 1-5 所示，则在 x、z 方向进入和流出此体积的差值为

$$-\left(\frac{\partial v_x}{\partial x}+\frac{\partial v_z}{\partial z}\right)\mathrm{d}x\mathrm{d}z \tag{1-6}$$

单位时间土壤体积中储水量的变化率为

$$\frac{\partial\theta}{\partial t}\mathrm{d}x\mathrm{d}z \tag{1-7}$$

式中 θ——体积含水率。

根据质量守恒的原则，式（1-6）和式（1-7）应相等，从而可得到土壤水流连续方程式：

$$\frac{\partial\theta}{\partial t}=-\left(\frac{\partial v_x}{\partial x}+\frac{\partial v_z}{\partial z}\right) \tag{1-8}$$

将 v_x、v_z 代入水流连续方程式（1-8）后，可得

$$\frac{\partial\theta}{\partial t}=\frac{\partial}{\partial x}\left[K(\theta)\frac{\partial\varphi}{\partial x}\right]+\frac{\partial}{\partial z}\left[K(\theta)\frac{\partial\varphi}{\partial z}\right] \tag{1-9}$$

考虑到 $\varphi=h+z$，$\frac{\partial\varphi}{\partial x}=\frac{\partial h}{\partial x}$，$\frac{\partial\varphi}{\partial z}=\frac{\partial h}{\partial z}+1$

代入式（1-9），得

$$\frac{\partial\theta}{\partial t}=\frac{\partial\left[K(\theta)\frac{\partial h}{\partial x}\right]}{\partial x}+\frac{\partial\left[K(\theta)\frac{\partial h}{\partial z}\right]}{\partial z}+\frac{\partial K(\theta)}{\partial z} \tag{1-10}$$

考虑到
$$\frac{\partial h}{\partial x}=\frac{\partial h}{\partial\theta}\frac{\partial\theta}{\partial x}\quad \frac{\partial h}{\partial z}=\frac{\partial h}{\partial\theta}\frac{\partial\theta}{\partial z}$$

并令
$$D(\theta)=K(\theta)\frac{\partial h}{\partial\theta}$$

代入式（1-10）得

$$\frac{\partial\theta}{\partial t}=\frac{\partial\left[D(\theta)\frac{\partial\theta}{\partial x}\right]}{\partial x}+\frac{\partial\left[D(\theta)\frac{\partial\theta}{\partial z}\right]}{\partial z}+\frac{\partial K(\theta)}{\partial z} \tag{1-11}$$

式中 $D(\theta)$——扩散度，表示单位含水率梯度下通过单位面积的土壤水流量，其值为土壤含水率的函数。

由于土壤含水率与土壤压力水头 h 之间存在着函数关系，渗透系数 K 也可写成压力水头 h（非饱和土壤中 h 为负值）的函数，因此，土壤水运动基本方程也可写成另一种以 h 为变量的形式。

土壤水在 x、z 方向的渗透速度为

$$\left.\begin{aligned} v_x &= -K(h)\frac{\partial \varphi}{\partial x} = -K(h)\frac{\partial h}{\partial x} \\ v_z &= -K(h)\frac{\partial \varphi}{\partial z} = -K(h)\left(\frac{\partial h}{\partial z}+1\right) \end{aligned}\right\} \tag{1-12}$$

将以上各式代入水流连续方程式（1-8），得

$$\frac{\partial \theta}{\partial t} = \frac{\partial\left[K(h)\frac{\partial h}{\partial x}\right]}{\partial x} + \frac{\partial\left[K(h)\frac{\partial h}{\partial z}\right]}{\partial z} + \frac{\partial K(h)}{\partial z} \tag{1-13}$$

考虑到

$$\frac{\partial \theta}{\partial t} = \frac{\partial \theta}{\partial h} \quad \frac{\partial h}{\partial t} = C(h)\frac{\partial h}{\partial t}$$

将式（1-13）代入式（1-12），得

$$C(h)\frac{\partial h}{\partial t} = \frac{\partial\left[K(h)\frac{\partial h}{\partial x}\right]}{\partial x} + \frac{\partial\left[K(h)\frac{\partial h}{\partial z}\right]}{\partial z} + \frac{\partial K(h)}{\partial z} \tag{1-14}$$

其中，$C(h)=\frac{\mathrm{d}\theta}{\mathrm{d}h}$表示压力水头减小一个单位时，自单位体积土壤中所能释放出来的水体积，其量纲是 $[L^{-1}]$，$C(h)$ 称为土壤的容水度。

在初始条件和边界条件已知的情况下，可根据这些定解条件求解式（1-11）或式（1-14），求得各点土壤含水率或土壤负压和土壤水流量的计算公式，或用数值计算法直接计算各点土壤含水率（或负压）和土壤水的流量。

二、入渗条件下土壤水分运动

降雨和灌水入渗是补给农田水分的主要来源。入渗速度、总量和入渗后剖面上土壤含水率的分布，对拟定农田水分状况的调节措施有重要意义。兹以地下水埋深较大，剖面土壤含水率均匀分布，地表形成薄水层这一简单的情况为例，说明入渗速度和土壤含水率的计算方法。在垂直入渗的情况下，坐标轴 $z=0$ 取在地表，取 z 向下为正，位置水头 z 为负值，一维土壤水运动的基本方程可写成

$$\frac{\partial \theta}{\partial t} = \frac{\partial\left[D(\theta)\frac{\partial \theta}{\partial z}\right]}{\partial z} - \frac{\partial K(\theta)}{\partial z} \tag{1-15}$$

如降雨或灌水前剖面上各点初始含水率为 θ_0，则初始条件为

$$\theta(z,0)=\theta_0 \tag{1-16}$$

在地表有薄水层时，表层含水率等于饱和含水率 θ_s，在 z 相当大（$z\rightarrow\infty$）时，含水率不变，即 $\theta=\theta_0$，则边界条件为

$$\left.\begin{aligned} \theta(0,t)&=\theta_s \\ \theta(\infty,t)&=\theta_0 \end{aligned}\right\} \tag{1-17}$$

式（1-15）为非线性方程，求解比较困难。为了简化计算，近似地以平均扩散度 $\overline{D}$

代替 $D(\theta)$，由于$\frac{\partial K}{\partial Z}=\frac{\mathrm{d}K}{\mathrm{d}\theta}\frac{\partial \theta}{\partial Z}$，以$N=\frac{K(\theta_s)-K(\theta_0)}{\theta_s-\theta_0}$代替$\frac{\mathrm{d}K}{\mathrm{d}\theta}$，则式（1-15）变为常系数的线性方程：

$$\frac{\partial \theta}{\partial t}=\overline{D}\frac{\partial^2 \theta}{\partial z^2}-N\frac{\partial \theta}{\partial z} \tag{1-18}$$

采用拉氏变换求解。经变换后 θ 的象函数 $\overline{\theta}$ 为

$$\overline{\theta}(z,p)=\int_0^{\infty}\theta(z,t)\mathrm{e}^{-pt}\mathrm{d}t$$

对式（1-18）中$\frac{\partial \theta}{\partial t}$采用拉氏变换，即

$$\int_0^{\infty}\frac{\partial \theta}{\partial t}\mathrm{e}^{-pt}\mathrm{d}t$$

采用分部积分法，设$\frac{\partial \theta}{\partial t}\mathrm{d}t=\mathrm{d}u$，$\mathrm{e}^{-pt}=v$，$u=\theta$，$\mathrm{d}v=-p\mathrm{e}^{-pt}\mathrm{d}t$。

$$\int_0^{\infty}\frac{\partial \theta}{\partial t}\mathrm{e}^{-pt}\mathrm{d}t=\theta\mathrm{e}^{-pt}\Big|_0^{\infty}+p\int_0^{\infty}\theta\mathrm{e}^{-pt}\mathrm{d}t=p\overline{\theta}-\theta_0$$

对式（1-18）右侧进行变换，得

$$\int_0^{\infty}\frac{\partial \theta}{\partial z}\mathrm{e}^{-pt}\mathrm{d}t=\frac{\partial}{\partial z}\int_0^{\infty}\theta\mathrm{e}^{-pt}\mathrm{d}t=\frac{\partial \overline{\theta}}{\partial z}$$

$$\int_0^{\infty}\frac{\partial^2 \theta}{\partial z^2}\mathrm{e}^{-pt}\mathrm{d}t=\frac{\partial}{\partial z^2}\int_0^{\infty}\theta\mathrm{e}^{-pt}\mathrm{d}t=\frac{\partial^2 \overline{\theta}}{\partial z^2}$$

式（1-18）经变换后，由于仅包含象函数对 z 的导数，可写成常微分形式：

$$p\overline{\theta}-\theta_0=\overline{D}\frac{\mathrm{d}^2\overline{\theta}}{\mathrm{d}z^2}-N\frac{\mathrm{d}\overline{\theta}}{\mathrm{d}z} \tag{1-18'}$$

式（1-17）经变换后，得

$$\left.\begin{aligned}\overline{\theta}(0,p)&=\frac{\theta_s}{p}\\ \overline{\theta}(\infty,p)&=\frac{\theta_0}{p}\end{aligned}\right\} \tag{1-17'}$$

式（1-18′）的通解为

$$\overline{\theta}(z,p)=\frac{\theta_0}{p}+C_1\mathrm{e}^{\frac{N+\sqrt{N^2+4\overline{D}p}}{2\overline{D}}z}+C_2\mathrm{e}^{\frac{N-\sqrt{N^2+4\overline{D}p}}{2\overline{D}}z} \tag{1-19}$$

式（1-17′）由于在 $z\to\infty$时，$\overline{\theta}$ 为有限值$\frac{\theta_0}{p}$，为使 $C_1\mathrm{e}^{\infty}$ 为有限值，C_1 必须为 0，则式（1-17′）变为

$$\overline{\theta}(0,p)=\frac{\theta_s}{p}=\frac{\theta_0}{p}+C_2$$

$$C_2=\frac{\theta_s-\theta_0}{p}$$

代入式（1-19），得象函数 $\overline{\theta}$ 的解为

$$\overline{\theta}(z,p)=\frac{\theta_0}{p}+\frac{\theta_s-\theta_0}{p}\mathrm{e}^{\frac{Nz}{2\overline{D}}}\mathrm{e}^{-\sqrt{\frac{z^2}{\overline{D}}\left(p+\frac{N^2}{4\overline{D}}\right)}}$$

由拉氏变换逆变换表：

$$\frac{1}{p}e^{-\sqrt{\alpha(p+\beta)}} \doteq \frac{1}{2}\left\{e^{-\sqrt{\alpha\beta}}\operatorname{erfc}\left(\frac{1}{2}\sqrt{\frac{\alpha}{t}}-\sqrt{\beta t}\right)+e^{\sqrt{\alpha\beta}}\operatorname{erfc}\left(\frac{1}{2}\sqrt{\frac{\alpha}{t}}+\sqrt{\beta t}\right)\right\}$$

经逆变换后，得

$$\theta(z,t)=\theta_0+\frac{\theta_s-\theta_0}{2}\left\{\operatorname{erfc}\left(\frac{z-Nt}{2\sqrt{\overline{D}t}}\right)+e^{\frac{Nz}{\overline{D}}}\operatorname{erfc}\left(\frac{z+Nt}{2\sqrt{\overline{D}t}}\right)\right\} \qquad (1-19')$$

式中，$\operatorname{erfc}(z)=\frac{2}{\sqrt{\pi}}\int_z^{\infty}e^{-u^2}\mathrm{d}u$ 为补余误差函数。

$$\overline{D}=\frac{5/3}{(\theta_s-\theta_0)^{5/3}}\int_{\theta_0}^{\theta_s}D(\theta)(\theta-\theta_0)\mathrm{d}\theta$$

剖面含水率分布可从式（1-19′）求得，如图1-6所示。

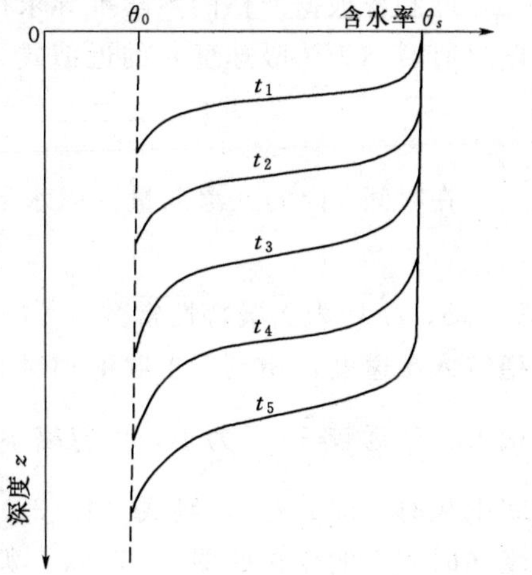

图 1-6 入渗条件下土壤剖面含水率分布图

地表入渗速度的计算式为

$$i=-K(\theta)\left(\frac{\partial h}{\partial z}-1\right)\bigg|_{z=0}=-\left[D(\theta)\frac{\partial\theta}{\partial z}-K(\theta)\right]\bigg|_{z=0} \qquad (1-20)$$

由于在有水层入渗时，地表处含水率达到饱和，$K(\theta)=K_s$ 等于土壤饱和时的水力传导度。$D(\theta)$ 仍采用平均值 $\overline{D}$，$\frac{\partial\theta}{\partial z}$可自象函数$\frac{\partial\overline{\theta}}{\partial z}$推求，自式（1-19）得

$$\frac{\partial\overline{\theta}}{\partial z}=\frac{\theta_s-\theta_0}{p}\frac{N-\sqrt{N^2+4\overline{D}p}}{2\overline{D}}e^{\frac{N-\sqrt{N^2+4\overline{D}p}}{2\overline{D}}z}$$

$$\frac{\partial\overline{\theta}}{\partial z}\bigg|_{z=0}=\frac{\theta_s-\theta_0}{p}\frac{N-\sqrt{N^2+4\overline{D}p}}{2\overline{D}}$$

在入渗初期 $t\ll\frac{4\overline{D}}{N^2}$时，根据拉氏变换原理，相当于 $p\gg\frac{N^2}{4\overline{D}}$，则$\frac{N-\sqrt{N^2+4\overline{D}p}}{2\overline{D}}\approx-\sqrt{\frac{p}{\overline{D}}}$。

$$\frac{\partial\overline{\theta}}{\partial z}\bigg|_{z=0}=-(\theta_s-\theta_0)\frac{1}{\sqrt{p\overline{D}}}$$

查逆变换表：$\frac{1}{\sqrt{p}}\doteq\frac{1}{\sqrt{\pi t}}$，得

$$\frac{\partial\overline{\theta}}{\partial z}\bigg|_{z=0}\doteq-(\theta_s-\theta_0)\frac{1}{\sqrt{\pi\overline{D}t}}$$

代入式（1-20），得

$$i=(\theta_s-\theta_0)\sqrt{\frac{\overline{D}}{\pi}}t^{-\frac{1}{2}}+K_s \qquad (1-21)$$

在入渗时间较久时，$t \gg \frac{4\overline{D}}{N^2}$，相当于 $p \ll \frac{N^2}{4\overline{D}}$，$N^2+4\overline{D}p \approx N^2$，此时$\frac{\partial \overline{\theta}}{\partial z}=0$，$\frac{\partial \theta}{\partial z}=0$，$i=K_s$，因此，可将式（1-21）作为入渗速度的近似计算式。

在时间 t 内入渗的总水量 I 为

$$I=2(\theta_s-\theta_0)\sqrt{\frac{\overline{D}t}{\pi}}+K_s t \tag{1-21$'$}$$

菲利普根据严格的数学推导求得了非线性方程式（1-15）的无穷级数解。其入渗速度（有时称为渗吸速度）的近似式为

$$i=\frac{S}{2}t^{-\frac{1}{2}}+i_f \tag{1-22}$$

在时间 t 内的入渗总量（以水层厚度表示）的计算式为

$$I=St^{\frac{1}{2}}+i_f t \tag{1-23}$$

S、i_f 均为土壤特性常数。S 的大小与土壤初始含水率有关，一般称为吸水率。i_f 为稳定入渗速度，相当于土壤饱和时的水力传导度 K_s（即渗透系数）。入渗初期，入渗速度很大，i_f 远较$\frac{S}{2}t^{-\frac{1}{2}}$为小，可忽略不计。随着时间的增大，入渗速度迅速减小。当入渗时间很久时，即 $t \to \infty$，则式（1-22）中第一项趋近于 0，$i=i_f$，即稳定入渗速度。入渗速度在时间上的变化如图 1-7（a）所示。

入渗速度理论公式中的常数需要通过试验确定。例如，S 值可通过初期入渗总量 I 确定，即

$$I=St^{\frac{1}{2}}$$

$$S=It^{-\frac{1}{2}} \tag{1-24}$$

在生产中，常直接采用经验公式计算入渗速度 i 和入渗量 I。在农田水利工作中常用考斯加可夫经验公式：

$$i=i_1 t^{-\alpha} \tag{1-25}$$

式中 α——经验指数，其值根据土壤性质和初始含水率而定，变化于 0.3～0.8，轻质土壤 α 值较小，重质土壤 α 值较大；初始含水率越大，α 值越小，一般土壤多取 $\alpha=0.5$；

i_1——在第一个单位时间末的入渗速度。

在时间 t 内入渗总量 I（以水层深度表示）为

$$I=\int_0^t i\mathrm{d}t=\int_0^t \frac{i_1}{t^{\alpha}}\mathrm{d}t=\frac{i_1}{1-\alpha}t^{1-\alpha} \tag{1-26}$$

应当指出，无论根据线性化方程求得的近似理论公式（1-20），还是根据非线性方程求得的精确解式（1-22），都是在初始剖面含水率均匀分布的基础上求得的。在实际情况下，土壤剖面含水率分布是不均匀的，其值常随深度而变化，即 $\theta(z,0)=\theta(z)$，如图 1-2 和图 1-3 所示。在理论公式中采用根据野外入渗资料确定的土壤特性常数时，实际上这些公式已具有半经验的性质。

在农田采用畦灌或漫灌时，灌溉水向土壤的入渗属于上述有水层的一维入渗问题。在

降雨或利用喷灌进行灌水的情况下，开始时，如降雨和喷灌强度不超过土壤的入渗能力，地表将不形成水层，这种情况下的入渗称为自由入渗。土壤的入渗速度等于降雨强度 p，此时的边界条件为

$$-D(\theta)\frac{\partial\theta}{\partial z}+K(\theta)=p(t) \qquad (1-20')$$

式（1-20′）表明在形成水层以前，土壤入渗速度的大小决定于降雨和喷灌强度。随着入渗时间的增大，入渗能力逐渐减弱，当降雨或灌水强度超过入渗能力时，田面将形成水层。在这种情况下，土壤的入渗速度将决定于土壤的入渗能力。在一定的土壤质地和初始含水率条件下，降雨或灌水强度不同，入渗过程有一定差异。如将在有水层存在时的入渗强度的变化过程近似地作为土壤的入渗能力，如图 1-7（b）中实线所示，在降雨强度很大时，田面很快形成积水，由自由入渗转为有压入渗，入渗过程如虚线所示。在降雨强度较小时，经过很长时间，降雨强度才会超过土壤的入渗能力，因此，田面形成水层的时间也较晚，其入渗过程如图 1-7（b）中点画线所示。

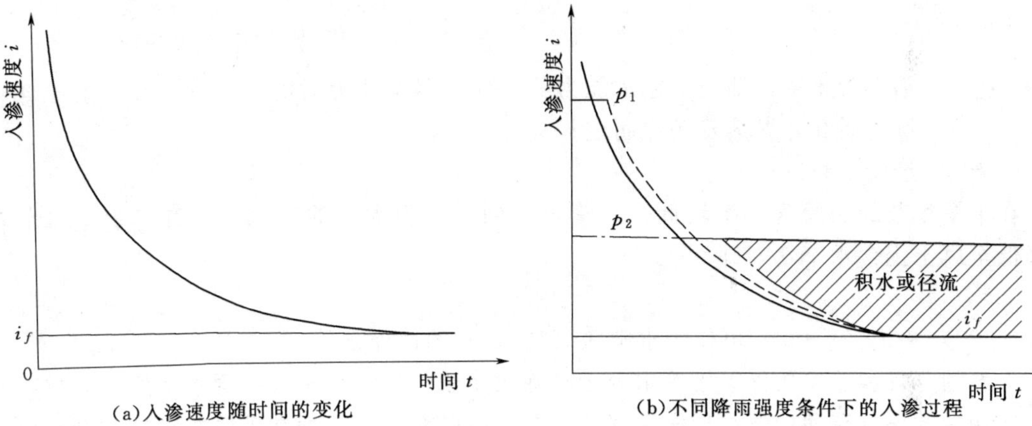

(a)入渗速度随时间的变化　　(b)不同降雨强度条件下的入渗过程

图 1-7　土壤入渗情况分析

在采用沟灌和渗灌进行灌水的条件下，水自沟槽和渗水管向土壤沿 x、z 两个方向入渗，这种情况下的入渗属于二维的入渗问题，需采取数值计算的方法，根据相应的边界条件求解式（1-11）或式（1-14）。在采用滴灌时水分向 x、y、z 三个方向扩散，入渗过程属于三维的入渗问题，其水流的基本方程需在式（1-11）和式（1-14）中分别增加 $\frac{\partial\left[D(\theta)\frac{\partial\theta}{\partial y}\right]}{\partial y}$ 和 $\frac{\partial\left[K(h)\frac{\partial h}{\partial y}\right]}{\partial y}$ 项。

三、蒸发条件下土壤水运动

土壤水的蒸发，发生在土壤的表层，其强度一般取决于两个因素：一是外界蒸发能力，即气象条件所限定的最大可能蒸发强度；二是土壤自下部土层向上的输水能力，其数值随含水率的降低而减小。表土蒸发强度决定于二者的较小值。在土壤的输水能力大于外界蒸发能力时，表土蒸发强度等于外界蒸发能力（常以水面蒸发来表征），在外界蒸发能力大于土壤的输水能力时，表土蒸发强度以土壤的输水能力为限。降雨或灌水后土壤蒸发

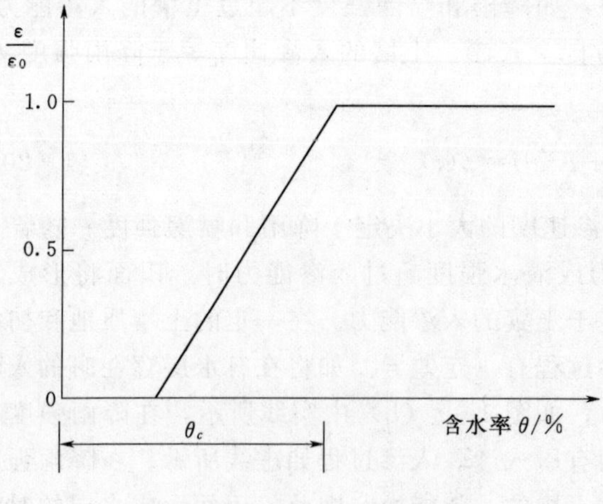

图 1-8 表土蒸发与土壤含水率关系示意图

一般可分为两个阶段。当土壤含水率大于临界含水率 θ_c 和土壤的输水能力大于外界蒸发能力时，土壤蒸发强度等于水面蒸发 ε_0。如外界蒸发能力不变，则蒸发强度保持稳定。这一阶段为稳定蒸发阶段。当 $\theta<\theta_c$ 时，土壤蒸发决定于输水能力，而后者又决定于土壤含水率 θ，随着含水率的降低，蒸发强度逐渐减小。这一阶段为蒸发强度递减阶段。根据室内外试验资料，表土蒸发强度 ε 与水面蒸发 ε_0 和土壤含水率 θ 有以下经验关系（图 1-8）：

当 $\theta \geqslant \theta_c$，$\varepsilon=\varepsilon_0$

$$\theta<\theta_c,\quad \frac{\varepsilon}{\varepsilon_0}=a\theta+b \tag{1-27}$$

式中 θ_c——临界含水率，即土壤输水能力等于外界蒸发能力时的土壤含水率，其值视土壤性质和外界蒸发条件而定；

a、b——经验系数。

在干旱季节的初始含水率较低，且蒸发强烈（ε_0 很大）的情况下，有时表土可能很快降低至风干土含水率 θ_a，即

$$\theta=\theta_a \tag{1-28}$$

式（1-27）和式（1-28）可作为求解式（1-15）的边界条件。

土壤的蒸发和蒸发条件下土壤水分运动除决定于外界条件和表土含水率外，还与土壤剖面初始含水率分布和地下水埋深有密切关系。兹针对以下几种常见情况研究蒸发过程。

1. 地下水埋深较大，表土迅速风干的情况

在土壤水运动基本方程为式（1-15），初始条件为

$$\theta(z,0)=\theta_0 \tag{1-29}$$

边界条件为

$$\theta(0,t)=\theta_a \tag{1-30}$$

$$\theta(\infty,t)=\theta_0 \tag{1-31}$$

的情况下，采用平均 $D(\theta)=\overline{D}(\theta)$ 和 $\frac{\mathrm{d}K}{\mathrm{d}\theta}=N$，根据线性化方程，可以得到含水率的计算式：

$$\theta=\theta_0+\frac{\theta_a-\theta_0}{2}\left\{\operatorname{erfc}\left(\frac{z-Nt}{2\sqrt{\overline{D}t}}\right)+\mathrm{e}^{\frac{Nz}{\overline{D}}}\operatorname{erfc}\left(\frac{z+Nt}{2\sqrt{\overline{D}t}}\right)\right\} \tag{1-32}$$

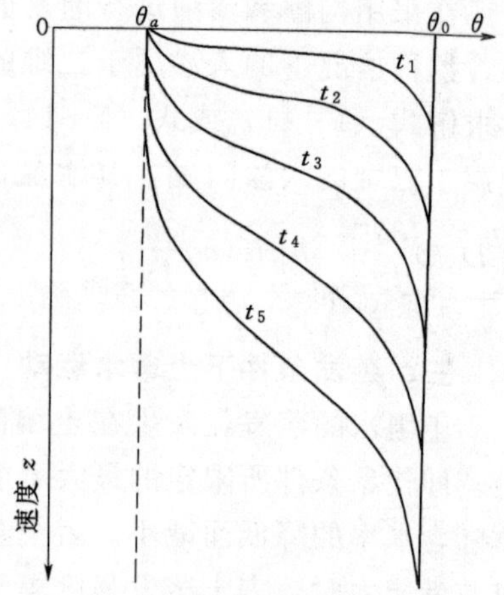

图 1-9 蒸发条件下土壤含水率随时间变化示意图

不同时间含水率分布如图 1-9 所示。在忽略重力项（$N=0$）的情况下，蒸发强度的计算式为

$$\varepsilon=(\theta_a-\theta_0)\sqrt{\frac{\overline{D}}{\pi t}} \tag{1-33}$$

在时间 t 内蒸发总量为

$$E=2(\theta_a-\theta_0)\sqrt{\frac{\overline{D}t}{\pi}} \tag{1-34}$$

式中

$$\overline{D}=\frac{1.85}{(\theta_0-\theta_a)^{1.85}}\int_{\theta_a}^{\theta_0}D(\theta)(\theta_0-\theta_a)^{0.85}\mathrm{d}\theta \tag{1-35}$$

2. 降雨或灌水后在排水作用下地下水位迅速下降的情况

现以降雨或灌水后地下水位接近地表，通过地下排水措施，使地下水位迅速下降至一定深度 L 的情况为例，研究蒸发过程和土壤水运动。在所研究的土壤剖面深度内，处于地下水位的变动带，采用以水头 h 为变量的方程式（1-14）来进行土壤水运动的分析计算比较方便。取纵坐标 z 向下为正时，一维垂直土壤水运动基本方程为

$$C(h)\frac{\partial h}{\partial t}=\frac{\partial\left[K(h)\frac{\partial h}{\partial z}\right]}{\partial z}-\frac{\partial K(h)}{\partial z} \tag{1-36}$$

初始条件：

$$h(z,0)=h_0(z) \tag{1-37}$$

上边界条件：

$$z=0$$

有蒸发时

$$-\varepsilon=-K(h)\left(\frac{\partial h}{\partial z}-1\right)=\varepsilon_0[a\theta(h)+b] \tag{1-38}$$

无蒸发时

$$\frac{\partial h}{\partial z}=1 \tag{1-39}$$

下边界条件：$z=L$（Z 自地表算起，L 为控制的地下水埋深）时，有

$$h(L,t)=0 \tag{1-40}$$

以上方程求解困难，须采用数值法进行计算。在采用隐格式有限差分法时，首先将地表至地下水面之间的土层，划分为 N 个空间步长 Δz，然后再按时间 t 划分为 M 个时间步长 Δt，最后再将式（1-36）中各项微商近似地用差商代替，即

$$C(h)\frac{\partial h}{\partial t}\approx C_i^{j+\frac{1}{2}}\frac{h_i^{j+1}-h_i^j}{\Delta t}$$

$$\frac{\partial\left[K(h)\frac{\partial h}{\partial z}\right]}{\partial z}\approx\frac{K_{i+\frac{1}{2}}^{j+\frac{1}{2}}\frac{h_{i+1}^{j+1}-h_i^{j+1}}{\Delta z}-K_{i-\frac{1}{2}}^{j+\frac{1}{2}}\frac{h_i^{j+1}-h_{i-1}^{j+1}}{\Delta z}}{\Delta z}$$

$$\frac{\partial K}{\partial z}\approx\frac{K_{i+\frac{1}{2}}^{j+\frac{1}{2}}-K_{i-\frac{1}{2}}^{j+\frac{1}{2}}}{\Delta z}$$

代入式（1-38）得任何一时段 $j\Delta t\sim(j+1)\Delta t$ 内，剖面上围绕任一点 i 的土壤水运动差分方程为

$$C_i^{j+\frac{1}{2}}\frac{h_i^{j+1}-h_i^j}{\Delta t}=K_{i+\frac{1}{2}}^{j+\frac{1}{2}}\frac{h_{i+1}^{j+1}-h_i^{j+1}}{\Delta z^2}-K_{i-\frac{1}{2}}^{j+\frac{1}{2}}\frac{h_i^{j+1}-h_{i-1}^{j+1}}{\Delta z^2}-\frac{K_{i+\frac{1}{2}}^{j+\frac{1}{2}}-K_{i-\frac{1}{2}}^{j+\frac{1}{2}}}{\Delta z} \tag{1-41}$$

式中　i——在剖面上结点的序号，自表层数起，$i=1,2,\cdots,N$；

j——在时间上结点的序号，$j=1,2,\cdots,M$；

$C_i^{j+\frac{1}{2}}=[C(h_i^{j+1})+C(h_i^j)]/2$；

$K_{i+\frac{1}{2}}^{j+\frac{1}{2}}=[K(h_{i+1}^{j+\frac{1}{2}})+K(h_i^{j+\frac{1}{2}})]/2$；

$K_{i-\frac{1}{2}}^{j+\frac{1}{2}}=[K(h_i^{j+\frac{1}{2}})+K(h_{i-1}^{j+\frac{1}{2}})]/2$；

$h_i^{j+\frac{1}{2}}=(h_i^{j+1}+h_i^j)/2$。

经整理后式（1-41）可以写成

$$E_ih_{i-1}^{j+1}+F_ih_i^{j+1}+G_ih_{i+1}^{j+1}=H_i \tag{1-42}$$

式中：

$E_i=-K_{i-\frac{1}{2}}^{j+\frac{1}{2}}$；　$G_i=-K_{i+\frac{1}{2}}^{j+\frac{1}{2}}$；

$F_i=K_{i+\frac{1}{2}}^{j+\frac{1}{2}}+K_{i-\frac{1}{2}}^{j+\frac{1}{2}}+rC_i^{j+\frac{1}{2}}$；

$H_i=rC_i^{j+\frac{1}{2}}h_i^j+\Delta z(K_{i-\frac{1}{2}}^{j+\frac{1}{2}}-K_{i+\frac{1}{2}}^{j+\frac{1}{2}})$；

$r=\Delta z^2/\Delta t$。

式（1-42）为三对角线方程，在考虑边界条件后，可用追赶法求解。

今以某地区土壤为例，计算在地下水位自地表迅速下降 1.5m，并保持在这一水位时的土壤水运动及土壤水出流情况。土壤的水力传导度与土壤压力水头的关系式为

$$h\geqslant 0,\ K(h)=7\text{cm/d}$$

$$h\leqslant 0,\ K(h)=7e^{0.0255h}\text{cm/d}$$

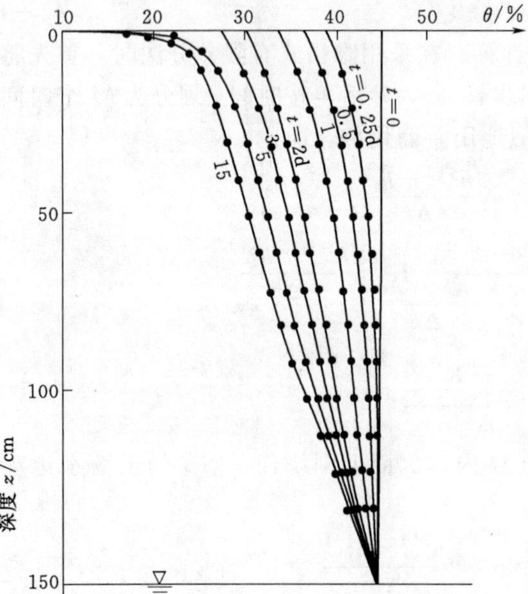

图 1-10　地下水位自地表迅速下降至 1.5m 后土壤剖面含水率变化图

土壤含水率与负压关系为

$$h\geqslant 0,\ \theta=\theta_s=0.452$$

$$h\leqslant -50\text{cm},\ \theta=0.7333-0.090074Ln|h|$$

$$0>h>-50\text{cm},\ \theta=0.452e^{0.00342h}$$

容水度与负压关系式为

$$h\geqslant 0,\ C(h)=0$$

$$h\leqslant -50\text{cm},\ C(h)=-0.090074/h$$

$$0>h>-50\text{cm},\ C(h)=0.00155e^{0.00342h}$$

表土蒸发强度，采用

$$h>h_c=-213.917\text{cm},\ \varepsilon=0.65\text{cm/d}$$

$$h\leqslant -213.917\text{cm},\ \varepsilon=3.25\theta-0.1625\text{cm/d}$$

根据以上参数和边界条件，通过数值计算求得各时间含水率分布如图 1-10 所示。自图 1-10 可以看到在地下水位迅速下降后，在蒸发和排水双重作用下，在 1.5d 内地表以下 0.6m 土层的平均含水率已下降至 0.36（田间持水率），5d 内已下

降至 0.30，15d 内下降至 0.28。在排水作用下地下水位迅速下降至 1.5m 时，土层向下的排水流量变化过程如图 1-11 所示。开始时，土壤水自地表蒸发和向深层排水同时存在，深层排水流量最初达到 7cm/d，以后逐渐减少。至 $t=9$d 时，向深层排水停止，并开始向上补给，直至达到稳定为止。表土蒸发等于水面蒸发的阶段将持续 4.2d，然后蒸发强度随着表土含水率的降低而减弱，直至 $t=16.2$d 时达到稳定。自蒸发开始至排水停止这段时间内，无论是蒸发或是排水，全部都是消耗地下水面以上的土壤水。在排水停止至蒸发达到稳定，这段时间蒸发消耗的水分，一部分来自土壤本身，一部分来自地下水的补给。至蒸发达到稳定时全部蒸发量均来自地下水补给。

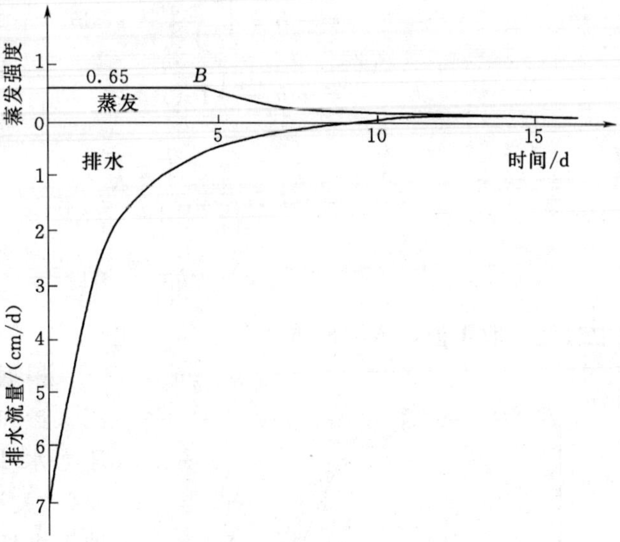

图 1-11　地下水位迅速下降至 1.5m 后表土蒸发和深层排水随时间变化过程图

3. 地下水位保持不变时土壤水的稳定流动

在地下水位保持不变时，在长期入渗和蒸发条件下，土壤水的运动均可达到稳定，此时的土壤水流量等于入渗条件下的深层排水量或蒸发条件下的地下水向上补给量。在这些情况下，常可求得在一定入渗或蒸发强度 ε 时土壤压力水头分布的解析解和在一定表层压力水头条件下的入渗或蒸发量的计算式。

在土壤水稳定运动的情况下，式（1-2）可写成

$$\pm\varepsilon=-K(h)\left(\frac{\mathrm{d}h}{\mathrm{d}z}\pm1\right) \tag{1-43}$$

若坐标原点取在地下水面，z 向上为正时，式（1-43）中括号内取“+”号，反之为“-”号。$\pm\varepsilon$ 取（+）值时为蒸发，取（-）值时为入渗。

在水力传导度 K 与 h 用指数函数表示时，有

$$K(h)=K_s\mathrm{e}^{ch}$$

$$\mathrm{d}z=\frac{\mathrm{d}h}{\frac{\mp\varepsilon}{K}-1}=\frac{-\mathrm{d}h}{1\pm\frac{\varepsilon}{K_s}\mathrm{e}^{-ch}}$$

令

$$\frac{\varepsilon}{K_s}=\alpha$$

则

$$z=\int_0^z\mathrm{d}z=-\int_0^h\frac{\mathrm{d}h}{1\pm\alpha\mathrm{e}^{-ch}}$$

$$z=-\int_0^h\frac{1\pm\alpha\mathrm{e}^{-ch}\mp\alpha\mathrm{e}^{-ch}}{1\pm\alpha\mathrm{e}^{-ch}}\mathrm{d}h$$

$$=-h\pm\int_0^h\frac{\alpha e^{-ch}}{1\pm\alpha e^{-ch}}dh=-h-\frac{1}{c}\int_0^h\frac{d(1\pm\alpha e^{-ch})}{1\pm\alpha e^{-ch}}$$

$$=-h-\frac{1}{c}\ln(1\pm\alpha e^{-ch})\Big|_0^h=-h-\frac{1}{c}\ln\frac{1\pm\alpha e^{-ch}}{1\pm\alpha}$$

$$=-h-\frac{1}{c}\ln\frac{1\pm\frac{\varepsilon}{K_s}e^{-ch}}{1\pm\varepsilon/K_s}$$

得

$$z=-h-\frac{1}{c}\ln\left(\frac{K_s\pm\varepsilon e^{-ch}}{K_s\pm\varepsilon}\right) \tag{1-44}$$

式中蒸发时取正值，入渗时取负值。

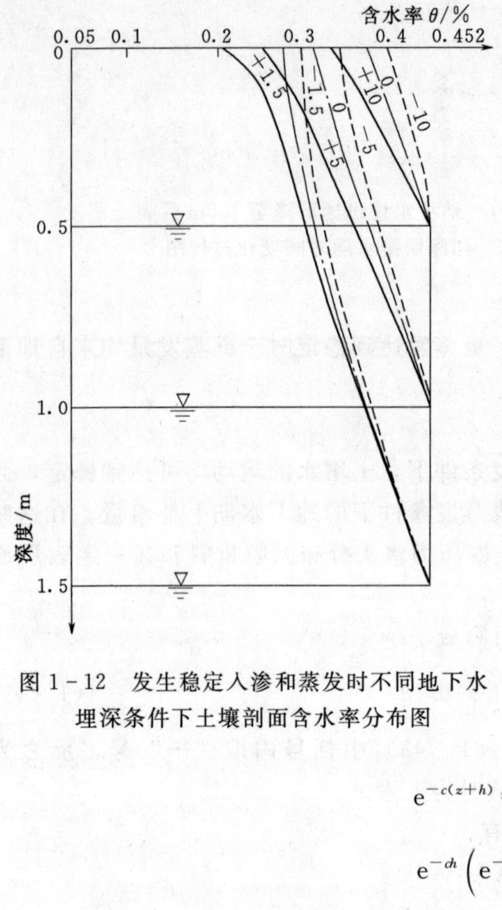

图 1-12　发生稳定入渗和蒸发时不同地下水埋深条件下土壤剖面含水率分布图

根据上例中 $K(h)=7e^{0.0255h}$，可求出在不同入渗和蒸发强度以及不同地下水埋深时的压力水头 h 在土壤剖面上的分布，再根据 $h(\theta)$ 关系式即可求出相应含水率的分布。在地下水埋深为 0.5m、1.0m、1.5m 时和不同入渗蒸发强度时的土壤剖面含水率分布如图 1-12所示，图中“一”表示入渗，“＋”表示蒸发，“0”为既无入渗又无蒸发。由图可见，在同一地下水埋深情况下，有入渗时的含水率大于无蒸发无入渗时的含水率，更大于有蒸发时的含水率。为了满足农作物要求的含水率，在阴雨季节应降低地下水位，在蒸发强烈的干旱季节应抬高地下水位。由于式（1-44）中 ε 远小于 K_s，故在分母中 ε 可忽略不计，则：

$$z=-h-\frac{1}{c}\ln\left(\frac{K_s+\varepsilon e^{-ch}}{K_s}\right)$$

$$cz=-ch-\ln\left(1+\frac{\varepsilon}{K_s}e^{-ch}\right)$$

$$e^{-c(z+h)}=1+\frac{\varepsilon}{K_s}e^{-ch}$$

$$e^{-ch}\left(e^{-cz}-\frac{\varepsilon}{K_s}\right)=1$$

$$e^{-cz}-\frac{\varepsilon}{K_s}=\frac{1}{e^{-ch}}$$

当 h 趋近于 $-\infty$ 时，

$$\left.\begin{aligned}&\frac{1}{e^{-ch}}\to 0\\&\varepsilon=K_s e^{-cz}\end{aligned}\right\} \tag{1-45}$$

式（1-45）可用来推求最大可能地下水补给量 $\varepsilon=\varepsilon_{max}$。将不同 z 值代入，可得各种地下水埋深时土壤的最大输水能力，亦即地下水最大补给量，如图 1－13 所示。由图可见，在地下水埋深为 0.5m 时，最大输水能力为 20mm/d；而地下水埋深为 1m 时，为 5.5mm/d；在地下水为 3m 时，为 0.03mm/d，已可忽略不计。

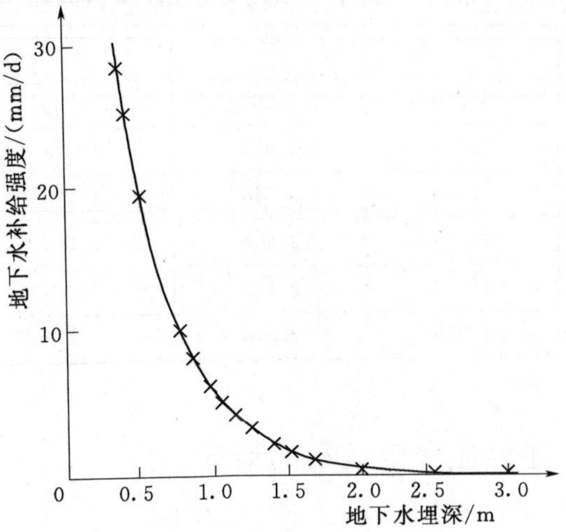

图 1－13　地下水埋深与土壤最大输水能力（地下水补给量）关系图

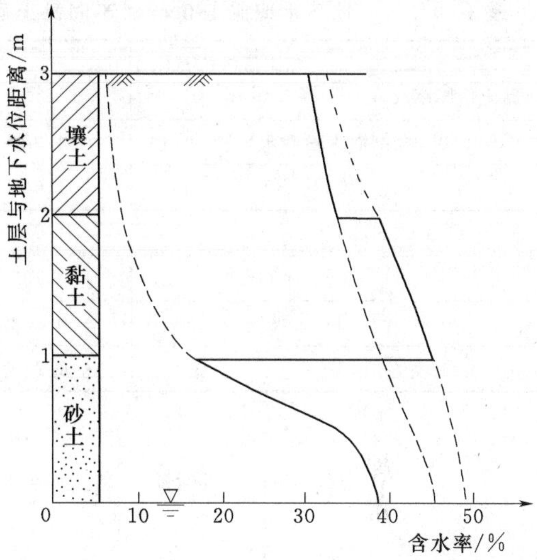

图 1－14　非均质土层剖面上土壤含水率分布示意图

以上介绍的是均质土壤的蒸发问题。在生产实践中经常遇到非均质土壤的情况。土壤剖面上黏土夹层的存在对土壤水分和盐分运动有重要作用。图 1－14 表示在无蒸发入渗条件下，不同质地均质土壤在地下水面以上土壤含水率的分布。在层状土的情况下，连接各层自地下水面画起的水分特征曲线即可得到无蒸发入渗条件下的土壤剖面含水率的分布曲线。图 1－14 中实线表示在土壤剖面由图 1－1 三种土壤组成（地面以下 0～1m 为壤土，1～2m 为黏土，2～3m 为砂土）的情况下，无蒸发入渗时土壤含水率的分布曲线，三条虚线分别表示三种土壤自地下水面画起的水分特征曲线。与均质土壤的情况相似，在有蒸发的情况下，土壤剖面含水率分布曲线应在各层水分特征曲线的左侧（即含水率小于水分特征曲线上含水率值），在有入渗情况下，含水率分布曲线应在各层水分特征曲线的右侧，即含水率高于水分特征曲线上的含水率值。在非均质土壤稳定蒸发情况下，蒸发强度（地下水的补给量）和土壤含水率分布的计算仍可用与均质土类似的数值方法进行计算，但须考虑在两层土壤交界面上两层土壤的压力水头 h 相等和水流连续（即上下两层流入和流出的水流通量 q 应相当）的条件。由于重质土壤的水力传导度远小于轻质土壤，在剖面上有黏土夹层存在时地下水的蒸发量将显著减小，因而具有阻止水分上升防止土壤积盐的作用。黏土夹层抑制蒸发作用的大小视黏土层所在部位、厚度和地下水的埋深而定。现以地表以下土层依次由轻壤、黏土和粉砂等三层土壤（其饱和水力传导度分别为 0.006cm/min、0.001cm/min 和 0.018cm/min）组成，水面蒸发强度为 4.25mm/d，地下水埋深为 1.5m 时为例，根据数值模拟分别求得黏土层所在部位为地表，地面以下 40cm、80cm 和 120cm，厚度为 0、10cm、20cm、30cm、40cm、50cm 时地下水蒸发量，见表 1－1。从表

1-1可以看到，黏土层位置越靠近地表，抑制蒸发的作用越大；在黏土层靠近地下水面时其抑制蒸发的作用减弱。黏土层厚度越大，土壤蒸发越小，但超过30cm后，厚度的增加对进一步减少蒸发的作用将不太显著。

表1-1　地下水埋深150cm时不同黏土层部位和厚度条件下稳定蒸发强度表　单位：mm/d

黏土层厚度/cm \ 黏土层埋深/cm	0	40	80	120
0（全剖面为粉砂土）	4.250	4.250	4.250	4.250
10	1.642	2.477	3.629	4.234
20	1.094	1.526	3.010	4.176
30	0.792	1.253	2.808	4.146
40	0.302	1.037	2.549	
50	0.230	0.950	2.376	

第三节　土壤—作物—大气连续体水分运动的概念

在有作物覆盖的农田中植物的蒸腾是田间水分循环的重要组成部分。由于水势梯度的存在，土壤中水分通过根系吸收进入植物体，除部分消耗于植物生长和代谢作用外，大部分又由植物体通过叶面向大气扩散。因此，在研究有作物生长条件下农田水分运动时，不仅需要分析农田水分状况和水分在土壤中的运动，还需要考虑土壤水分向根系的运动和植物体中液态水分的运动以及自植物叶面和土层向大气的水汽扩散运动等。田间水分运动是在水势梯度的作用下产生的，各环节之间是相互影响和相互制约的，为了完整地解决农田水分运动问题，必须将土壤—植物—大气看作一个连续体，统一考虑。近代文献中将这一连续体称为SPAC（Soil—Plant—Atmosphere Continum）系统。

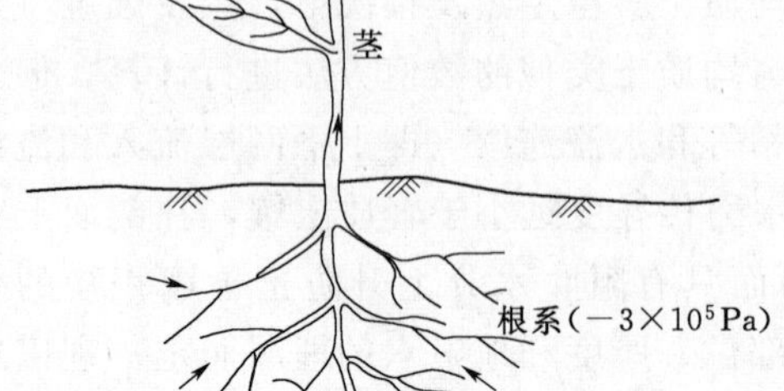

图1-15　土壤和植物体中水流及水势分布示意图

SPAC系统是一个物质和能量连续的系统。在这个系统中，不论在土壤还是在植物体中，水分的运动都受到势能的支配，水流总是从水势高的地方向水势低的地方移动。植物的根系从土壤中吸取水分，经根、茎运移到叶部，在叶部细胞间的空隙中蒸发，水汽穿过气孔腔进入与叶面相接触的空气层，再穿过这一空气层进入湍流边界层，最后再转移到大气层中去，形成一个连续的过程，如图1-15所示。

由于植物的生长是缓慢的，在一定时间内，植物吸收的水分中很少一部分用于形成植物体本身和消耗于植物的代谢作用，绝大部分消耗于蒸腾，因此，可以将流经植物体中的水流看作是稳定流动。这样，这个系统中不同部位的水势差将与水流阻力成正比，并可近似地用下式表示：

$$q=\frac{\Delta\varphi_1}{R_1}=\frac{\Delta\varphi_2}{R_2}=\frac{\Delta\varphi_3}{R_3}=\frac{\Delta\varphi_4}{R_4} \tag{1-46}$$

式中　q——水流通量；

$\Delta\varphi_1$、$\Delta\varphi_2$、$\Delta\varphi_3$、$\Delta\varphi_4$——水流在土壤与根表面、根表面与根导管、根导管与叶面和叶面与大气之间的水势差；

R_1、R_2、R_3、R_4——相应于各流段的水流阻抗。

在水流通量一定时阻抗越大，水势差越大。从土壤到大气，总水势差可达数百个 10^5Pa，在干燥的条件下甚至可达 1000×10^5Pa。总水势差中从叶面至大气的水势差最大。SPAC 系统中水势分布如图 1-16 所示。图中曲线 1 表示土壤较湿（水势较高）的情况；曲线 2 表示土壤较湿但蒸发强度较大情况；曲线 3 表示土壤较干的情况；曲线 4 表示土壤较干而蒸发强度又较大的情况。图 1-16 表明土壤越干燥，蒸发强度越大，叶水势越低，当叶水势低于某一临界值，如 -30×10^5Pa 左右，将会因失水过多而导致植物蔫萎。

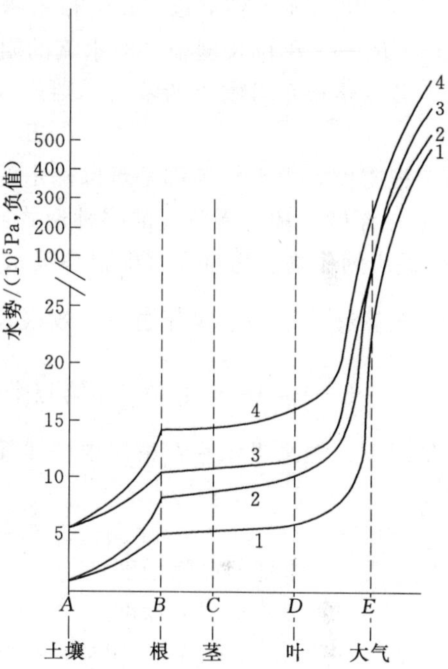

图 1-16　不同条件下 SPAC 系统中水势的分布

自图 1-16 可以看到，在 SPAC 系统中水分运动是比较复杂的。植物能否得到足够的水分供应并不单纯决定于土壤含水率及相应的土壤水势，还决定于土壤的导水性能，植物根系的吸水能力和植物体的输水性能以及大气的状况。在根系吸水速率能够满足蒸腾要求的情况下，植物才可以正常生长，在吸水速率低于蒸腾速率时，将由于植物体损失一定的水分，影响正常生长，久之将导致植物枯萎。因此，引起植物枯萎的含水率（即所谓枯萎点）并不是一个固定不变的土壤特性常数，而应是在 SPAC 系统中植物自土壤所吸取的水分不足以平衡大气所需求的蒸腾速率时的土壤含水率。在有植物生长条件下，土壤水分运动除如前节所述与土面蒸发和降雨、灌水有关之外，还受到根系吸水的影响。为了研究调节农田水分状况的具体灌溉排水措施和方法，必须着重研究在一定土壤和气象条件下 SPAC 系统中，农作物的蒸腾量和根系吸水率的分布与土壤含水率（土壤水势）的关系，以及在有根系吸水存在时的土壤水分运动。农作物的腾发量亦即作物需水量是拟定农作物灌溉制度和估算灌溉用水量的重要依据，其确定方法、影响因素以及变化规律将在第二章论述。本节仅对根系吸水率的确定及在有根系吸水条件下土壤水运动作简要介绍。

自式（1-46）可知，土壤与根部之间的水流通量 $q=\frac{\Delta\varphi_1}{R_1}$，根系吸水速率主要决定于土壤水势与根部水势差和土壤与根表面之间的阻力，根据一些学者的研究，单位体积土壤中的根系在单位时间内吸取的水量，即根系吸水率 S（因次为 $1/T$），可用下式表示：

$$S=\frac{\Delta\varphi}{R}=\frac{h_r-h_s}{R_s+R_r} \tag{1-47}$$

式中 h_r——以水头表示的作物根部的水势；

h_s——以水头表示的土壤水势；

R_s——单位根长土壤对水流的阻力，近似等于$\frac{1}{BKL}$，B 为比例常数，K 为土壤的水力传导度，L 为根系密度，表示单位土体中根系长度；

R_r——单位长度根系对水流的阻抗。

若忽略根系对水流的阻力，则式（1-47）可改写为

$$S=-BLK(h_s-h_r) \tag{1-48}$$

由于根密度和根水势等都是难以确定的参数，为了简化计算，一些学者提出了将作物蒸腾量 T 在深度上按比例分配的多种形式吸水函数公式。其中最简单的形式是 Molz 和 Remson 提出的作物蒸腾量 T（即根系吸水总量）在根层内按 4∶3∶2∶1 的比例分配的公式。自地表算起，第一个四分之一有效根长$\left(\frac{1}{4}Lr\right)$土层中根系吸水量占总吸水量 T 的 40%，第二个$\frac{1}{4}Lr$ 土层吸水占 30%，第三个$\frac{1}{4}Lr$ 吸水占 20%，第四个$\frac{1}{4}Lr$ 吸水占 10%。在这种情况下，根系吸水率在根层内按线性分布，其表达式为

$$S=T\left(\frac{1.8}{Lr}-\frac{1.6}{Lr^2}z\right) \tag{1-49}$$

式中 T——作物的蒸腾强度；

Lr——有效根层的深度。

若将式（1-49）沿 Lr 积分，则

$$\int_0^{Lr}T\left(\frac{1.8}{Lr}-\frac{1.6}{Lr^2}z\right)\mathrm{d}z=T$$

有关以水势差为基础的根系吸水函数和以蒸腾按比例分配为基础的根系吸水函数均有多种形式，读者可参阅有关文献。

在 SPAC 系统中由于有根系吸水的存在，土壤水运动的基本方程中应增加根系吸水项，在这种情况下，一维水流方程式（1-15）和式（1-16）变为

$$\frac{\partial\theta}{\partial t}=\frac{\partial}{\partial z}\left[D(\theta)\frac{\partial\theta}{\partial z}\right]-\frac{\partial K(\theta)}{\partial z}-S \tag{1-50}$$

$$C(h)\frac{\partial h}{\partial t}=\frac{\partial}{\partial z}\left[K(h)\left(\frac{\partial h}{\partial z}-1\right)\right]-S \tag{1-51}$$

不同边界条件下土壤剖面上各点含水率的分布，表层入渗量和蒸发量可以通过数值计算求解。

第二章　作物需水量和灌溉用水量

第一节　作 物 需 水 量

农田水分消耗的途径主要有植株蒸腾、株间蒸发和深层渗漏（或田间渗漏）。

植株蒸腾是指作物根系从土壤中吸入体内的水分，通过叶片的气孔扩散到大气中去的现象。试验证明，植株蒸腾要消耗大量水分，作物根系吸入体内的水分有99%以上是消耗于蒸腾，只有不足1%的水量是留在植物体内，成为植物体的组成部分。

株间蒸发是指植株间土壤或田面的水分蒸发。株间蒸发和植株蒸腾都受气象因素的影响，但蒸腾因植株的繁茂而增加，株间蒸发因植株造成的地面覆盖率加大而减小，所以蒸腾与株间蒸发二者互为消长。一般作物生育初期植株小，地面裸露大，以株间蒸发为主；随着植株增大，叶面覆盖率增大，植株蒸腾逐渐大于株间蒸发，到作物生育后期，作物生理活动减弱，蒸腾耗水又逐渐减小，株间蒸发又相对增加。

深层渗漏是指旱田中由于降雨量或灌溉水量太多，使土壤水分超过了田间持水量，向根系活动层以下的土层产生渗漏的现象。深层渗漏一般是无益的，且会造成水分和养分的流失。田间渗漏是指水稻田的渗漏。由于水稻田经常保持一定的水层，所以水稻田经常产生渗漏，且数量较大。在丘陵地区的梯田，稻田的日平均渗漏量一般为2～6mm，冲田0～1mm，畈田0.5～2.0mm。平原圩区稻田多为轻黏土，但地下水位高，日平均渗漏量一般为0.5～1.0mm。对土质黏重，地下水位高且排水不畅的地区，长期淹灌的稻田，由于土壤中氧气不足，容易产生硫化氢、氧化亚铁等有毒物质，影响作物的生长发育，造成减产。因此近年来，认为稻田应有适当的渗漏量，可以促进土壤通气，改善还原条件，消除有毒物质，有利于作物生长。但是渗漏量过大，会造成水量和肥料的流失，与开展节水灌溉有一定矛盾。

在上述几项水量消耗中，植株蒸腾和株间蒸发合称为腾发，两者消耗的水量合称为腾发量（evapotranspiration），通常又把腾发量称为作物需水量（water requirement of crops）。腾发量的大小及其变化规律，主要决定于气象条件、作物特性、土壤性质和农业技术措施等，而渗漏量的大小与土壤性质、水文地质条件等因素有关，它和腾发量的性质完全不同。因此，一般都是将腾发量与渗漏量分别进行计算。对水稻田来说，也有将稻田渗漏量计入需水量之内，通常则称为“田间耗水量”，以使与需水量概念有所区别。

作物需水量是农业用水的主要组成部分，也是整个国民经济中消耗水分的最主要部分。因此，它是水资源开发利用时的必需资料，同时也是灌排工程规划、设计、管理的基本依据。目前全世界的用水量不断增长，水资源不足日益突出，因此，对作物需水量的研究和估算，已成为一个重要研究课题。

根据大量灌溉试验资料分析，作物需水量的大小与气象条件（温度、日照、湿度、风速）、土壤含水状况、作物种类及其生长发育阶段、农业技术措施、灌溉排水措施等有关。

这些因素对需水量的影响是互相联系的，也是错综复杂的，目前尚难从理论上对作物需水量进行精确的计算。在生产实践中，一方面是通过田间试验的方法直接测定作物需水量；另一方面常采用某些计算方法确定作物需水量。

现有计算作物需水量的方法，大致可归纳为两类，一类是直接计算出作物需水量，另一类是通过计算参照作物需水量来计算实际作物需水量。

一、直接计算需水量的方法

一般是先从影响作物需水量的诸因素中，选择几个主要因素（例如水面蒸发、气温、湿度、日照、辐射等），再根据试验观测资料分析这些主要因素与作物需水量之间存在的数量关系，最后归纳成某种形式的经验公式。目前常见的这类经验公式大致有以下几种。

1. 以水面蒸发为参数的需水系数法（简称 α 值法或称蒸发皿法）

大量灌溉试验资料表明，各种气象因素都与当地的水面蒸发量之间有较为密切的关系，而水面蒸发量又与作物需水量之间存在一定程度的相关关系。因此，可以用水面蒸发量这一参数来衡量作物需水量的大小。这种方法的计算公式一般为

$$ET=\alpha E_0 \tag{2-1}$$

或

$$ET=aE_0+b \tag{2-2}$$

式中 ET——某时段内的作物需水量，以水层深度 mm 计；

E_0——与 ET 同时段的水面蒸发量，以水层深度 mm 计，一般采用 80cm 口径蒸发皿的蒸发值；

a、b——经验常数；

α——需水系数，或称蒸发系数，为需水量与水面蒸发量之比值。

由于 α 值法只要水面蒸发量资料，易于获得且比较稳定，所以该法在我国水稻地区曾被广泛采用。多年来的实践证明，用 α 值法时除了必须注意使水面蒸发皿的规格、安设方式及观测场地规范化外，还必须注意非气象条件（如土壤、水文地质、农业技术措施、水利措施等）对 α 值的影响，否则将会给资料整理工作带来困难，并使计算成果产生较大误差。

2. 以产量为参数的需水系数法（简称 K 值法）

作物产量是太阳能的累积与水、土、肥、热、气诸因素的协调及农业措施的综合结果。因此，在一定的气象条件下和一定范围内，作物田间需水量将随产量的提高而增加，如图 2-1所示，但是需水量的增加并不与产量成比例。由图 2-1 还可看出，单位产量的需水量随产量的增加而逐渐减小，说明当作物产量达到一定水平后，要进一步提高产量就不能仅靠增加水量，而必须同时改善作物生长所必需的其他条件。作物总需水量的表达式为

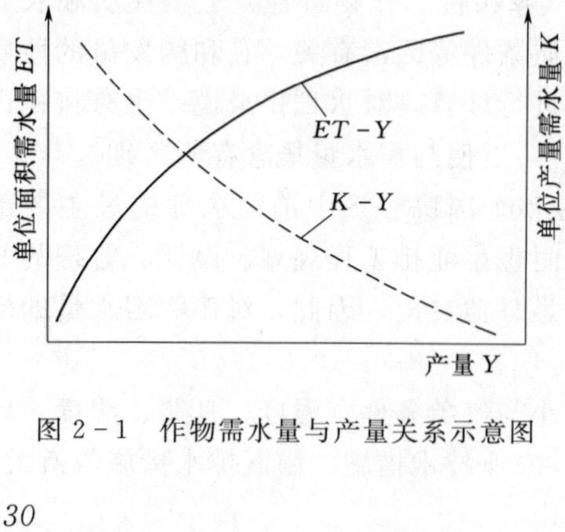

图 2-1　作物需水量与产量关系示意图

$$\left.\begin{aligned} &ET=KY \\ \text{或}\quad &ET=KY^n+c \end{aligned}\right\} \tag{2-3}$$

式中 ET——作物全生育期内总需水量，m^3/亩；

Y——作物单位面积产量，kg/亩；

K——以产量为指标的需水系数。对于 $ET=KY$ 公式，则 K 代表单位产量的需水量，m^3/kg；

n、c——经验指数和常数。

式（2-3）中的 K、n 及 c 值可通过试验确定。此法简便，只要确定计划产量后便可算出需水量；同时，此法使需水量与产量相联系，便于进行灌溉经济分析。对于旱作物，在土壤水分不足而影响高产的情况下，需水量随产量的提高而增大，用此法推算较可靠。但对于土壤水分充足的旱田以及水稻田，需水量主要受气象条件控制，产量与需水量关系不明确，用此法推算的误差较大。

上述诸公式都可估算全生育期作物需水量，也可估算各生育阶段的作物需水量。在生产实践中，过去常习惯采用所谓模系数法估算作物各生育阶段的需水量，即先确定全生育期作物需水量，然后按照各生育阶段需水规律，以一定比例进行分配，即

$$ET_i=\frac{1}{100}K_iET \tag{2-4}$$

式中 ET_i——某一生育阶段作物需水量；

K_i——需水量模比系数，即生育阶段作物需水量占全生育期作物需水量的百分数，可以从试验资料中取得。

然而，这种按模比系数法估算作物各生育阶段需水量的方法存在较大的缺点。例如水稻整个生育期的需水系数 α 值和总需水量的时程分配即模比系数 K_i 均非常量，而是各年不同的。所以按一个平均的 α 值和 K_i 值计算水稻各生育阶段的需水量，计算结果不仅失真，而且导致需水时程分配均匀化而偏于不安全。因此，近年来，在计算水稻各生育阶段的需水量时，一般根据试验求得的水稻阶段需水系数 α_i 直接加以推求。

必须指出，上述直接计算需水量的方法，虽然缺乏充分的理论依据，但我国在估算水稻需水量时尚有采用，因为方法比较简便，水面蒸发量资料容易取得。

二、通过计算参照作物需水量来计算实际作物需水量的方法

近代需水量的理论研究表明，作物腾发耗水是通过土壤—植物—大气系统的连续传输过程，大气、土壤、作物3个组成部分中的任何一部分的有关因素都影响需水量的大小。根据理论分析和试验结果，在土壤水分充分的条件下，大气因素是影响需水量的主要因素，其余因素的影响不显著。在土壤水分不足的条件下，大气因素和其余因素对需水量都有重要影响。目前对需水量的研究主要是研究在土壤水分充足条件下的各项大气因素与需水量之间的关系。普遍采用的方法是通过计算参照作物的需水量来计算实际需水量。相对来说，理论上比较完善。

所谓参照作物需水量 ET_0（reference crop evapotranspiration）是指土壤水分充足、地面完全覆盖、生长正常、高矮整齐的开阔（地块的长度和宽度都大于200m）矮草地（草高8～15cm）上的蒸发量，一般是指在这种条件下的苜蓿草的需水量而言。因为这种参照作物需水量主要受气象条件的影响，所以都是根据当地的气象条件分阶段（月和旬）计算。

有了参照作物需水量，然后再根据作物系数 k_c 对 ET_0 进行修正，即可求出作物的实际需水量 ET，作物实际需水量则可根据作物生育阶段分段计算。

（一）参照作物需水量的计算

在国外，对于这一方法的研究较多，有多种理论和计算公式。其中以能量平衡原理比较成熟、完整。其基本思想是：将作物腾发看作能量消耗的过程，通过平衡计算求出腾发所消耗的能量，然后再将能量折算为水量，即作物需水量。

作物腾发过程中，无论是体内液态水的输送，或是田间腾发面上水分的汽化和扩散，均需克服一定阻力。这种阻力越大，需要消耗的能量也越大。由此可见，作物需水量的大小与腾发消耗能量有较密切的关系。腾发过程中的能量消耗，主要是以热能形式进行的，例如气温为25℃时，每腾发1克重的水大约需消耗2468.6J的热量。如果能在农田中测算出腾发消耗的总热量，便能由此推算出相应的作物需水量数值。

作物腾发所需的热能，主要是由太阳辐射供给。所以能量平衡原理，实质上是计算“土壤-作物-大气”连续系统中的热量平衡。根据这一理论以及水汽扩散等理论，在国外曾研究有许多计算参照作物需水量的公式。其中最有名的、应用最广的是英国的彭曼（Penman）公式。公式是1948年提出来的，后来经过多次的修正。1979年，联合国世界粮农组织对彭曼公式又作了进一步修正，并正式认可向各国推荐作为计算参照作物需水量的通用公式。其基本形式如下：

$$ET_0=\frac{\dfrac{p_0}{p}\dfrac{\Delta}{\gamma}R_n+E_a}{\dfrac{p_0}{p}\dfrac{\Delta}{\gamma}+1} \tag{2-5}$$

式中 ET_0——参照作物需水量，mm/d；

$\frac{\Delta}{\gamma}$——标准大气压下的温度函数，其中 Δ 为平均气温时饱和水汽压随温度之变率，即 $\frac{de_a}{dt}$；其中 e_a 为饱和水汽压，t 为平均气温，γ 为湿度计常数，$\gamma=0.66$hPa/℃；

$\frac{p_0}{p}$——海拔高度影响温度函数的改正系数。其中 p_0 为海平面的平均气压，$p_0=1013.25$hPa；p 为计算地点的平均气压，hPa；

R_n——太阳净辐射，以蒸发的水层深度计，mm/d。可用经验公式计算，从有关表格中查得或用辐射平衡表直接测取；

E_a——干燥力，mm/d，$E_a=0.26(1+0.54u)(e_a-e_d)$，其中 e_d 为当地的实际水汽压，u 为离地面2m高处的风速，m/s。

近些年来，我国在计算作物需水量和绘制作物需水量等值线图时多采用上述公式。在农田水利工程设计规范中也推荐采用这一公式。由于该公式计算复杂，一般都用计算机完成。有关Penman公式的计算机程序可参考有关书籍。

（二）实际需水量的计算

已知参照作物需水量 ET_0 后，则采用“作物系数” k_c 对 ET_0 进行修正，即得作物实

际需水量 ET，即

$$ET=k_c(ET_0) \tag{2-6}$$

式中的 ET 与 ET_0 应取相同单位。

根据各地的试验，作物需水系数 k_c 不仅随作物而变化，更主要的是随作物的生育阶段而异。生育初期和末期的 k_c 较小，而中期的 k_c 较大。表 2-1 为山西省冬小麦作物需水系数 k_c 值；表 2-2 为湖北省中稻作物需水系数 k_c 值。

表 2-1　山西省冬小麦作物需水系数 k_c 值

生育阶段	播种～越冬	越冬～返青	返青～拔节	拔节～抽穗	抽穗～灌浆	灌浆～收割	全生育期
k_c	0.86	0.48	0.82	1.00	1.16	0.87	0.87

表 2-2　湖北省中稻作物需水系数 k_c 值

月份	5	6	7	8	9
k_c	1.03	1.35	1.50	1.40	0.94

第二节　作物灌溉制度

农作物的灌溉制度是指作物播种前（或水稻栽秧前）及全生育期内的灌水次数、每次的灌水日期和灌水定额以及灌溉定额。灌水定额是指一次灌水单位灌溉面积上的灌水量，各次灌水定额之和，叫灌溉定额。灌水定额和灌溉定额常以 m^3/亩或 mm 表示，它是灌区规划及管理的重要依据。

一、充分灌溉条件下的灌溉制度

充分灌溉条件下的灌溉制度，是指灌溉供水能够充分满足作物各生育阶段的需水量要求而设计制定的灌溉制度。长期以来，人们都是按充分灌溉条件下的灌溉制度来规划、设计灌溉工程。当灌溉水源充足时，也是按照这种灌溉制度来进行灌水。因此，研究制定充分灌溉条件下的灌溉制度有重要意义。常采用以下三种方法来确定灌溉制度。

1. 总结群众丰产灌水经验

多年来进行灌水的实践经验是制定灌溉制度的重要依据。灌溉制度调查应根据设计要求的干旱年份，调查这些年份的不同生育期的作物田间耗水强度（mm/d）及灌水次数、灌水时间间距、灌水定额及灌溉定额。根据调查资料，可以分析确定这些年份的灌溉制度。一些实际调查的灌溉制度举例见表 2-3。

表 2-3　湖北省水稻泡田定额及生育期灌溉定额调查成果表（中等干旱年）

项　目	早　稻	中　稻	一季晚稻	双季晚稻
泡田定额/(m^3/亩)	70～80	80～100	70～80	30～60
灌溉定额/(m^3/亩)	200～250	250～350	350～500	240～300
总灌溉定额/(m^3/亩)	270～330	330～450	420～580	270～360

对于旱作物，湿润年份及南方地区的灌水次数少，灌溉定额小；干旱年份及北方地区

的灌水次数多，灌溉定额大。我国北方地区几种主要作物的灌溉制度见表 2-4。

表 2-4　我国北方地区几种主要旱作物的灌溉制度（调查）

作物	生育期灌溉制度			备注
	灌水次数	灌水定额/(m^3/亩)	灌溉定额/(m^3/亩)	
小麦	3～6	40～80	200～300	干旱年份
棉花	2～4	30～40	80～150	
玉米	3～4	40～60	150～250	

2. 根据灌溉试验资料制定灌溉制度

我国许多灌区设置了灌溉试验站，试验项目一般包括作物需水量、灌溉制度、灌水技术等。试验站积累的试验资料，是制定灌溉制度的主要依据。但是，在选用试验资料时，必须注意原试验的条件，不能一概照搬。

3. 按水量平衡原理分析制定作物灌溉制度

根据农田水量平衡原理分析制定作物灌溉制度时，一定要参考群众丰产灌水经验和田间试验资料。也即这三种方法结合起来，所制定的灌溉制度才比较完善。下面分别就水稻和旱作物介绍这一方法。

（一）水稻灌溉制度

水稻本田的灌溉制度。可分别针对泡田期及插秧以后的生育期进行设计。

泡田期的灌溉用水量（泡田定额）可用下式确定：

$$M_1 = 0.667(h_0 + S_1 + e_1 t_1 - P_1) \tag{2-7}$$

式中　M_1——泡田期灌溉用水量，m^3/亩；

h_0——插秧时田面所需的水层深度，mm；

S_1——泡田期的渗漏量，即开始泡田到插秧期间的总渗漏量，mm；

t_1——泡田期的日数；

e_1——t_1 时期内水田田面平均蒸发强度，mm/d，可用水面蒸发强度代替；

P_1——t_1 时期内的降雨量，mm。

通常，泡田定额按土壤、地势、地下水埋深和耕犁深度相类似田块上的实测资料决定，一般在 h_0 = 30～50mm 条件下，泡田定额大约等于以下数值：黏土和黏壤土为 50～80m^3/亩；中壤土和沙壤土为 80～120m^3/亩（地下水埋深大于 2m 时）或 70～100m^3/亩（地下水埋深小于 2m 时）；轻沙壤土为 100～160m^3/亩（地下水埋深大于 2m 时）或 80～130m^3/亩（地下水埋深小于 2m 时）。

在水稻生育期中任何一个时段（t）内，农田水分的变化，决定于该时段内的来水和耗水之间的消长，它们之间的关系，可以用下列水量平衡方程表示：

$$h_1 + P + m - WC - d = h_2 \tag{2-8}$$

式中　h_1——时段初田面水层深度；

h_2——时段末田面水层深度；

P——时段内降雨量；

d——时段内排水量；

m——时段内的灌水量；

WC——时段内田间耗水量。

式中各数值均以 mm 计。

如果时段初的农田水分处于适宜水层（水田）上限（h_{max}），经过一个时段的消耗，田面水层降到适宜水层的下限（h_{min}），这时如果没有降雨，则需进行灌溉，灌水定额即为

$$m=h_{max}-h_{min} \quad (2-9)$$

这一过程可用图 2－2 所示的图解法表示。如在时段初 A 点，水田应按 1 线耗水，至 B 点田面水层降至适宜水层下限，即需灌水，灌水定额为 m；如果时段内有降雨 P，则在降雨后，田面水层回升降雨深 P，再按 2 线耗水至 C 点时进行灌溉；如降雨 P'很大，超过适宜水层上限（或允许蓄水深），多余的部分需要排除，排水量为 d，然后按 3 线耗水至 D 点时进行灌溉。表 2－5 中列出的各种水层深度可供参考。表中水层为：适宜水层下限（h_{min}）；适宜水层上限（h_{max}）；降雨后最大蓄水深度（H_p）。

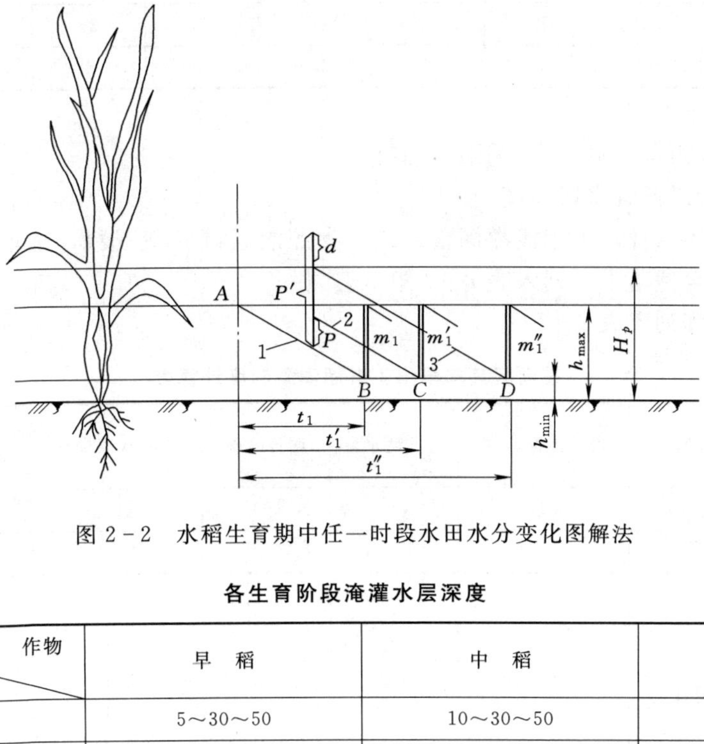

图 2－2 水稻生育期中任一时段水田水分变化图解法

表 2－5 **各生育阶段淹灌水层深度** 单位：mm

生育阶段＼作物	早 稻	中 稻	双季晚稻
返青	5～30～50	10～30～50	20～40～70
分蘖前	20～50～70	20～50～70	10～30～70
分蘖末	20～50～80	30～60～90	10～30～80
拔节孕穗	30～60～90	30～60～120	20～50～90
抽穗开花	10～30～80	10～30～100	10～30～50
乳熟	10～30～60	10～20～60	10～20～60
黄熟	10～20	落干	落干

根据上述原理可知，当确定了各生育阶段的适宜水层 h_{max}、h_{min} 以及阶段需水强度 e_i，

便可用图解法或列表法推求水稻灌溉制度。

【例 2-1】 现以某灌区某设计年早稻为例，说明列表法推求水稻灌溉制度的具体步骤。其基本资料如下：

1）早稻生育期各生育阶段耗水强度，见表 2-6。

表 2-6　　逐日耗水量计算表

生育期	返青	分蘖前	分蘖末	拔节孕穗	抽穗开花	乳熟	黄熟	全生育期
起止月日	4.25—5.2	5.3—5.10	5.11—5.26	5.27—6.12	6.13—6.27	6.28—7.6	7.7—7.14	4.25—7.14
天数	8	8	16	17	15	9	8	81
阶段水面蒸发量/mm	30	56.5	104.3	102	81.1	19	20	412.9
阶段需水系数 α	0.8	0.85	0.92	1.25	1.48	1.42	1.2	
阶段需水量/mm	24	48	96	127.5	120	27	24	466.5
阶段渗漏量/mm	8	8	16	17	15	9	8	81
阶段耗水量/mm	32	56	112	144.5	135	36	32	547.5
翌日耗水量/mm	4	7	7	8.5	9	4	4	

注　稻田渗漏量为 1mm/d。

2）生育期降雨量，见表 2-7 第（5）栏。

3）各生育阶段适宜水层深度。

根据灌区具体条件，采用浅灌深蓄方式，参照灌溉试验站资料，选取表 2-5 所列早稻数值，黄熟期自然落干，列入表 2-7 第（3）栏。

解　计算过程列于表 2-7。

表 2-7　　某灌区某年早稻生育期灌溉制度计算表　　单位：mm

日期		生育期	设计淹灌水层	逐日耗水量	逐日降雨	淹灌水层变化	灌水量	排水量
月	日							
(1)		(2)	(3)	(4)	(5)	(6)	(7)	(8)
4	24					10.1		
	25	返青期	5～30～50	4.0		6.1		
	26				7.7	9.7		
	27					5.7		
	28				7.4	9.1		
	29					5.1		
	30				61.0	50.0		12.1
5	1					46.0		
	2					42.0		
	3	分蘖前	20～50～70	7.0		35.0		
	4				16.0	44.0		
	5				12.9	49.9		
	6					42.9		
	7					35.9		
	8					28.9		
	9					21.9		
	10					44.9	30	

续表

日期		生育期	设计淹灌水层	逐日耗水量	逐日降雨	淹灌水层变化	灌水量	排水量
月	日							
(1)		(2)	(3)	(4)	(5)	(6)	(7)	(8)
5	11				6.7	44.6		
	12					37.6		
	13				24.3	54.9		
	14				5.3	53.2		
	15					46.2		
	16					39.2		
	17				21.5	53.7		
	18	分蘖末	20～50～80	7.0		46.7		
	19					39.7		
	20				1.9	34.6		
	21					27.6		
	22					20.6		
	23					43.6	30	
	24					36.6		
	25					29.6		
	26					22.6		
	27					54.1	40	
	28					45.6		
	29					37.1		
	30					28.6		
	31					60.1	40	
6	1					51.6		
	2					43.1		
	3					34.6		
	4	拔节孕穗	30～60～90	8.5		26.1		
	5					57.6	40	
	6					49.1		
	7					40.6		
	8					32.1		
	9				2.3	25.9		
	10				5.3	22.7		
	11					54.2	40	
	12					45.7		
	13					36.7		
	14					27.7		
	15					18.7		
	16					9.7		
	17					30.7	30	
	18					21.7		
	19					12.7		
	20	抽穗开花	10～30～80	9.0	2.5	36.2	30	
	21				2.1	29.3		
	22					20.3		
	23					11.3		
	24					32.3	30	
	25					23.3		
	26					24.3		
	27				10.0	15.3		

续表

日期		生育期	设计淹灌水层	逐日耗水量	逐日降雨	淹灌水层变化	灌水量	排水量
月	日							
(1)		(2)	(3)	(4)	(5)	(6)	(7)	(8)
6	28					11.3		
	29					37.3	30	
	30					33.3		
7	1					29.3		
	2	乳熟	10～30～60	4.0		25.3		
	3					21.3		
	4					17.3		
	5					13.3		
	6				4.6	13.9		
	7 ⋮ ⋮ 14	黄熟	落干	4.0				
			Σ	515.5 (未包括黄熟期耗水)	191.5		340	12.1

校核：

$$h_{始}+\sum P-\sum d+\sum m-\sum WC=h_{末}$$

$$10+191.5-12.1+340-515.5=13.9\text{mm}$$

与7月6日淹灌水层相符，计算无误。

说明：在插秧后的3～5d，允许田面水层略低于适宜水层下限，避免过早灌水引起漂秧。

例如，起始日4月24日末水层深 $h_1=10\text{mm}$（泡田后建立的田面水层）。则25日末水深为

$$h_2=10+0+0-4=6(\text{mm})$$

26日 $h_2=6+7.7+0-4=9.7(\text{mm})$

30日 $h_2=5.1+61.0-4=62.1\ (\text{mm})$

超过蓄水上限，应排水12.1mm，使水层保持在50mm。

又如5月10日，$h_2=21.9+0+0-7=14.9(\text{mm})$，低于淹水层下限，需进行灌水。灌水量按灌水上限50mm控制，在5月10日灌水30mm，水层为44.9mm。

如此进行逐日计算，即可求得生育期灌溉制度成果表2-8所列。

若泡田定额为80m³/亩，则总灌溉定额为 $M=M_1+M_2=227+80=307(\text{m}^3/亩)$。

表2-8　某灌区某年早稻生育期设计灌溉制度表

灌水次数	灌水日期	灌水定额	
		mm	m³/亩
1	5.10	30	20
2	5.23	30	20
3	5.27	40	26.7
4	5.31	40	26.7

续表

灌水次数	灌水日期	灌水定额	
		mm	m^3/亩
5	6.5	40	26.7
6	6.11	40	26.7
7	6.17	30	20
8	6.20	30	20
9	6.24	30	20
10	6.29	30	20
合计		340	226.8

（二）旱作物灌溉制度

用水量平衡分析法制定旱作物的灌溉制度时，通常以作物主要根系吸水层作为灌水时的土壤计划湿润层，并要求该土层内的储水量能保持在作物所要求的范围内。

1. 水量平衡方程

对于旱作物，在整个生育期中任何一个时段 t，土壤计划湿润层（H）内储水量的变化可以用下列水量平衡方程表示（图 2-3）：

$$W_t - W_0 = W_r + P_0 + K + M - ET \quad (2-10)$$

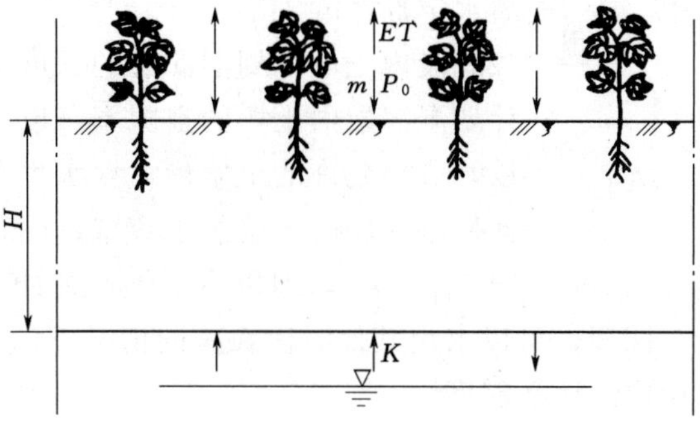

图 2-3　土壤计划湿润层水量平衡示意图

式中　W_0、W_t——时段初和任一时间 t 时的土壤计划湿润层内的储水量；

W_r——由于计划湿润层增加而增加的水量，如计划湿润层在时段内无变化则无此项；

P_0——保存在土壤计划湿润层内的有效雨量；

K——时段 t 内的地下水补给量，即 $K=kt$，k 为 t 时段内平均每昼夜地下水补给量；

M——时段 t 内的灌溉水量；

ET——时段 t 内的作物田间需水量，即 $ET=et$，e 为 t 时段内平均每昼夜的作物田间需水量。

以上各值可以用 mm 或 m^3/亩计。

为了满足农作物正常生长的需要，任一时段内土壤计划湿润层内的储水量必须经常保持在一定的适宜范围以内，即通常要求不小于作物允许的最小储水量（W_{min}）和不大于作物允许的最大储水量（W_{max}）。在天然情况下，由于各时段内需水量是一种经常的消耗，而降雨则是间断的补给。因此，当在某些时段内降雨很小或没有降雨量时，往往使土壤计划湿润层内的储水量很快降低到或接近于作物允许的最小储水量，此时即需进行灌溉，补充土层中消耗掉的水量。

例如，某时段内没有降雨，显然这一时段的水量平衡方程可写为

$$W_{min}=W_0-ET+K \tag{2-11}$$

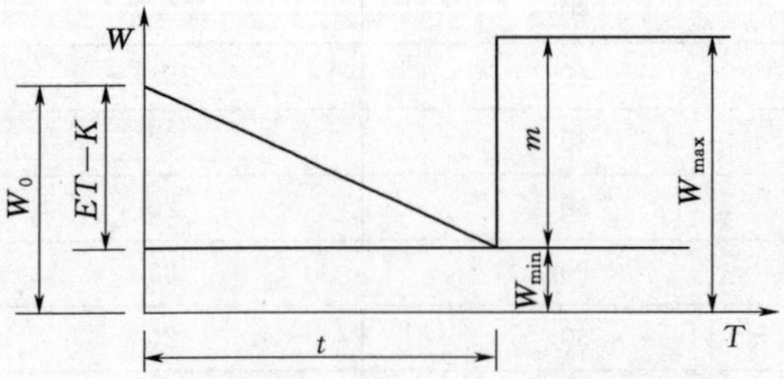

图 2-4 土壤计划湿润层（H）内储水量变化

式中 W_{min}——土壤计划湿润层内允许最小储水量；

其余符号意义同前。

如图 2-4 所示，设时段初土壤储水量为 W_0，则由式（2-11）可推算出开始进行灌水时的时间间距为

$$t=\frac{W_0-W_{min}}{e-k} \tag{2-12}$$

而这一时段末灌水定额 m 为

$$m=W_{max}-W_{min}=667nH(\theta_{max}-\theta_{min}) \tag{2-13}$$

或

$$m=W_{max}-W_{min}=667\gamma H(\theta'_{max}-\theta'_{min}) \tag{2-14}$$

式中 m——灌水定额，m^3/亩；

H——该时段内土壤计划湿润层的深度，m；

n——计划湿润层内土壤的空隙率（以占土壤体积的%计）；

θ_{max}、θ_{min}——该时段内允许的土壤最大含水率和最小含水率（以占土壤空隙体积的%计）；

γ——计划湿润层内土壤的干容重，t/m^3；

θ'_{max}、θ'_{min}——同 θ_{max}、θ_{min}，但以占干土重%计。

同理，可以求出其他时段在不同情况下的灌水时距与灌水定额，从而确定出作物全生育期内的灌溉制度。

2. 基本资料的收集

拟定的灌溉制度是否正确，关键在于方程中各项数据如土壤计划湿润层深度、作物允许的土壤含水量变化范围以及有效降雨量等选用是否合理。

（1）土壤计划湿润层深度（H）。土壤计划湿润层深度系指在旱田进行灌溉时，计划调节控制土壤水分状况的土层深度。它随作物根系活动层深度、土壤性质、地下水埋深等因素而变。在作物生长初期，根系虽然很浅，但为了维持土壤微生物活动，并为以后根系生长创造条件，需要在一定土层深度内有适当的含水量，一般采用 30～40cm；随着作物的成长和根系的发育，需水量增多，计划湿润层也应逐渐增加，至生长末期，由于作物根系停止发育，需水量减少，计划层深度不宜继续加大，一般不超过 0.8～1.0m。在地下水位较高的盐碱化地区，计划湿润层深度不宜大于 0.6m。计划湿润层深度应通过试验来确定，下面给出冬小麦、棉花不同生育阶段的计划湿润层深度，见表 2-9 和表 2-10。

（2）土壤最适宜含水率及允许的最大、最小含水率。土壤最适宜含水率（$\theta_{适}$）随作物种类、生育阶段的需水特点、施肥情况和土壤性质（包括含盐状况）等因素而异，一般应通过试验或调查总结群众经验确定。表 2-9 和表 2-10 中数字可供参考。

由于作物需水的持续性与农田灌溉或降雨的间歇性、土壤计划湿润层的含水率不可能经常保持某一最适宜含水率数值而不变。为了保证作物正常生长，土壤含水率应控制在允

许最大和允许最小含水率之间变化。允许最大含水率（θ_{max}）一般以不致造成深层渗漏为原则，所以采用 $\theta_{max}=\theta_{田}$，$\theta_{田}$ 为土壤田间持水率，见表 2－11。作物允许最小含水率（θ_{min}）应大于凋萎系数。具体数值可根据试验确定，缺乏试验资料时，可参考表 2－9 和表 2－10 中的下限值。

表 2－9　冬小麦土壤计划湿润层深度和适宜含水率表

生育阶段	土壤计划湿润层深度/cm	土壤适宜含水率（以田间持水率的百分数计）
出苗	30～40	45～60
三叶	30～40	45～60
分蘖	40～50	45～60
拔节	50～60	45～60
抽穗	50～80	60～75
开花	60～100	60～75
成熟	60～100	60～75

表 2－10　棉花土壤计划湿润层深度和适宜含水率表

生育阶段	土壤计划湿润层深/cm	土壤适宜含水率（以田间持水率的百分数计）
幼苗	30～40	55～70
现蕾	40～60	60～70
开花	60～80	70～80
吐絮	60～80	50～70

表 2－11　各种土壤的田间持水率

土壤类别	孔隙率（体积）/%	田间持水率	
		占土体/%	占孔隙率/%
砂土	30～40	12～20	35～50
砂壤土	40～45	17～30	40～65
壤土	45～50	24～35	50～70
黏土	50～55	35～45	65～80
重黏土	55～65	45～55	75～85

在土壤盐碱化较严重的地区，往往由于土壤溶液浓度过高，而妨碍作物吸取正常生长所需的水分，因此还要依作物不同生育阶段允许的土壤溶液浓度作为控制条件来确定允许最小含水率（θ_{min}）。

（3）降雨入渗量（P_0）。指降雨量（P）减去地面径流损失（$P_{地}$）后的水量，即

$$P_0=P-P_{地} \tag{2-15}$$

一般用以代表有效降雨量。

降雨入渗量也可用降雨入渗系数来表示：

$$P_0=\alpha P \tag{2-16}$$

式中　α——降雨入渗系数，其值与一次降雨量、降雨强度、降雨延续时间、土壤性质、地面覆盖及地形等因素有关。一般认为一次降雨量小于5mm时，α为0；当一次降雨量在5～50mm时，α为1.0～0.8；当次降雨量大于50mm时，α=0.7～0.8。

(4) 地下水补给量（K）。地下水补给量系指地下水借土壤毛细管作用上升至作物根系吸水层而被作物利用的水量，其大小与地下水埋藏深度、土壤性质、作物种类、作物需水强度、计划湿润土层含水量等有关。地下水利用量（K）应随灌区地下水动态和各阶段计划湿润层深度不同而变化。目前由于试验资料较少，只能确定总量大小，如内蒙古灌区春小麦地下水利用量，当地下水埋深为1.5～2.5m时，利用量为40～80m^3/亩；河南省人民胜利渠在1957年、1958年观测资料证明，冬小麦生长期内地下水埋深1.0～2.0m时，地下水利用量可占耗水量的20%（中壤土）。由此可见，地下水补给量是很可观的，在设计灌溉制度时，必须根据当地或条件类似地区的试验、调查资料估算。

(5) 由于计划湿润层增加而增加的水量（W_T）。在作物生育期内计划湿润层是变化的，由于计划湿润层增加，可利用一部分深层土壤的原有储水量，W_T可按下式计算：

$$W_T=667(H_2-H_1)n\bar{\theta}(\text{m}^3/\text{亩}) \tag{2-17}$$

或

$$W_T=667(H_2-H_1)\frac{\gamma}{\gamma_{水}}\overline{\theta'}(\text{m}^3/\text{亩}) \tag{2-18}$$

式中　H_1——计划时段初计划湿润层深度，m；

H_2——计划时段末计划湿润层深度，m；

$\bar{\theta}$——(H_2-H_1)深度的土层中的平均含水率，以占孔隙率的百分数计，一般$\bar{\theta}<\theta_{田}$；

n——土壤孔隙率，以占土体积的百分数计；

$\overline{\theta'}$——同$\bar{\theta}$，但以占干土重的百分数计；

γ、$\gamma_{水}$——土壤干容重和水的容重，t/m^3。

当确定了以上各项设计依据后，即可分别计算旱作物的播前灌水定额和生育期的灌溉制度。

3. 旱作物播前的灌水定额（M_1）的确定

播前灌水的目的在于保证作物种子发芽和出苗所必需的土壤含水量或储水于土壤中以供作物生育后期之用。播前灌水往往只进行一次。一般可按下式计算：

$$M_1=667H(\theta_{\max}-\theta_0)n(\text{m}^3/\text{亩}) \tag{2-19}$$

$$M_1=667(\theta'_{\max}-\theta'_0)\frac{\gamma}{\gamma_{水}}H(\text{m}^3/\text{亩}) \tag{2-20}$$

式中　H——土壤计划湿润层深度，m，应根据播前灌水要求决定；

n——相应于H土层内的土壤孔隙率，以占土壤体积百分数计；

$\theta_{\max}$——一般为田间持水率，以占孔隙的百分数计；

θ_0——播前H土层内的平均含水率，以占孔隙率的百分数计；

$\theta'_{\max}$、θ'_0——同$\theta_{\max}$、θ_0，但以占干土重的百分数计。

4. 根据水量平衡图解法拟定旱作物的灌溉制度

以棉花灌溉制度为例（图2-5）。

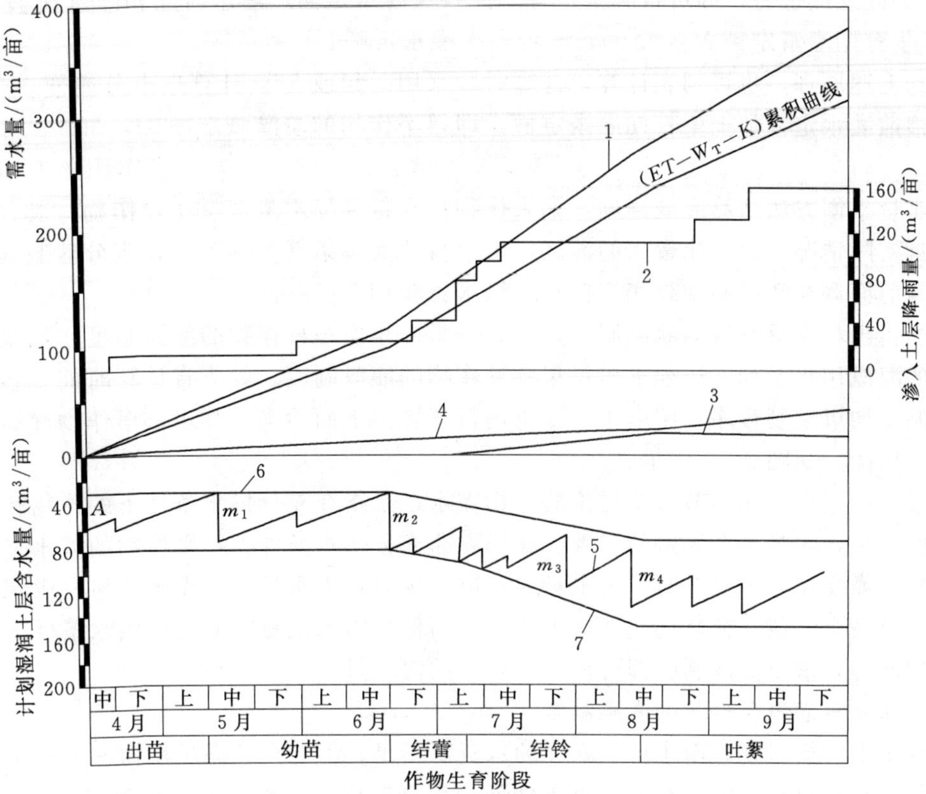

图 2-5　棉花灌溉制度设计图

1—作物需水量 E 累积曲线；2—渗入土壤内的降雨量累积曲线；3—W_T 累积曲线；4—K 值累积曲线；5—计划湿润土层中的实际储水量 W 曲线；6—计划湿润土层允许最小储水量 $W_{\min}$ 曲线；7—计划湿润土层允许最大储水量 $W_{\max}$ 曲线

在采用水量平衡图解分析法拟定灌溉制度时，其步骤如下：

1）根据各旬的计划湿润层深度 H 和作物所要求的计划湿润层内土壤含水率的上限 $\theta_{\max}$ 和下限 $\theta_{\min}$，求出 H 土层内允许储水量上限 $W_{\max}$ 及下限 $W_{\min}$，绘于图 2-5 上（$W_{\max}=667nH\theta_{\max}$，$W_{\min}=667nH\theta_{\min}$）。

2）绘制作物田间需水量（ET）累积曲线，由于计划湿润层加大而获得的水量（W_T）累积曲线、地下水补给量（K）累积曲线以及净耗水量（$ET-W_T-K$）累积曲线。

3）根据设计年雨量，求出渗入土壤的降雨量 P_0，逐时段绘于图上。

4）自作物生长初期土壤计划湿润层储水量 W_0。逐旬减去（$ET-W_T-K$）值，即至 A 点引直线平行于（$ET-W_T-K$）曲线，当遇有降雨时再加上降雨入渗量 P_0，即得计划湿润土层实际储水量（W）曲线。

5）当 W 曲线接近于 $W_{\min}$ 时，即进行灌水。灌水时期除考虑水量盈亏的因素外，还应考虑作物各发育阶段的生理要求，与灌水相关的农业技术措施以及灌水和耕作的劳动组织等。灌水定额的大小要适当，不应使灌水后土壤储水量大于 $W_{\max}$，也不宜给灌水技术的实施造成困难。灌水定额值也像降雨入渗量一样加在 W 曲线上。

6）如此继续进行，即可得到全生育期的各次灌水定额、灌水时间和灌水次数。

7）生育期灌溉定额 $M_2=\sum m$，m 为各次灌水定额。

根据上述原理，也可列表计算，计算时段采用一旬或 5d。计算也十分简便。

把播前灌水定额加上生育期灌溉定额，即得旱作物的总灌溉定额 M，即

$$M=M_1+M_2 \tag{2-21}$$

按水量平衡方法估算灌溉制度，如果作物耗水量和降雨量资料比较精确，其计算结果比较接近实际情况。对于比较大的灌区，由于自然地理条件差别较大，应分区制定灌溉制度，并与前面调查和试验结果相互核对，以求比较切合实际。

应当指出，这里所讲的灌溉制度是指某一具体年份一种作物的灌溉制度，如果需要求出多年的灌溉用水系列，还须求出每年各种作物的灌溉制度。为节省计算时间，各种作物的灌溉制度均可编制程序利用电子计算机进行计算。下面给出计算水、旱作物灌溉制度的通用电算框图，如图 2－6 所示。

必须强调指出，在本节中所讨论的作物需水量是指在充分供水条件下的作物腾发量而言，一般来说，它是一个固定的常数。如果在非充分供水条件下，则作物的需水量将随供水量的多少而变化。供水多时，需水量大；供水少时，需水量小。需水量将是供水量的函数，而不是一个定值。换言之，在这种情况下的作物需水量是随非充分供水条件下的作物灌溉制度而异，求出灌溉制度即可计算其相应的需水量。

二、非充分灌溉条件下的灌溉制度

在缺水地区或时期，由于可供灌溉的水资源不足，不能充分满足作物各生育阶段的需水量要求，从而只能实施非充分灌溉条件下的灌溉制度，或称非充分灌溉（deficit irrigation）。

非充分灌溉是允许作物受一定程度的缺水和减产，但仍可使单位水量获得最大的经济效益。非充分灌溉也称不充足灌溉、部分灌溉、限额灌溉或经济灌溉等。研究非充分灌溉，必须首先研究作物产量与缺水量之间的关系。

（一）作物水分生产函数

作物水分生产函数（crop water production function）是指在作物生长发育过程中，作物产量与投入水量或作物消耗水量之间的数量关系。作物水分生产函数可以确定作物在不同时期遇到不同程度的缺水时对产量带来的影响。因此，它是研究非充分灌溉的必需资料之一。

作物水分生产函数是随不同的作物、地点、年份、灌溉与农业技术条件而变化，一般应根据当地的具体条件进行灌溉试验来确定。图 2－7 表示作物水分生产函数的一般形式。图中虚线代表产量与作物腾发量之间的关系；实线代表投入水量（包括降雨量）与产量的关系，即作物水分生产函数。从图中可以看出，函数的前半部分大致成直线，并且与腾发量函数也大致相平行。如果继续投入水量，函数变成曲线，产量不仅没有增加，反而减少；而投入的水量就形成渗漏和地表径流损失，实际上就成为充分灌溉了。因此，十分明显，供水过多或过少都会使作物减产。而非充分灌溉首先是要研究作物缺水对产量的影响程度，亦即作物水分生产函数。

上述作物水分生产函数的一般形式可以用 R·J·Kanks（1974）模型表示：

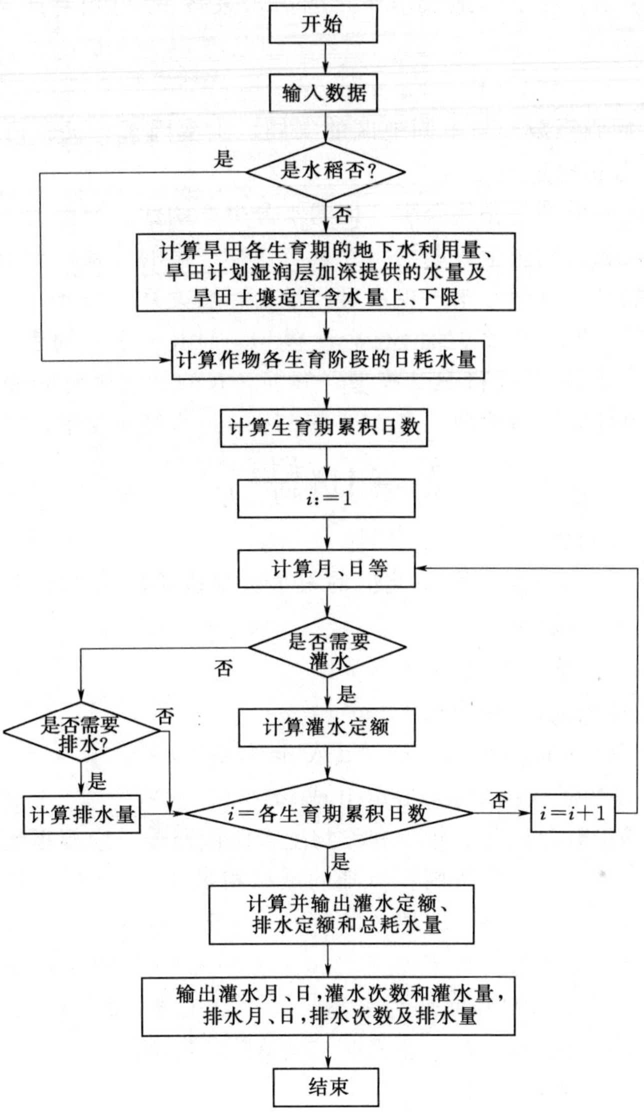

图 2-6　水稻和旱作物灌溉制度电算通用程序框图

$$\frac{Y_a}{Y_m}=\frac{ET_a}{ET_m} \tag{2-22}$$

即

$$Y_a=Y_m\left(\frac{ET_a}{ET_m}\right) \tag{2-23}$$

式中　Y_a、Y_m——作物的实际产量和潜在产量；

ET_a、ET_m——作物全生育期实际腾发量和潜在腾发量；

$\frac{ET_a}{ET_m}$——需水系数，以 W 表示。

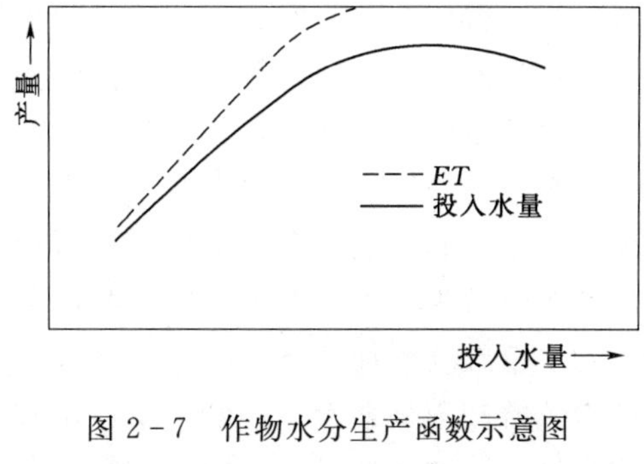

图 2-7　作物水分生产函数示意图

大量试验资料表明，在干旱地区旱作物的需水系数 W 与相对产量比值（Y_a/Y_m）存在二次函数关系：

$$Y_a = Y_m[a + b(W) - c(W)^2] \tag{2-24}$$

式中 a、b、c——回归系数，与不同地区的气候、土壤因素有关，可根据试验资料统计分析确定。

必须指出，上述的模型是作物全生育期的水分生产函数。但是为了研究水分亏缺条件下的灌溉制度，不仅要研究全生育期的腾发量与作物产量的关系，更重要的是要研究作物各生育阶段腾发量的多少（即亏水多少）对产量的影响关系。为此，有许多学者提出了作物生育阶段水分生产函数的模型。如 Stewart 模型、Hiller 等人的模型、Blank 等人的模型、Howell 模型、Jensen 模型和 Hill 模型，等等，有的是按生育阶段相加形式，有的是相乘形式。目前国内外应用最普遍的是 M·E·Jensen 的相乘模型，其形式如下：

$$\frac{Y_a}{Y_m} = \prod_{i=1}^{n}\left(\frac{ET_{ai}}{ET_{mi}}\right)^{\lambda_i} \tag{2-25}$$

式中 n——阶段划分的数目；

λ_i——第 i 阶段缺水敏感指数，此值的大小反映该阶段缺水后引起的减产程度，即 λ_i 值越大，减产率越大；

Y_a——作物实际产量，kg/亩或 t/hm^2；

Y_m——作物潜在产量，kg/亩或 t/hm^2；

ET_{ai}——第 i 阶段的实际腾发量，mm/d 或 m^3/(亩·d)；

ET_{mi}——第 i 阶段的潜在腾发量，mm/d 或 m^3/(亩·d)。

各种作物的敏感指数随地区、年份和作物生育阶段而异，应根据灌溉试验来确定。如根据我国华北、西北地区的试验资料，概括的敏感指数 λ_i 值如下：在划分为 5 个阶段条件下，冬小麦的 $\lambda_i=0.02\sim0.48$，即越冬期最小，返青后逐渐增大，拔节至抽穗或抽穗至灌浆阶段为最高，以后又降低。对于棉花，$\lambda_i=0.01\sim0.77$，即苗期和吐絮期最小，现蕾期和花铃末期居中，花铃初期和盛期为最高。对于夏玉米，$\lambda_i=0.01\sim0.59$，即苗期最小，拔节期增大，抽穗期达到高峰，灌浆期至成熟阶段逐渐减小。

（二）非充分灌溉的基本原理

关于非充分灌溉的基本原理可用效益和费用函数来说明（图 2-8）。图中的纵坐标为效益或费用，横坐标为投入的水量。倾斜的直线为灌溉工程的年运行费用，包括水费、动力费和管理费用等。一般来说，它是随着投入水量的增加而相应地按一定比例增加，可以称为可变生产费用。此直线在纵坐标上的截距代表这一灌溉工程的固定费用。曲线表示投入水量与灌溉效益的关系，其形状与一般的作物水分生产函数相类似。一般的概念是，随着投入水量的增加，作物的产量也增加，相应地灌溉效益也增加。但如果与年费用结合来考虑，就会引起上述概念的变化，这可以明显地从图 2-8 中看出。当投入水量达到 W_m 时，其净效益为最大，即 E_m 点，该点的曲线斜率恰好与生产费用直线的斜率相等。如果投入的水量继续增加到 W_y 点，这时的作物产量可能是最大，但由于生产费用的增加，E_y 点的净效益却不是最大。一般来说，W_y 就是最大供水量，也即到达充分灌溉的上限。如果用水量继续增加到 W_0，就形成过量用水，产量和效益都要下降。所谓非充分灌溉，就是要让用水量适当减少，使其小于 W_y。如果用水量减少到 W_d，这时的净效益（$E_d d$）正好等于获得最高产量时的净效益（$E_y y$）。如果灌溉面积用水量继续减少，则灌溉净效益就会降低。所以，我们说非充分灌溉的用水范围是在 W_y 以下，具体范围需试验确定。在这个范围内进行灌溉，虽然所获得的作物产量不是最高，但其净效益却始终大于在最高产量时所获得的净效益 $E_y y$。这也就是把非充分灌溉称为经济灌溉的道理，即用水量虽然减少了，产量也相应减少了，但其经济效益仍可能较大或最大。

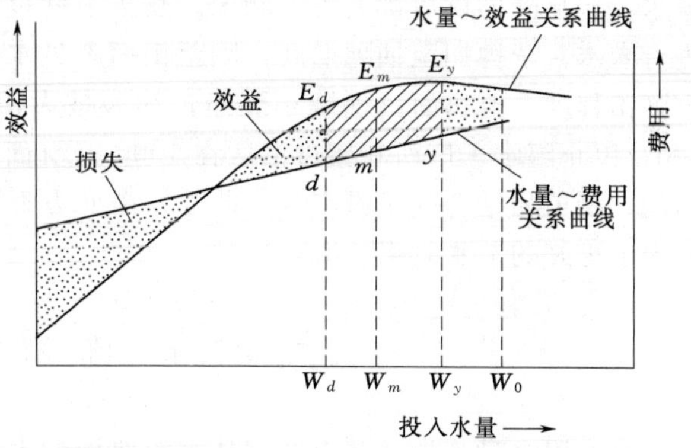

图 2-8 灌溉水量与效益、费用关系曲线

另外，当水源紧张时，还可采取减少灌溉面积上作物非关键需水时期的灌水定额或灌水次数，用节省下来的水量尽可能多灌一些面积。这样，总的灌溉水量所获得的效益将为最大，这也是推行非充分灌溉的重要原因。

（三）作物非充分灌溉制度

从上述原理可以看出，非充分灌溉的情况要比充分灌溉复杂得多。实施非充分灌溉不仅要研究作物的生理需水规律，要研究什么时候缺水、缺水程度对作物产量的影响，而且要研究灌溉经济学，使投入最小，而获得的产出最大。因此，在第一节中所述的充分灌溉条件下的灌溉制度的设计方法和原理，就不能适用于非充分灌溉条件下的灌溉制度的设计。

我国在非充分灌溉实践中，对旱作物有的是采用减少灌水次数的方法，即减少对作物生长影响不大的灌水，保证关键时期的灌水；也有采用减少灌水定额的方法，不是使土壤达到最大田间持水量，而仅是田间持水量的一部分；另外，也有将削减下来的水量去扩大灌溉面积，以求得总产量的最高；或是将节省下来的水量去灌溉经济价值较高的作物，以求得全灌区的作物增产价值量最高。各地试验站都进行了不同的试验。此外，在理论上对非充分灌溉的优化灌溉制度也进行了一些研究。但多是以 M·E·Jensen 提出的作物水分生产函数为目标函数，以土壤含水量和可供水量等为约束条件，进行优化计算，取得目标是总产量最高又省水的优化灌溉制度。也有一些研究在目标函数中同时引入生产费用等因素，以获得总灌溉净效益最高而又省水的优化灌溉制度，这可参阅《灌排工程最优规划与管理》一书，此处从略。

对水稻则是采用浅水、湿润、晒田相结合的灌水方法，不是以控制淹灌水层的上下限来设计灌溉制度，而是以控制稻田的土壤水分为主。例如，在山东济宁地区大面积推广的水稻灌溉制度是：插秧以后在田面保持薄水层，约 5～25mm，以利返青活苗。返青以后在田面不保留水层，而是控制土壤含水量。控制的上限为土壤饱和含水量，下限为饱和含水量的 60%～70%。浙江省绍兴地区普遍推广的“薄露”灌溉是：除返青期深灌（早稻保温，晚稻降温）以外，以后一律灌薄水层，水层越薄越好，只要求达到土壤饱和。每次灌水，包括降雨以后都要落干晒田。在拔节期以前轻度晒田，至田面表土将要开裂时，再进行灌水。孕穗期至抽穗期间，晒至田面不见水层时即复灌。乳熟期至收割以前，逐渐加重晒田程度，至田面出现微小裂缝，约为最大田间持水量的60%～70%。收割以前7～10d，停止灌水。广西壮族自治区在1000万亩面积上推广水稻节水灌溉，主要也是浅水、湿润、晒田相结合的灌溉制度。此外，南北方灌区还推广“水稻旱种”“旱育稀植”技术，取得了更好的节水效果。

第三节 灌溉用水量

灌溉用水量是指灌溉土地需从水源取用的水量而言，它是根据灌溉面积、作物种植情况、土壤、水文地质和气象条件等因素而定。灌溉用水量的大小直接影响着灌溉工程的规模。

一、设计典型年的选择

从上述灌溉制度的分析中可知，农作物需要消耗的水量主要来自灌溉、降雨和地下水补给。对一个灌区来说，地下水补给量是比较稳定的，而降雨量在年际之间变化很大。因此，各年的灌溉用水量就有很大的差异。在规划设计灌溉工程时，首先要确定一个特定的水文年份，作为规划设计的依据。通常把这个特定的水文年份称为“设计典型年”。根据设计典型年的气象资料计算出来的灌溉制度被称为“设计典型年的灌溉制度”，简称为“设计灌溉制度”，相应的灌溉用水量称为“设计灌溉用水量”。根据历年降雨量资料，可以用频率方法进行统计分析，确定几种不同干旱程度的典型年份，如中等年（降雨量频率为50%）、中等干旱年（降雨量频率为75%）以及干旱年（降雨量频率为85%～90%）等，以这些典型年的降雨量资料作为计算设计灌溉制度和灌溉用水量的依据。

二、典型年灌溉用水量及用水过程线

对于任何一种作物的某一次灌水，须供水到田间的灌水量（称净灌溉用水量）$W_{净}$ 可用下式求得：

$$W_{净}=mA(\mathrm{m}^3) \tag{2-26}$$

式中 m——该作物某次灌水的灌水定额，m^3/亩；

A——该作物的灌溉面积，亩。

对于任何一种作物，在典型年内的灌溉面积、灌溉制度确定后［表2-12中(1)～(6)项］，并可用式（2-26）推算出各次灌水的净灌溉用水量［表2-12中（7）～(11）项］。由于灌溉制度本身已确定了各次灌水的时期，故在计算各种作物每次灌水的净灌溉用水量的同时，也就确定了某年内各种作物的灌溉用水量过程线［把表2-12中（1）项与（7）～(11）项联系起来］。

全灌区任何一个时段内的净灌溉用水量是该时段内各种作物净灌溉用水量之和，按此可求得典型年全灌区净灌溉用水量过程［表2-12中的（12）项］。

灌溉水由水源经各级渠道输送到田间，有部分水量损失掉了（主要是渠道渗漏损失）。故要求水源供给的灌溉水量（称毛灌溉用水量）为净灌溉用水量与损失水量之和，这样才能满足田间得到净灌溉水量的要求。通常用净灌溉用水量 $W_{净}$ 与毛灌溉用水量 $W_{毛}$ 之比

表 2-12　　某灌区中旱年灌溉用水过程推算表（直接推算法）

时间/(月、旬)		各种作物各次灌水定额/(m^3/亩)					各种作物各次净灌溉用水量/10^4m^3					全灌区净灌溉用水量/10^4m^3	全灌区毛灌溉用水量/10^4m^3
作物及灌溉面积/10^4亩		双季早 $A_1=$ 44.1	中稻 $A_2=$ 12.6	一季晚 $A_3=$ 6.3	双季晚 $A_4=$ 37.4	旱作 $A_5=$ 27	双季早 A_1	中稻 A_2	一季晚 A_3	双季晚 A_4	旱作 A_5		
(1)		(2)	(3)	(4)	(5)	(6)	(7)	(8)	(9)	(10)	(11)	(12)	(13)
4	上												
	中	80(泡)					3528					3528	5428
	下												
5	上	20	90(泡)				882	1130				2102	3095
	中												
	下	73.5	100				3250	1260				4510	6940
6	上	26.7	50				1180	630				1810	2790
	中	66.7	120	80(泡)			2950	1510	500			4960	7650
	下	40.0	70				1770	880				2650	4070
7	上		70	60	40(泡)			880	380	1500		2760	4250
	中			60	60	50			380	2240	1350	3970	6120
	下				80					3000		3000	4620
8	上			100					630			630	970
	中												
	下				60					2240		2240	3450
9	上												
	中												
	下												
全年内		307	500	300	240	50	13560	6290	1890	8980	1350	32070	49338

注　1. 全灌区面积 $A=90\times10^4$ 亩。
2. 灌溉水利用系数 $\eta_水=0.65$。

值 $\eta_水$ 作为衡量灌溉水量损失情况的指标 $\eta_水=\dfrac{W_净}{W_毛}$，称灌溉水利用系数。已知净灌溉用水量 $W_净$ 后，可用 $W_毛=\dfrac{W_净}{\eta_水}$，求得毛灌溉用水量［表 2-12 中第（13）项］。

$\eta_水$ 的大小与各级渠道的长度、流量、沿渠土壤、水文地质条件、渠道工程状况和灌溉管理水平等有关。在管理运用过程中，可实测决定。我国南方各省，在规划设计中，对于大、中、小型灌区，一般 $\eta_水$ 分别取 0.60～0.70、0.70～0.80。若考虑防渗措施，则 $\eta_水$ 可采用较大数值。若无防渗措施，可取较小数值。实际上，在目前管理条件下，许多已成灌区都只能达到 0.45～0.60。

某年灌溉用水量过程线还可用综合灌水定额 $m_综$ 求得，任何时段内全灌区的综合灌水定额是该时段内各种作物灌水定额的面积加权平均值，即

$$m_{综,净}=\alpha_1 m_1+\alpha_2 m_2+\alpha_3 m_3+\cdots \tag{2-27}$$

式中　$m_{综,净}$——某时段内综合净灌水定额，m^3/亩；

m_1、m_2、m_3、…——第 1 种、第 2 种、第 3 种、…作物在该时段内灌水定额，m^3/亩；

α_1、α_2、α_3、…——各种作物灌溉面积占全灌区的灌溉面积的比值。

全灌区某时段内的净灌溉用水量 $W_{净}$，可用下式求得：

$$W_{净}=m_{综,净}A(\mathrm{m}^3) \tag{2-28}$$

式中 A——全灌区的灌溉面积，亩。

计入水量损失，则综合毛灌水定额为

$$m_{综,毛}=\frac{m_{综,净}}{\eta_{水}}(\mathrm{m}^3/亩) \tag{2-29}$$

全灌区任何时段毛灌溉用水量为

$$W_{毛}=m_{综,毛}A(\mathrm{m}^3) \tag{2-30}$$

通过综合灌水定额推算灌溉用水量，与式（2-26）直接推算方法相比，其繁简程度类似，但求得综合灌水定额有以下作用：①它是衡量全灌区灌溉用水是否合适的一项重要指标，与自然条件及作物种植面积比例类似的灌区进行对比，便于发现 $m_{综}$ 是否偏大或偏小，从而进行调整、修改；②若一个较大灌区的局部范围（如一些支渠控制范围）内，其各种作物种植面积比例与全灌区的情况类似，则求得 $m_{综}$ 后，不仅便于推算全灌区灌溉用水量，同时可利用它推算局部范围内的灌溉用水量；③有时灌区的作物种植面积比例已根据当地的农业发展计划决定好了，但灌区总的灌溉面积还须根据水源等条件决定，此时，须利用综合毛灌溉定额推求全灌区应发展的灌溉面积：

$$A=\frac{W_{源}}{M_{综,毛}}(亩) \tag{2-31}$$

式中 $W_{源}$——水源每年能供给的灌溉水量，m^3；

$M_{综,毛}$——综合毛灌溉定额，m^3/亩。

对于小型灌区或没有以上这些要求的情况，一般可用直接推算法计算。

必须指出，对于一些大型灌区，灌区内不同地区的气候、土壤、作物品种等条件有明显差异，因而同种作物的灌溉制度也有明显的不同，此时，须先分区求出各区的灌溉用水量，而后再汇总成为全灌区的灌溉用水量。

三、多年灌溉用水量的确定和灌溉用水频率曲线

以上是某一具体年份灌溉用水量及年灌溉用水过程的计算方法。在用长系列法进行大、中型水库的规划设计或作多年调节水库的规划及控制运用计划时，常须求得多年的灌溉用水量系列。多年灌溉用水量可按照以上方法逐年推求。

有了多年的灌溉用水量系列，与年径流频率曲线一样，也可以应用数理统计原理求得年灌溉用水量的理论频率曲线。根据对我国23个大型水库灌区的分析，初步证实灌溉用水量频率曲线也可采用皮Ⅲ型曲线，经验点据与理论频率曲线配合尚好，其统计参数亦有一定的规律性，一般 C_v 为0.15～0.45，C_s 为 C_v 的1～3倍。在一定条件下，灌溉用水量频率曲线的统计参数应能进行地区综合，做出等值线图或分区图，这样应用起来就方便了。但是，由于影响灌溉用水量的因素十分复杂，而且随着国民经济的发展、灌溉技术及农业技术措施的改革，使得灌溉用水量的变化规律更不确定，这些问题都有待进一步深入研究。

灌溉用水量频率曲线可用于推求代表年灌溉用水量；在采用数理统计法进行多年调节

计算时，可用它与来水频率曲线进行组合去推求多年调节兴利库容或用于其他水文水利计算问题。

四、乡镇供水量

乡镇供水主要包括农村人畜用水、乡镇企业和工业用水等。根据统计，农业灌溉用水是农村用水中的大户，约占总用水量的93.0%，其余7%左右为农村人畜用水、乡镇企业和工业用水等。随着国民经济的全面发展，人民生活水平普遍提高，特别是改革开放以来，乡镇企业蓬勃发展，建设乡镇供水已成为广大农村生产生活的迫切需要，也是实现国民经济发展第二步战略目标，农村走上小康的必要条件。在灌区内开展乡镇供水也是水利部门开展全方位服务的主要内容之一，不仅促进了国民经济的发展和人民生活水平的提高，而且也为水利部门自身增加了经济效益。截至1994年年底，我国5万多个乡镇中已有2.5万多个乡镇用上自来水，乡镇供水已发展到1.8万多个，日供水能力达900多万t，供水人口约为1亿，“九五”期间，全国计划兴建乡镇供水工程6000处。

为此，在新建灌区设计渠道和建筑物时，必须考虑乡镇供水的问题，加大渠道的供水能力。对于已成灌区，一般来说，过去都没有考虑乡镇供水问题，或者是考虑很不够，灌区渠道都是按灌溉用水量要求设计。为了满足乡镇供水的要求，通常采用两种方式：一是在工程许可条件下，扩大渠道的供水能力；二是压缩农业用水的比例，增加乡镇供水量。如有的灌区是开展农业节水灌溉，或是调整作物种植结构，即减少需水量大的作物种植面积，改种需水量少的作物等。例如，广东省湛江市青年运河管理局就是通过渠道防渗、开展节约用水和压缩水稻面积，发展甘蔗等需水量较少的作物的办法，把节省下来的水量发展乡镇和城市供水的。先后为湛江、廉江、遂溪、海康等城镇自来水公司和糖厂、纸厂等增建了一批从青年运河直接引水的供水工程。工业和生活供水量已由1986年的2100万m^3扩大到1991年的5722万m^3。相应地，工业和生活供水的水费收入由1986年的46.5万元，提高到1991年的286.1万元，占水费总收入的70%。

乡镇供水的供水量指标，对于工业和乡镇企业来说，其供水量应视实际需要而定。对于人畜用水可按下述指标设计：北方农村，每人每天20～25L；南方农村，每人每天25～40L；在经济发达的郊区，每人每天70～80L。大牲畜，每头每天25～35L；中等牲畜，每头每天8～25L。乡镇企业的用水标准则因企业的生产性质不同而有很大差异。例如制砖1000块，需0.8～1.0m^3水；豆制品加工每吨需5～15m^3水；酿酒每吨需20～50m^3水；饴糖加工每吨需20m^3水等。在规划时根据具体情况，可查阅有关手册。应该指出，随着农村经济的发展和人民生活的提高，乡镇供水的内容也相应扩大，不仅包括人畜和工业用水，而且还应考虑美化环境、游乐和消防用水，等等。

第四节　灌　水　率

灌水率是指灌区单位面积（例如以万亩计）上所需灌溉的净流量$q_{净}$又称灌水模数，它是根据灌溉制度确定的，利用它可以计算灌区渠首的引水流量和灌溉渠道的设计流量。

灌水率$q_{净}$应分别根据灌区各种作物的每次灌水定额，逐一进行计算，如某灌区的面积为A（亩），种有甲、乙、丙、……等各种作物，面积各为$\alpha_1 A$、$\alpha_2 A$、$\alpha_3 A$、…；α_1、

α_2、α_3、…分别为各种作物种植面积占灌区面积的百分数。如作物甲的各次灌水定额分别为 m_1、m_2、…（m^3/亩），要求各次灌水在 T_1、T_2、…昼夜内完成，则对于这一作物，各次灌水所要求的灌水率为

$$\left.\begin{aligned}&\text{第一次灌水时}\qquad q_{1,净}=\frac{\alpha m_1}{8.64T_1}\quad [m^3/(s\cdot 万亩)]\\&\text{第二次灌水时}\qquad q_{2,净}=\frac{\alpha m_2}{8.64T_2}\quad [m^3/(s\cdot 万亩)]\\&\qquad\vdots\qquad\qquad\qquad\qquad\vdots\end{aligned}\right\}\qquad(2-32)$$

上述灌水率计算公式中，T_1 和 T_2 均为灌水延续时间，以 d 计。对于自流灌区，每天灌水延续时间一般以 24h 计；对于抽水灌区，则每天抽灌时间以 20～22h 计，式（2－32）中系数 8.64 应相应改为 7.2～7.92。

同理，可求出灌区各种作物每次灌水的灌水率，见表 2－13。

表 2－13　　灌水率计算表

作物	作物所占面积/%	灌水次数	灌水定额/（m³/亩）	灌水时间/（日/月）			灌水延续时间/d	灌水率/[m³/(s·万亩)]
				始	终	中间日		
小麦	50	1	65	16/9	27/9	22/9	12	0.31
		2	50	19/3	28/3	24/3	10	0.29
		3	55	16/4	25/4	21/4	10	0.32
		4	55	6/5	15/5	11/5	10	0.32
棉花	25	1	55	27/3	3/4	30/3	8	0.20
		2	45	1/5	8/5	5/5	8	0.16
		3	45	20/6	27/6	24/6	8	0.16
		4	45	26/7	2/8	30/7	8	0.16
谷子	25	1	60	12/4	21/4	17/4	10	0.17
		2	55	3/5	12/5	8/5	10	0.16
		3	50	16/6	25/6	21/6	10	0.14
		4	50	10/7	19/7	15/7	10	0.14
玉米	50	1	55	8/6	17/6	13/6	10	0.32
		2	50	2/7	11/7	7/7	10	0.29
		3	45	1/8	10/8	6/8	10	0.26

由式（2－32）可见，灌水延续时间 T 直接影响着灌水率的大小，从而在设计渠道时也影响着渠道的设计流量以及渠道和渠系建筑物的造价，因此必须慎重选定。灌水延续时间与作物种类、灌区面积大小及农业生产劳动计划等有关。灌水延续时间越短，作物对水分的要求越容易得到及时满足，但这将加大渠道的设计流量，并造成灌水时劳动力的过分紧张。不同作物允许的灌水延续时间也不同。对主要作物的关键性的灌水，灌水延续时间不宜过长；次要作物可以延长一些。如灌区面积较大，劳动条件较差，则灌水时间亦可较长。但延长灌水时间应在农业技术条件许可和不降低作物产量的条件下进行。对于大中型灌区，灌溉面积在万亩以上的，我国各地主要作物灌水延续时间大致如下：

水稻，泡田期灌水 7～15 昼夜；生育期灌水 3～5 昼夜。

小麦，播前灌水 10～20 昼夜；拔节后灌水 10～15 昼夜。

棉花，苗期、花铃期灌水 8～12 昼夜；吐絮期灌水 8～15 昼夜。

玉米，拔节抽穗灌水 10～15 昼夜；开花期灌水 8～13 昼夜。

对于灌溉面积较小的灌区，灌水延续时间要相应减小，例如，一条农渠的灌水延续时间一般约 12～24h。

为了确定设计灌水率、推算渠首引水流量或灌溉渠道设计流量，通常可先对某一设计代表年计算出灌区各种作物每次灌水的灌水率（表 2-13），并将所得灌水率绘在方格纸上，如图 2-9 所示，称为灌水率图。从图可见，各时期的灌水率大小相差悬殊，渠道输水断断续续，不利于管理。如以其中最大的灌水率计算渠道流量，势必偏大，不经济。因此，必须对初步算得的灌水率图进行必要的修正，尽可能消除灌水率高峰和短期停水现象。

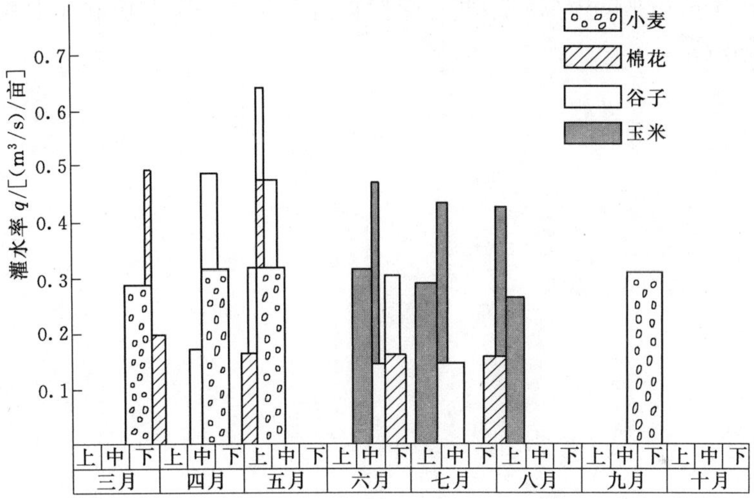

图 2-9　北方某灌区初步灌水率图

在修正灌水率图时，要以不影响作物需水要求为原则，尽量不要改变主要作物关键用水期的各次灌水时间，若必须调整移动，以往前移动为主，前后移动不超过 3d；调整其他各次灌水时，要使修正后的灌水率图比较均匀、连续。此外，为了减少输水损失，并使渠道工作制度比较平稳，在调整时不应使灌水率数值相差悬殊。一般最小灌水率不应小于最大灌水率的 40%。修正后的灌水率图如图 2-10 所示。

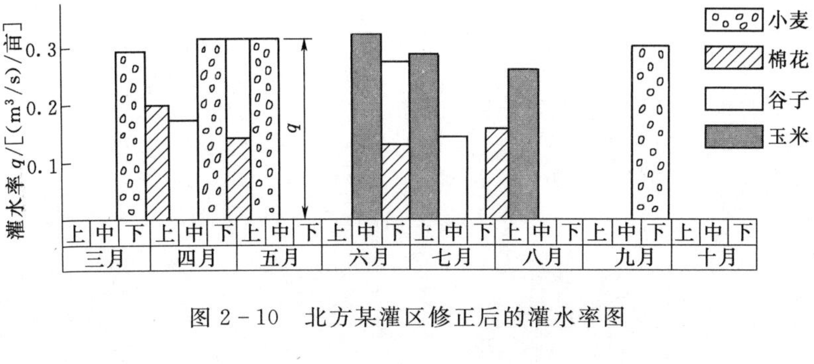

图 2-10　北方某灌区修正后的灌水率图

作为设计渠道用的设计灌水率，应从图 2-10 中选取延续时间较长（例如达到 20～30d）的最大灌水率值，如图中所示 q 值，而不是短暂的高峰值，这样不致使设计的渠道断面过大，增加渠道工程量。在渠道运用过程中，对短暂的大流量，可由渠堤超高部分的断面去满足。

根据调查统计，大面积水稻灌区（万亩以上）的设计净灌水率（$q_{净}$）一般为 0.45～0.6 [m^3/(s·万亩)]；大面积旱作灌区的设计净灌水率一般为 0.2～0.35 [m^3/(s·万亩)]；水旱田均有的大中型灌区，其综合净灌水率可按水旱面积比例加权平均求得。对于控制灌溉面积较小的斗、农渠（灌溉面积为几十亩到上千亩），常要在短期内集中灌水，故其设计净灌水率远较上述经验数字为大。

上面已经指出，随着乡镇企业的发展和农村人民生活水平的提高，每个灌区都应考虑乡镇工业和人民生活用水的需要。为此，在修正后的灌水率图上还应加上乡镇和其他供水量，以满足实际需要。

第三章　灌　水　方　法

第一节　灌水方法的评价标准、分类及适用条件

一、评价指标

灌水方法就是灌溉水进入田间并湿润根区土壤的方法与方式。其目的在于将集中的灌溉水流转化为分散的土壤水分，以满足作物对水、气、肥的需要。对灌水方法的要求是多方面的，先进而合理的灌水方法应满足以下几个方面的要求：

1）灌水均匀。能保证将水按拟定的灌水定额灌到田间，而且使得每棵作物都可以得到相同的水量。常以均匀系数来表示。

2）灌溉水的利用率高。应使灌溉水都保持在作物可以吸收到的土壤里，能尽量减少发生地面流失和深层渗漏，提高田间水利用系数（即灌水效率）。

3）少破坏或不破坏土壤团粒结构，灌水后能使土壤保持疏松状态，表土不形成结壳，以减少地表蒸发。

4）便于和其他农业措施相结合。现代灌溉已发展到不仅应满足作物对水分的要求，而且还应满足作物对肥料及环境的要求。因此现代的灌水方法应当便于与施肥、施农药（杀虫剂、除莠剂等）、冲洗盐碱、调节田间小气候等相结合。此外，要有利于中耕、收获等农业操作，对田间交通的影响少。

5）应有较高的劳动生产率，使得一个灌水员管理的面积最大。为此，所采用的灌水方法应便于实现机械化和自动化，使得管理所需要的人力最少。

6）对地形的适应性强。应能适应各种地形坡度以及田间不很平坦的田块的灌溉。从而不会对土地平整提出过高的要求。

7）基本建设投资与管理费用低，也要求能量消耗最少，便于大面积推广。

8）田间占地少。有利于提高土地利用率使得有更多的土地用于作物的栽培。

二、分类及适用条件

灌水方法一般是按照是否全面湿润整个农田和按照水输送到田间的方式和湿润土壤的方式来分类，常见的灌水方法可分为全面灌溉与局部灌溉两大类。

（一）全面灌溉

灌溉时湿润整个农田根系活动层内的土壤，传统的常规灌水方法都属于这一类。比较适合于密植作物。主要有地面灌溉和喷灌两类。

1. 地面灌溉

水是从地表面进入田间并借重力和毛细管作用浸润土壤，所以也称为重力灌水法。这种方法是最古老的也是目前应用最广泛、最主要的一种灌水方法。按其湿润土壤方式的不同，又可分为畦灌、沟灌、淹灌和漫灌。

（1）畦灌。畦灌是用田埂将灌溉土地分隔成一系列小畦。灌水时，将水引入畦田后，在

畦田上形成很薄的水层，沿畦长方向流动，在流动过程中主要借重力作用逐渐湿润土壤。

(2) 沟灌。沟灌是在作物行间开挖灌水沟，水从输水沟进入灌水沟后，在流动的过程中主要借毛细管作用湿润土壤。和畦灌比较，其明显的优点是不会破坏作物根部附近的土壤结构，不导致田面板结，能减少土壤蒸发损失，适用于宽行距的中耕作物。

(3) 淹灌（又称格田灌溉）。淹灌是用田埂将灌溉土地划分成许多格田，灌水时，使格田内保持一定深度的水层，借重力作用湿润土壤，主要适用于水稻。

(4) 漫灌。漫灌是在田间不做任何沟埂，灌水时任其在地面漫流，借重力渗入土壤，是一种比较粗放的灌水方法。灌水均匀性差，水量浪费较大。

2. 喷灌

喷灌是利用专门设备将有压水送到灌溉地段，并喷射到空中散成细小的水滴，像天然降雨一样进行灌溉。其突出优点是对地形的适应性强，机械化程度高，灌水均匀，灌溉水利用系数高，尤其是适合于透水性强的土壤，并可调节空气湿度和温度。但基建投资较高，而且受风的影响大。

(二) 局部灌溉

局部灌溉方法的特点是灌溉时只湿润作物周围的土壤，远离作物根部的行间或棵间的土壤仍保持干燥。为了要做到这一点，这类灌水方法都要通过一套塑料管道系统将水和作物所需要的养分直接输送到作物根部附近。并且准确地按作物的需要，将水和养分缓慢地加到作物根区范围内的土壤中去，使作物根区的土壤经常保持适宜于作物生长的水分、通气和营养状况。一般灌溉流量都比全面灌溉小得多，因此又称为微量灌溉，简称微灌。这类灌水方法的主要优点是：灌水均匀，节约能量，灌水流量小；对土壤和地形的适应性强；能提高作物产量，增强耐盐能力；便于自动控制，明显节省劳力。比较适合于灌溉宽行作物、果树、葡萄、瓜类等。

(1) 渗灌。渗灌是利用修筑在地下的专门设施（地下管道系统）将灌溉水引入田间耕作层借毛细管作用自下而上湿润土壤，所以又称为地下灌溉。近来也有在地表下埋设塑料管，由专门的渗头向作物根区渗水。其优点是灌水质量好，蒸发损失少，少占耕地便于机耕，但地表湿润差，地下管道造价高，容易淤塞，检修困难。

(2) 滴灌。滴灌是由地下灌溉发展而来的，是利用一套塑料管道系统将水直接输送到每棵作物根部，水由每个滴头直接滴在根部上的地表，然后渗入土壤并浸润作物根系最发达的区域。其突出优点是非常省水，自动化程度高，可以使土壤湿度始终保持在最优状态。但需要大量塑料管，投资较高，滴头极易堵塞。把滴灌毛管布置在地膜的下面，可基本上避免地面无效蒸发，称为膜下灌。

(3) 微喷灌。微喷灌又称为微型喷灌或微喷灌溉。是用很小的喷头（微喷头）将水喷洒在土壤表面。微喷头的工作压力与滴头差不多，但是它是在空中消散水流的能量。由于同时湿润的面积大一些，这样流量可以大一些，喷洒的孔口也可以大一些，出流流速比滴头大得多，所以堵塞的可能性大大减小了。

(4) 涌灌。涌灌又称涌泉灌溉。是通过置于作物根部附近的开口的小管向上涌出的小水流或小涌泉将水灌到土壤表面。灌水流量较大（但一般也不大于 220L/h），远远超过土壤的渗吸速度，因此通常需要在地表形成小水洼来控制水量的分布。适用于地形平坦的地区，其特点是工作压力很低，与低压管道输水的地面灌溉相近，出流孔口较大，不易堵塞。

（5）膜上灌。膜上灌是近几年我国新疆试验研究的灌水方法，它是让灌溉水在地膜表面的凹形沟内借助重力流动，并从膜上的出苗孔流入土壤进行灌溉。这样，地膜减少了渗漏损失，又和膜下灌一样减少地面无效蒸发。更主要的是比膜下灌投资低。

除以上所述外，局部灌溉还有多种形式，如拖管灌溉、雾灌等。

上述灌水方法各有其优缺点，都有其一定的适用范围，在选择时主要应考虑到作物、地形、土壤和水源等条件。对于水源缺乏地区应优先采用滴灌、渗灌、微喷灌和喷灌；在地形坡度较陡而且地形复杂的地区及土壤透水性大的地区，应考虑采用喷灌；对于宽行作物可用沟灌；密植作物则以采用畦灌为宜；果树和瓜类等可用滴灌；水稻主要用淹灌；在地形平坦、土壤透水性不大的地方，为了节约投资，可考虑用畦灌、沟灌或淹灌。各种灌水方法的适用条件及优缺点见表 3-1 和表 3-2。

表 3-1　　各种灌水方法适用条件简表

灌水方法		作　物	地　形	水源	土　壤
地面灌溉	畦灌	密植作物（小麦、谷子等）、牧草、某些蔬菜	坡度均匀，坡度不超过 0.2%	水量充足	中等透水性
	沟灌	宽行作物（棉花、玉米等）、某些蔬菜	坡度均匀，坡度不超过 2%～5%	水量充足	中等透水性
	淹灌	水稻	平坦或局部平坦	水量丰富	透水性小，盐碱土
	漫灌	牧草	较平坦	水量充足	中等透水性
喷灌		经济作物、蔬菜、果树	各种坡度均可，尤其适用于复杂地形	水量较少	适用于各种透水性，尤其是透水性大的土壤
局部灌溉	渗灌	根系较深的作物	平坦	水量缺乏	透水性较小
	滴灌	果树、瓜类、宽行作物	较平坦	水量极其缺乏	透用于各种透水性
	微喷灌	果树、花卉、蔬菜	较平坦	水量缺乏	适用于各种透水性

表 3-2　　各种灌水方法优缺点比较简表

灌水方法		水的利用率	灌水均匀性	不破坏土壤的团粒结构	对土壤透水性的适应性	对地形的适应性	改变空气湿度	结合施肥	结合冲洗盐碱土	基建与设备投资	平整土地的土方工程量	田间工程占地	能源消耗量	管理用劳力
地面灌溉	畦灌	○	○	—	○	—	○	○	○	○	—	—	+	—
	沟灌	○	○	○	○	—	○	○	○	○	—	—	+	—
	淹灌	○	○	—	—	—	○	○	+	○	—	—	+	—
	漫灌	—	—	—	—	—	○	—	○	+	+	○	+	—
喷灌		+	+	+	+	+	+	○	—	—	+	+	—	○
局部灌溉	渗灌	+	+	+	—	○	—	○	—	—	○	+	○	+
	滴灌	+	+	+	+	○	—	+	—	—	○	+	○	+
	微喷灌	+	+	+	+	○	+	+	—	—	○	+	○	+

注　符号：+优，—差，○—一般。

第二节　地　面　灌　溉

一、畦灌

畦灌需要的田间工程如图 3-1 所示。我国北方小麦、谷子等窄行距密播作物以及牧草和某些蔬菜，均广泛采用畦灌。

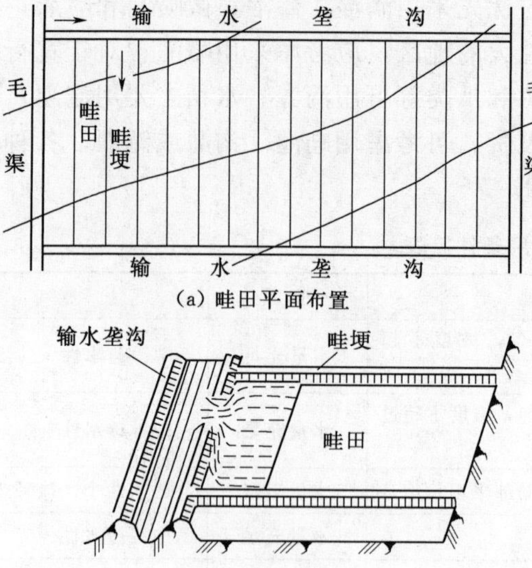

(a) 畦田平面布置

(b) 畦灌示意图

图 3-1　畦田布置示意图

实施畦灌方法，要注意提高灌水技术，即要根据与地面坡度、土地平整情况、土壤透水性能、农业机具等因素合理地选定畦田规格和控制入畦流量、放水时间等技术要素。一般自流灌区畦长 30～100m；畦宽应按照当地农业机具宽度的整倍数确定，一般为 2～4m，每亩约 5～10 个畦田。入畦单宽流量一般控制在 3～6L/(s·m)，以使水量分布均匀和不冲刷土壤为原则。畦田的布置应根据地形条件变化，保证畦田沿长边方向有一定的坡度。一般适宜的畦田田面坡度为 0.001～0.003。如地面坡度较大，土壤透水性较弱，畦田可适当加长，入畦流量适当减小；如地面坡度较小，土壤透水性较强，则要适当缩短畦长，加大入畦流量，才能使灌水均匀，并防止深层渗漏。灌水技术要素之间的正确关系，应根据总结实践经验或分析田间试验资料来确定。下面讨论它们之间存在着的关系。

(1) 灌水时间 t 内渗入水量 H_t 应与计划的灌水定额 m 相等，亦即

$$m=H_t=\frac{K_1}{1-\alpha}t^{1-\alpha}=K_0t^{1-\alpha} \tag{3-1}$$

式中　K_1——在第一个单位时间末的土壤渗吸系数（或渗吸速度），m/h；

K_0——在第一个单位时间内的土壤平均渗吸速度，其值为 $K_0=K_1/(1-\alpha)$，m/h；

α——指数，其值根据土壤性质及最初土壤含水率而定，一般为 0.3～0.8。轻质土壤 α 值较小，重质土壤 α 值较大；土壤的最初含水率越大，α 值越小，即渗吸速度在时间上的变化越缓；

H_t——单位时间内渗入土壤的水深。

根据式 (3-1) 可求得畦灌的延续时间 t：

$$t=\left(\frac{m}{K_0}\right)^{\frac{1}{1-\alpha}} \tag{3-2}$$

(2) 进入畦田的灌水总量应与畦长 l 上达到灌水定额 m 所需的水量相等。

$$3.6qt=ml \tag{3-3}$$

式中 q——每米畦宽上的灌水流量，L/(s·m)；

t——灌水延续时间，h。

(3) 为了要使畦田上各点土壤湿润均匀，就应使水层在畦田各点停留的时间相同。为此，在实践中往往采用及时封口的方法，即当水流到离畦尾还有一定距离时，就封闭入水口，使畦内剩余的水流向前继续流动，至畦尾时则全部渗入土壤。根据不同的计划灌水定额、土壤透水性、坡度等条件，可以采用七成封口、八成封口、九成封口或满流封口等。

以上关系可供选择灌水技术要素时参考。表 3-3 列举河南省引黄灌区畦田灌水技术要素。在井灌区，为了节约用水，提高灌水质量，常采用较小的灌水畦，其宽度约 0.5～1.0m，长度为 15～20m，单宽流量 2～3L/s。

表 3-3　河南省引黄灌区畦田灌水要素表

土壤种类	地面坡度	<0.002		0.002～0.01		0.01～0.025	
	规格	畦长 /m	单宽流量 /(L/s)	畦长 /m	单宽流量 /(L/s)	畦长 /m	单宽流量 /(L/s)
强透水性的轻壤土		30～50	5～6	50～70	5～6	70～80	3～4
中透水性的土壤		50～70	5～6	70～80	4～5	80～100	3～4
弱透水性的重质土壤		70～80	4～5	80～100	3～4	100～130	3

注　畦宽均为 3m。

由上述可见，为了保证畦灌的灌水质量，首先应当控制入畦流量和放水时间。我国农村现在多数是由人工开口放水。这样，不但劳动量较大，而且由于开口大小不易掌握，使得入畦流量控制不准，水流还容易冲大水口。因此，现在世界上许多先进国家已广泛采用闸门孔管或虹吸管来进行配水。

图 3-2　闸门孔管示意图

闸门孔管就是一种移动管道，在管道一侧每隔一定距离就有一个装有小闸门的孔口。使用时放在畦首，孔口对着畦。每个畦可以由一个或几个孔口供水，当畦比较宽时，每个畦的供水孔口最好为两个以上。以保证在靠近畦首的畦中横向水量分布比较均匀。孔口的开度可以根据要求的入畦流量来确定。孔口间距根据畦宽来确定。闸门孔管多数是铝合金管，但也可以是硬塑料管。还有用薄膜塑料做的闸门孔管，和我国用于输水的所谓"小白龙"相似，只是它装有许多闸门孔用来配水就是了。但其闸门孔口还是要用硬塑料制造后压到薄膜塑料管上去。闸门孔管工作时要求有一定压力，因此一般应与低压管道输水系统配合使用。

虹吸管是在不打开畦首田埂的情况下，利用虹吸原理将输水沟中的水灌入畦中（图 3-3）。一般是用硬塑料管或半软塑料管，也有用专门做好的金属管。通过每根虹吸管进入畦的流量主要决定于输水沟和畦首水面之高差和虹吸管的内径。如要调节流量只有改变每个畦的虹吸管数目。此法的优点是可在明渠配水系统中使用。

二、沟灌

沟灌的田间布置如图 3-4 所示。适宜的沟灌坡度一般为 0.005～0.02。一般灌水沟是沿地面坡度方向布置，但当地面坡度较大时，可以与地形等高线成锐角，使灌水沟获得适宜的比降。沟的间距视土壤性质而定。根据灌水沟两侧土壤湿润的范围（图3-5），一般轻质土壤的间距较窄，重质土壤的较宽。表 3-4 列出了一些参考数值，具体确定还要结合作物的行距来考虑。

图 3-3 虹吸管给灌水沟配水示意图

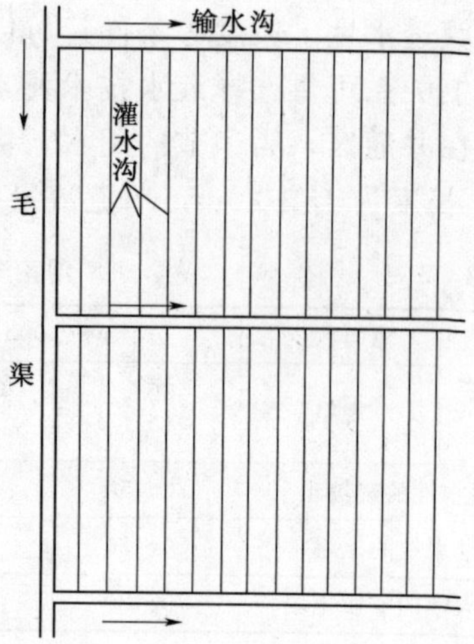

图 3-4 灌水沟布置示意图

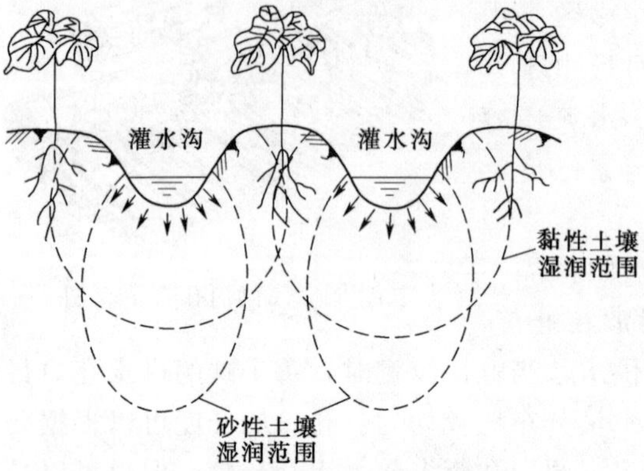

图 3-5 灌水沟两侧土壤湿润范围示意图

沟灌的技术参数，主要是沟长与入沟流量。沟长与入沟流量都与地面坡度及土壤透水性能有关，它们之间是相互制约的。一般沟灌是使水流入灌水沟后，在流动过程中使部分水量渗入土壤，待放水停止后，再在沟中存蓄一部分水量，使其逐渐渗入土壤。这样，各灌水技术参数之间的关系如下。

（1）计划的灌水定额应等于在 t 时间内的渗入水量与灌水停止后在沟中存蓄水量之和。

表 3-4 不同土质条件下灌水沟间距表

单位：cm

土质	轻质土壤	中质土壤	重质土壤
间距	50～60	65～75	75～80

$$mal=(b_0h+p_0\overline{K}_tt)l$$

$$h=\frac{ma-p_0\overline{K}_tt}{b_0}=\frac{ma-p_0H_t}{b_0} \tag{3-4}$$

式中 h——沟中平均蓄水深度，m；

a——灌水沟间距，m；

m——灌水定额，m；

l——沟长，m；

b_0——平均水面宽，$b_0=b+\psi h$，m；

b——灌水沟底宽度 σ，m；

p_0——在时间 t 内，灌水沟的平均有效湿周，$p_0=b+2\gamma h\sqrt{1+\psi^2}$，m；

γ——为借毛细管作用沿沟的边坡向旁侧渗水的校正系数，土壤毛细管性能越好，系数越大，一般 γ 值为 1.5～2.5；

ψ——灌水沟边坡系数；

$\overline{K_t}$——在 t 时间内的平均渗吸速度，m/h；

H_t——在 t 时间内的入渗深度，m。

（2）沟长与坡度及沟中水深有下列关系：

$$l=\frac{h_2-h_1}{i}(\mathrm{m}) \tag{3-5}$$

式中 h_1——灌水停止时沟首水深，m；

h_2——灌水停止时沟尾水深，m；

i——沟的坡度。

为了使土壤湿润均匀，h_2-h_1 之差值应不超过 0.06～0.07m。如灌水沟的最小极限坡度为 0.002，则其最小长度为 30～35m。

（3）当沟长和流量已知时，灌水时间为

$$t=\frac{mal}{3.6q}(\mathrm{s}) \tag{3-6}$$

表 3-5 中列出河南引黄灌区的沟灌技术要素，可供参考。

表 3-5　　河南省引黄灌区灌水沟长度灌水流量关系表

土壤透水性	沟底比降	沟长/m	灌水沟流量/(L/s)	沟中水深与沟深比
强	0.01～0.004	60～80	0.6～0.9	1/3 以下
	0.004～0.002	40～60	0.7～1.0	2/3 以下
	<0.002	30～40	1.0～1.5	2/3 以下
中	0.01～0.004	80～100	0.4～0.6	1/3 以下
	0.004～0.002	70～90	0.5～0.6	1/3 以下
	<0.002	40～60	0.7～1.0	2/3 以下
弱	0.01～0.004	90～120	0.2～0.4	1/3 以下
	0.004～0.002	80～100	0.4～0.5	1/3 以下
	<0.002	50～80	0.5～0.6	2/3 以下

在一些地面坡度较大，土壤透水性小的地区，实践中多采用细流沟灌，也就是在水流动过程中将全部水量渗入土壤，放水停止后在沟中不形成积水。这样其各灌水要素之间的关系如下。

（1）灌水时间 t 的决定。由于在停止放水后沟中不存蓄水量，所以在灌水时间 t 内的

入渗水量就应该等于计划灌水定额，即

$$mal=p_0\overline{K_t}tl=p_0K_0t^{1-\alpha}l$$

所以

$$t=\left(\frac{ma}{K_0p_0}\right)^{\frac{1}{1-\alpha}} \tag{3-7}$$

（2）灌水流量与灌水沟长度的关系：

$$3.6qt=mal \tag{3-8}$$

细流沟灌的灌水沟规格与一般沟灌相同，只是在每个灌水沟口放一个控制水流的小管，引入小流量，一般采用0.1～0.3L/s。沟内水深不超过沟深一半。每条输水沟一次可开20～40条灌水沟。控制水流的小管，可用竹管或瓦管，管孔直径约为15mm左右。对于黏质土壤，也可用锹开个三角形小口，代替灌水管。细流沟灌的优点是沟内水流流动缓慢，完全靠毛细管作用浸润土壤，能更好地使灌水分布均匀，节约水量，不破坏土壤的团粒结构，不流失肥料。

灌水沟的断面一般成梯形或三角形。浅沟深约8～15cm，上口宽20～35cm；深沟深约15～25cm，上口宽约25～40cm。水深一般为1/3～2/3沟深。

为了增加沟灌对土质与地形的适应性，提高灌水效率（即田间水有效利用率），节约用水，近年来世界上开始采用一些沟灌新技术。除了与畦灌相同，也可采用闸门和虹吸管外，主要有以下两种：

（1）尾水回收系统（tail water recovery system）：透水性较差的土壤，为了达到一定的灌水定额，要求在沟中保持较长时间的水流，而且地形坡度又较大，沟中不便蓄水，这样就不可避免要有一些水从沟尾排走，进入排水系统，从而降低了灌溉效率，还增加了排水系统的负担。因此建立尾水回收系统，从沟尾将排走的水收集起来再送到沟首或其他田块以供灌溉之用，这种系统一般包括集水沟，蓄水池，提水系统，输水管道，沟尾的泄水经由集水沟收集，暂时存在蓄水池中，到一定时候由提水系统加压，经输水管道送到本田块或其他田块的沟首。装了尾水回收系统后，不但可以省水，提高灌水效率，而且还可以减少排水问题，保肥节能，防止土壤的侵蚀。

（2）波涌（surge flow）沟灌：又称为涌流沟灌或间歇沟灌，是间歇地向灌水沟放水，一般是放水几分钟或几十分钟，然后停水几分钟或几十分钟，重复多次，直到灌水沟的首尾都得到均匀地灌溉为止。这样放水使得在给定的水量条件下，灌水沟中水流的进程距离比连续放水多两倍到三倍。从而可减少沟首、沟尾入渗时间的差别，使沿灌水沟的水量分布均匀，可以使沟灌的灌水效率由50%～60%，提高到70%～80%。当然，为了要按一定的间歇周期放水，就要配备有自动控制或人工控制的放水设备。这显然会增加灌水的费用，但也同时提高了灌水的机械化和自动化程度，节约灌水劳动力。

这种方法同样也可用于畦灌，而成为波涌畦灌或间歇畦灌。

第三节　喷　　灌

一、喷灌的主要灌水质量指标

喷灌在灌水质量方面有其特殊的要求，所以衡量其质量的指标与其他灌水方法也就不完全相同，一般以喷灌强度、喷灌均匀度和水滴直径三项来表示。

1. 喷灌强度

喷灌强度是单位时间内喷洒在单位面积土地上的水量，亦即单位时间内喷洒在灌溉土地上的水深。一般用 mm/min 或 mm/h 表示。由于喷洒时，水量分布常常是不均匀的，因此喷灌强度有点喷灌强度 ρ_i 和平均喷灌强度（面积和时间都平均）$\bar{\rho}$ 两种概念。

点喷灌强度 ρ_i 是指一定时间 Δt 内喷洒到某一点土壤表面的水深 Δh 与 Δt 的比值，即：

$$\rho_i=\frac{\Delta h}{\Delta t} \tag{3-9}$$

平均喷灌强度 $\bar{\rho}$ 是指在一定喷灌面积上各点在单位时间内的喷灌水深的平均值，以平均灌水深 $\bar{h}$ 与相应时间 t 的比值表示：

$$\bar{\rho}=\frac{\bar{h}}{t} \tag{3-10}$$

单喷头全圆喷洒时的平均喷灌强度 $\bar{\rho}_{全}$ 可用下式计算：

$$\bar{\rho}_{全}=\frac{1000q\eta}{A}(\mathrm{mm/h}) \tag{3-11}$$

式中 q——喷头的喷水量，m^3/s；

A——在全圆转动时一个喷头的湿润面积，m^2；

η——喷灌水的有效利用系数，即扣去喷灌水滴在空中的蒸发和漂移损失，一般为 0.8～0.95。

在喷灌系统中，各喷头的湿润面积有一定重叠，实际的喷灌强度要比上式计算的高一些，为准确起见，可以将有效湿润面积 $A_{有效}$ 来代替上式中的 A 值：

$$A_{有效}=S_lS_m \tag{3-12}$$

式中 S_l——在支管上喷头的间距；

S_m——支管的间距。

在一般情况下，平均喷灌强度应与土壤透水性相适应，应使喷灌强度不超过土壤的入渗率（即渗吸速度），这样喷洒到土壤表面的水才能及时渗入土中，而不会在地表形成积水和径流。

测定喷灌强度一般是与喷灌均匀度试验结合进行。具体方法是在喷头的湿润面积内均匀地布置一定数量的雨量筒，喷洒一定时间后，测量量雨筒中的水深。量雨筒所在点的喷灌强度用下式计算：

$$\rho_i=\frac{10W}{t\omega}(\mathrm{mm/min}) \tag{3-13}$$

式中 W——量雨筒承接的水量，cm^3；

t——试验持续时间，min；

ω——量雨筒上部开敞口面积，cm^2。

而喷灌面积上的平均强度为

$$\bar{\rho}=\frac{\sum\rho_i}{n} \tag{3-14}$$

式中　n——量雨筒的数目。

2. 喷灌均匀度

喷灌均匀度是指在喷灌面积上水量分布的均匀程度，它是衡量喷灌质量好坏的主要指标之一。它与喷头结构、工作压力、喷头布置形式、喷头间距、喷头转速的均匀性、竖管的倾斜度、地面坡度和风速、风向等因素有关。

表征喷灌均匀度的方法很多，但都各有利弊，因此只介绍两种常用的表示方法。

（1）喷洒均匀系数。

$$Cu=100\left(1.0-\frac{|\Delta h|}{h}\right)(\%) \tag{3-15}$$

式中　h——整个喷灌面积上的平均喷灌灌水深；

Δh——点喷灌水深平均离差。

如果在喷灌面积上的水量分布得越均匀，那么 Δh 值越小，亦即 Cu 值越大。Cu 值一般不应低于 70％～80％。

喷洒均匀系数一般均指一个喷灌系统的喷洒均匀系数，单个喷头的喷洒均匀系数是没有意义的，这是因为单个喷头的控制面积是有限的，要进行大面积灌溉必然要由若干个喷头组合起来形成一个喷灌系统。单个喷头在正常压力下工作时，一般都是靠近喷头部分湿润较多，边缘部分不足，这样当几个喷头在一起时，湿润面积有一定重叠，就可以使土壤湿润得比较均匀。为了便于测定，常取四个或几个喷头布置成矩形、方形或三角形，测定它们之间所包围面积的喷洒均匀系数，这一数值基本上可以代表在平坦地区无风情况下喷灌系统的喷洒均匀系数。在工程设计中一般要求 Cu＝70％～90％。

（2）水量分布图。喷洒范围内的等水量图。用这种图来衡量喷灌均匀度比较准确、直观，它和地形图一样标示出喷洒水量在整个喷洒面积内的分布情况，但是没有指标，不便于比较。一般常用此法表示单个喷头的水量分布情况，如图 3-6 所示，也可以绘制几个喷头组合的水量分布图或喷灌系统的水量分布图。

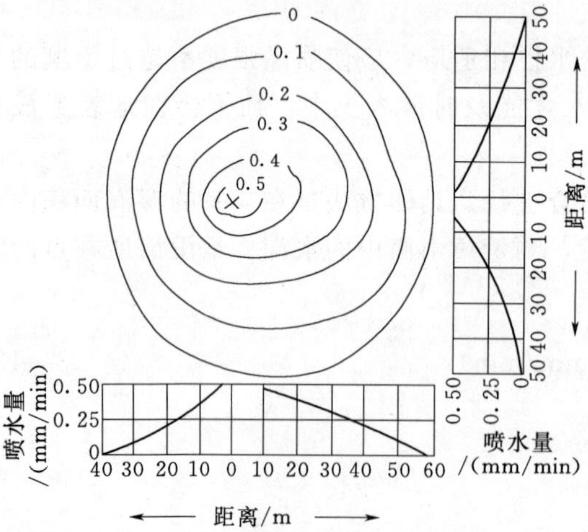

图 3-6　喷头水量分布图与径向水量分布曲线
×—喷头位置

3. 水滴打击强度

喷头喷洒出来的水滴对作物的影响，可用水滴打击强度来衡量。水滴打击强度也就是单位喷洒面积内水滴对作物和土壤的打击动能，它与水滴的大小、降落速度及密集程度有关。但目前尚无合适的方法来测量水滴打击强度，因此一般采用水滴直径的大小来衡量。

水滴直径是指落在地面或作物叶面上的水滴直径。水滴太大，容易破坏土壤表层的团粒结构并形成板结，甚至会打伤作物的幼苗，或把土溅到作物叶面上；水滴太小，在空中蒸发损失大，受风力的影响大。因此要根据灌溉作物、土壤性质选择适当的水滴直径。

测定水滴直径的方法很多，但都不甚理想。过去我国较多采用滤纸法，就是将涂有色粉（曙光红和滑石粉混合而得）的滤纸，固定在水滴接收盒中，活门快速启闭，瞬时接收若干水滴。待滤纸干后，量取滤纸上水痕色斑直径，再根据事先率定的色斑直径与水滴直径关系曲线或经验公式求出水滴直径。

水痕色斑直径 D 与水滴直径 δ 关系式一般如下：

$$\delta = aD^b \tag{3-16}$$

式中 a——常数，因不同的滤纸而异，一般为0.33～0.444；

b——指数，对于同一种滤纸是一个常数，一般为0.725～0.667。

滤纸法量取色斑直径的工作量大，因此对于大量测量则要用面粉法，就是用一个直径为20cm，深2cm的装满新鲜干面粉的盘子代替滤纸来接收水滴，然后在40℃温度下烘24h，再进行筛分。由于水滴形成的面粉团与水滴的直径有一定的关系，只要知道了面粉团直径的分布就可以知道水滴直径的分布情况。

从一个喷头喷出来的水滴大小不一，一般近处小水滴多些，远处大水滴多些，因此应在离喷头不同的距离3～5处测量水滴直径，并求出平均值。一般要求平均直径不超过1～3mm。

二、喷头的种类及其工作原理

喷头（又称为喷灌器）是喷灌机与喷灌系统的主要组成部分。它的作用是将有压的集中水流喷射到空中，散成细小的水滴并均匀地散布在它所控制的灌溉面积上，因此喷头的结构形式及其制造质量的好坏直接影响喷灌的质量。

喷头的种类很多，按其工作压力及控制范围大小可分为低压喷头（或称近射程喷头）、中压喷头（或称中射程喷头）和高压喷头（或称远射程喷头），这种分类目前还没有明确的划分界限，但大致可以按表3-6所列的范围分类。用得最多的是中射程喷头，这是由于它消耗的功率小而比较容易得到较好的喷灌质量。

表3-6　喷头按工作压力与射程分类表

项　目	低压喷头	中压喷头	高压喷头
工作压力/kPa	100～200	200～500	＞500
流量/(m^3/h)	0.3	0.8～40	＞40
射程/m	5～14	14～40	＞40

按照喷头的结构形式与水流形状可以分为旋转式、固定式和孔管式3种。

1. 旋转式喷头

旋转式喷头是目前使用得最普遍的一种喷头形式。一般由喷嘴、喷管、粉碎机构、转动机构、扇形机构、弯头、空心轴、轴套等部分组成。压力水流通过喷管及喷嘴形成一股集中水舌射出，由于水舌内存在涡流又在空气阻力及粉碎机构（粉碎螺钉、粉碎针或叶轮）的作用下水舌被粉碎成细小的水滴，并且转动机构使喷管和喷嘴围绕竖轴缓慢旋转，这样水滴就会均匀地喷洒在喷头的四周，形成一个半径等于喷头射程的圆形或扇形湿润面积。

旋转式喷头由于水流集中，所以射得远（可以达 80m 以上），是中射程和远射程喷头的基本形式。目前我国在农业上应用的喷头基本上都是这种形式。

转动机构和扇形机构是旋转式喷头的重要组成部分，因此常根据转动机构的特点对旋转式喷头进行分类，常用的形式有摇臂式、叶轮式、反作用式等。又可以根据是否装有扇形机构（亦即是否能作扇形喷灌）而分成全圆转动的喷头和可以进行扇形喷灌的喷头两大类，在平坦地区的固定式系统，一般用全圆周转动的喷头就可以了；而在山坡地上和移动式系统及半固定系统以及有风时喷灌，则要求作扇形喷灌，以保证喷灌质量和留出干燥的退路。

1）摇臂式喷头，其喷头的转动机构是一个装有弹簧的摇臂。在摇臂的前端有一个偏流板和一个勺形导水片，喷灌前偏流板和导水片是置于喷嘴的正前方，当开始喷灌时水舌通过偏流板或直接冲到导水片上，并从侧面喷出，由于水流的冲击力使摇臂转动 60°～120°并把摇臂弹簧扭紧，然后在弹簧力作用下摇臂又回位，使偏流板和导水片进入水舌，在摇臂惯性力和水舌对偏流板的切向附加力的作用下，敲击喷体（即喷管、喷嘴、弯头等组成的一个可以转动的整体）使喷管转动 3°～5°，于是又进入第二个循环（每个循环周期为 0.2～2.0s 不等），如此周期往复就使喷头不断旋转，其结构形式可参见图 3-7。

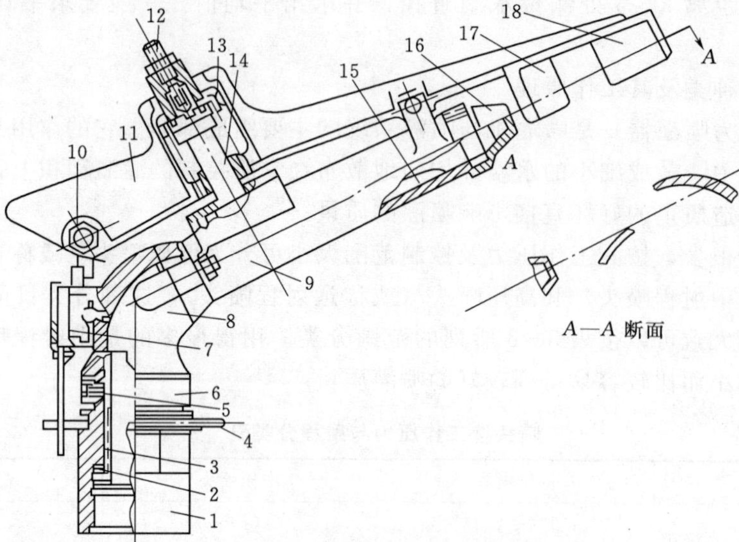

图 3-7　$PY_1$40 摇臂式单喷嘴喷头

1—套轴；2—减磨密封圈；3—空心轴；4—限位环；5—防砂弹簧；6—弹簧罩；7—扇形机构；8—弯头；9—喷管；10—反转钩；11—摇臂；12—摇臂调位螺钉；13—摇臂弹簧；14—摇臂轴；15—稳流器；16—喷嘴；17—偏流板；18—导流板

摇臂式喷头的缺点是：在有风与安装不水平（或竖管倾斜）的情况下旋转速度不均匀，喷管从斜面向下旋转时（或顺风）转得较快，而从斜面向上旋转（或逆风）则转动得比较慢，这样两侧的喷灌强度就不一样，严重影响了喷灌均匀性。但是它结构简单，便于推广，在一般情况下，尤其是在固定式系统上使用的中射程喷头运转比较可靠。因此，现在这种喷头使用得最普遍。

2）叶轮式喷头（又称蜗轮蜗杆式喷头）是靠喷嘴射出的水舌冲击叶轮，带动传动机构使喷头旋转如图 3-8 所示即为一例。由于水舌流速很高，叶轮的转速可高达 1000～2000r/min 以上。而喷头要求 3～5r/min 的转速，因此必须通过两级蜗轮蜗杆或一级蜗轮蜗杆一级棘轮变速。这种喷头加工制造比摇臂式喷头复杂，再加上扇形机构，使整个喷头制造工艺要求较高，所以其推广受一定的限制。但它不受振动的影响，可以直接装在拖拉机上作移动式机组之用。这种喷头多用于中、高压移动式喷灌机。在坡地也可装在倾斜的竖管上，可适当改善水量分布的均匀性。

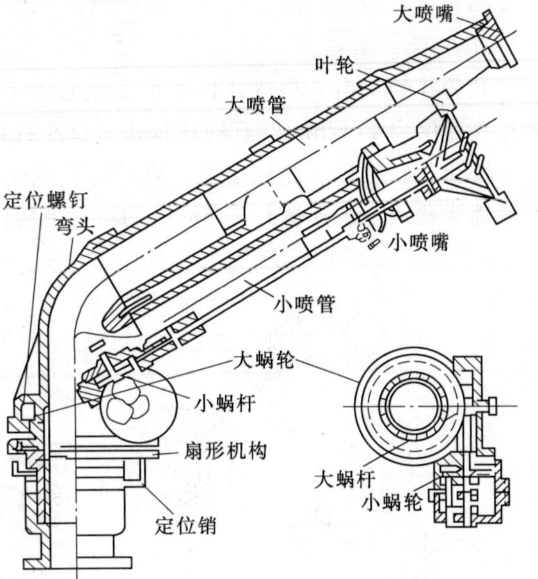

图 3-8　叶轮式喷头

3）反作用式喷头就是利用水舌离开喷嘴时对喷头的反作用力直接推动喷管旋转。这类喷头结构一般比较简单，但其共同缺点是工作不可靠，所以推广受到很大限制。

2. 固定式喷头

固定式喷头也称为漫射式喷头或散水式喷头，它的特点是在喷灌过程中所有部件相对于竖管是固定不动的，而水流是在全圆周或部分圆周（扇形）同时向四周散开。和旋转式喷头比较，因其水流分散，喷得不远，所以这一种喷头射程短（5～10m），喷灌强度大（15～20mm/h 以上），多数喷头的水量分布不均匀，近处喷灌强度比平均喷灌强度高得多，因此其使用范围受到很大的限制，但其结构简单，没有旋转部分，所以工作可靠，而且一般工作压力较低，被用于公园、菜地和自动行走的大型喷灌机上。按其结构形式可以分为折射式、缝隙式和离心式三种。

1）折射式喷头：一般由喷嘴、折射锥和支架组成（图 3-9）。水流由喷嘴垂直向上喷出，遇到折射锥即被击散成薄水层沿四周射出，在空气阻力作用下即形成细小水滴散落在四周地面上。

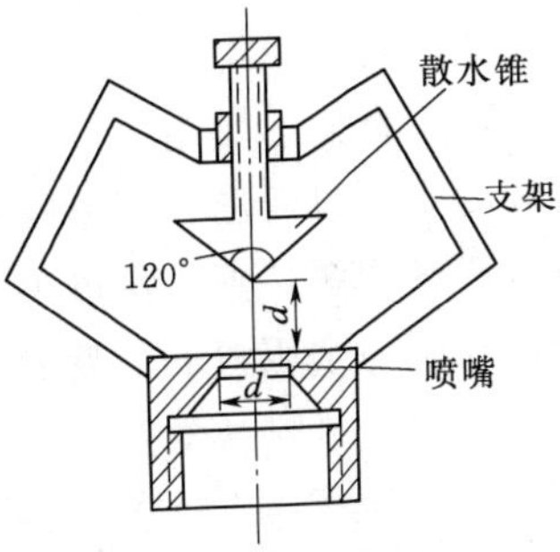

图 3-9　折射式喷头

2）缝隙式喷头：其结构如图 3-10 所示，就是在管端开出一定形状的缝隙，使水流能均匀地散成细小的水滴，缝隙与水平面成 30°角，使水舌喷得较远，其工作可靠性比折射式要差，因为缝隙易被污物堵塞，所以对水质要求较高，水在进入喷头之前要经过认真的过滤。但是这种喷头结构简单，制作方便。一般用于扇形喷灌。

3）离心式喷头：由喷管和带喷嘴的蜗形外壳构成。工作时水流沿切线方向进入蜗壳，使水流绕垂直轴旋转，这样经过喷嘴射出的水膜，同时具有离心速度和圆周速度，所以水膜离开喷嘴后就向四周散开，在空气阻力作用下，水膜被粉碎成水滴散落在喷头的四周。

3. 孔管式喷头

孔管式喷头由一根或几根较小直径的管子组成，在管子的顶部分布有一些小喷水孔，喷水孔直径仅为1～2mm。有的孔管是一排小孔，水流是朝一个方向喷出（图3－11），并装有自动摆动器，使管子往复摆动，喷洒管子两侧的土地；也有的孔管有几排小孔，以保证管子两侧都能灌到，这样就不要自动摆动器，结构比较简单，要求的工作压力低（100～200kPa）。

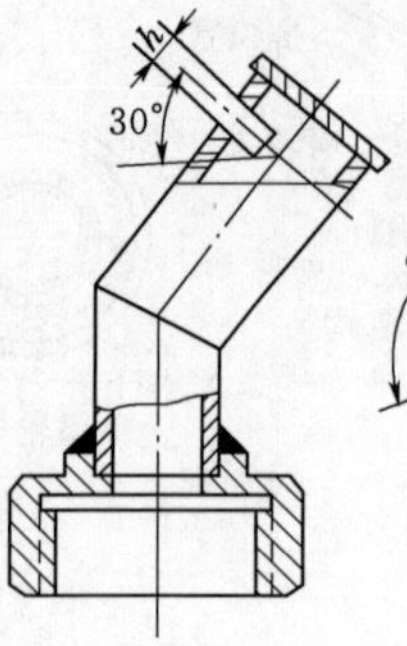

图3－10　缝隙式喷头

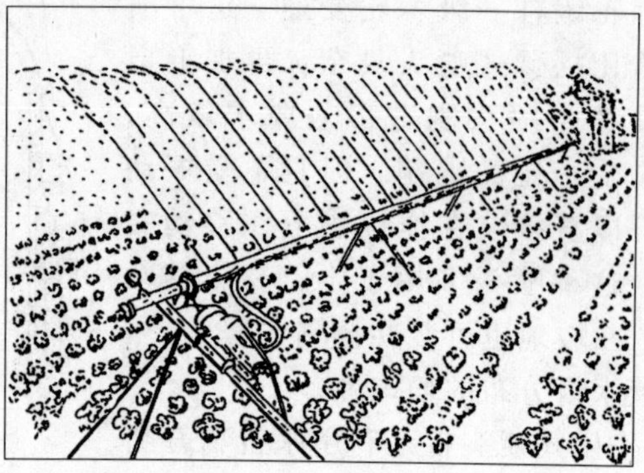

图3－11　移动式单列孔管示意图

孔管式喷头的共同缺点是：喷灌强度较高；水舌细小受风影响大；由于工作压力低，支管上实际压力受地形起伏的影响大，通常只能用于平坦的土地，此外孔口太小，堵塞问题也非常严重，因此其使用范围受到很大的限制。

三、旋转式喷头的主要水力参数及影响因素

对于一个好的喷头，首先要求其结构简单，工作可靠；其次是能满足喷灌的主要灌水质量指标的要求，也就是喷灌强度小于土壤允许喷灌强度，水滴直径细和喷洒均匀度高；第三是在同样工作压力、同样流量下射程最远。在喷头的设计和应用中，应全面考虑各方面的要求，不可片面追求射程远而忽视喷灌的灌水质量。为了能正确使用喷头，就需要了解影响主要水力参数（射程、喷灌强度、喷洒均匀度和水滴直径）的因素，以便在实践中根据需要调节或选择这些参数，使之符合规划设计的要求。

（一）影响喷头射程的因素

喷头的射程主要决定于工作压力和流量，但其影响因素很多，诸如喷射仰角、喷嘴形状、喷体结构、稳流器、旋转速度、粉碎机构、风速风向，等等。

1. 工作压力 H 和喷嘴直径 d（流量 Q）

根据实验结果，当喷射仰角为30°时喷嘴压力、喷嘴直径与射程的关系如图3－12所示。每根曲线就代表喷嘴直径一定时喷嘴压力与射程的关系。从图中可以看出，当喷嘴直径一定时，射程随着压力的加大而增长，开始时增长得快，而后逐渐变缓，到一定极限值则停止增长，不同喷嘴直径时压力与射程关系由不同曲线表示，在同一个压力下，喷嘴直径越大，极限射程也就越大。

从水力学知道，喷嘴的流量可按下式计算：

$$q=\mu f\sqrt{2gH} \tag{3-17}$$

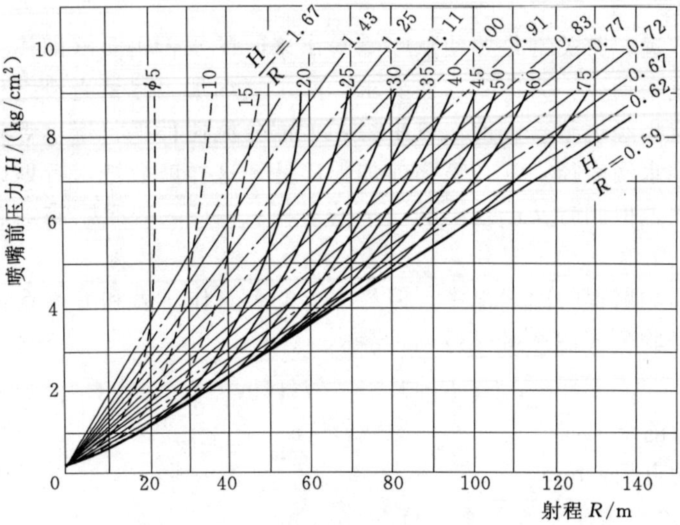

图 3-12　喷嘴压力、喷嘴直径与射程关系曲线

式中　μ——流量系数，等于 0.85～0.95；

f——喷嘴过水面积，m^2，对于圆形喷嘴 $f=\pi d^2/4$，d 为喷嘴直径；

H——喷嘴前的水头，m，等于喷头工作压力减去喷头内的水头损失。

这样在工作压力一定时，对于相同的喷嘴直径其流量也就是相同的，所以喷嘴的大小也就反映了流量的大小。从以上讨论中可以看出，为了增加射程，仅仅加大工作压力或仅仅加大喷嘴直径（亦即相当于加大流量）都得不到理想的结果，而且考虑到一个喷头消耗的功率 $N=1000qH/(102\times3600)$(kW)［式中 $q(m^3/s)$，$H(m)$，符号意义同前］，所以在一定功率下，只有在工作压力和流量（可反映为喷嘴直径）有正确比例时才能获得最远的射程。同时还应考虑水滴直径应符合农作物的要求。

2. 喷射仰角 α

固体在真空中抛射以 45°时为最远，但水舌在静止的空气中喷射仰角与射程的关系如图 3-13 所示。由图上可见，当其他因素相同时，$\alpha=28°\sim32°$时射程最远，因此通常喷射仰角都采用 $\alpha=30°$，对于某些特殊用途的喷头仰角可小些，例如果园树下喷灌和防霜冻喷灌常用低仰角的喷头。仰角 $\alpha=4°\sim13°$的喷头称为低角度喷头。

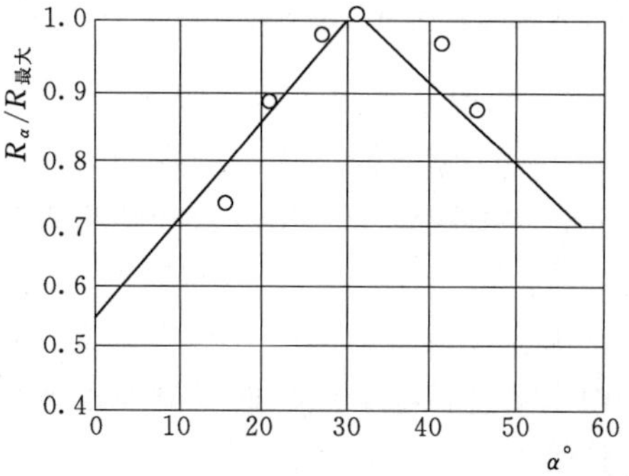

图 3-13　喷射仰角与射程的关系曲线

3. 转速

当喷头以每转 2～3min 的转速旋转时，射程减小 10%～15%。射程越大，减小的百分数也就越大。因此在设计和使用喷头时要使喷头转速不要太快；转速太慢又会使水舌的雨幕范围之内的实际喷灌强度远大于平均喷灌强度，而造成局部的积水和径流。中射程喷头一般每转需要 1～3min，远射程喷头最好每转 3～5min。

4. 水舌的性状

要使水舌射程远，其关键是要使从喷嘴喷出来时的水舌密实（即掺气少），表面光滑，而且水舌内的水流紊动少。为达到这些要求，除了喷嘴加工尽量光滑之外，更重要的是在喷嘴之前的水流应当经过整直，使水流平稳，大部分流速都平行于水舌轴线。

有时为了减小水滴直径，常在喷嘴前加粉碎针，这样就会把水舌划破，提早掺气，加快水舌的粉碎过程，但同时又严重影响喷头的射程。因此，要求水滴细和要求射程远两者是有矛盾的。

由上可见，影响射程的因素很多，但最主要的是工作压力和喷嘴直径，因此在一般情况下，可用下列经验公式估算射程：

$$R=1.35\sqrt{dH}\,(\mathrm{m}) \tag{3-18}$$

式中 H——喷嘴前水头，m；

d——喷嘴直径，mm。

（二）影响喷灌水量分布的因素

1. 工作压力 H

工作压力 H 是影响喷灌水量分布的最主要因素，从图 3－14 中可以看出：对于单喷嘴的喷头不加粉碎时，如果压力适中，水量分布曲线近似于一个等腰三角形；当压力过低时，由于水舌粉碎不足，水量大部分集中在远处，中间水量少，成“轮胎形”分布；当压力过高时，由于水舌过度粉碎，大部分水滴都射得不远，因此近处水量集中，远处水量不足。

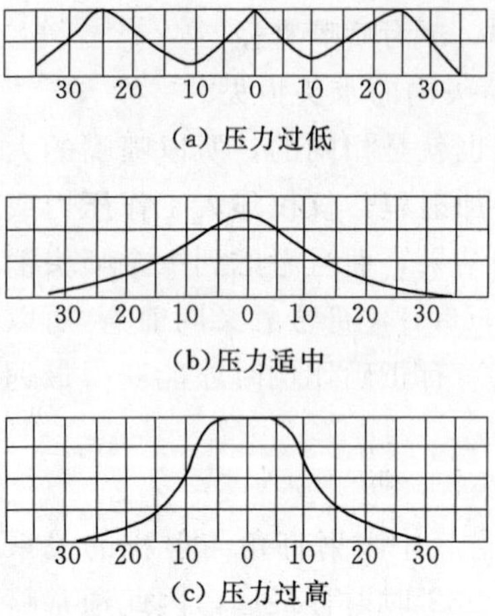

图 3－14 在不同条件下单个喷头的水量分布曲线（喷头在 0 位置）

2. 喷头的布置形式和间距

喷头的布置形式和间距，将直接影响喷灌系统的水量分布。合理的布置形式和间距可通过实验或计算求得。

3. 风向风力

风对水量分布产生很大影响。例如在风的影响下，喷头附近水量高度集中，湿润面积由圆形变成椭圆形，湿润面积缩小，均匀系数降低；而且因逆风减少的射程要比顺风增加的射程为大。因此在布置喷头时，应适当密一些以抵消风的影响。

（三）影响水滴直径的因素

从一个喷头喷洒出来的水滴大小不一，水滴群的粒径分布主要决定于工作压力和喷嘴直径，也受粉碎机构、喷嘴形状、摇臂敲击频率和转速的影响。

水滴粒径与工作压力及喷嘴直径的关系如图3－15 所示，当喷头的喷嘴直径不变时，平均水滴直径随着压力的提高而迅速减小。对于同一个压力，喷嘴直径越大，平均水滴直径就越大。

由于测量水滴粒径分布比较麻烦，因此有时采用下列经验公式来粗略地评价一个喷头水滴粒径分布的优劣。

$$p_d = \frac{H}{1000d} \tag{3-19}$$

式中　H——喷头工作水头，米水柱；

d——喷嘴直径，mm。

一般认为，当 $p_d=1.5\sim3.5$ 时，这个喷头的水滴粒径分布是合乎要求的。

当掌握了上述参数之间的关系后，在使用喷头时，就可以灵活地采用或改变某些参数以符合生产的需要，例如在作物的幼苗期需要水滴细小，就可加大喷头压力，或改用小喷嘴使水滴直径变小；而在喷头间距较宽时，就可加大压力或加大喷嘴以增加喷头的射程。

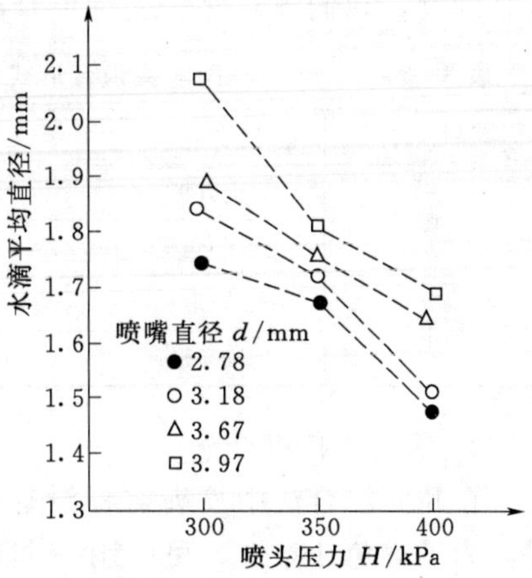

图 3-15　对于几种不同喷嘴直径的平均水滴直径和喷头压力之间的关系

四、喷灌的主要技术参数及其确定方法

影响喷灌灌水质量的主要技术参数有：喷头水量分布图形、喷头沿支管的间距、支管间距（即喷头沿干管方向的间距）、喷头组合方式（矩形或三角形）和支管方向等。经常把前两项统称为喷头组合形式。喷头组合形式的确定是喷灌系统设计的关键步骤。

（一）确定喷头组合间距的方法

当前普遍采用的确定喷头组合间距的方法有如下几种。

1. 几何组合法

这是在苏联和欧洲普遍采用的确定喷头组合间距的方法，也是我国喷灌发展初期普遍采用的方法，其基本特点是要求喷灌系统内的所有面积必须完全被喷头的湿润面积所覆盖，也就是说不能有漏喷现象。加之考虑到经济因素，为了要使单位面积的造价尽量低，就要使喷头间距尽可能的大。所以基本上是布置成对角线方向两个喷头的湿润圆相切，对于不同的喷洒方式（全圆或扇形）及组合方式，按照几何作图的方法就不难求出各自的支管间距和喷头间距，见图3-16和表3-7。这些间距均以喷头射程（湿润半径）R 乘上一个数来表示。但是由于喷头内的水流紊动，水泵工作不稳定，管道阻力变化和空气流或风等因素的影响，喷头射程是不稳定的，是不断变化的，有时波动还是比较大的，因此用这种方法设计出来的系统仍然有发生漏喷的可能性。针对

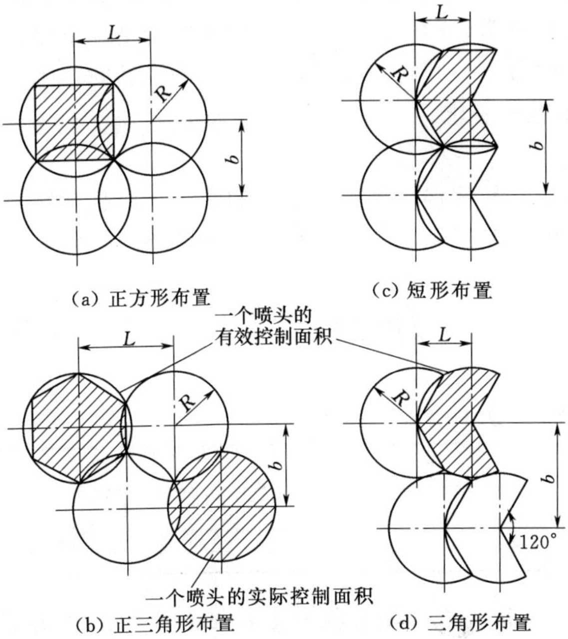

图 3-16　喷头组合形式

这个问题，我们曾对此法进行了修正，提出了修正几何组合法。

表 3-7　　不同喷头组合形式的支管间距、喷头间距和有效控制面积表

喷洒方式	组合方式	支管间距 b	喷头间距 L	有效控制面积	图形编号
全圆	正方形	$1.42R$	$1.42R$	$2R^2$	(a)
	正三角形	$1.5R$	$1.73R$	$2.6R^2$	(b)
扇形	矩形	$1.73R$	R	$1.73R^2$	(c)
	三角形	$1.865R$	R	$1.865R^2$	(d)

2. 修正几何组合法

在几何组合法中喷头射程没有一个明确的定义，可以是最大射程，也可以是有效射程，为了避免任意性，可以用一个有明确定义的设计射程代替最大射程 R。

设计射程的定义如下：

$$R_{设}=KR \tag{3-20}$$

式中 $R_{设}$——喷头的设计射程，m；

K——系数，是根据喷灌系统形式、当地的风速、动力的可靠程度等来确定的一个常数，一般等于 0.7～0.9。对于固定式系统，由于竖管装好后就无法移动，如有空白就无法补救，故可以考虑采用 0.8；对于多风地区，可采用 0.7，也可以通过试验确定 K 值的大小，但 K 值一定不能采用 1.0，否则将无法保证喷灌质量；

R——喷头的射程（或称最大射程），m。

这种方法的特点在于不仅要求所有面积必须完全被喷头的湿润面积所覆盖，而且还要有一定的重叠，这样就可以保证即使有外来因素（风、水压等）的影响也不至于发生漏喷。这种方法的优点在于简单易行，而且有较明显的图像，在不规则的组合情况下（如不规则的田块、田边地角等）易于进行喷点的布置；其缺点在于没有足够的经验时，不易确定恰当的 K 系数，另外也没有考虑均匀系数的要求。

3. 经验系数法

经验系数法是北美比较普遍采用的方法，其特点就是考虑了风的影响，而且湿润面积有较大的重叠，对于不同的风速采用不同的经验系数 C，然后按喷头间距 $S_l=CR$ 进行组合；无风情况下，支管上喷头之间的 $C_l=1.00$，支管之间 $C_m=1.35$。有风情况下，通常的 C 值见表 3-8，各喷头制造厂家也经常在样本中给出每种喷头适用的组合间距，这实际上也是经验系数法的一种表示方法。

表 3-8　　经验系数（一）

风速/(km/h)	C 值	风速/(km/h)	C 值
0	1.30	8.1～16.1	1.00
≤8.1	1.20	>16.1	0.44～0.60

有的单位根据国内的试验资料归纳，也提出了一些经验系数，见表 3-9。据介绍，这个系数适用整个 PY_1 系列的喷头，均能获得 80%以上的均匀系数，而且其他类似喷头

亦可参考此表布置。

表 3-9 **经验系数(二)**

风力等级	风速/(km/h)	C_l	C_m
1	1.11～5.4	1.00	1.30
2	5.8～11.9	1.00～0.80	1.30～1.20
3	12.2～19.4	0.80～0.60	1.10～1.00

以上三种方法存在的共同问题是：没考虑不同的单喷头水量分布图形对组合以后的组合均匀度的影响；未进行认真的经济分析，有时并不是最经济的；没有同时考虑土壤的允许喷灌强度。

(二) 支管方向的确定

对于支管的布置方向，除了考虑地形的因素外（在平地上与地边平行，在坡地上最好与坡度方向平行或垂直），一般就是考虑风向的影响。现在普遍的看法认为，有风时湿润面积由圆形变成椭圆形，平行于风的方向顺风拉长，逆风方向变短，可以互相补充；而垂直于风的方向两侧都缩小，所以间距要小一些，因此从经济的观点出发，支管最好与风向垂直。

(三) 喷头组合方式的选择

喷头组合方式是矩形的好还是三角形的好，目前还没有定论，只是用在几何组合法或修正组合法时三角形布置的喷灌系统要比矩形的经济一些。因为正三角形布置时的单喷头有效控制面积是正方形的 1.3 倍，对于同样的面积就可以少布置一些喷点，支管间距也略为大一些。

(四) 电子计算机模拟特性曲面法

针对以上这些选择喷头组合方式的方法中存在的问题，可以看出在确定喷头组合方式时应同时考虑以下四项要求，并将喷头组合方式，支管方向，喷头沿支管的间距和支管间距同时加以确定。这四项要求如下：

1) 组合后均匀系数 Cu 应大于设计要求值；

2) 整个田块上不发生漏喷，或漏喷百分数（等于漏喷面积占总面积的百分数）C_0 在允许值之下；

3) 组合后的平均喷灌强度 I 不大于土壤允许喷灌强度；

4) 设备投资和运行费用最低。

显然，组合均匀系数、漏喷百分数、平均喷灌强度和设备投资这四个参数都是随喷头间距 S_l 和支管间距 S_m 而变的，而且是两者的连续函数，因此，对于以上每个参数必然存在着一个以该参数为垂直坐标（Z 轴），分别以 S_l 和 S_m 为 X 轴和 Y 轴的立体的空间特性曲面，而且由于这四个参数和 S_l、S_m 值都不可能是负值，所以特性曲面不会超过第一象限。从这四个特性曲面可以找到任何一个对应于不同 S_m 和 S_l 的四个参数。例如，从组合均匀系数特性曲面就可以找到任何一对 S_m 和 S_l 的组合均匀系数。为了便于表达和应用，可将这些特性曲面投影到平面上，绘出以 S_m 为横坐标，以 S_l 为纵坐标的四个参数的等值线图。图 3-17 即为组合均匀系数等值线图。这样只要将四个参数的等值线图重叠在一起，就可以得到符合以上四项要求的 S_l 和 S_m 值。

具体方法如图 3-18 所示。对于设计均匀系数为 70%并符合设计要求的范围如阴影面积所示。这范围就是由三根线所包围。也就是说对于有些 S_m 和 S_l 的组合，尽管 $Cu \geqslant 70\%$，但仍有漏喷现象。以上所述的范围就是符合 Cu、I 和 C_0 三个条件的范围，亦即在这范围之内所有点（S_m 和 S_l）都符合这三项设计要求。但最后选用哪一点，就要由经济分析来确定，具体可将单位面积投资等值线图与图 3-18 重叠，在阴影范围之内找出单位面积投资最低点，并考虑到支管和干管的标准长度等因素，选定其设计点 A，找出 S_m 和 S_l 的设计值。

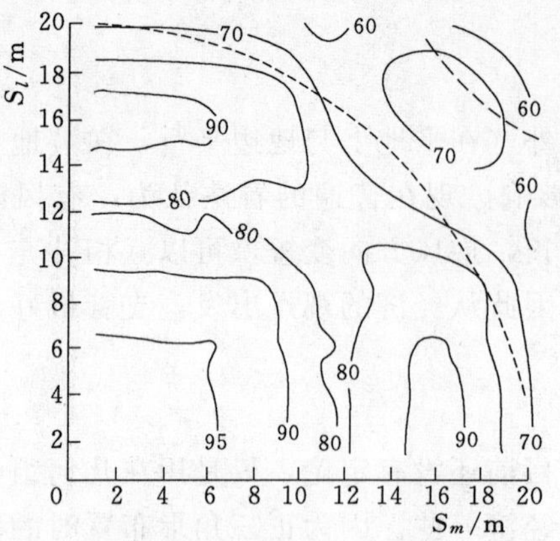

图 3-17　组合均匀系数等值线图

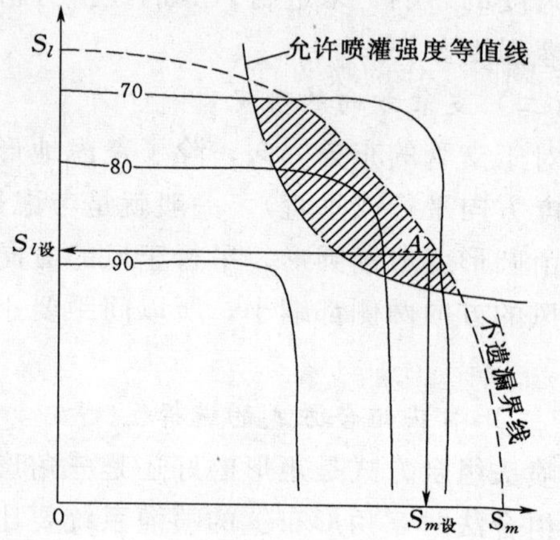

图 3-18　喷头间距与支管间距的确定

五、拟定灌水定额和灌水周期

（一）设计灌水定额（$m_{设}$）

设计灌水定额可用式（3-21）计算：

$$m_{设}=0.1H(\theta_{\max}-\theta_{\min})(\mathrm{mm}) \tag{3-21}$$

式中　H——作物土壤计划湿润层的厚度，对于大田作物，一般采用 40～60cm；

$\theta_{\max}$——灌后土层允许达到的含水量的上限（以占土层体积的百分数表示）。即相当于田间持水量；

$\theta_{\min}$——灌前土层含水量下限（以占土层体积的百分数表示），约相当于田间持水量的 60%～70%。

（二）设计灌水周期（$T_{设}$）

在喷灌系统规划设计中，主要是要确定作物耗水最旺时期的允许最大间隔时间（两次灌水的间隔时间），即设计灌水周期（以天计），它可用下式计算：

$$T_{设}=\frac{m_{设}}{e} \tag{3-22}$$

式中　e——作物耗水最旺时期的日平均耗水量，mm/d，可根据试验确定；

其余符号意义同前。

一次灌水所需时间 t 可按下式确定

$$t=\frac{m_{设}}{\bar{\rho}_{系统}}(\mathrm{h}) \tag{3-23}$$

$$\bar{\rho}_{系统}=\frac{1000q\eta}{S_m S_l}$$

式中 $m_{设}$——设计灌水定额，mm；

$\bar{\rho}_{系统}$——喷灌系统的平均喷灌强度，mm/d，应小于土壤的允许喷灌强度；

η——喷洒水有效利用系数，一般选用 0.7～0.9；

q——一个喷头的流量，m^3/h；

S_m——支管间距，m；

S_l——沿支管的喷头间距，m。

同时工作的喷头数（$N_{喷头}$）可按下式计算：

$$N_{喷头}=\frac{A}{S_m S_l}\frac{t}{T_{设}C} \tag{3-24}$$

式中 A——整个喷灌系统的面积，m^2；

C——1d 中喷灌系统有效工作小时数；

其余符号意义同前。

同时工作的支管数（$N_{支}$）

$$N_{支}=\frac{N_{喷头}}{n_{喷头}} \tag{3-25}$$

式中 $n_{喷头}$——一根支管上的喷头数，可以一根支管的长度除以沿支管的喷头间距 S_l 求得。

如果计算出的 $N_{支}$ 不是整数，则应考虑减少同时工作的喷头数或适当调整支管的长度。

第四节　滴　　灌

一、滴头的种类及其工作原理

滴头是滴灌系统最关键的部件，其作用是将到达滴头前毛管中的压力水流消能后，以稳定的小流量滴入土壤，通常均由塑料压注而成。工作压力 100kPa 左右，流道最小孔径为 0.3～1.0mm，流量在 0.6～1.2L/h 范围之内。

对滴头的要求为：出流流量小，均匀而且稳定，受外界因素（温度、压力等）影响小，结构简单，便于制造和安装。价格低廉，坚固耐用，不易堵塞。

能满足以上要求的滴头很多，但结构与工作原理各异。按照水力学原理及结构形式可将常用的滴头分成以下几类。

1. 微管式滴头

微管式滴头是比较简单的一种滴头，是用一根内径为 0.8～2.0mm 的微塑料管直接插入毛管，借助水流在长长的微管中流动的摩擦水头损失来消除多余的能量。可以用改变微管长度的办法来调节出流量。其流量可用下式计算：

$$q=al^bH^cD^d \tag{3-26}$$

式中　　q——微管式滴头的出流量，L/h；

l——微管长度，m；

H——工作压力，kPa；

D——微管内径，mm；

a、b、c、d——随 D 值而定的系数。

微管内的水流多数处于层流状态，但是在内径大于 0.8mm、而且流量较大时，可能处于紊流状态。在层流状态下，水温的变化对流量将有明显的影响；在紊流状态下，则影响较小。

图 3-19　微管式滴头

一般情况下，微管就从毛管上拖下来，将出口放在需要滴灌的地方，有时为了便于移动，常将微管缠绕在毛管上，如图 3-19 所示。

尽管微管式滴头结构简单，精度不是很高（制造偏差系数 F_v 约为 4%），但在许多国家仍广泛应用这种滴头，特别适合于地形起伏的丘陵坡地，因为微管式滴头可以方便地用改变长度的办法来适应由于分布高程变化而造成管中压力的变化。

2. 管式滴头

管式滴头的原理与微管式滴头相似，同属流道滴头，只不过是用塑料压成一个长流道来达到消能的目的。工作压力一般为 100～150kPa。流量一般为 2～12L/h。其流道的形状可以是螺纹式，如图 3-20（a）、（b）所示，也可以是迷宫式或者平面螺纹，如图 3-20（c）所示。按其与毛管的连接方式可以分为以下两种：

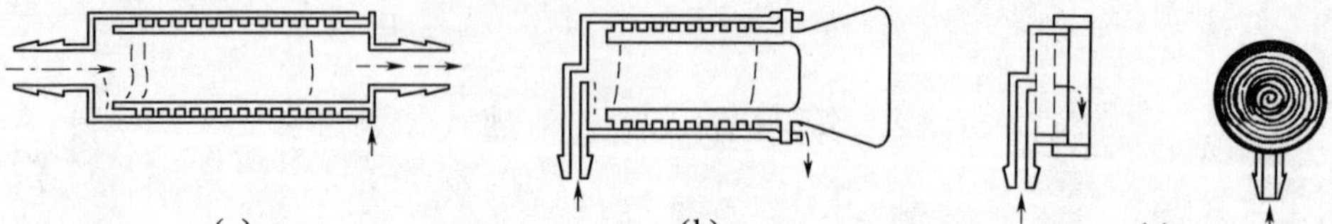

(a)　　(b)　　(c)

图 3-20　几种管式滴头结构示意图

（1）管间式：滴头两端与毛管相连，滴头本身形成毛管的一部分，如图 3-20（a）所示。装有这种形式的滴头的毛管便于移动，移动时不易损坏滴头。

（2）管上式：又称为侧向安装滴头。滴头的进水口在毛管管壁上。滴头可直接附在毛管上，如图 3-20（b）和（c）所示，也可以通过小管接出一定距离。

管式滴头的流量可用下式计算：

$$q=113.8A(2gHD/fl)^{1/2} \tag{3-27}$$

式中　q——滴头出流量，L/h；

D——流道内径，mm；

l——流道长度，m；

f——摩擦系数；

H——工作压力水头，m；

g——重力加速度，等于 9.81m/s^2；

A——孔口面积，mm^2。

在层流状态下，过水断面的形状对其水力学特性影响较大，而在紊流状态下，则影响较小。紊流时非圆过水断面用 $4R$ 来代替式（3－26）中的 D 值，这里 R 是水力半径（mm），可以得到较精密的结果。

管式滴头的突出优点是结构紧凑，安装成本低，批量生产质量容易控制。制造偏差系数 F_v 一般为 3%～7%，其缺点是局部水头损失较大。

为了减少滴头堵塞，这种滴头可以做成自清洗的滴头，在正常工作压力下，流道变小；而在系统刚开始工作时，由于压力低，而流道变大，通过较大的流量冲洗孔口。这种滴头一般称为补偿式滴头。

3. 孔口式滴头

孔口式滴头是由一个孔口和一个盖子组成，水流从孔口射出，冲在盖子上以达到消能的目的，孔口一般较小（0.5～1.0mm），工作压力也较低（20～30kPa），灌水均匀性差，易堵塞，但简单、价廉、易于更换。流量受压力变化的影响小，流量为 6～70L/h，通常在 15L/h 以上。结构如图 3－21 所示，流动状态几乎总是紊流。

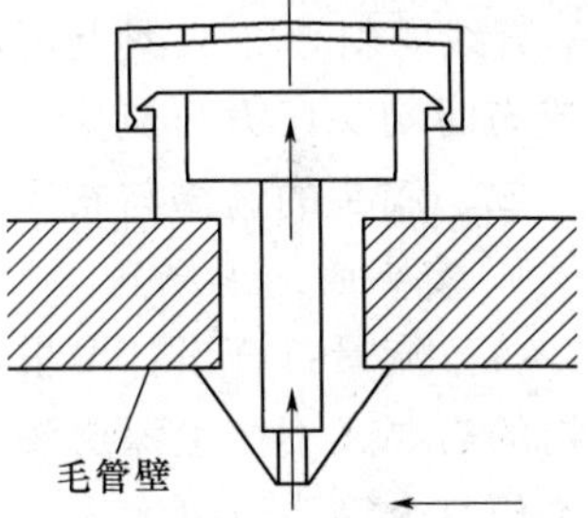

图 3－21　孔口式滴头结构示意图

其出流量可用下式表示：

$$q=SC\sqrt{2gH} \tag{3-28}$$

式中　q——出流量，L/h；

S——孔口断面积，mm；

H——工作压力水头，m；

C——常数。

孔口式紊流滴头的制造偏差系数 F_v 一般很大，可高达 47%。但对温度的变化不太敏感。为了克服堵塞问题，现在已有变过水断面的孔口式滴头，这种滴头在每次灌溉开始和结束时压力较低，过流比较大，就可进行一次冲洗。当压力变大时圆球将弹性部件压扁而使孔口变小，因此也具有压力补偿的作用。这样制造偏差系数 F_v 可降低到 1.6%～3.5%。

4. 涡流式滴头

涡流式滴头是靠水流切向流入涡室内形成强烈的旋转运动，造成极大的水头损失来消能，然后水流由涡室中间的孔口流出。其优点是出流孔口可比孔口式滴头大 1.7 倍左右。但很难得到较低的流量，价格较贵。

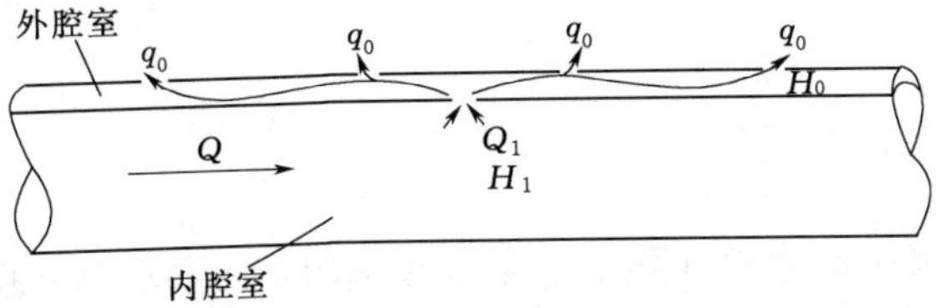

图 3－22　双壁毛管示意图

5. 双壁毛管

双壁毛管由两层管壁组成，如图 3－22所示。内层管通过毛管主要流量，工作压力为 30～150kPa，并有部分水流通过内层管壁上的小孔流到外层管，然后再从外层管外壁上流出，出流量与管径、内压和内外孔口数目比有关。流量为1～5L/h。出口的间距根据灌水量来确定。这种方法和其他滴头相比，它比较经济，有时一套双壁毛管可以用1～2个生长季。可以设计出很低的流量，容易安装，极不易堵塞。可广泛用于季节性的中耕作物。其缺点是在坡地上出流量不均匀。

通常滴头流量与压力的关系可以用以下经验公式确定，此公式称为滴头流量函数：

$$q=K_cH^x \tag{3-29}$$

式中 q——滴头流量，L/h；

K_c——滴头尺度的比例系数；

H——滴头的工作压力水头，m；

x——表征滴头流态的流量指数。

此式的关系绘出曲线如图3-23所示，x是直线的斜率。从图上可以清楚地看出不同流态时滴头压力与流量的关系。

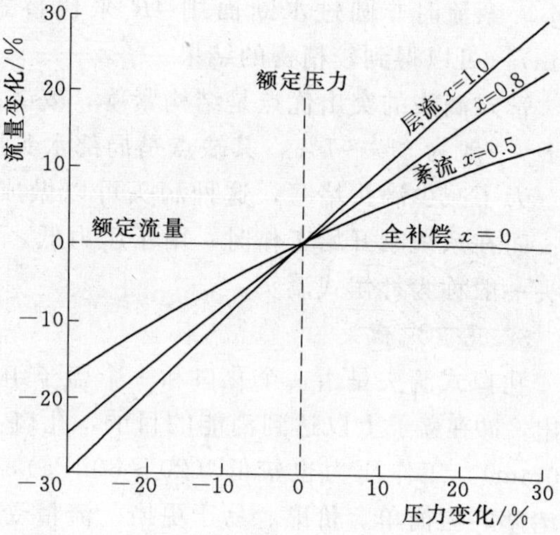

图3-23 滴头流量随着压力而发生的变化

二、滴头的选择与布置

1. 滴头的选用原则

(1) 流量符合设计要求，组合后能满足作物的需要又不产生深层渗漏与径流。一般不希望每个滴头流量太小，否则用量太大，既不经济也不方便，最好大于6～8L/h，而且流量对压力和温度变化的敏感性小。

(2) 工作可靠、不易堵塞，一般要求出流孔口大，出流流速大。

(3) 性能规格整齐划一，制造误差要小，至多不能超过10%。

(4) 结构简单，价格便宜。

2. 滴头与毛管的布置方式

毛管是将水送到每一棵作物根部的最后一级管道，滴头一般是直接装在毛管上或通过微管（直径大约5mm）接到毛管上。滴头布置在作物的根系范围内，为了提高灌水均匀度，减少个别滴头堵塞所造成的危害，每棵作物至少布置有2个或2个以上的滴头，其布置方式有以下几种：

(1) 单行直线布置［图3-24 (a)］：一根毛管控制一行作物。

(2) 双行直线布置［图3-24 (b)］：两根毛管控制一行作物，便于管理和收存毛管。

(3) 单行带环状布置［图3-24 (c)］：滴头通过绕树毛管相连，滴水点分布与根系一致，但收存和铺设比较麻烦。

(4) 单行带微管布置［图3-24 (d)］：从毛管上分出微管式滴头，微管的出水口环绕作物四周布置，和环状布置相似。

三、滴灌的主要灌水质量指标

1. 灌水均匀系数 E_u

滴灌是一种局部灌溉，所以不要求在整个灌水的面积上水量分布均匀，而要求每一棵作物灌到的水量是均匀的。影响对每一棵作物灌水均匀性的因素有：

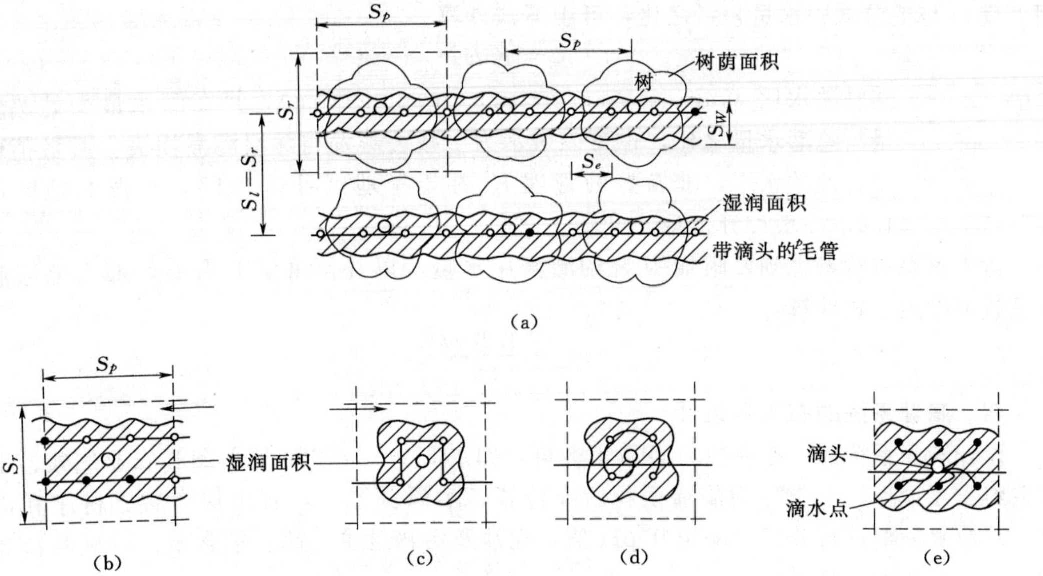

图 3-24　毛管的几种布置方式

(1) 滴头的水力学特性，主要是滴头流量对压力和温度变化的敏感性。

(2) 滴头的制造偏差，可用制造偏差系数 F_v 来表示：

$$F_v=\frac{S_d}{q_0} \tag{3-30}$$

$$S_d=\frac{\sqrt{q_1^2+q_2^2+\cdots+q_n^2-nq_0}}{\sqrt{n-1}}$$

式中　S_d——至少 50 个以上新的滴头所测得流量的标准偏差；

q_1、q_2、…、q_n——各个滴头的流量值，L/h；

q_0——所有滴头的平均流量值，L/h；

n——供试滴头的总数。

F_v 值一般变化为 2%～10%，一般要求 F_v 值不大于 5%。

(3) 管网上水压力分布的不均匀性，这主要是由管网的摩阻损失和地面高程变化造成的。

(4) 各滴头处气温及水温的差异。

(5) 完全堵塞或部分堵塞滴头的数目。

考虑到这些因素，将滴头的灌水均匀系数 E_u 表示成如下形式：

$$E_u=100\left(1-\frac{1.27F_v}{\sqrt{e}}\right)\frac{q_{\min}}{q_0} \tag{3-31}$$

式中　$q_{\min}$——根据正常流量压力关系曲线计算的与最小压力相对应的流量，L/h；

e——每株作物最少的滴头数目。

一般要求 E_u 值大于等于 94%，在任何情况下也不得低于 90%。

2. 灌溉效率

灌溉效率也称为灌溉水利用系数。用于表征灌溉水的有效利用的程度，定义为净灌溉

用水量 m 与毛灌溉用水量 $m_{毛}$ 之比，可用下式计算：

$$\eta_{水}=K_sE_u \tag{3-32}$$

式中 E_s——蒸腾灌水比（ratio of transpiration to application），是在灌水最少处蒸腾水量与总灌水量之比，也可以表示为1减去蒸发与深层渗漏损失。其数值取决于管理的水平，非常好的管理 K_s 在干旱地区可达0.95，在湿润地区可达1.0，一般设计值取0.90。

对于滴灌有时考虑到要附加10%的灌溉用水量，以补偿淋洗的需要，那么毛灌溉用水量就可以用下式计算：

$$m_{毛}=\frac{1.10m}{\eta_{水}}$$

四、滴灌系统的布置和设计

设计滴灌系统前，亦应收集必需的资料，如1/500～1/2000地形图和农业气象、土壤等资料。在地形图上应标明滴灌面积所在位置、水源位置、现有田块布置、村庄和道路等。水源水质要进行分析，测定其pH值，泥沙及污物含量，硼、锂含量，以硝酸盐和硝酸铵形式存在的含氮量等。

（一）滴灌系统的布置

滴灌系统的管道，一般分干管、支管和毛管三级，布置时要求干、支、毛三级管道尽量互相垂直，以使管道长度最短，水头损失最小，如图3-25所示。在平原地区，毛管要与垄沟方向一致：在山区丘陵地区，干管多沿山脊或在较高位置平行于等高线布置，支管垂直于等高线布置，毛管平行于等高线并沿支管两侧对称布置，以防滴头出水不均匀。

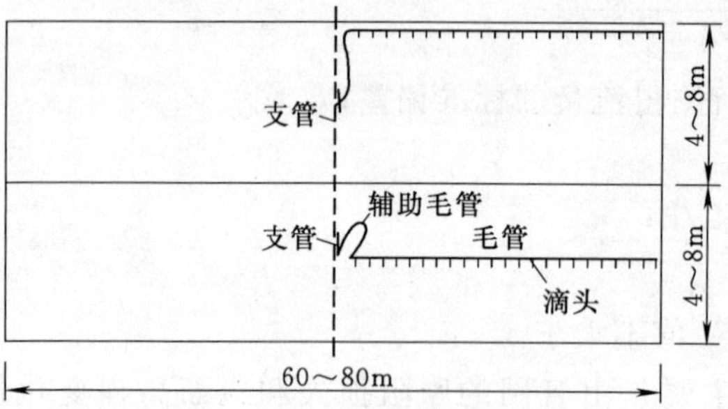

图3-25 大田滴灌毛管布置方式

滴灌系统的布置形式，特别是毛管布置是否合理，直接关系到工程造价的高低，材料用量的多少和管理运行是否方便等。在果园滴灌中，由于果树的株行距都较大，而且水果产值较高，有条件的地方可以采用固定式滴灌系统，也可以采用移动式滴灌系统。我国目前在发展大田作物滴灌时，为了降低工程造价和减少塑料管材用量，均采用了移动式滴灌系统。一条毛管总长40～50m，其中有2～5m一段不装滴头，称为辅助毛管。这样，一条毛管就可以在支管两侧60～80m宽，上下4～8m的范围内移动，控制灌溉面积0.5～1.0亩，使每亩滴灌建设投资降低到40～60元，其布置形式如图3-25所示。

（二）滴灌的灌溉制度

1. 灌水定额

滴灌设计灌水定额是指作为滴灌系统设计依据的最大一次灌水量（$h_{滴}$），如果用灌水深度表示，可以按下式计算，即

$$m_{滴}=\frac{a\theta pH}{1000} \tag{3-33}$$

式中 $m_{滴}$——设计灌水定额，mm；

α——允许消耗的水量占土壤有效持水量的比例,%；由于滴灌能及时地、准确地向根层土壤供水，因此可以使每次的灌水量较小，对于需水较敏感的蔬菜等作物，$\alpha=20\%\sim30\%$；对于一般耐旱的作物，$\alpha=30\%\sim40\%$；而对于根深的果树，则可取 $\alpha=30\%\sim50\%$；

H——计划湿润层深度，蔬菜为 0.2～0.3m，大田作物 0.3～0.6m，果树为 1.0～1.2m；

θ——土壤有效持水量（占土壤体积%）；

p——土壤湿润比,%，即在滴灌后地面以下 30cm 深处土壤湿润面积与滴灌面积（包括滴头湿润的面积和没有湿润的面积）的比值。其数值大小与滴头流量，滴头间距和土壤类别有关。

根据国内外试验资料表明，在降雨量较小的干旱地区，对果树滴灌，湿润比 p 应小于 33%；在降雨量较多的地区，滴灌只是间歇性的补充灌水，p 值应小于 20%，对于蔬菜和大田作物，其湿润比要高一些，一般为 70%～90%。

2. 设计灌水周期

滴灌的设计灌水周期用下式计算，即

$$T=\frac{m_{滴}}{e} \tag{3-34}$$

式中 T——灌水周期，d；

e——作物需水旺盛期日平均耗水量，mm/d。

e 值的大小可以根据当地滴灌试验资料或群众灌水经验确定，亦可根据下式估算：

$$e=\left(0.1+\frac{A}{100}\right)e_{\max} \tag{3-35}$$

式中 A——遮阴率,%，即在垂直阳光照耀下，作物阴影面积与总面积之比，对大田作物和蔬菜，A 为 60%～95%；对于果园，幼树期 A 为 20%～40%，成年果树 A 为 60%～80%；

$e_{\max}$——作物需水旺盛期最大蒸腾量，mm/d。不同作物、不同生育期，在不同的气候条件下，$e_{\max}$ 值不一样，这可根据试验确定。

目前，国内各地在进行滴灌设计时，大致采用如下灌水周期（T）：果树为 3～5d，蔬菜为 1～2d，而大田作物则采用 5～8d。

3. 一次灌水延续时间

灌水延续时间用式（3-36）计算，即

$$t=\frac{m_{滴}\ S_e S_l}{q_{滴}} \tag{3-36}$$

式中 S_e——滴头间距，m；

S_l——毛管间距，m；

$q_{滴}$——滴头流量，L/h。

在果园滴灌时，以单株树为计算单元，则一次灌水延续时间应该用下式计算：

$$t=\frac{m_{滴}\ S_r S_t}{n q_{滴}} \tag{3-37}$$

式中　t——一次灌水延续时间，h；

n——一棵树下安装的滴头个数；

S_r——果树行距，m；

S_t——果树株距，m；

其余符号意义同前。

4. 轮灌区数目的确定

对于固定式滴灌系统，轮灌区数目（N）可按下式计算：

$$N \leqslant \frac{24T}{t} \tag{3-38}$$

对于移动式滴灌系统，则为

$$N \leqslant \frac{24T}{n_{移}t} \tag{3-39}$$

式中　$n_{移}$——一条毛管控制面积内毛管移动的次数，大田为10～20次。

5. 一条毛管控制的灌溉面积（f）

对于固定式滴灌系统，毛管固定在一个位置上灌水，控制面积为

$$f = 0.0015 S_t L \tag{3-40}$$

式中　f——一条毛管控制的灌溉面积，亩；

L——毛管长度，m，移动式灌溉系统中为安装滴头的毛管段。

对于移动式滴灌系统，一条毛管一昼夜控制的灌溉面积，可用下式计算：

$$f = 0.0015 n_{移} S_{移} L \tag{3-41}$$

式中　$S_{移}$——一条毛管每次移动的距离，m；

其余符号意义同前。

（三）滴灌系统控制灌溉面积大小的计算

在灌溉水源能得到充分保证的条件下，灌溉面积的大小取决于管道的输水能力。对于水源流量不能满足整个灌区需要时，滴灌面积可用下式计算：

$$A = mfN \tag{3-42}$$

$$m = \frac{Q}{Q_{毛}}$$

式中　A——滴灌系统控制的灌溉面积，亩；

m——同时工作的毛管条数；

Q——水源流量，L/h；

$Q_{毛}$——一条毛管的输水流量，L/h；

其余符号意义同前。

（四）滴灌水力计算

灌溉系统各级管道布置好以后，即可从最末一级毛管开始，逐级推算各级管道（毛管、支管和干管）的水头损失。在具体设计中，要求同一支管上第一条毛管的第一个滴头的水头 h 与最末一条毛管的最后一个滴头的水头 h' 的差值，不超过滴头设计工作压力的20%，以求滴头的滴水量比较均匀（流量差值不超过10%）；并据此确定支、毛管的最大长度。

在滴灌中，多用塑料管道。国内外常采用威廉-哈森公式计算管道沿程摩阻损失：

$$\Delta H=15.27\frac{Q^{1.852}}{D^{4.871}}L \tag{3-43}$$

式中　ΔH——沿程摩阻损失，m；

L——管长，m；

Q——流量，L/h；

D——管内径，cm。

在支管中，因水流进入毛管，所以其流量随支管长度而减少。在管道沿程均匀出流情况下，由于摩阻引起的总水头损失可以用上式计算，但必须再乘以相应的多孔系数加以修正（类似喷灌管道的计算），也可以用修正的威廉-哈森公式计算：

$$\Delta H=5.35\frac{Q^{1.852}}{D^{4.871}}L \tag{3-44}$$

式中符号意义同前，仅常数不同。

毛管和支管水力学计算的步骤是：

1）已知管道输水流量，初步选定管径 D。

2）假定管道长度，计算总水头损失（沿程摩阻损失与局部损失之总和）和任一管段断面的压力水头 H_i：

$$H_i=H-\Delta H_i\pm\Delta H_i' \tag{3-45}$$

式中　H——进口压力水头；

ΔH_i——沿管长任一段的水头损失，$\Delta H_i=R_i\Delta H$。其中 $R_i=1-(1-i)^{2.852}$，i 为相对管长，即距进口端任一管段长度 l 与全管长 L 之比；

$\Delta H_i'$——任一断面处由管坡引起的压力水头变化，下坡取“－”号，上坡取“＋”号。

3）求沿管长压力分布曲线，得最大压力水头和最小压力水头，以及进口工作压力。

4）校核支管控制的范围内，滴头工作压力的变化 $H_{var}=1-\frac{H_{min}}{H_{max}}$ 是否在规定范围内，其 H_{min} 和 H_{max} 分别为毛管最小压力和最大压力（一般不在同一毛管上）。

5）若 H_{var} 不符合要求，应改变支、毛管的直径和相应长度，重新计算，直至符合要求为止。同一 H_{var} 的支、毛管直径 D 和长度 L 有许多种组合，最好作出若干种比较方案进行优选。

干管水力计算，可按经济直径（或经济水力坡度 i）选择合理直径，然后计算沿程水头损失，推求满足支管进口压力的干管工作压力。

$$H_A=H_B+\Delta H\pm\Delta Z \tag{3-46}$$

式中　H_A——管段上端压力水头；

H_B——管段下端压力水头；

ΔZ——两端地形高差，上坡取“＋”，下坡取“－”。

经济水力坡度 i 值越大，所需管径就越小，每亩投资也就越少。但是，i 值越大，则所需要的抽水扬程就高，从而又增大了管理运行费用。因此，在设计滴灌系统时，要合理选择水力坡度 i 值的大小。

应该指出，上述各级管道的压力还应加上局部阻力损失，即 $h_{局}=\xi\frac{v^2}{2g}$。为了方便计算，目前一般以沿程摩阻损失的10%估算局部阻力损失。

在山区、丘陵地区修建滴灌系统，为了节省投资，减少运行费用，应尽可能在较高位置修建蓄水工程，存蓄泉水，或拦蓄当地地面径流，以便实行自压滴灌。在保证支管沿程都有15m左右的工作水头前提下允许管道有较大的水头损失。当地面坡度大于管道的经济坡度时，取管道水力坡度等于地面坡度；在地面坡度小于管道的经济坡度时，取管道坡度为经济坡度进行水力计算。

五、滴灌系统的堵塞及其处理方法

1. 滴灌系统堵塞的原因

1）悬浮固体堵塞。如由河（湖）水中含有泥沙及有机物引起。

2）化学沉淀堵塞。水流由于温度、流速、pH值的变化，常引起一些不易溶于水的化合物，沉积在管道和滴头中，按其化学成分来分，主要是铁化合物沉淀（由铁管锈蚀引起），碳酸钙沉淀和磷酸盐沉淀等。

3）有机物堵塞。胶体形态的有机质，微生物的孢子和单细胞，一般不容易被过滤器排除，在适当的温度，含气量以及流速减小时，常在滴灌系统内团聚和繁殖，引起堵塞。

2. 滴灌系统堵塞的处理方法

1）酸液冲洗法。对于碳酸钙沉淀，可用36%的盐酸加入水中，占水容积的0.5%～2%，用1m水头的压力输入滴灌系统，滞留5～15min。当被钙质黏土堵塞时，可用硝酸稀释液冲洗；除去铁的沉淀需用硫酸。

2）压力疏通法。用5～10个大气压的压缩空气或压力水冲洗滴灌系统，对疏通有机物堵塞效果很好。清除前，先将管道系统充满水，然后与空气压缩机连通，当所有水被排出后半分钟，关闭空气压缩机。但此法有时会使滴头流量超过设计值，或将较薄弱的滴头压裂。此法对碳酸盐堵塞无效。

在滴灌系统运行过程中，更重要的是加强管理，切实采取以下预防措施：①维护好过滤设备；②设沉淀池预先处理灌溉水；③定期测定滴头的流量和灌溉水的铁、钙、镁、钠、氯的离子浓度以及pH值和碳酸盐含量等，及早采取措施；④防止藻类滋生，毛管应采用加炭黑的聚乙烯软管，使其不透阳光，或用氯气、高锰酸钾及硫酸铜处理灌溉水；⑤采用活动式滴头，以便拆卸冲洗。

第五节　微　喷　灌

一、微喷灌的主要灌水质量指标

微喷灌是介于喷灌与滴灌之间的一种灌水方法。因此，主要灌水质量指标分别与两者相似。灌水均匀系数和灌水效率与灌溉相同。喷灌强度的要求与喷灌相似，所不同的在于微喷灌是局部灌溉，一般不考虑湿润面积的重叠，所以要求单喷头的平均喷灌强度不超过土壤的允许喷灌强度。另外，由于微喷头的出口和普通喷头的出口比起来一般都非常小，水滴对作物土壤的打击力都不大，不会构成对作物和土壤团粒结构的威胁，所以水滴直径不作为主要指标，主要灌水质量指标是：灌水均匀系数、灌水效率和单喷头平均喷灌强度。

二、微喷头的种类及其工作原理

微喷头也是喷头的一种，只是它具有体积小、压力低、射程短、雾化好等特点。小的微喷头外形尺寸只有0.5～1.0cm，大的也只10cm左右；其工作压力一般为50～300kPa。因此微喷头的结构一般要比喷头简单得多，多数是用塑料一次压注成形的，复杂一些的也只有五、六个零件。也有用金属做的或采用一些金属部件。喷嘴直径一般小于2.5mm；单个微喷头的喷水量一般不大于300L/h。由于微喷头主要是作为一种局部灌水方法，所以不要求微喷头具有很大的射程，一般微喷头的射程从10～50cm到6～7m不等。

微喷头的作用有两个方面：一是将水舌粉碎成细小的水滴并喷洒到较大的面积上，以减少发生地面径流和局部积水的可能性；另一方面是用喷洒的方式，消散到达微喷头前的水头。（在滴头中则是利用水流流过孔口或迷宫时的阻力来消散这水头。）只要能起到这两方面作用，而且工作参数在上述范围之内的构件都可以称为微喷头。所以其结构形式和工作原理非常多样。各种形式、不同规格的微喷头现在已有数百种之多。按其喷洒的图形（或湿润面积的形状）可以分为全圆喷洒和扇形喷洒两种。

1）全圆喷洒的微喷头：单个微喷头的湿润面积是圆形的，如图3-26左下角所示。这种喷头也可以用于全面灌溉。

2）扇形喷洒的微喷头：单个微喷头的湿润面积是一个或多个扇形的，而且各扇形的中心角也不相同，如图3-26所示即为其中几种。这种微喷头一般只能用于局部灌溉，因为其组合后不容易得到均匀的水量分布，所以不适用于全面灌溉，由于一些果树都不希望树干经常处于湿润状态，因此常将扇形的缺口对着树干，这样可以避免打湿树干，和一般喷头不同的地方是，一般喷头每个喷头只有一个扇形，而一个微喷头却可以有几个扇形湿润面积。

图3-26　几种不同形状喷洒图形的微喷头

按其工作原理，常用的微喷头可以分为射流式、离心式、折射式和缝隙式四种。其工作原理均与喷头相似。后三种都没有运动部件，在喷洒时整个微喷头各部件都是固定不动的，因此统称为固定式微喷头。

1. 射流式微喷头

一般是利用反作用原理使之旋转。其特点是水流集中、射程远，因此平均喷灌强度也就比较低，特别适用于全面灌溉以及透水性较低的土壤上局部灌溉。

除了如图3-27所示的射流式微喷头之外，也还有一些其他形式的射流式微喷头。如图3-28所示即为一种带有旋转悬臂的射流式微喷头。

2. 离心式微喷头

离心式微喷头是一种利用离心力来喷洒的微喷头，其外形如图3-29所示。其特点是工作压力低，雾化程度高，一般形成全圆的湿润面积。由于在离心室内能够消散大量能量，所以在同样流量的条件下，孔口可以比较大，从而大大减少了堵塞的可能性。

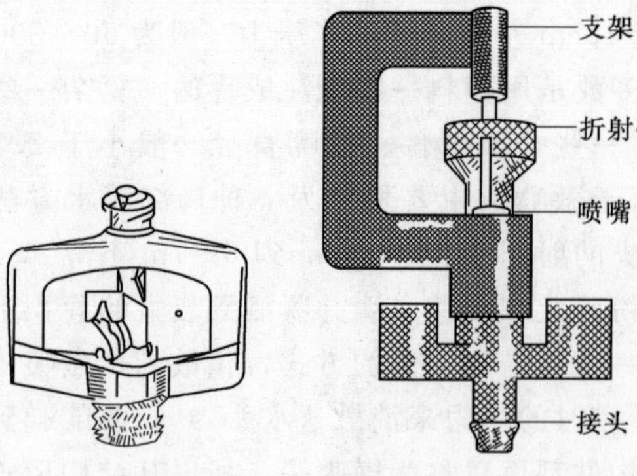

图 3-27　射流式微喷头

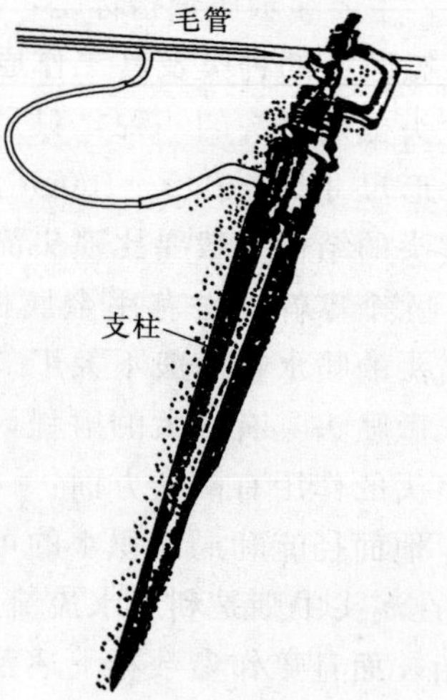

图 3-28　射流式微喷头及其支柱

3. 折射式微喷头

折射式微喷头和一般折射式喷头不同，它的折射锥的折射角不一定是 120°，可以是 180°甚至大于 180°。因此有时将射流式喷头的折射臂取去，换上一个平的折射锥，就成了折射式微喷头。这样增加了微喷头部件的通用性。一般折射锥表面是光滑的，但也有的折射锥沿圆周方向做成齿形。其作用在于使水流沿圆周方向能分布得比较均匀，也可以提高雾化程度。对于一些扇形喷洒的折射式微喷头则只有一个方向有支架，水流向另一个方向射出。

4. 缝隙式微喷头

缝隙式微喷头如图 3-30 所示。

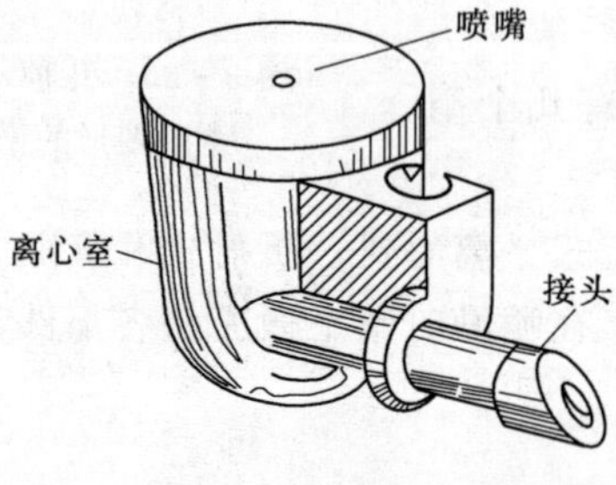

图 3-29　离心式微喷头外形图

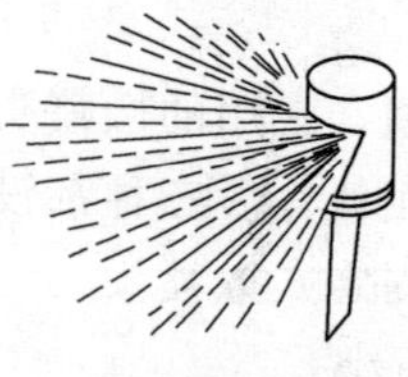

图 3-30　缝隙式微喷头示意图

三、微喷头的选择与布置

(一) 微喷头的选择

在选用微喷头时要考虑到农作物对灌溉的要求，还要注意对土壤环境造成的影响：①单喷头平均喷灌强度不超过土壤允许的喷灌强度，这与喷灌相似；②喷水量要适合于作物灌水量的要求，特别注意考虑灌水量随着生育阶段的变化；③制造误差小，不得超过 11%；④喷水量对应力和温度变化的敏感性要差；⑤工作可靠，主要是不易堵塞，为此孔口适当大些好，流量大一些好，对于有旋转部件的微喷头，还要求旋转可靠；⑥经济耐用。

具体选用微喷头时，要根据作物的种类，植株的间距，土壤的质地与入渗能力以及作物的需水量大小而定。除应满足主要灌水质量指标的要求外，喷洒湿润图形还应满足作物根系发育的要求，在不同生育阶段都能使根系全面得到湿润。

（二）微喷头的布置

微喷头的布置包括在高度上的布置和在平面上的布置。在高度上的布置，一般是放在作物的冠盖下面，但是不能太靠近地面，以免暴雨时将泥沙溅到微喷头上面堵塞喷嘴或影响折射臂旋转，也不能太高以免打湿枝叶。安装高度一般为 20～50cm，对于专门要湿润作物叶面的系统则可安装在作物的冠盖之上。

在平面上布置，一般说来是每棵作物布置一个微喷头，要求 30%～75%以上的根系得到灌溉，以保持产量和足够的根系锚固力。根系湿润范围的大小，主要决定于土壤类型与土层深度，喷水量的大小，微喷头喷洒覆盖范围的大小与形状，灌水历时等。如果微喷灌是作物水分的唯一来源或主要来源（在非常干旱的地区），则作物根系发育形状与湿润土壤的形状一致，干的地方根系不发达。这时微喷头的布置是至关重要的，最好灌溉的湿润图形与作物枝干对称，应促使根系延伸到离作物枝干的距离等于作物高 1/4 处，以确保作物有足够的锚固力。对于微喷灌来说，土壤的湿润范围比地面湿润面积略大一些。我们可以根据以上原则合理的布置，灵活地安排。图 3－31 绘出了在果园微喷头的几种布置方式可供参考。图 3－31（a）为全圆喷洒的微喷头紧靠树干布置，一棵树一个微喷头。这样布置形式对称，能湿润整个根系，但是微喷头不能靠树干太近，否则使树干总是湿的，对一些树不利。而且由于树干的遮挡，会有较大面积喷不到水。所以有时干脆用扇形喷洒的微喷头，如图3－31（b）所示。或用两个半圆喷洒的微喷头，如图 3－31（c）所示。一棵树一个微喷头的布置方式是每棵树只能从一个微喷头得到水，这样一旦这个微喷头堵塞了而又未被发现，就会严重影响这棵树的生长，以至干死。所以有时将微喷头布置在两棵树之间，如图 3－31（d）～（f）所示。这样可以相对提高灌水的系统均匀系数。而且一般不会打湿树干和树叶。但是如果树的间距较大则会有大量无效的棵间蒸发。如果微喷头流量较大，可以供给两棵树，而且树的间距较小，那么也可以间隔布置，每个微喷头灌两棵树，以减少毛管的数量。甚至可以一个微喷头灌四棵树。

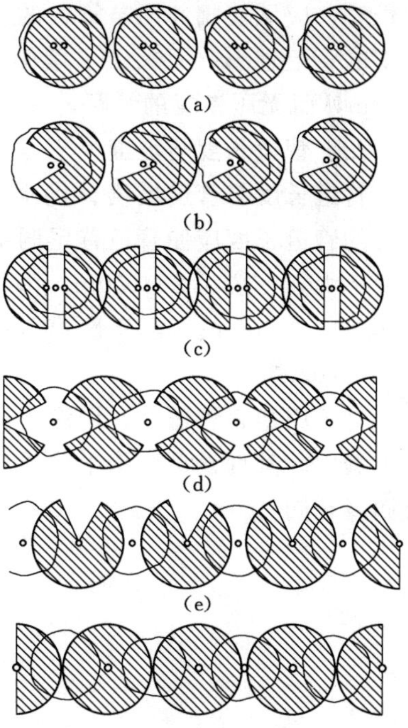

图 3－31　微喷头的几种布置方式

微喷头一经安置后，不要轻易移往他处，以免由于过去灌溉而建立起来的根系吸不到水，而新湿润的土壤内没有根系吸水，作物会因缺水而减产。另外，原来被水分冲向湿润球四周的盐分也会因改变湿润范围而进入根区造成盐害。如果微喷头只是作为降雨的补充，作物根系平时得到良好的全面的发育，这时微喷灌灌水图形的变化是不会严重影响作物根系的发育的。

第六节 渗　　灌

渗灌技术参数主要包括管道埋设深度，灌水定额、管道间距、管道长度与坡度等。在缺乏资料的情况下设计渗灌灌溉系统时，对上述各要素应进行必要的试验，或借用类似地区的资料。

一、管道埋设深度

地下管道的埋设深度，决定于土壤性质、耕作情况及作物种类等条件。埋设深度首先应使灌溉水借毛细管作用能充分湿润土壤计划湿润层，特别是表层土壤能达到足够湿润，而深层渗漏最小。一般在黏质土壤中埋设深度大，砂质土壤中则较小，其次管道埋设深度应该深于一般深耕所要求的深度，同时还应考虑管道本身的抗压强度，不致因拖拉机或其他农业机械的行走而损坏。另外，还要考虑各种作物的根系深度而决定管道埋深。目前我国各地采用的管道埋深一般为40～60cm。

二、灌水定额

渗灌的每次灌水定额，应能使相邻两管间的土层得到足够的湿润，以不发生深层渗漏为准，一般要通过田间试验测定。

三、管道间距

渗灌管道的间距主要决定于土壤性质和供水水头的大小。土壤颗粒越细，则土壤的吸水能力越强，在进行渗灌时灌溉水的湿润范围也越大，管道的间距就可增大。在决定管道间距时，应该使相邻两条管道的浸润曲线重合一部分，以保证土壤湿润均匀。一般砂质土壤中的管距较小，而黏重土壤中的管距较大；管道中的压力越大，管距可以较大，可达5～8m，而无压渗灌的管距，一般为2～3m。

四、管道长度与坡度

管道长度与管道坡度、供水情况（有压或无压）、流量大小及管道渗水情况等有关。适宜的管道长度应使管道首尾两端土壤能湿润均匀，而渗漏损失较小。我国所采用的管道长度不大，一般为20～50m。国外的经验是无压的管道长度不大于100m，有压的管长则可达200～400m。至于管道坡度，则应根据管道长度的地面坡度等而定，一般取0.001～0.005。

对于用塑料管输水、用渗头灌水的渗灌与滴灌非常相似，只是用渗头代替滴头，且埋在土壤中。其埋设深度依土壤质地而定，以湿润球切到地面为度，其他参数和设计方法均与滴灌相同。

第四章 灌溉渠道系统

灌溉渠道系统是指从水源取水、通过渠道及其附属建筑物向农田供水、经由田间工程进行农田灌水的工程系统，包括渠道工程、输配水工程和田间工程三大部分。渠道工程规划方法将在第六章中论述，本章主要介绍输配水工程和田间工程的规划方法。

在现代灌区建设中，灌溉渠道系统和排水沟道系统是并存的，两者互相配合，协调运行，共同构成完整的灌区水利工程系统，如图 4－1 所示。

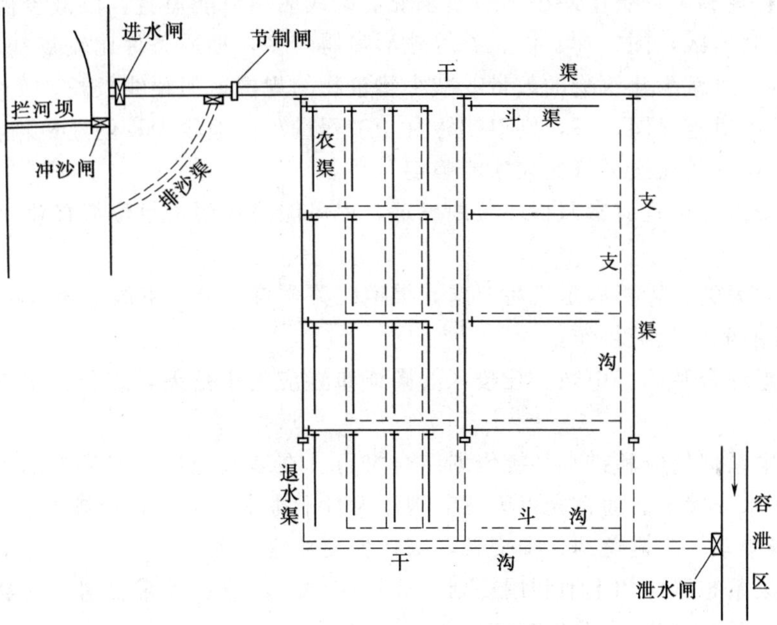

图 4－1 灌溉排水系统示意图

第一节 灌溉渠系规划

一、灌溉渠系概述

1. 灌溉渠系的组成

灌溉渠系由各级灌溉渠道和退（泄）水渠道组成。灌溉渠道按其使用寿命分为固定渠道和临时渠道两种：多年使用的永久性渠道称为固定渠道；使用寿命小于一年的季节性渠道称为临时渠道。按控制面积大小和水量分配层次又可把灌溉渠道分为若干等级：大、中型灌区的固定渠道一般分为干渠、支渠、斗渠、农渠四级，如图 4－1 所示；在地形复杂的大型灌区，固定渠道的级数往往多于四级，干渠可分成总干渠和分干渠，支渠可下设分支渠，甚至斗渠也可下设分斗渠；在灌溉面积较小的灌区，固定渠道的级数较少；如灌区呈狭长的带状地形，固定渠道的级数也较少，干渠的下一级渠道很短，可称为斗渠，这种灌区的固定渠道就分为干、斗、农三级。农渠以下的小渠道一般为季节性的临时渠道。

退、泄水渠道包括渠首排沙渠、中途泄水渠和渠尾退水渠，其主要作用是定期冲刷和排放渠首段的淤沙、排泄入渠洪水、退泄渠道剩余水量及下游出现工程事故时断流排水等，达到调节渠道流量、保证渠道及建筑物安全运行的目的。中途退水设施一般布置在重要建筑物和险工渠段的上游。干、支渠道的末端应设退水渠道。

2. 灌溉渠道的规划原则

1）干渠应布置在灌区的较高地带，以便自流控制较大的灌溉面积。其他各级渠道亦应布置在各自控制范围内的较高地带。对面积很小的局部高地宜采用提水灌溉的方式，不必据此抬高渠道高程。

2）使工程量和工程费用最小。一般来说，渠线应尽可能短直，以减少占地和工程量。但在山区、丘陵地区，岗、冲、溪、谷等地形障碍较多，地质条件比较复杂，若渠道沿等高线绕岗穿谷，可减少建筑物的数量或减小建筑物的规模，但渠线较长，土方量较大，占地较多；如果渠道直穿岗、谷，则渠线短直，工程量和占地较少，但建筑物投资较大。究竟采用哪种方案，要通过经济比较才能确定。

3）灌溉渠道的位置应参照行政区划确定，尽可能使各用水单位都有独立的用水渠道，以利管理。

4）斗、农渠的布置要满足机耕要求。渠道线路要直，上、下级渠道尽可能垂直，斗、农渠的间距要有利于机械耕作。

5）要考虑综合利用。山区、丘陵区的渠道布置应集中落差，以便发电和进行农副业加工。

6）灌溉渠系规划应和排水系统规划结合进行。在多数地区，必须有灌有排，以便有效地调节农田水分状况。通常先以天然河沟作为骨干排水沟道，布置排水系统，在此基础上，布置灌溉渠系。应避免沟、渠交叉，以减少交叉建筑物。

7）灌溉渠系布置应和土地利用规划（如耕作区、道路、林带、居民点等规划）相配合，以提高土地利用率，方便生产和生活。

二、干、支渠的规划布置形式

干、支渠的布置形式主要取决于地形条件，大致可以分为以下三种类型。

1. 山区、丘陵区灌区的干、支渠布置

山区、丘陵区地形比较复杂，岗冲交错，起伏剧烈，坡度较陡，河床切割较深，比降较大，耕地分散，位置较高。一般需要从河流上游引水灌溉，输水距离较长。所以，这类灌区干、支渠道的特点是：渠道高程较高，比降平缓，渠线较长而且弯曲较多，深挖、高填渠段较多，沿渠交叉建筑物较多。渠道常和沿途的塘坝、水库相连，形成长藤结瓜式水利系统，以求增强水资源的调蓄利用能力和提高灌溉工程的利用率。

山丘、丘陵区的干渠一般沿灌区上部边缘布置，大体上和等高线平行，支渠沿两溪间的分水岭布置，如图 4－2 所示。在丘陵地区，如灌区内有主要岗岭横贯中部，干渠可布置在岗脊上，大体和等高线垂直，干渠比降视地面坡度而定，支渠自干渠两侧分出，控制岗岭两侧的坡地。

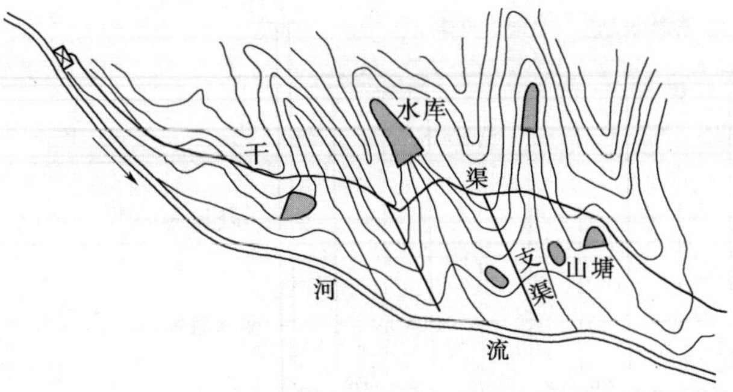

图 4-2　山区、丘陵区干支渠道布置

2. 平原区灌区的干、支渠布置

这类灌区大多位于河流中、下游地区的冲积平原，地形平坦开阔，耕地集中连片。山前洪积冲积扇，除地面坡度较大外，也具有平原地区的其他特征。河谷阶地位于河流两侧，呈狭长地带，地面坡度倾向河流，高处地面坡度较大，河流附近坡度平缓，水文地质条件和土地利用等情况和平原地区相似。这些地区的渠系规划具有类似的特点，可归为一类。干渠多沿等高线布置，支渠垂直等高线布置，如图 4-3 所示。

3. 圩垸区灌区的干、支渠布置

分布在沿江、滨湖低洼地区的圩垸区，地势平坦低洼，河湖港汊密布，洪水位高于地面，必须依靠筑堤圈圩才能保证正常的生产和生活，一般没有常年自流排灌的条件，普遍采用机电排灌站进行提排、提灌。面积较大的圩垸，往往一圩多站，分区灌溉或排涝。圩内地形一般是周围高、中间低。灌溉干渠多沿圩堤布置，灌溉渠系通常只有干、支两级，如图 4-4 所示。

三、斗、农渠的规划布置

1. 斗、农渠的规划要求

斗、农渠的规划和农业生产要求关系密切，除遵守前面讲过的灌溉渠道规划原则外，还应满足下列要求：

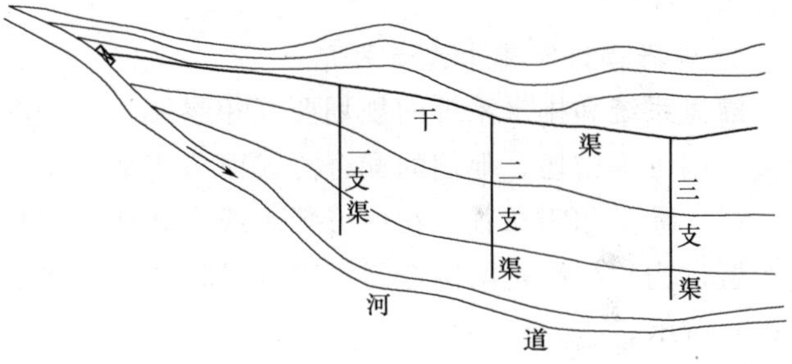

图 4-3　平原区干支渠道布置

1）适应农业生产管理和机械耕作要求；

2）便于配水和灌水，有利于提高灌水工作效率；

3）有利于灌水和耕作的密切配合；

4）土地平整工程量较少。

2. 斗渠的规划布置

斗渠的长度和控制面积随地形变化很大。山区、丘陵地区的斗渠长度较短，控制面积较小。平原地区的斗渠较长，控制面积较大。我国北方平原地区一些大型自流灌区的斗渠长度一般为 3～5km，控制面积为 3000～5000 亩。

斗渠的间距主要根据机耕要求确定，和农渠的长度相适应。

3. 农渠的规划布置

农渠是末级固定渠道，控制范围为一个耕作单元。农渠长度根据机耕要求确定，在平原地区通常为 500～1000m，间距为 200～400m，控制面积为 200～600 亩。丘陵地区农渠的长度和控制面积较小。在有控制地下水位要求的地区，农渠间距根据农沟间距确定。

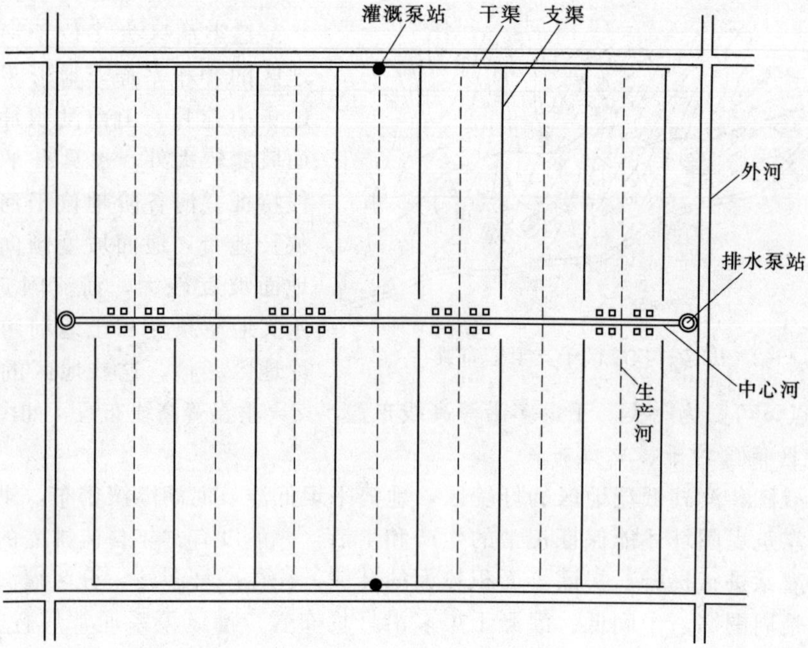

图 4-4　圩垸区干支渠布置

4. 灌溉渠道和排水沟道的配合

灌溉系统和排水系统的规划要互相参照、互相配合、通盘考虑。斗、农渠和斗、农沟的关系则更为密切，他们的配合方式取决于地形条件，有以下两种基本形式：

(1) 灌排相间布置。在地形平坦或有微地形起伏的地区，宜把灌溉渠道和排水沟道交错布置，沟、渠都是两侧控制，工程量较省。这种布置形式称为灌排相间布置，如图 4-5 (a) 所示。

(2) 灌排相邻布置。在地面向一侧倾斜的地区，渠道只能向一侧灌水，排水沟也只能接纳一边的径流，灌溉渠道和排水沟道只能并行，上灌下排，互相配合。这种布置形式称为灌排相邻布置，如图 4-5 (b) 所示。

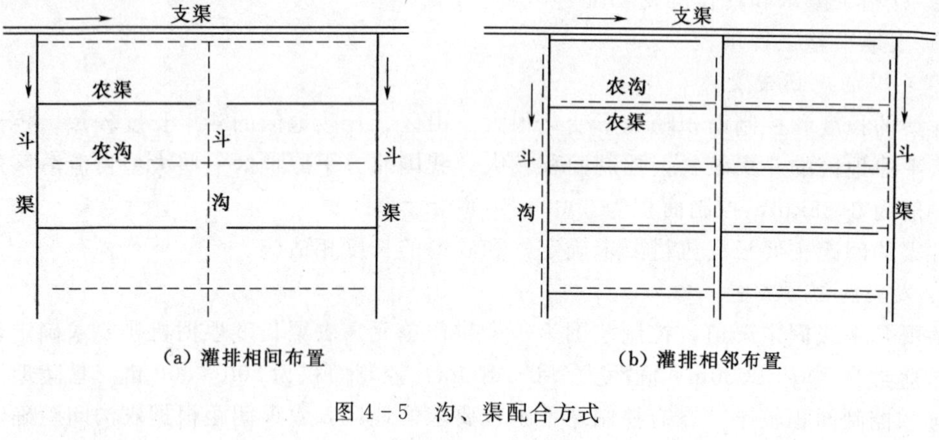

(a) 灌排相间布置　　(b) 灌排相邻布置

图 4-5　沟、渠配合方式

四、渠线规划步骤

干、支渠道的渠线规划大致可分为查勘、纸上定线和定线测量三个步骤，简述如下。

1. 查勘

先在小比例尺（一般为1/50000）地形图上初步布置渠线位置，地形复杂的地段可布置几条比较线路，然后进行实际查勘，调查渠道沿线的地形、地质条件，估计建筑物的类型、数量和规模，对难工地段要进行初勘和复勘，经反复分析比较后，初步确定一个可行的渠线布置方案。

2. 纸上定线

对经过查勘初步确定的渠线，测量带状地形图，比例尺为1/1000～1/5000，等高距为0.5～1.0m，测量范围从初定的渠道中心线向两侧扩展，宽度为100～200m。在带状地形图上准确地布置渠道中心线的位置，包括弯道的曲率半径和弧形中心线的位置，并根据沿线地形和输水流量选择适宜的渠道比降。在确定渠线位置时，要充分考虑到渠道水位的沿程变化和地面高程。在平原地区，渠道设计水位一般应高于地面，形成半挖半填渠道，使渠道水位有足够的控制高程。在丘陵山区，当渠道沿线地面横向坡度较大时，可按渠道设计水位选择渠道中心线的地面高程。还应使渠线顺直，避免过多的弯曲。

3. 定线测量

通过测量，把带状地形图上的渠道中心线放到地面上去，沿线打上木桩，木桩的位置和间距视地形变化情况而定，木桩上写上桩号，并测量各木桩处的地面高程和横向地面高程线，再根据设计的渠道纵横断面确定各桩号处的挖、填深度和开挖线位置。

在平原地区和小型灌区，可用比例尺等于或大于万分之一的地形图进行渠线规划，先在图纸上初定渠线，再进行实际调查，修改渠线，然后进行定线测量，一般不测带状地形图。斗、农渠的规划也可参照这个步骤进行。

五、渠系建筑物的规划布置

渠系建筑物系指各级渠道上的建筑物，按其作用的不同，可分为以下几种类型：

1. 引水建筑物

从河流无坝引水灌溉时的引水建筑物就是渠首进水闸，其作用是调节引入干渠的流量；有坝引水时的引水建筑物是由拦河坝、冲沙闸、进水闸等组成的灌溉引水枢纽，其作用是壅高水位、冲刷进水闸前的淤沙、调节干渠的进水流量、满足灌溉对水位、流量的要求。需要提水灌溉时修筑在渠首的水泵站和需要调节河道流量满足灌溉要求时修建的水库，也均属于引水建筑物。

2. 配水建筑物

配水建筑物主要包括分水闸和节制闸。

(1) 分水闸。建在上级渠道向下级渠道分水的地方。上级渠道的分水闸就是下级渠道的进水闸。斗、农渠的进水闸惯称为斗门、农门。分水闸的作用是控制和调节向下级渠道的配水流量，其结构形式有开敞式和涵洞式两种。

(2) 节制闸。节制闸垂直渠道中心线布置，其作用是根据需要抬高上游渠道的水位或

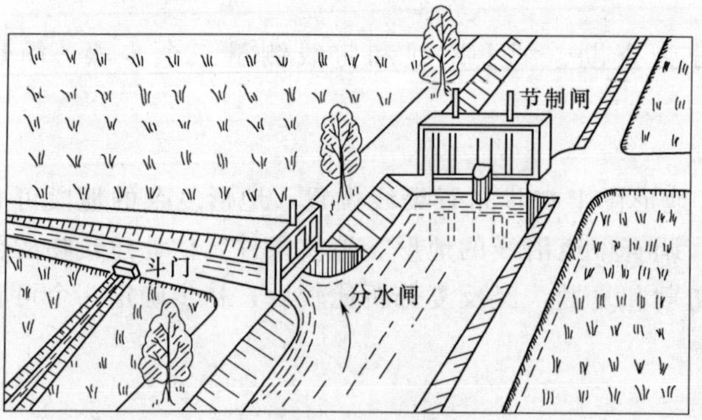

图 4-6 节制闸与分水闸

阻止渠水继续流向下游。在下列情况下需要设置节制闸：

1）在下级渠道中，个别渠道进水口处的设计水位和渠底高程较高，当上级渠道的工作流量小于设计流量时，就进水困难，为了保证该渠道能正常引水灌溉，就要在分水口的下游设一节制闸，壅高上游水位，满足下级渠道的引水要求，如图 4-6 所示。

2）下级渠道实行轮灌时，需在轮灌组的分界处设置节制闸，在上游渠道轮灌供水期间，用节制闸拦断水流，把全部水量分配给上游轮灌组中的各条下级渠道。

3）为了保护渠道上的重要建筑物或险工渠段，退泄降雨期间汇入上游渠段的降雨径流，通常在它们的上游设泄水闸，在泄水闸与被保护建筑物之间设节制闸，使多余水量从泄水闸流向天然河道或排水沟道。

3. 交叉建筑物

渠道穿越山岗、河沟、道路时，需要修建交叉建筑物。常见的交叉建筑物有隧洞、渡槽、倒虹吸、涵洞、桥梁等。

(1) 隧洞。当渠道遇到山岗时，或因石质坚硬，或因开挖工程量过大，往往不能采用深挖方渠道，如沿等高线绕行，渠道线路又过长，工程量仍然较大，而且增加了水头损失。在这种情况下，可选择山岗单薄的地方凿洞而过。

(2) 渡槽。渠道穿过河沟、道路时，如果渠底高于河沟最高洪水位或渠底高于路面的净空大于行驶车辆要求的安全高度时，可架设渡槽，让渠道从河沟、道路的上空通过。渠道穿越洼地时，如采取高填方渠道工程量太大，也可采用渡槽。图 4-7 表示渠道跨越河沟时的渡槽。

(3) 倒虹吸。渠道穿过河沟、道路时，如果渠道水位高出路面或河沟洪水位，但渠底高程却低于路面或河沟洪水位时；或渠底高程虽高于路面，但净空不能满足交通要求时，就要用压力管道代替渠道，从河沟、道路下面通过，压力管道的轴线向下弯曲，形似倒虹，如图 4-8 所示。

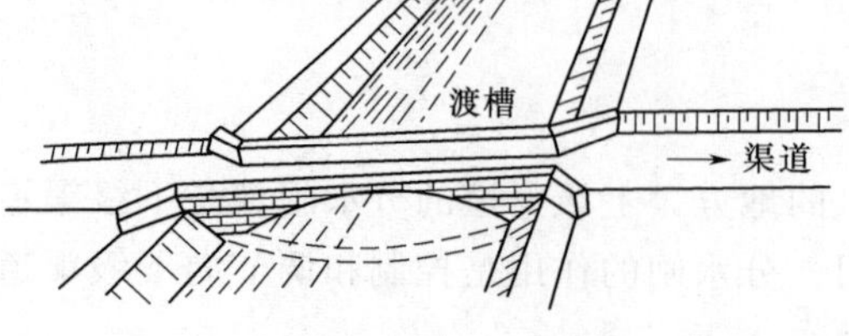

图 4-7 渡槽

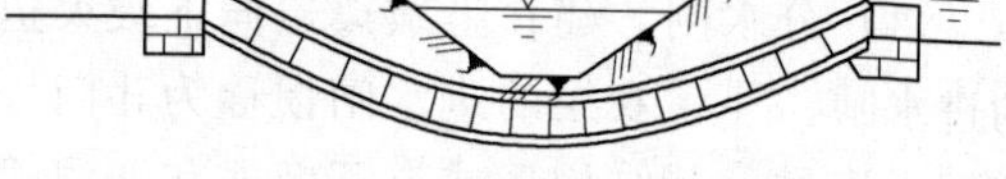

图 4-8 倒虹吸

（4）涵洞。渠道与道路相交，渠道水位低于路面，而且流量较小时，常在路面下面埋设平直的管道，叫做涵洞。当渠道与河沟相交，河沟洪水位低于渠底高程，而且河沟洪水流量小于渠道流量时，可用填方渠道跨越河沟，在填方渠道下面建造排洪涵洞。

（5）桥梁。渠道与道路相交，渠道水位低于路面，而且流量较大、水面较宽时，要在渠道上修建桥梁，满足交通要求。

4. 衔接建筑物

当渠道通过坡度较大的地段时，为了防止渠道冲刷，保持渠道的设计比降，就把渠道分成上、下两段，中间用衔接建筑物联结，这种建筑物常见的有跌水和陡坡，如图 4－9 和图 4－10 所示。一般当渠道通过跌差较小的陡坎时，可采用跌水；跌差较大、地形变化均匀时，多采用陡坡。

图 4－9　跌水

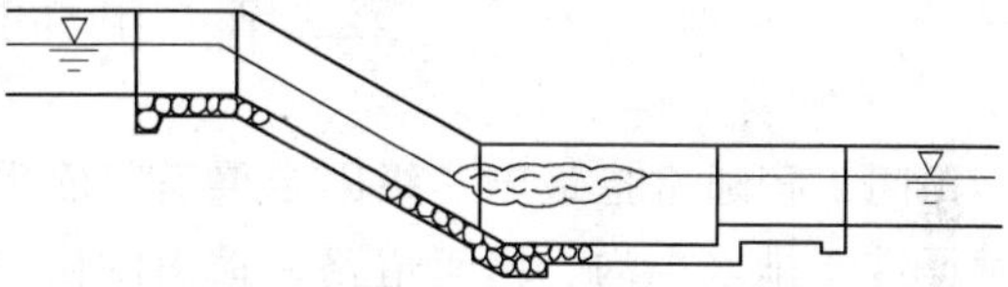

图 4－10　陡坡

5. 泄水建筑物

为了防止由于沿渠坡面径流汇入渠道或因下级（游）渠道事故停水而使渠道水位突然升高，威胁渠道的安全运行，必须在重要建筑物和大填方段的上游以及山洪入渠处的下游修建泄水建筑物，泄放多余的水量。通常是在渠岸上修建溢流堰或泄水闸，当渠道水位超过加大水位时，多余水量即自动溢出或通过泄水闸宣泄出去，确保渠道的安全运行。泄水建筑物具体位置的确定，还要考虑地形条件，应选在能利用天然河沟、洼地等作为泄水出路的地方，以减少开挖泄水沟道的工程量。从多泥沙河流引水的干渠，常在进水闸后选择有利泄水的地形，开挖泄水渠，设置泄水闸，根据需要开闸泄水，冲刷淤积在渠首段的泥沙。为了退泄灌溉余水，干、支、斗渠的末端应设退水闸和退水渠。

6. 量水建筑物

灌溉工程的正常运行需要控制和量测水量，以便实施科学的用水管理。在各级渠道的进水口需要量测入渠水量，在末级渠道上需要量测向田间灌溉的水量，在退水渠上要量测渠道退泄的水量。可以利用水闸等建筑物的水位-流量关系进行量水，但建筑物的变形以及流态不够稳定等因素会影响量水的精度。在现代化灌区建设中，要求在各级渠道进水闸下游，安装专用的量水建筑物或量水设备。量水堰是常用的量水建筑物，三角形薄壁堰、矩形薄壁堰和梯形薄壁堰在灌区量水中广为使用。巴歇尔量水槽（图 4－11）也是广泛使用的一种量水建筑物，虽然结构比较复杂，造价较高，但壅水较小，行近流速对量水精度的影响较小，进口和喉道处的流速很大，泥沙不易沉积，能保证量水精度。

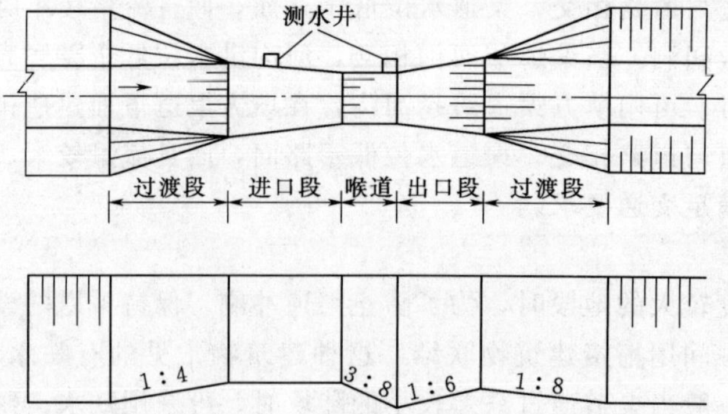

图 4-11 巴歇尔量水槽

第二节 田 间 工 程 规 划

田间工程通常指最末一级固定渠道（农渠）和固定沟道（农沟）之间的条田范围内的临时渠道、排水小沟、田间道路、稻田的格田和田埂、旱地的灌水畦和灌水沟、小型建筑物以及土地平整等农田建设工程。做好田间工程是进行合理灌溉、提高灌水工作效率、及时排除地面径流和控制地下水位、充分发挥灌排工程效益、实现旱涝保收、建设高产、优质、高效农业的基本建设工作。

一、田间工程的规划要求和规划原则

1. 田间工程的规划要求

田间工程要有利于调节农田水分状况、培育土壤肥力和实现农业现代化。为此，田间工程规划应满足以下基本要求：

1）有完善的田间灌排系统，旱地有沟、畦，种稻有格田，配置必要的建筑物，灌水能控制，排水有出路，消灭旱地漫灌和稻田串灌串排现象，并能控制地下水位，防止土壤过湿和产生土壤次生盐渍化现象。

2）田面平整，灌水时土壤湿润均匀，排水时田面不留积水。

3）田块的形状和大小要适应农业现代化需要，有利于农业机械作业和提高土地利用率。

2. 田间工程的规划原则

1）田间工程规划是农田基本建设规划的重要内容，必须在农业发展规划和水利建设规划的基础上进行。

2）田间工程规划必须着眼长远、立足当前，既要充分考虑农业现代化发展的要求，又要满足当前农业生产发展的实际需要，全面规划，分期实施，当年增产。

3）田间工程规划必须因地制宜，讲求实效，要有严格的科学态度，注重调查研究，走群众路线。

4）田间工程规划要以治水改土为中心，实行山、水、田、林、路综合治理，创造良好的生态环境，促进农、林、牧、副、渔全面发展。

二、条田规划

末级固定灌溉渠道（农渠）和末级固定沟道（农沟）之间的田块叫做条田，有的地方称为耕作区。它是进行机械耕作和田间工程建设的基本单元，也是组织田间灌水的基本单元。条田的基本尺寸要满足以下要求：

1. 排水要求

在平原地区，当降雨强度大于土壤入渗速度时，就要产生地面积水，积水深度和积水时间超过作物允许的淹水深度和允许的淹水时间时，就会危害作物生长。在地下水位较高的地区，当上升毛管水到达作物根系集中区时，就会招致土壤过湿。若地下水矿化度较高，还会引起表土层积盐。为了排除地面积水和控制地下水位，最常见的排水措施就是开挖排水沟，排水沟应有一定的深度和密度。排水沟太深时容易坍塌，管理维修困难。因此，农沟作为末级固定沟道，间距不能太大，一般为100～200m。

2. 机耕要求

机耕不仅要求条田形状方整，还要求条田具有一定的长度。若条田太短，拖拉机开行长度太小，转弯次数就多，生产效率低，机械磨损较大，消耗燃料也多。若条田太长，控制面积过大，不仅增加了平整土地的工作量，而且由于灌水时间长，灌水和中耕不能密切配合，会增加土壤蒸发损失，在有盐碱化威胁的地区还会加剧土壤返盐。根据实际测定，拖拉机开行长度小于300～400m时，生产效率显著降低。但当开行长度大于800～1200m时，用于转弯的时间损失所占比重很小，提高生产效率的作用已不明显。因此，从有利于机械耕作这一因素考虑，条田长度以400～800m为宜。

3. 田间用水管理要求

在旱作地区，特别是机械化程度较高的大型农场，为了在灌水后能及时中耕松土，减少土壤水分蒸发，防止深层土壤中的盐分向表层聚积，一般要求一块条田能在1～2d内灌水完毕。从便于组织灌水考虑，条田长度以不超过500～600m为宜。

综上所述，条田大小既要考虑除涝防渍和机械化耕作的要求，又要考虑田间用水管理要求，宽度一般为100～200m，长度以400～800m为宜。

三、田间渠系布置

田间渠系指条田内部的灌溉网，包括毛渠、输水垄沟和灌水沟、畦等。田间渠系布置有以下两种基本形式：

1. 纵向布置

灌水方向垂直农渠，毛渠与灌水沟、畦平行布置，灌溉水流从毛渠流入与其垂直的输水垄沟，然后再进入灌水沟、畦。毛渠一般沿地面最大坡度方向布置，使灌水方向和地面最大坡向一致，为灌水创造有利条件。在有微地形起伏的地区，毛渠可以双向控制，向两侧输水，以减少土地平整工程量。地面坡度大于1%时，为了避免田面土壤冲刷，毛渠可与等高线斜交，以减小毛渠和灌水沟、畦的坡度。田间渠系的纵向布置如图4-12所示。

2. 横向布置

灌水方向和农渠平行，毛渠和灌水沟、畦垂直，灌溉水流从毛渠直接流入灌水沟、畦，如图4-13所示。这种布置方式省去了输水垄沟，减少了田间渠系长度，可节省土地和减少田间水量损失。毛渠一般沿等高线方向布置或与等高线有一个较小的夹角，使灌水

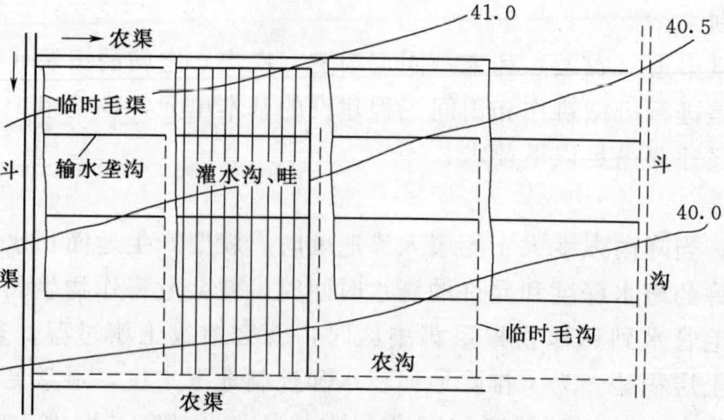

图 4-12　田间渠系纵向布置

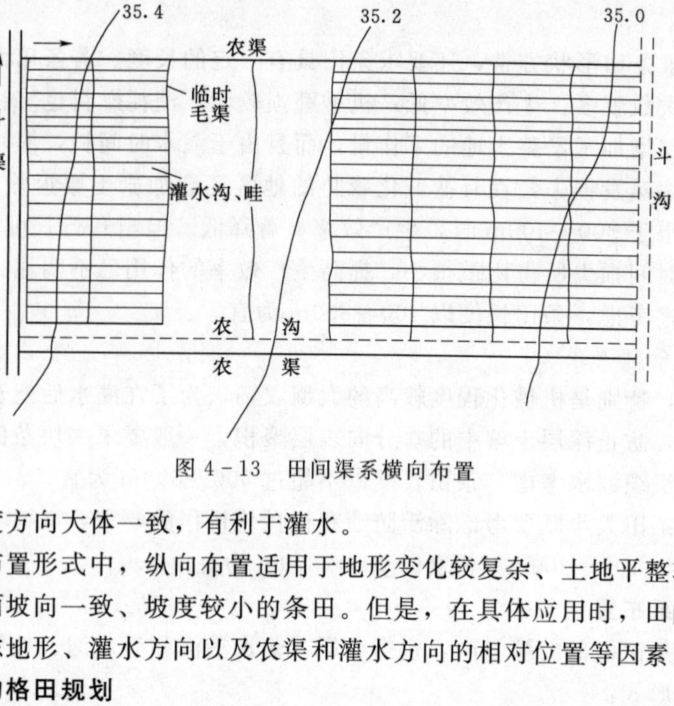

图 4-13　田间渠系横向布置

沟、畦和地面坡度方向大体一致，有利于灌水。

在以上两种布置形式中，纵向布置适用于地形变化较复杂、土地平整较差的条田；横向布置适用于地面坡向一致、坡度较小的条田。但是，在具体应用时，田间渠系布置方式的选择要综合考虑地形、灌水方向以及农渠和灌水方向的相对位置等因素。

四、稻田区的格田规划

水稻田一般都采用淹灌方法，需要在田间保持一定深度的水层。因此，在种稻地区，田间工程的一项主要内容就是修筑田埂，用田埂把平原地区的条田或山丘地区的梯田分隔成许多矩形或方形田块，称为格田。格田是平整土地、田间耕作和用水管理的独立单元。

田埂的高度要满足田间蓄水要求，一般为 20～30cm，埂顶兼作田间管理道路，宽约 30～40cm。

格田的长边通常沿等高线方向布置，其长度一般为农渠到农沟之间的距离。沟、渠相间布置时，格田长度一般为 100～150m；沟、渠相邻布置时，格田长度为 200～300m。格田宽度根据田间管理要求而定，一般为 15～20m。在山丘地区的坡地上，农渠垂直等高线布置，可灌排两用，格田长度根据机耕要求确定。格田宽度视地形坡度而定，坡度大的地方应选较小的格田宽度，以减少修筑梯田和平整土地的工程量。

稻田区不需要修建田间临时渠网。在平原地区，农渠直接向格田供水，农沟接纳格田排出的水量，每块格田都应有独立的进、出水口，如图 4－14 所示。

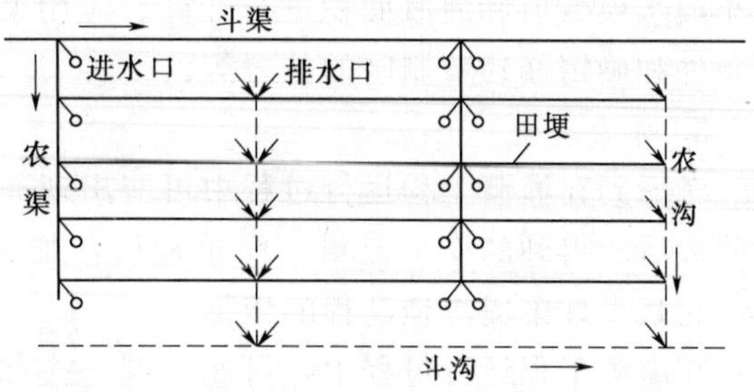

图 4－14　稻田区田间灌排工程布置

五、土地平整

在实施地面灌溉的地区，为了保证灌溉质量，必须进行土地平整。通过平整土地，削高填低，连片成方，除改善灌排条件之外，还可改良土壤，扩大耕地面积，适应机械耕作需要。所以，平整土地是治水、改土、建设高产稳产农田的一项重要措施。

对土地平整工作有以下要求：

1）田面平整，符合灌水技术要求。在实施沟、畦灌溉的旱作区，为了均匀地湿润土壤，必须具有平整的田面，而且沿灌水方向要有适宜的坡度，以利灌溉水流均匀推进。在种稻地区，要使格田范围内的田面基本水平。

2）精心设计，合理分配土方，就近挖、填平衡，运输线路没有交叉和对流，使平整工程量最小，劳动生产率最高。

3）注意保持土壤肥力。在挖、填土方时，要先移走表层熟土，完成设计的挖、填深度以后，再把熟土层归还地面，并适当增施有机肥料，做到当年施工、当年增产。

4）改良土壤，扩大耕地。对质地黏重、容易板结的土壤，可进行掺砂改良。通过填平废沟、废塘，拉直沟、渠、田埂等措施，扩大耕地面积，改善耕作和水利条件。

根据以上要求进行土地平整工程的设计和施工。通常以条田或格田作为平整单元，测绘地形图，计算田面设计高程和各点的挖、填深度，确定土方分配方案和运输路线，有组织地进行施工，达到省劳力、速度快、效果好的目的。

第三节　灌溉渠道流量推算

一、灌溉渠道流量概述

在灌溉实践中，渠道的流量是在一定范围内变化的，设计渠道的纵横断面时，要考虑流量变化对渠道的影响。通常用以下三种特征流量覆盖流量变化的范围，代表在不同运行条件下的工作流量。

1. 设计流量

在灌溉设计标准条件下，为满足灌溉用水要求，需要渠道输送的最大流量。通常是根据设计灌水模数（设计灌水率）和灌溉面积进行计算的。

在渠道输水过程中，有水面蒸发、渠床渗漏、闸门漏水、渠尾退水等水量损失。需要渠道提供的灌溉流量称为渠道的净流量，计入水量损失后的流量称为渠道的毛流量，设计流量是渠道的毛流量，它是设计渠道断面和渠系建筑物尺寸的主要依据。

2. 最小流量

在灌溉设计标准条件下，渠道在工作过程中输送的最小流量。用修正灌水模数图上的最小灌水模数值和灌溉面积进行计算。应用渠道最小流量可以校核对下一级渠道的水位控制条件和确定修建节制闸的位置等。

3. 加大流量

考虑到在灌溉工程运行过程中可能出现一些难以准确估计的附加流量，把设计流量适当放大后所得到的安全流量。简单地说，加大流量是渠道运行过程中可能出现的最大流量，它是设计渠堤堤顶高程的依据。

在灌溉工程运行过程中，可能出现一些和设计情况不一致的变化，如扩大灌溉面积、改变作物种植计划等，要求增加供水量；或在工程事故排除之后，需要增加引水量，以弥补因事故影响而少引的水量；或在暴雨期间因降雨而增大渠道的输水流量。这些情况都要求在设计渠道和建筑物时留有余地，按加大流量校核其输水能力。

二、灌溉渠道水量损失

由于渠道在输水过程中有水量损失，就出现了净流量 Q_n、毛流量 Q_g、损失流量 Q_l 这三种既有联系、又有区别的流量，他们之间的关系是

$$Q_g = Q_n + Q_l \tag{4-1}$$

渠道的水量损失包括渠道水面蒸发损失、渠床渗漏损失、闸门漏水和渠道退水等。水面蒸发损失一般不足渗漏损失水量的5%，在渠道流量计算中常忽略不计。闸门漏水和渠道退水取决于工程质量和用水管理水平，可以通过加强灌区管理工作予以限制，在计算渠道流量时不予考虑。把渠床渗漏损失水量近似地看作总输水损失水量。渗漏损失水量和渠床土壤性质、地下水埋藏深度和出流条件、渠道输水时间等因素有关。渠道开始输水时，渗漏强度较大，随着输水时间的延长，渗漏强度逐渐减小，最后趋于稳定。在已成灌区的管理运用中，渗漏损失水量应通过实测确定。在灌溉工程规划设计工作中，常用经验公式或经验系数估算输水损失水量。

1. 用经验公式估算输水损失水量

常用的经验公式是

$$\sigma = \frac{A}{100Q_n^m} \tag{4-2}$$

式中 σ——每公里渠道输水损失系数；

A——渠床土壤透水系数；

m——渠床土壤透水指数；

Q_n——渠道净流量，m^3/s。

土壤透水性参数 A 和 m 应根据实测资料分析确定，在缺乏实测资料的情况下，可采用表4-1中的数值。

表4-1　　土壤透水参数表

渠床土壤	透水性	A	m	渠床土壤	透水性	A	m
重黏土及黏土	弱	0.7	0.3	轻黏壤土	中上	2.65	0.45
重黏壤土	中下	1.3	0.35	砂壤土及轻砂壤土	强	3.4	0.5
中黏壤土	中等	1.9	0.4				

渠道输水损失流量按下式计算：

$$Q_l = \sigma L Q_n \tag{4-3}$$

式中 Q_l——渠道输水损失流量，m^3/s；

L——渠道长度，km；

σ——意义同前，这里以小数表示；

Q_n——渠道净流量，m^3/s。

用式（4-3）计算出来的输水损失水量是在不受地下水顶托影响条件下的损失水量。如灌区地下水位较高，渠道渗漏受地下水壅阻影响，实际渗漏水量比计算结果要小。在这种情况下，就要给以上计算结果乘以表4-2所给的修正系数加以修正，即

$$Q_l' = \gamma Q_l \tag{4-4}$$

式中 Q_l'——有地下水顶托影响的渠道损失流量，m^3/s；

γ——地下水顶托修正系数；

Q_l——自由渗流条件下的渠道损失流量，m^3/s。

表4-2　　地下水顶托修正系数 γ

渠道流量 /(m^3/s)	地下水埋深/m					
	小于3	3	5	7.5	10	15
0.3	0.82	—	—	—	—	
1.0	0.63	0.79	—	—	—	
3.0	0.50	0.63	0.82	—	—	
10.0	0.41	0.50	0.65	0.79	0.91	
20.0	0.36	0.45	0.57	0.71	0.82	
30.0	0.35	0.42	0.54	0.66	0.77	0.94
50.0	0.32	0.37	0.49	0.60	0.69	0.84
100.0	0.28	0.33	0.42	0.52	0.58	0.73

上述自由渗流或顶托渗流条件下的损失水量都是根据渠床天然土壤透水性计算出来的。如拟采取渠道衬砌护面防渗措施，则应观测研究不同防渗措施的防渗效果，以采取防渗措施后的渗漏损失水量作为确定设计流量的根据。如无试验资料，可给上述计算结果乘以表4-3给出的经验折减系数，即

$$Q_l'' = \beta Q_l \tag{4-5}$$

或

$$Q_l'' = \beta Q_l' \tag{4-6}$$

式中 Q_l''——采取防渗措施后的渗漏损失流量，m^3/s；

β——采取防渗措施后渠床渗漏水量的折减系数；

其余符号意义同意。

2. 用经验系数估算输水损失水量

总结已成灌区的水量量测资料，可以得到各条渠道的毛流量和净流量以及灌入农田的有效水量，经分析计算，可以得出以下几个反映水量损失情况的经验系数。

表 4-3　　　　**渗水量折减系数 β**

防渗措施	β	备　注
渠槽翻松夯实（厚度大于 0.5m）	0.3～0.2	
渠槽原状土夯实（影响厚度 0.4m）	0.7～0.5	
灰土夯实、三合土夯实	0.15～0.1	
混凝土护面	0.15～0.05	透水性很强的土壤，挂淤和夯实能使渗水量显著减少，可采取较小的 β 值
黏土护面	0.4～0.2	
人工夯填	0.7～0.5	
浆砌石	0.2～0.1	
塑料薄膜	0.1～0.05	

（1）渠道水利用系数。某渠道的净流量与毛流量的比值称为该渠道的渠道水利用系数，用符号 η_c 表示。

$$\eta_c=\frac{Q_n}{Q_g} \tag{4-7}$$

对任一渠道而言，从水源或上级渠道引入的流量就是它的毛流量，分配给下级各条渠道流量的总和就是它的净流量。

渠道水利用系数反映一条渠道的水量损失情况，或反映同一级渠道水量损失的平均情况。

（2）渠系水利用系数。灌溉渠系的净流量与毛流量的比值称为渠系水利用系数，用符号 η_s 表示。农渠向田间供水的流量就是灌溉渠系的净流量，干渠或总干渠从水源引水的流量就是渠系的毛流量。渠系水利用系数的数值等于各级渠道水利用系数的乘积。即

$$\eta_s=\eta_{干}\eta_{支}\eta_{斗}\eta_{农} \tag{4-8}$$

渠系水利用系数反映整个渠系的水量损失情况。它不仅反映出灌区的自然条件和工程技术状况，还反映出灌区的管理工作水平。我国自流灌区的渠系水利用系数见表 4-4。提水灌区的渠系水利用系数稍高于自流灌区。

表 4-4　　　　**我国自流灌区渠系水利用系数**

灌溉面积/万亩	<1.0	1.0～10.0	10～30	30～100	>100
渠系水利用系数 η_s	0.85～0.75	0.75～0.70	0.70～0.65	0.60	0.55

（3）田间水利用系数。田间水利用系数是实际灌入田间的有效水量（对旱作农田，指蓄存在计划湿润层中的灌溉水量；对水稻田，指蓄存在格田内的灌溉水量。）和末级固定渠道（农渠）放出水量的比值，用符号 η_f 表示。

$$\eta_f=\frac{A_{农}m_n}{W_{农净}} \tag{4-9}$$

式中　$A_{农}$——农渠的灌溉面积，亩；

m_n——净灌水定额，m^3/亩；

$W_{农净}$——农渠供给田间的水量，m^3。

田间水利用系数是衡量田间工程状况和灌水技术水平的重要指标。在田间工程完善、灌水技术良好的条件下，旱作农田的田间水利用系数可以达到0.9以上，水稻田的田间水利用系数可以达到0.95以上。

(4) 灌溉水利用系数。灌溉水利用系数是实际灌入农田的有效水量和渠首引入水量的比值，用符号 η_0 表示。它是评价渠系工作状况、灌水技术水平和灌区管理水平的综合指标，可按下式计算：

$$\eta_0=\frac{Am_n}{W_g} \tag{4-10}$$

式中 A——某次灌水全灌区的灌溉面积，亩；

m_n——净灌水定额，m^3/亩；

W_g——某次灌水渠首引入的总水量，m^3。

以上这些经验系数的数值与灌区大小、渠床土质和防渗措施、渠道长度、田间工程状况、灌水技术水平以及管理工作水平等因素有关。在引用别的灌区的经验数据时，应注意这些条件要相近。

选定适当的经验系数之后，就可根据净流量计算相应的毛流量。

三、渠道的工作制度

渠道的工作制度就是渠道的输水工作方式，分为续灌和轮灌两种。

1. 续灌

在一次灌水延续时间内，自始至终连续输水的渠道称为续灌渠道。这种输水工作方式称为续灌。

为了各用水单位受益均衡，避免因水量过分集中而造成灌水组织和生产安排的困难，一般灌溉面积较大的灌区，干、支渠多采用续灌。

2. 轮灌

同一级渠道在一次灌水延续时间内轮流输水的工作方式叫做轮灌。实行轮灌的渠道称为轮灌渠道。

实行轮灌时，缩短了各条渠道的输水时间，加大了输水流量，同时工作的渠道长度较短，从而减少了输水损失水量，有利于农业耕作和灌水工作的配合，有利于提高灌水工作效率。但是，因为轮灌加大了渠道的设计流量，也就增加了渠道的土方量和渠道建筑物的工程量。如果流量过分集中，还会造成劳力紧张，在干旱季节还会影响各用水单位的均衡受益。所以，一般较大的灌区，只在斗渠以下实行轮灌。

实行轮灌时，渠道分组轮流输水，分组方式可归纳为以下两种：

(1) 集中编组。将邻近的几条渠道编为一组，上级渠道按组轮流供水，如图4-15(a)所示。采用这种编组方式，上级渠道的工作长度较短，输水损失水量较小。但相邻几条渠道可能同属一个生产单位，会引起灌水工作紧张。

(2) 插花编组。将同级渠道按编号的奇数或偶数分别编组，上级渠道按组轮流供水，如图4-15(b)所示。这种编组方式的优缺点恰好和集中编组的优缺点相反。

实行轮灌时，无论采取哪种编组方式，轮灌组的数目都不宜太多，以免造成劳动力紧张，一般以2～3组为宜。

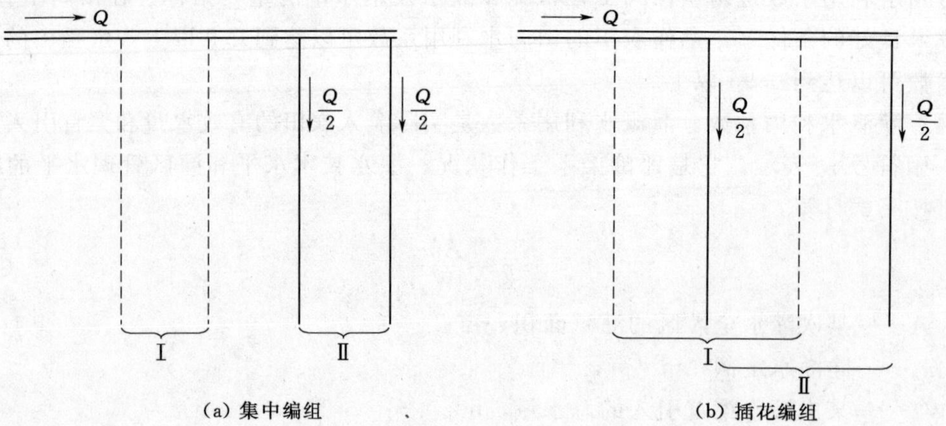

图 4-15　轮灌组划分方式

划分轮灌组时，应使各组灌溉面积相近，以利配水。

四、渠道设计流量推算

渠道的工作制度不同，设计流量的推算方法也不同，下面分别予以介绍。

1. 轮灌渠道设计流量的推算

因为轮灌渠道的输水时间小于灌水延续时间，所以，不能直接根据设计灌水模数和灌溉面积自下而上的推算渠道设计流量。常用的方法是：根据轮灌组划分情况自上而下逐级分配末级续灌渠道（一般为支渠）的田间净流量，再自下而上逐级计入输水损失水量，推算各级渠道的设计流量。

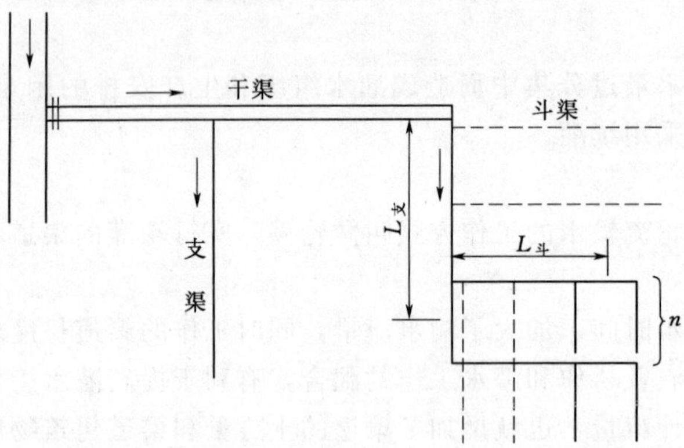

图 4-16　渠道轮灌示意图

(1) 自上而下分配末级续灌渠道的田间净流量以图 4-16 为例，支渠为末级续灌渠道，斗、农渠的轮灌组划分方式为集中编组，同时工作的斗渠有两条，农渠有四条。为了使讨论具有普遍性，设同时工作的斗渠为 n 条，每条斗渠里同时工作的农渠为 k 条。

1）计算支渠的设计田间净流量。在支渠范围内，不考虑损失水量的设计田间净流量为

$$Q_{支田净}=A_{支}q_{设} \tag{4-11}$$

式中　$Q_{支田净}$——支渠的田间净流量，m^3/s；

$A_{支}$——支渠的灌溉面积，万亩；

$q_{设}$——设计灌水模数，$m^3/(s·万亩)$。

2）由支渠分配到每条农渠的田间净流量为

$$Q_{农田净}=\frac{Q_{支田净}}{nk} \tag{4-12}$$

式中 $Q_{农田净}$——农渠的田间净流量，m^3/s。

在丘陵地区，受地形限制，同一级渠道中各条渠道的控制面积可能不等。在这种情况下，斗、农渠的田间净流量应按各条渠道的灌溉面积占轮灌组灌溉面积的比例进行分配。

（2）自下而上推算各级渠道的设计流量。

1）计算农渠的净流量。先由农渠的田间净流量计入田间损失水量，求得田间毛流量，即农渠的净流量，按式（4-13）计算。

$$Q_{农净}=\frac{Q_{农田净}}{\eta_f} \tag{4-13}$$

式中符号意义同前。

2）推算各级渠道的设计流量（毛流量）。根据农渠的净流量自下而上逐级计入渠道输水损失，得到各级渠道的毛流量，即设计流量。由于有两种估算渠道输水损失水量的方法，由净流量推算毛流量也就有两种方法。

a. 用经验公式估算输水损失的计算方法。根据渠道净流量、渠床土质和渠道长度用式（4-14）计算。

$$Q_g=Q_n(1+\sigma L) \tag{4-14}$$

式中 Q_g——渠道的毛流量，m^3/s；

Q_n——渠道的净流量，m^3/s；

σ——每公里渠道损失水量与净流量比值；

L——最下游一个轮灌组灌水时渠道的平均工作长度，km。计算农渠毛流量时，可取农渠长度的一半进行估算。

b. 用经验系数估算输水损失的计算方法。根据渠道的净流量和渠道水利用系数用式（4-15）计算渠道的毛流量。

$$Q_g=\frac{Q_n}{\eta_c} \tag{4-15}$$

在大、中型灌区，支渠数量较多，支渠以下的各级渠道实行轮灌。如果都按上述步骤逐条推算各条渠道的设计流量，工作量很大。为了简化计算，通常选择一条有代表性的典型支渠（作物种植、土壤性质、灌溉面积等影响渠道流量的主要因素具有代表性）按上述方法推算支、斗、农渠的设计流量，计算支渠范围内的灌溉水利用系数 $\eta_{支水}$，以此作为扩大指标，用下式计算其余支渠的设计流量。

$$Q_{支}=\frac{qA_{支}}{\eta_{支水}} \tag{4-16}$$

同样，以典型支渠范围内各级渠道水利用系数作为扩大指标，可计算出其他支渠控制范围内的斗、农渠的设计流量。

2. 续灌渠道设计流量计算

续灌渠道一般为干、支渠道，渠道流量较大，上、下游流量相差悬殊，这就要求分段推算设计流量，各渠段采用不同的断面。另外，各级续灌渠道的输水时间都等于灌区灌水延续时间，可以直接由下级渠道的毛流量推算上级渠道的毛流量。所以，续灌渠道设计流量的推算方法是自下而上逐级、逐段进行推算。

由于渠道水利用系数的经验值是根据渠道全部长度的输水损失情况统计出来的，它反映出不同流量在不同渠段上运行时输水损失的综合情况，而不能代表某个具体渠段的水量损失情况。所以，在分段推算续灌渠道设计流量时，一般不用经验系数估算输水损失水量，而用经验公式估算。具体推算方法以图 4-17 为例说明如下。

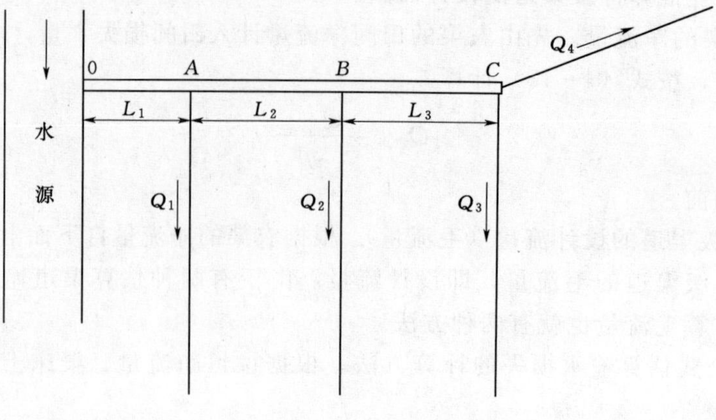

图 4-17　干渠流量推算图

图 4-17 中表示的渠系有一条干渠和四条支渠，各支渠的毛流量分别为 Q_1、Q_2、Q_3、Q_4，支渠取水口把干渠分成三段，各段长度分别为 L_1、L_2、L_3，各段的设计流量分别为 Q_{OA}、Q_{AB}、Q_{BC}，计算公式如下：

$$Q_{BC}=(Q_3+Q_4)(1+\sigma_3 L_3) \tag{4-17}$$

$$Q_{AB}=(Q_{BC}+Q_2)(1+\sigma_2 L_2) \tag{4-18}$$

$$Q_{OA}=(Q_{AB}+Q_1)(1+\sigma_1 L_1) \tag{4-19}$$

【例 4-1】 某灌区灌溉面积 $A=3.17$ 万亩，灌区有一条干渠，长 5.7km，下设三条支渠，各支渠的长度及灌溉面积见表 4-5。全灌区土壤、水文地质等自然条件和作物种植情况相近，第三支渠灌溉面积适中，可作为典型支渠，该支渠有六条斗渠，斗渠间距 800m，长 1800m。每条斗渠有十条农渠，农渠间距 200m，长 800m。干、支渠实行续灌，斗、农渠进行轮灌。渠系布置及轮灌组划分情况如图 4-18 所示。该灌区位于我国南方，实行稻麦轮作，因降雨较多，麦子一般不需要灌溉，主要灌溉作物是水稻，设计灌水模数 $q_{设}=0.8\text{m}^3/(\text{s}\cdot\text{万亩})$。灌区土壤为中黏壤土。

试推求干、支渠道的设计流量。

表 4-5　　**支渠长度及灌溉面积**

渠别	一支	二支	三支	合计
长度/km	4.2	4.6	4.0	
灌溉面积/万亩	0.85	1.24	1.08	3.17

解

1. 推求典型支渠（三支渠）及其所属斗、农渠的设计流量

（1）计算农渠的设计流量。三支渠的田间净流量为

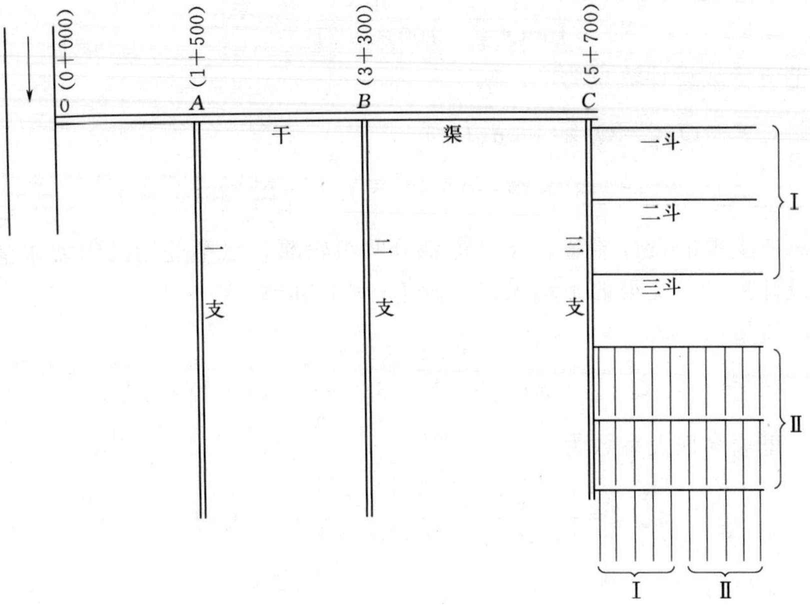

图 4-18　灌溉渠系布置

$$Q_{3支田净}=A_{3支}q_{设}=1.08\times0.8=0.864(m^3/s)$$

因为斗、农渠分两组轮灌，同时工作的斗渠有 3 条，同时工作的农渠有 5 条，所以，农渠的田间净流量为

$$Q_{农田净}=\frac{Q_{支田净}}{nk}=\frac{0.864}{3\times5}=0.0576(m^3/s)$$

取田间水利用系数 $\eta_f=0.95$，则农渠的净流量为

$$Q_{农净}=\frac{Q_{农田净}}{\eta_f}=\frac{0.0576}{0.95}=0.061(m^3/s)$$

灌区土壤属中黏壤土，从表 4-1 中可查出相应的土壤透水性参数：$A=1.9$，$m=0.4$。据此可计算农渠每公里输水损失系数：

$$\sigma_{农}=\frac{A}{100Q_{农净}^m}=\frac{1.9}{100\times0.061^{0.4}}=0.0582$$

农渠的毛流量或设计流量为

$$\begin{aligned}Q_{农毛}&=Q_{农净}(1+\sigma_{农}L_{农})\\&=0.061\times(1+0.0582\times0.4)=0.062(m^3/s)\end{aligned}$$

(2) 计算斗渠的设计流量。因为一条斗渠内同时工作的农渠有 5 条，所以，斗渠的净流量等于 5 条农渠的毛流量之和：

$$Q_{斗净}=5Q_{农毛}=5\times0.062=0.31(m^3/s)$$

农渠分两组轮灌，各组要求斗渠供给的净流量相等。但是，第Ⅱ轮灌组距斗渠进水口较远，输水损失水量较多，据此求得的斗渠毛流量较大，因此，以第Ⅱ轮灌组灌水时需要的斗渠毛流量作为斗渠的设计流量。斗渠的平均工作长度 $L_{斗}=1.4km$。

斗渠每公里输水损失系数为

$$\sigma_{斗}=\frac{A}{100Q_{斗净}^{m}}=\frac{1.9}{100\times0.31^{0.4}}=0.0304$$

斗渠的毛流量或设计流量为

$$Q_{斗毛}=Q_{斗净}(1+\sigma_{斗}L_{斗})$$
$$=0.31\times(1+0.0304\times1.4)=0.323(m^3/s)$$

(3) 计算三支渠的设计流量。斗渠也是分两组轮灌，以第Ⅱ轮灌组要求的支渠毛流量作为支汇的设计流量。支渠的平均工作长度 $L_{支}=3.2km$。

支渠的净流量为

$$Q_{3支净}=3Q_{斗毛}=3\times0.323=0.969(m^3/s)$$

支渠每公里输水损失系数为

$$\sigma_{3支}=\frac{A}{100Q_{3支净}^{m}}=\frac{1.9}{100\times0.969^{0.4}}=0.0192$$

支渠的毛流量为

$$Q_{3支毛}=Q_{3支净}(1+\sigma_{3支}L_{3支})=0.969\times(1+0.01952\times3.2)$$
$$=1.029(m^3/s)$$

2. 计算三支渠的灌溉水利用系数

$$\eta_{3支水}=\frac{Q_{3支田净}}{Q_{3支毛}}=\frac{0.864}{1.029}=0.84$$

3. 计算一、二支渠的设计流量

(1) 计算一、二支渠的田间净流量。

$$Q_{1支田净}=0.85\times0.8=0.68(m^3/s)$$
$$Q_{2支田净}=1.24\times0.8=0.99(m^3/s)$$

(2) 计算一、二支渠的设计流量。以典型支渠（三支渠）的灌溉水利用系数作为扩大指标，用来计算其他支渠的设计流量。

$$Q_{1支毛}=\frac{Q_{1支田净}}{\eta_{3支水}}=\frac{0.68}{0.84}=0.81(m^3/s)$$

$$Q_{2支毛}=\frac{Q_{2支田净}}{\eta_{3支水}}=\frac{0.99}{0.84}=1.18(m^3/s)$$

4. 推求干渠各段的设计流量

(1) BC 段的设计流量。

$$Q_{BC净}=Q_{3支毛}=1.03(m^3/s)$$

$$\sigma_{BC}=\frac{1.9}{100\times1.03^{0.4}}\approx0.019$$

$$Q_{BC毛}=Q_{BC净}(1+\sigma_{BC}L_{BC})$$
$$=1.03\times(1+0.019\times2.4)=1.08(m^3/s)$$

(2) AB 段的设计流量。

$$Q_{AB净}=Q_{BC毛}+Q_{2支毛}=1.08+1.18=2.26(m^3/s)$$

$$\sigma_{AB}=\frac{1.9}{100\times 2.26^{0.4}}=0.0137$$

$$Q_{AB毛}=Q_{AB净}(1+\sigma_{AB}L_{AB})=2.26\times(1+0.0137\times 1.8)=2.32(m^3/s)$$

(3) OA 段的设计流量。

$$Q_{OA净}=Q_{AB毛}+Q_{1支毛}=2.32+0.81=3.13(m^3/s)$$

$$\sigma_{OA}=\frac{1.9}{100\times 3.13^{0.4}}=0.012$$

$$Q_{OA}=Q_{OA净}(1+\sigma_{OA}L_{OA})=3.13\times(1+0.012\times 1.5)=3.19(m^3/s)$$

五、渠道最小流量和加大流量的计算

1. 渠道最小流量的计算

以修正灌水模数图上的最小灌水模数值作为计算渠道最小流量的依据，计算的方法步骤和设计流量的计算方法相同，不再赘述。

对于同一条渠道，其设计流量 $Q_{设}$ 与最小流量 $Q_{最小}$ 相差不要过大，否则在用水过程中，有可能因水位不够而造成引水困难。为了保证对下级渠道正常供水，目前有些灌区规定渠道最小流量以不低于渠道设计流量的 40%为宜；也有的灌区规定渠道最低水位等于或大于 70%的设计水位。在实际灌水中，如某次灌水定额过小，可适当缩短供水时间，集中供水，使流量大于最小流量。

2. 渠道加大流量计算

渠道加大流量的计算是以设计流量为基础，给设计流量乘以“加大系数”即得。按式(4-20)计算。

$$Q_J=JQ_d \tag{4-20}$$

式中 Q_J——渠道加大流量，m^3/s；

J——渠道流量加大系数，见表 4-6；

Q_d——渠道设计流量，m^3/s。

表 4-6　渠道流量加大系数

设计流量/(m^3/s)	<1	1～5	5～10	10～30	>30
加大系数 j	1.35～1.30	1.30～1.25	1.25～1.20	1.20～1.15	1.15～1.10

轮灌渠道控制面积较小，轮灌组内各条渠道的输水时间和输水流量可以适当调剂，因此，轮灌渠道不考虑加大流量。

在抽水灌区，渠首泵站设有备用机组时，干渠的加大流量按备用机组的抽水能力而定。

六、渠道流量进位规定

为了设计渠道时计算方便，要求渠道设计流量具有适当的尾数。为此，《灌溉排水渠系设计规范》(SDJ 217—84) 对渠道流量进位作了规定，见表 4-7。

表 4-7　　渠道流量进位规定

渠道流量范围/(m^3/s)	进位要求的尾数/(m^3/s)	渠道流量范围/(m^3/s)	进位要求的尾数/(m^3/s)
>50	1.0	<2	0.05
10～50	0.5	<1	0.01
2～10	0.1		

第四节　灌溉渠道纵横断面设计

灌溉渠道的设计流量、最小流量和加大流量确定以后，就可据此设计渠道的纵横断面。设计流量是进行水力计算、确定渠道过水断面尺寸的主要依据。最小流量主要用来校核对下级渠道的水位控制条件，判断当上级渠道输送最小流量时，下级渠道能否引足相应的最小流量。如果不能满足某条下级渠道的进水要求，就要在该分水口下游设节制闸，壅高水位，满足其取水要求。加大流量是确定渠道断面深度和堤顶高程的依据。

渠道纵断面和横断面的设计是互相联系、互为条件的。在设计实践中，不能把他们截然分开，而要通盘考虑、交替进行、反复调整，最后确定合理的设计方案。但为了叙述方便，还得把纵、横断面设计方法分别予以介绍。

合理的渠道纵、横断面除了满足渠道的输水、配水要求外，还应满足渠床稳定条件，包括纵向稳定和平面稳定两个方面。纵向稳定要求渠道在设计条件下工作时，不发生冲刷和淤积，或在一定时期内冲淤平衡。平面稳定要求渠道在设计条件下工作时，渠道水流不发生左右摇摆。

一、渠道纵横断面设计原理

灌溉渠道一般都是正坡明渠。在渠首进水口和第一个分水口之间或在相邻两个分水口之间，如果忽略蒸发和渗漏损失，渠段内的流量是个常数。为了水流平顺和施工方便，在一个渠段内要采用同一个过水断面和同一个比降，渠床表面要具有相同的糙率。因此，渠道水深、过水断面面积和平均流速也就沿程不变。这就表明渠中水流在重力作用下运动，重力沿流动方向的分量与渠床的阻力平衡。这种水流状态称为明渠均匀流。在渠道建筑物附近，因阻力变化，水流不能保持均匀流状态，但影响范围很小，其影响结果在局部水头损失中考虑。因此，灌溉渠道可以按明渠均匀流公式设计。

明渠均匀流的基本公式是

$$V=C\sqrt{Ri} \tag{4-21}$$

式中　V——渠道平均流速，m/s；

C——谢才系数，$m^{0.5}/s$；

R——水力半径，m；

i——渠底比降。

谢才系数常用曼宁公式计算：

$$C=\frac{1}{n}R^{1/6} \tag{4-22}$$

式中　n——渠床糙率系数。

$$Q=AC\sqrt{Ri} \qquad (4-23)$$

式中　Q——渠道设计流量，m^3/s；

A——渠道过水断面面积，m^2。

二、梯形渠道横断面设计方法

设计渠道时要求工程量小，投资少，即在设计流量 Q、比降 i、糙率系数 n 值相同的条件下应使过水断面面积最小，或在过水断面面积 A、比降 i、糙率系数 n 值相同的条件下，使通过的流量 Q 最大。符合这些条件的断面称为水力最佳断面。从式（4-23）可以看出，当 A、n、i 一定时，水力半径最大或湿周最小的断面就是水力最佳断面。在各种几何图形中，以圆形断面的周界最小。所以半圆形断面是水力最佳断面。但天然土渠修成半圆形是很困难的，也是不稳定的，只能修成接近半圆的梯形断面。

（一）渠道设计的依据

渠道设计的依据除输水流量外，还有渠底比降、渠床糙率、渠道边坡系数、稳定渠床的宽深比以及渠道的不冲、不淤流速等。

1. 渠底比降

在坡度均一的渠段内，两端渠底高差和渠段长度的比值称为渠底比降。比降选择是否合理关系到工程造价和控制面积，应根据渠道沿线的地面坡度、下级渠道进水口的水位要求、渠床土质、水源含沙情况、渠道设计流量大小等因素，参考当地灌区管理运用经验，选择适宜的渠底比降。为了减少工程量，应尽可能选用和地面坡度相近的渠底比降。一般随着设计流量的逐级减小，渠底比降应逐级增大。干渠及较大支渠的上、下游流量相差很大时，可采用不同的比降，上游平缓，下游较陡。清水渠道易产生冲刷，比降宜缓，如淠史杭灌区输水渠道的比降为 1/10000～1/28000。浑水渠道容易淤积，比降应适当加大，如人民胜利渠灌区的渠底比降为 1/1000～1/6000；泾惠渠灌区的渠底比降为 1/2000～1/5000。抽水灌区的渠道应在满足泥沙不淤的条件下尽量选择平缓的比降，以减小提水扬程和灌溉成本。黄土地区从多泥沙河流引水的渠道，满足不淤条件的渠底比降可参考陕西省水利科学研究所的经验公式确定：

$$i=0.275n^2\frac{(\rho_0\omega)^{3/5}}{Q^{1/4}} \qquad (4-24)$$

式中　i——渠底比降；

ρ_0——水流的饱和挟沙量，kg/m^3；

ω——泥沙平均沉速，mm/s；

其余符号意义同前。

在设计工作中，可参考地面坡度和下级渠道的水位要求先初选一个比降，计算渠道的过水断面尺寸，再按不冲流速、不淤流速进行校核，如不满足要求，再修改比降，重新计算。

2. 渠床糙率系数

渠床糙率系数 n 是反映渠床粗糙程度的技术参数。该值选择得是否切合实际，直接影响到设计成果的精度。如果 n 值选得太大，设计的渠道断面就偏大，不仅增加了工程量，而且会因实际水位低于设计水位而影响下级渠道的进水。如果 n 值取得太小，设计的渠道断面就偏小，输水能力不足，影响灌溉用水。糙率系数值的正确选择不仅要考虑渠床土质和施工质量，还要估计到建成后的管理养护情况。表 4-8 中的数值可供参考。

表 4-8　　渠床糙率系数值 (n)

1. 土渠

流量范围 /(m^3/s)	渠槽特征	糙率系数 n	
		灌溉渠道	退泄水渠道
>25	平整顺直，养护良好	0.020	0.0225
	平整顺直，养护一般	0.0225	0.025
	渠床多石，杂草丛生，养护较差	0.025	0.0275
25～1	平整顺直，养护良好	0.0225	0.025
	平整顺直，养护一般	0.025	0.0275
	渠床多石，杂草丛生，养护较差	0.0275	0.030
<1	渠床弯曲，养护一般	0.025	0.0275
	支渠以下的固定渠道	0.0275	
	渠床多石，杂草丛生，养护较差	0.030	

2. 岩石渠槽

渠槽表面的特征	糙率系数 n
经过良好修整	0.025
经过中等修整、无凸出部分	0.030
经过中等修整、有凸出部分	0.033
未经修整、有凸出部分	0.035～0.045

3. 护面渠槽

护面类型	糙率系数 n
抹光的水泥抹面	0.012
修理得极好的混凝土直渠段	0.013
不抹光的水泥抹面	0.014
光滑的混凝土护面	0.015
机械浇筑表面光滑的沥青混凝土护面	0.014
修整良好的水泥土护面	0.015
平整的喷浆护面	0.015
料石砌护	0.015
砌砖护面	0.015
修整粗糙的水泥土护面	0.016
粗糙的混凝土护面	0.017
混凝土衬砌较差或弯曲渠段	0.017
沥青混凝土、表面粗糙	0.017

续表

护　面　类　型	糙率系数 n
一般喷浆护面	0.017
不平整的喷浆护面	0.018
修整养护较差的混凝土护面	0.018
浆砌块石护面	0.025
干砌块石护面	0.033
干砌卵石护面，砌工良好	0.025～0.0325
干砌卵石护面，砌工一般	0.0275～0.0375
干砌卵石护面，砌工粗糙	0.0325～0.0425

3. 渠道的边坡系数

渠道的边坡系数 m 是渠道边坡倾斜程度的指标，其值等于边坡在水平方向的投影长度和在垂直方向投影长度的比值。m 值的大小关系到渠坡的稳定，要根据渠床土壤质地和渠道深度等条件选择适宜的数值。大型渠道的边坡系数应通过土工试验和稳定分析确定；中小型渠道的边坡系数根据经验选定，可参考表 4-9 和表 4-10。

表 4-9　　挖方渠道最小边坡系数表

渠床条件	水深 h/m			渠床条件	水深 h/m		
	<1	1～2	2～3		<1	1～2	2～3
稍胶结的卵石	1.00	1.00	1.00	轻壤土	1.00	1.25	1.50
夹砂的卵石和砾石	1.25	1.50	1.50	砂壤土	1.50	1.50	1.75
黏土、重壤土、中壤土	1.00	1.25	1.50	砂土	1.75	2.00	2.25

表 4-10　　填方渠道最小边坡系数表

渠床条件	流量 Q/(m^3/s)							
	>10		10～2		2～0.5		<0.5	
	内坡	外坡	内坡	外坡	内坡	外坡	内坡	外坡
黏土、重壤土、中壤土	1.25	1.00	1.00	1.00	1.00	1.00	1.00	1.00
轻壤土	1.50	1.25	1.00	1.00	1.00	1.00	1.00	1.00
砂壤土	1.75	1.50	1.50	1.25	1.50	1.25	1.25	1.25
砂土	2.25	2.00	2.00	1.75	1.75	1.50	1.50	1.50

4. 渠道断面的宽深比

渠道断面的宽深比 α 是渠道底宽 b 和水深 h 的比值。宽深比对渠道工程量和渠床稳定有较大影响。

渠道宽深比的选择要考虑以下要求：

(1) 工程量最小。在渠道比降和渠床糙率一定的条件下，通过设计流量所需要的最小过水断面称为水力最优断面，采用水力最优断面的宽深比可使渠道工程量最小。梯形渠道水力最优断面的宽深比按下式计算：

$$\alpha_0=2(\sqrt{1+m^2}-m) \tag{4-25}$$

式中 α_0——梯形渠道水力最优断面的宽深比；

m——梯形渠道的边坡系数。

根据式（4－25）可算出不同边坡系数相应的水力最优断面的宽深比，见表4－11。

表4－11　$m-\alpha_0$ 关系表

边坡系数 m	0	0.25	0.50	0.75	1.00	1.25	1.50	1.75	2.00	3.00
α_0	2.0	1.56	1.24	1.00	0.83	0.70	0.61	0.53	0.47	0.32

水力最优断面具有工程量最小的优点，小型渠道和石方渠道可以采用。对大型渠道来说，因为水力最优断面比较窄深，开挖深度大，可能受地下水影响，施工困难，劳动效率较低，而且渠道流速可能超过允许不冲流速，影响渠床稳定。所以，大型渠道常采用宽浅断面。可见，水力最优断面仅仅指输水能力最大的断面，不一定是最经济的断面，渠道设计断面的最佳形式还要根据渠床稳定要求、施工难易等因素确定。

（2）断面稳定。渠道断面过于窄深，容易产生冲刷；过于宽浅，又容易淤积，都会使渠床变形。稳定断面的宽深比应满足渠道不冲、不淤要求，它与渠道流量、水流含沙情况、渠道比降等因素有关，应在总结当地已成渠道运行经验的基础上研究确定。比降小的渠道应选较小的宽深比，以增大水力半径，加快水流速度；比降大的渠道应选较大的宽深比，以减小流速，防止渠床冲刷。

国内外很多学者对灌溉渠道稳定断面的宽深比做了大量的研究工作，提出了许多经验公式，这里介绍几个常用的公式，供参考使用。

1）陕西省对从多泥沙河道引水的灌溉渠道进行了研究，提出了以下公式：

当 $Q<1.5\text{m}^3/\text{s}$ 时，

$$\alpha=NQ^{1/10}-m \tag{4-26}$$

式中 $N=2.35\sim3.25$，一般采用2.8；

m——边坡系数。

当 $Q=1.5\sim50\text{m}^3/\text{s}$ 时，

$$\alpha=NQ^{1/4}-m \tag{4-27}$$

式中 $N=1.8\sim3.4$，一般采用2.6。

2）苏联C·A·吉尔什康公式：

$$\alpha=3Q^{0.25}-m \tag{4-28}$$

3）美国垦务局公式：

$$\alpha=4-m \tag{4-29}$$

由于影响渠床稳定的因素很多，也很复杂，每个经验公式都是在一定地区的特定条件下产生的，都有一定的局限性。这些经验公式的计算结果只能作为设计的参考。

（3）有利通航。有通航要求的渠道，应根据船舶吃水深度、错船所需的水面宽度以及通航的流速要求等确定渠道的断面尺寸。渠道水面宽度应大于船舶宽度的2.6倍，船底以下水深应不小于15～30cm。

5. 渠道的不冲不淤流速

在稳定渠道中，允许的最大平均流速称为临界不冲流速，简称不冲流速，用 v_{cs} 表示；

允许的最小平均流速称为临界不淤流速，简称不淤流速，用 v_{cd} 表示。为了维持渠床稳定，渠道通过设计流量时的平均流速（设计流速）v_d 应满足以下条件：

$$v_{cd} < v_d < v_{cs}$$

（1）渠道的不冲流速。水在渠道中流动时，具有一定的能量，这种能量随水流速度的增加而增加，当流速增加到一定程度时，渠床上的土粒就会随水流移动，土粒将要移动而尚未移动时的水流速度就是临界不冲流速或简称不冲流速。

渠道不冲流速和渠床土壤性质、水流含沙情况、渠道断面水力要素等因素有关，具体数值要通过试验研究或总结已成渠道的运用经验而定。一般土渠的不冲流速为 0.6～0.9m/s。表 4-12 中的数值可供设计参考。

表 4-12　　土质渠床的不冲流速

土　质	不冲流速/(m/s)	备　注
轻壤土	0.60～0.80	干容重为 1.3～1.7t/m^3
中壤土	0.65～0.85	
重壤土	0.70～1.00	
黏土	0.75～0.95	

注　表中所列不冲流速值属于水力半径 R=1m 的情况，当 $R \neq 1.0$m 时，表中所列数值乘以 R^{α}。指数 α 值依据下列情况采用：①各种大小的砂、砾石和卵石及疏松的砂壤土、黏土 α=1/4～1/3；②中等密实的和密实的砂壤土、壤土及黏土 α=1/5～1/4。

土质渠道的不冲流速也可用 C·A·吉尔什坎公式计算：

$$v_{cs} = KQ^{0.1} \tag{4-30}$$

式中　v_{cs}——渠道不冲流速，m/s；

K——根据渠床土壤性质而定的耐冲系数，查表 4-13；

Q——渠道的设计流量，m^3/s。

表 4-13　　渠床土壤耐冲程度系数 *K* 值

非黏聚性土	K	黏聚性土	K
中砂土	0.45～0.50	砂壤土	0.53
粗砂土	0.50～0.60	轻黏壤土	0.57
小砾石	0.60～0.75	中黏壤土	0.62
中砾石	0.75～0.90	重黏壤土	0.68
大砾石	0.90～1.00	黏土	0.75
小卵石	1.00～1.30	重黏土	0.85
中卵石	1.30～1.45		
大卵石	1.45～1.60		

有衬砌护面的渠道的不冲流速比土渠大得多，如混凝土护面的渠道允许最大流速可达 12m/s。但从渠床稳定考虑，仍应对衬砌渠道的允许最大流速限制在较小的数值。美国垦务局建议：无钢筋的混凝土衬砌渠道的流速不应超过 2.5m/s，因为流速太大的水流遇到

裂缝或缝隙时，流速水头就转化为压能，会使衬砌层翘起和剥落。

（2）渠道的不淤流速。渠道水流的挟沙能力随流速的减小而减小，当流速小到一定程度时，部分泥沙就开始在渠道内淤积。泥沙将要沉积而尚未沉积时的流速就是临界不淤流速。渠道不淤流速主要取决于渠道含沙情况和断面水力要素，也应通过试验研究或总结实践经验而定。在缺乏实际研究成果时，可选用有关经验公式进行计算。这里，仅介绍黄河水利委员会水利科学研究所的不淤流速计算公式：

$$v_{cd}=C_0Q^{0.5} \tag{4-31}$$

式中 v_{cd}——渠道不淤流速，m/s；

C_0——不淤流速系数，随渠道流量和宽深比而变，见表4-14；

Q——渠道的设计流量，m^3/s。

表4-14　不淤流速系数 C_0 值

渠道流量和宽深比		C_0
$Q>10m^3/s$		0.2
$Q=5\sim10m^3/s$	$b/h>20$	0.2
	$b/h<20$	0.4
$Q<5m^3/s$		0.4

式（4-31）适用于黄河流域含沙量为1.32～83.8kg/m³、加权平均泥沙沉降速度为0.0085～0.32m/s的渠道。

含沙量很小的清水渠道虽无泥沙淤积威胁，但为了防止渠道长草，影响输水能力，对渠道的最小流速仍有一定限制，通常要求大型渠道的平均流速不小于0.5m/s，小型渠道的平均流速不小于0.3～0.4m/s。

（二）渠道水力计算

渠道水力计算的任务是根据上述设计依据，通过计算，确定渠道过水断面的水深 h 和底宽 b。土质渠道梯形断面的水力计算方法有以下四种：

1. 一般断面的水力计算

这是广泛使用的渠道设计方法。根据式（4-23）用试算法求解渠道的断面尺寸，具体步骤如下：

（1）假设 b、h 值。为了施工方便，底宽 b 应取整数。因此，一般先假设一个整数的 b 值，再选择适当的宽深比 α，用公式 $h=\dfrac{b}{\alpha}$ 计算相应的水深值。

（2）计算渠道过水断面的水力要素。根据假设的 b、h 值计算相应的过水断面面积 A、湿周 P、水力半径 R 和谢才系数 C，计算公式如下：

$$A=(b+mh)h \tag{4-32}$$

$$P=b+2h\sqrt{1+m^2} \tag{4-33}$$

$$R=\frac{A}{P} \tag{4-34}$$

用式（4-22）计算谢才系数 C 值。

（3）计算渠道流量。用式（4-23）计算。

（4）校核渠道输水能力。上面计算出来的渠道流量 $Q_{计算}$ 是假设的 b、h 值相应的输水能力，一般不等于渠道的设计流量 Q，通过试算，反复修改 b、h 值，直至渠道计算流量等于或接近渠道设计流量为止。要求误差不超过5%，即设计渠道断面应满足的校核条

件是

$$\left|\frac{Q-Q_{计算}}{Q}\right|\leqslant 0.05 \tag{4-35}$$

在试算过程中，如果计算流量和设计流量相差不大时，只需修改 h 值，再行计算；如二者相差很大时，就要修改 b、h 值，再行计算。为了减少重复次数，常用图解法配合：在底宽不变的条件下，用三次以上的试算结果绘制 h－$Q_{计算}$ 关系曲线，在曲线图上查出渠道设计流量 Q 相应的设计水深 h_d，如图 4－19 所示。

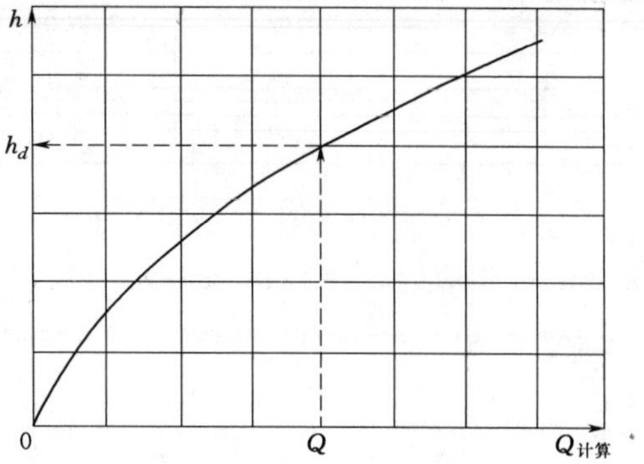

图 4－19 渠道的 h－$Q_{计算}$ 关系曲线

（5）校核渠道流速。

$$v_d=\frac{Q}{A} \tag{4-36}$$

渠道的设计流速应满足前面提到的校核条件：

$$v_{cd}<v_d<v_{cs}$$

如不满足流速校核条件，就要改变渠道的底宽 b 值和渠道断面的宽深比 α，重复以上计算步骤，直到既满足流量校核条件又满足流速校核条件为止。

【例 4－2】 某灌溉渠道采用梯形断面，设计流量 $Q=3.2\text{m}^3/\text{s}$，边坡系数 $m=1.5$，渠比降 $i=0.0005$，渠床糙率系数 $n=0.025$，渠道不冲流速 $v_{cs}=0.8\text{m/s}$，该渠道为清水渠道，无防淤要求，为了防止长草，最小允许流速为 0.4m/s。求渠道过水断面尺寸。

解

1）初设 $b=2\text{m}$，$h=1\text{m}$，作为第一次试算的断面尺寸。

2）计算渠道断面各水力要素：

$$A=(b+mh)h=(2+1.5\times1)\times1=3.5(\text{m}^2)$$

$$P=b+2h\sqrt{1+m^2}=2+2\times1\sqrt{1+1.5^2}=5.61(\text{m})$$

$$R=\frac{A}{P}=\frac{3.5}{5.61}=0.624(\text{m})$$

$$C=\frac{1}{n}R^{1/6}=\frac{1}{0.025}\times0.624^{1/6}=36.98$$

3）计算渠道输水流量（$Q_{计算}$）：

$$Q_{计算}=AC\sqrt{Ri}=3.5\times36.98\sqrt{0.624\times0.0005}=2.286(\text{m}^3/\text{s})$$

4）校核渠道输水能力：

$$\frac{Q-Q_{计算}}{Q}=\frac{3.2-2.286}{3.2}=0.286>0.05$$

从上看出，流量校核不满足要求，需更换 h 值，重新计算。再分别假设 $h=1.1\text{m}$、$h=1.15\text{m}$ 和 $h=1.22\text{m}$，按上述步骤进行计算，计算结果列入表 4－15。

表 4-15 渠道过水断面水力要素

h/m	A/m^2	P/m	R/m	C/($m^{1/2}$/s)	$Q_{计算}$/(m^3/s)
1.0	3.50	5.61	0.624	36.98	2.286
1.1	4.02	5.97	0.673	37.45	2.76
1.15	4.28	6.15	0.697	37.66	3.012
1.22	4.67	6.40	0.730	37.96	3.39

按表 4-15 中的计算结果绘制 $h-Q_{计算}$ 关系曲线（图 4-20），从曲线上查得 $Q=3.2m^3/s$ 相应的 $h_d=1.185m$。

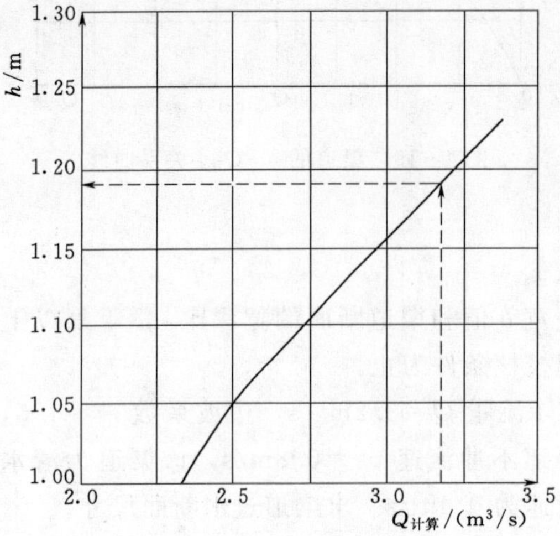

图 4-20 渠道的 $h-Q_{计算}$ 关系曲线

5）校核渠道流速：

$$v_d=\frac{Q}{A}=\frac{3.2}{(2+1.5\times1.185)\times1.185}=0.715(m/s)$$

设计流速满足校核条件：

$$0.8>0.715>0.4$$

所以，渠道设计过水断面的尺寸是

$$b_d=2.0m,\quad h_d=1.185m$$

2. 水力最优梯形断面的水力计算

采用水力最优梯形断面时，可按以下步骤直接求解：

（1）计算渠道的设计水深。由梯形渠道水力最优断面的宽深比公式（4-25）和明渠均匀流流量计算公式（4-23）推得水力最优断面的渠道设计水深为

$$h_d=1.189\left[\frac{nQ}{(2\sqrt{1+m^2}-m)\sqrt{i}}\right]^{3/8} \tag{4-37}$$

式中 h_d——渠道设计水深，m。

（2）计算渠道的设计底宽。

$$b_d=\alpha_0 h_d \tag{4-38}$$

式中 b_d——渠道的设计底宽，m；

α_0——梯形渠道断面的最优宽深比。

（3）校核渠道流速。流速计算和校核方法与采用一般断面时相同。如设计流速不满足校核条件时，说明不宜采用水力最优断面形式。

需要指出，前面几种渠道水力计算方法都是以渠道设计流速满足不冲和不淤流速为条件的，适用于清水渠道或含沙量不多的渠道断面设计。而对于从多沙河流引水的渠道，例如我国西北黄土地区从多沙河流引水的渠道，其设计情况要复杂得多。因为这些引水河流一般夏季水浑，冬季水清，一年中来水的含沙量变化很大；而且渠道含沙量很大时的允许不淤流速 v_{cd} 常大于渠道含沙量很小时的允许不冲流速 v_{cs}，所以，在确定这类渠道的设计流速 v_d 时，如果以夏季不淤为标准，即 $v_d\geqslant v_{cd}$，到了冬季，由于 $v_d>v_{cs}$，就会引起冲

刷；同样，若以冬季不冲为标准，即 $v_d \leqslant v_{cs}$，到了夏季，就会发生淤积。要解决这个矛盾，可以设法使夏季的淤积量与冬季的冲刷量大致相等，也就是说，允许渠道有时冲刷，有时淤积，但是在一定期间内（一年或若干年），要使渠道保持冲淤平衡，这就是冲淤平衡的渠道设计思想。但关于冲淤平衡设计的具体方法，国内至今仍处于探索阶段，有待进一步研究，可参考有关文献❶。

在国外，不少学者试图从总结经验入手，分析研究那些多年运行仍保持断面稳定的渠道，找出其水力要素之间的关系，从而探索高含沙渠道的设计方法。例如 R・G・Kennedy 通过对印度下巴里多贝渠系的稳定断面渠道及其水流含沙情况的观测研究，发现稳定渠道的断面平均流速（称为临界流速）是渠道水深的函数，曾于 1895 年发表了如下公式：

$$v_0 = 0.546h^{0.64} \tag{4-39}$$

式中 v_0——临界流速，m/s；

h——渠道水深，m。

为了使式（4-39）也能适用于其他地区，引入一个考虑泥沙粒径变化的系数 M，称为“临界流速比”，表示当地的临界流速 v 和式（4-39）计算出的临界流速 v_0 的比值，即

$$M = \frac{v}{v_0} \tag{4-40}$$

于是，具有普遍意义的临界流速公式就可写为

$$v = 0.546Mh^{0.64} \tag{4-41}$$

对含沙量较大的渠道，系数 M 的推荐值是：渠首段取 1.1，渠尾段取 0.85。

利用上述肯尼迪（R・G・Kennedy）临界流速公式设计稳定渠道断面的方法步骤详见［例 4-3］。

【例 4-3】 某灌溉干渠设计流量 $Q_d = 45\text{m}^3/\text{s}$，比降 $i = 1/6000$，糙率系数 $n = 0.0225$，边坡系数 $m = 1.5$，临界流速比 $M = 0.95$。求过水断面尺寸。

解

1）假设渠道水深 $h = 2.5\text{m}$；

2）应用式（4-41）计算渠道临界流速：

$$v = 0.546Mh^{0.64} = 0.546 \times 0.95 \times 2.5^{0.64} = 0.93(\text{m/s})$$

3）计算渠道过水断面面积：

$$A = \frac{Q}{v} = \frac{45}{0.93} = 48.4(\text{m}^2)$$

4）计算渠道底宽：

$$b = \frac{A - mh^2}{h} = \frac{48.4 - 1.5 \times 2.5^2}{2.5} = 15.6(\text{m})$$

5）计算渠道湿周 P 和水力半径 R：

$$P = b + 2h\sqrt{1+m^2} = 15.6 + 2 \times 2.5\sqrt{1+1.5^2} = 24.6(\text{m})$$

---

❶ 《水利学报》1959 年第四期沙玉清著“冲淤平衡稳定渠道设计方法”；陕西省水利科学研究所编《陕西水利科技》1977 年第一期张浩著“高含沙输水渠道设计方法”。

$$R=\frac{A}{P}=\frac{48.4}{24.6}=1.97(\mathrm{m})$$

6）计算实际流速：

$$v_a=\frac{23+\frac{1}{n}+\frac{0.00155}{i}}{1+\left(23+\frac{0.00155}{i}\right)\frac{n}{\sqrt{R}}}\sqrt{Ri}$$

$$=\frac{23+\frac{1}{0.0225}+0.00155\times6000}{1+(23+0.00155\times6000)\times\frac{0.0225}{\sqrt{1.97}}}\sqrt{1.97\times\frac{1}{6000}}=0.92(\mathrm{m/s})$$

由于 $v_a\approx v$，即实际流速非常趋近于临界流速，故假设的渠道水深就是设计水深，相应的渠道设计底宽和设计水深即分别为：$b_d=b=15.6\mathrm{m}$，$h_d=h=2.5\mathrm{m}$。

（三）渠道过水断面以上部分的有关尺寸

1. 渠道加大水深

渠道通过加大流量 Q_j 时的水深称为加大水深 h_j。计算加大水深时，渠道设计底宽 b_d 已经确定，明渠均匀流流量公式中只包含一个未知数，但因公式形式复杂，直接求解仍很困难。通常还是用试算法或查诺模图求加大水深，计算的方法步骤和求设计水深的方法相同。

如果采用水力最优断面，可近似地用式（4－37）直接求解，只需将公式中的 h_d 和 Q 换成 h_j 和 Q_j。

2. 安全超高

为了防止风浪引起渠水漫溢，保证渠道安全运行，挖方渠道的渠岸和填方渠道的堤顶应高于渠道的加大水位，要求高出的数值称为渠道的安全超高，通常用经验公式计算。《灌溉排水渠系设计规范》（SDJ 217—84）建议按下式计算渠道的安全超高 Δh。

$$\Delta h=\frac{1}{4}h_j+0.2 \tag{4-42}$$

3. 堤顶宽度

为了便于管理和保证渠道安全运行，挖方渠道的渠岸和填方渠道的堤顶应有一定的宽度，以满足交通和渠道稳定的需要。渠岸和堤顶的宽度可按下式计算：

$$D=h_j+0.3 \tag{4-43}$$

式中　D——渠岸或堤顶宽度，m；

　　h_j——渠道的加大水深，m。

如果渠堤与主要交通道路结合，渠岸或堤顶宽度应根据交通要求确定。1981 年 5 月交通部颁发的《公路工程技术标准（JTJ 1—81）》把公路按其任务、性质和交通量分为五级，又按地形和公路等级规定了路基宽度和行车道宽度（表 4－16）。

表 4-16　　各级公路的宽度

公路等级	高速公路		一		二		三		四	
地形	平原微丘	山岭重丘	平原微丘	山岭重丘	平原微丘	山岭重丘	平原微丘	山岭重丘	平原微丘	山岭重丘
行车道宽度/m	2×7.5	2×7.5	2×7.5	2×7.5	9	7	7	6	3.5	
路基宽度/m	26	23	23	19	12	8.5	8.5	7.5	6.5	

三、渠道横断面结构

由于渠道过水断面和渠道沿线地面的相对位置不同，渠道断面有挖方断面、填方断面和半挖半填断面三种形式，其结构各不相同。

1. 挖方渠道断面结构

对挖方渠道，为了防止坡面径流的侵蚀、渠坡坍塌以及便于施工和管理，除正确选择边坡系数外，当渠道挖深大于5m时，应每隔3～5m高度设置一道平台。第一级平台的高程和渠岸（顶）高程相同，平台宽度约1～2m。如平台兼作道路，则按道路标准确定平台宽度。在平台内侧应设置集水沟，汇集坡面径流，并使之经过沉沙井和陡槽集中进入渠道，如图4-21所示。挖深大于10m时，不仅施工困难，边坡也不易稳定，应改用隧洞等。第一级平台以上的渠坡根据干土的抗剪强度而定，可尽量陡一些。

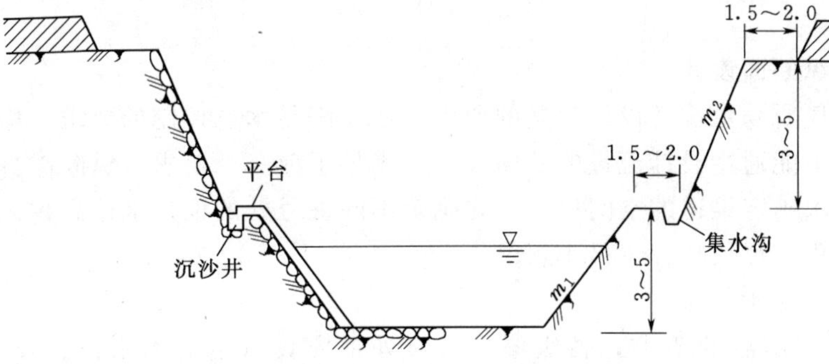

图4-21　挖方渠道横断面（单位：m）

2. 填方渠道断面结构

填方渠道易于溃决和滑坡，要认真选择内、外边坡系数。填方高度大于3m时，应通过稳定分析确定边坡系数，有时需在外坡脚处设置排水反滤体。填方高度很大时，需在外坡设置平台。位于不透水层上的填方渠道，当填方高度大于5m或高于两倍设计水深时，一般应在渠堤内加设纵横排水槽。填方渠道会发生沉陷，施工时应预留沉陷高度，一般增加设计填高的10%。在渠底高程处，堤宽应等于（5～10）h，根据土壤的透水性能而定，h为渠道水深。填方渠道断面结构如图4-22所示。

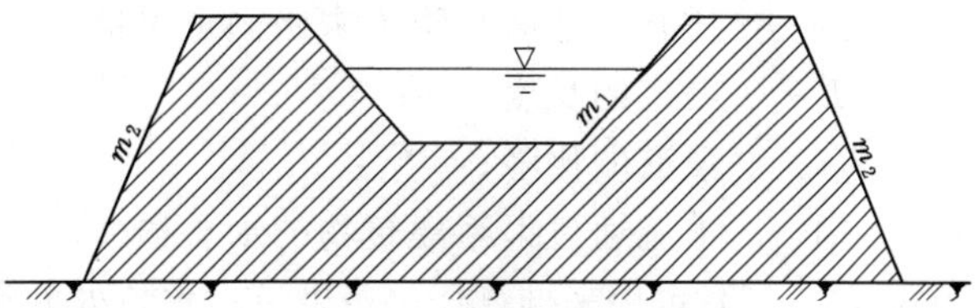

图4-22　填方渠道横断面

3. 半挖半填渠道

半挖半填渠道的挖方部分可为筑堤提供土料，而填方部分则为挖方弃土提供场所。当挖方量等于填方量（考虑沉陷影响，外加10%～30%的土方量）时，工程费用最少。挖填土方相等时的挖方深度 x 可按下式计算：

$$(b+mx)x=(1.1\sim1.3)2a\left(d+\frac{m_1+m_2}{2}a\right) \tag{4-44}$$

式中符号的含义如图4-23所示。系数1.1～1.3是考虑土体沉陷而增加的填方量，砂质土取1.1；壤土取1.15；黏土取1.2；黄土取1.3。

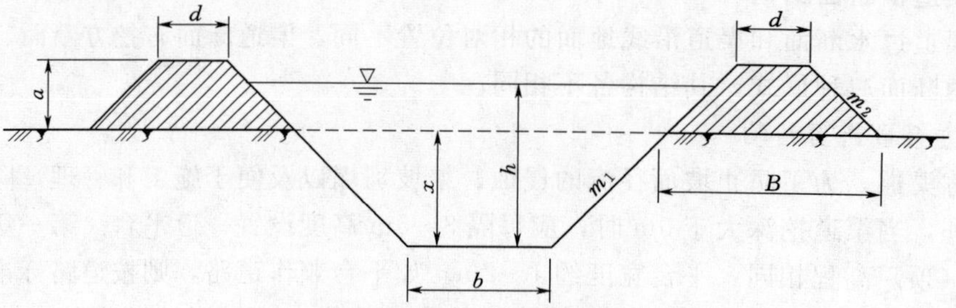

图4-23 半挖半填断面

为了保证渠道的安全稳定，半挖半填渠道堤底的宽度 B 应满足以下条件：

$$B\geqslant(5\sim10)(h-x) \tag{4-45}$$

四、渠道的纵断面设计

灌溉渠道不仅要满足输送设计流量的要求，还要满足水位控制的要求。横断面设计通过水力计算确定了能通过设计流量的断面尺寸，满足了前一个要求。纵断面设计的任务是根据灌溉水位要求确定渠道的空间位置，先确定不同桩号处的设计水位高程，再根据设计水位确定渠底高程、堤顶高程、最小水位等。

1. 灌溉渠道的水位推算

为了满足自流灌溉的要求，各级渠道入口处都应具有足够的水位。这个水位是根据灌溉面积上控制点的高程加上各种水头损失，自下而上逐级推算出来的。水位公式如下：

$$H_{进}=A_0+\Delta h+\sum Li+\sum\psi \tag{4-46}$$

式中 $H_{进}$——渠道进水口处的设计水位，m；

A_0——渠道灌溉范围内控制点的地面高程，m。控制点是指较难灌到水的地面，在地形均匀变化的地区，控制点选择的原则是：如沿渠地面坡度大于渠道比降，渠道进水口附近的地面最难控制；反之，渠尾地面最难控制；

Δh——控制点地面与附近末级固定渠道设计水位的高差，一般取0.1～0.2m；

L——渠道的长度，m；

i——渠道的比降；

ψ——水流通过渠系建筑物的水头损失，m，可参考表4-17所列数值选用。

式（4-46）可用来推算任一条渠道进水口处的设计水位，推算不同渠道进水口设计水位时所用的控制点不一定相同，要在各条渠道控制的灌溉面积范围内选择相应的控制点。

表 4－17　　渠道建筑物水头损失最小数值表　　单位：m

渠别	控制面积/万亩	进水闸	节制闸	渡槽	倒虹吸	公路桥
干渠	10～40	0.1～0.2	0.10	0.15	0.40	0.05
支渠	1～6	0.1～0.2	0.07	0.07	0.30	0.03
斗渠	0.3～0.4	0.05～0.15	0.05	0.05	0.20	0
农渠		0.05				

2．渠道纵断面图的绘制

渠道纵断面图包括：沿渠地面高程线、渠道设计水位线、渠道最低水位线、渠底高程线、堤顶高程线、分水口位置、渠道建筑物位置及其水头损失等，如图 4－24 所示。

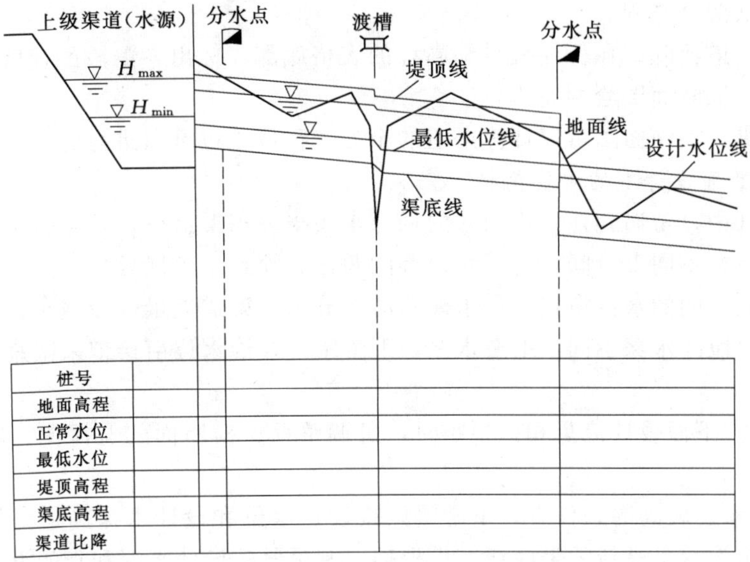

图 4－24　渠道纵断面图

渠道断面图按以下步骤绘制：

（1）绘地面高程线。在方格纸上建立直角坐标系，横坐标表示桩号，纵坐标表示高程。根据渠道中心线的水准测量成果（桩号和地面高程）按一定的比例点绘出地面高程线。

（2）标绘分水口和建筑物的位置。在地面高程线的上方，用不同符号标出各分水口和建筑物的位置。

（3）绘渠道设计水位线。参照水源或上一级渠道的设计水位、沿渠地面坡度、各分水点的水位要求和渠道建筑物的水头损失，确定渠道的设计比降，绘出渠道的设计水位线。该设计比降作为横断面水力计算的依据。如横断面设计在先，绘制纵断面图时所确定的渠道设计比降应和横断面水力计算时所用的渠道比降一致，如二者相差较大，难以采用横断面水力计算所用比降时，应以纵断面图上的设计比降为准，重新设计横断面尺寸。所以，渠道的纵断面设计和横断面设计要交错进行，互为依据。

(4) 绘渠底高程线。在渠道设计水位线以下，以渠道设计水深 h 为间距，画设计水位线的平行线，该线就是渠底高程线。

(5) 绘制渠道最小水位线。从渠底线向上，以渠道最小水深（渠道设计断面通过最小流量时的水深）为间距，画渠底线的平行线，此即渠道最小水位线。

(6) 绘堤顶高程线。从渠底线向上，以加大水深（渠道设计断面通过加大流量时的水深）与安全超高之和为间距，作渠底线的平行线，此即渠道的堤顶线。

(7) 标注桩号和高程。在渠道纵断面的下方画一表格（图 4-24），把分水口和建筑物所在位置的桩号、地面高程线突变处的桩号和高程、设计水位线和渠底高程线突变处的桩号和高程以及相应的最低水位和堤顶高程，标注在表格内相应的位置上。桩号和高程必须写在表示该点位置的竖线的左侧，并应侧向写出。在高程突变处，要在竖线左、右两侧分别写出高、低两个高程。

(8) 标注渠道比降。在标注桩号和高程的表格底部，标出各渠段的比降。

到此，渠道纵断面图绘制完毕。

根据渠道纵、横断面图可以计算渠道的土方工程量，也可以进行施工放样。

3. 渠道纵断面设计中的水位衔接

在渠道设计中，常遇到建筑物引起的局部水头损失和渠道分水处上、下级渠道水位要求不同以及上下游不同渠段间水位不一致等问题，必须给予正确处理。

(1) 不同渠段间的水位衔接。由于渠段沿途分水，渠道流量逐段减小，在渠道设计中经常出现相邻渠段间水深不同，上游水深，下游水浅，给水位衔接带来困难。处理办法有以下三种：

1) 如果上、下段设计流量相差很小时，可调整渠道横断面的宽深比，在相邻两渠段间保持同一水深。

2) 在水源水位较高的条件下，下游渠段按设计水位和设计水深确定渠底高程，并向上游延伸，画出上游渠段新的渠底线，再根据上游渠段的设计水深和新的渠底线，画出上游渠段新的设计水位线。

3) 在水源水位较低、灌区地势平缓的条件下，既不能降低下游的设计水位高程，也不能抬高上游的设计水位高程时，不得不用抬高下游渠底高程的办法维持要求的设计水位。在上、下两渠段交界处渠底出现一个台阶，破坏了均匀流的条件，在台阶上游会引起泥沙淤积。这种做法应尽量避免。为了减少不利影响，下游渠底升高的高度不应大于15～20cm。

(2) 建筑物前后的水位衔接。渠道上的交叉建筑物（渡槽、隧洞、倒虹吸等）一般都有阻水作用，会产生水头损失，在渠道纵断面设计时，必须予以充分考虑。如建筑物较短，可将进、出口的局部水头损失和沿程水头损失累加起来（通常采用经验数值），在建筑物的中心位置集中扣除。如建筑物较长，则应按建筑物的位置和长度分别扣除其进、出口的局部水头损失和沿程水头损失。

跌水上、下游水位相差较大，由下落的弧形水舌光滑连接。但在纵断面图上可以简化，只画出上、下游渠段的渠底和水位，在跌水所在位置处用垂线连接。

(3) 上、下级渠道的水位衔接。在渠道分水口处，上、下级渠道的水位应有一定的落差，以满足分水闸的局部水头损失。在渠道设计实践中通常采用的做法是：以设计水位为标准，上级渠道的设计水位高于下级渠道的设计水位，以此确定下级渠道的渠底高程。在这种设计条件下，当上级渠道输送最小流量时，相应的水位可能不满足下级渠道引取最小流量的要求。出现这种情况时，就要在上级渠道该分水口的下游修建节制闸，把上级渠道的最小水位从原来的 H_{min} 升高到 H'_{min}，使上、下级渠道的水位差等于分水闸的水头损失 ψ，以满足下级渠道引取最小流量的要求，如图 4-25 (a) 所示。如果水源水位较高或上级渠道比降较大，也可以最小水位为配合标准，抬高上级渠道的最小水位，使上、下级渠道的最小水位差等于分水闸的水头损失 ψ，以此确定上级渠道的渠底高程和设计水位，如图 4-25 (b) 所示。分水闸上游水位的升高可用两种方式来实现：

1) 抬高渠首水位，不变渠道比降。

2) 不变渠首水位，减缓上级渠道比降。

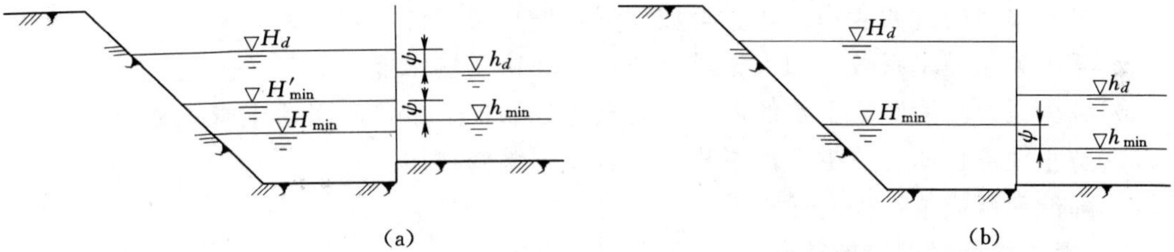

图 4-25　上、下级渠道水位衔接示意图

这两种抬高上级渠道水位的措施可用图 4-26 进一步说明，图中 H_1、H_2、H_3 分别代表一、二、三支渠进水口上游要求的最小水位；实线表示上级渠道原来的最小水位线，不能满足三支渠的引水要求；虚线表示改变渠道比降后的最小水位线；点画线表示抬高渠首水位后的最小水位线。第二种做法不需要修建节制闸，不产生渠道壅水和泥沙淤积，但要具有抬高渠首水位的条件。

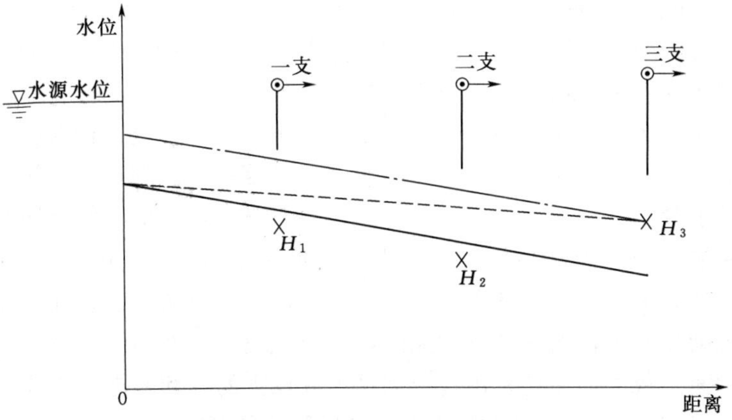

图 4-26　渠道最小水位调整方案

第五节 渠 道 防 渗

一、渠道防渗的意义

渠道渗漏水量占渠系损失水量的绝大部分，一般占渠首引入水量的30%～50%，有的灌区高达60%～70%。渠系水量损失不仅降低了渠系水利用系数，减少了灌溉面积，浪费了宝贵的水资源，而且会引起地下水位上升，招致农田渍害。在有盐碱化威胁的地区，会引起土壤次生盐渍化。水量损失还会增加灌溉成本和农民的水费负担，降低灌溉效益。为了减少渠道输水损失，提高渠系水利用系数，一方面要加强渠系工程配套和维修养护，实行科学的水量调配，不断提高灌区管理工作水平；另一方面要采取防渗工程措施，减少渠道渗漏水量。

渠道防渗工程措施有以下作用：

1）减少渠道渗漏损失，节省灌溉用水量，更有效地利用水资源。

2）提高渠床的抗冲能力，防止渠坡坍塌，增加渠床的稳定性。

3）减小渠床糙率系数，加大渠道流速，提高渠道输水能力。

4）减少渠道渗漏对地下水的补给，有利于控制地下水位和防治土壤盐碱化。

5）防止渠道长草，减少泥沙淤积，节省工程维修费用。

6）降低灌溉成本，提高灌溉效益。

二、渠道防渗衬砌措施简介

1. 土料防渗

土料防渗包括土料夯实、黏土护面、灰土护面、三合土护面等。

（1）土料夯实。土料夯实防渗措施是用人工夯实或机械碾压方法增加土壤的密度，在渠床表面建立透水性很小的防渗层。这种方法具有投资少、施工简便等优点，其防渗效果与夯实程度及影响深度有关，当夯实影响深度为30～40cm、土壤的干容重由原来的1.3～1.4t/m^3 增加到1.5t/m^3 以上时，渗漏损失可减少70%～90%。原状土夯实层易受干裂、冻融影响和流水冲刷剥蚀破坏，夯实深度不能太小，一般不宜小于30～40cm。渠道平均流速不宜大于0.5m/s。如将渠床表面土壤挖松，然后分层夯实扰动土，防渗效果和耐久性都可以提高，但耐冲性仍差。夯实前必须清除渠床杂草并严格控制土料的含水量，以便提高夯实程度和防渗效果。这种防渗措施可用于小型渠道。

（2）黏土护面。在渠床表面铺设一层黏土是减小强透水性土壤渗漏损失的有效措施之一，具有就地取材、施工方便、投资省、防渗效果好等优点。据试验，护面厚度5～10cm时，可减少渗漏水量70%～80%；护面厚度10～15cm时，可减少渗漏水量90%以上。黏土护面的主要缺点是抗冲能力低，渠道平均流速不能大于0.7m/s；护面土易生杂草；渠道断水时易干裂。为克服这些缺点，可在黏土中掺砂，以抗干裂；还可在黏土层上面加设保护层，如干砌片石等，以提高抗冲能力，防止干裂。

（3）灰土护面。灰土护面是采用石灰和黏土或黄土的拌和料夯实而成的防渗层。石灰与土的配合比常用1∶3～1∶9。根据陕西省水利科学研究所试验，厚度40cm的灰土护面可减少渗漏水量的99%。灰土护面的抗冲能力较强，但抗冻性差，多用于气候温和地区。

(4) 三合土护面。用石灰、砂、黏土经均匀拌和后，夯实成渠道的防渗护面。石灰、砂、黏土的配合比常用1：1：3～1：1：6，厚度一般为10～20cm，性能和灰土相近，是中国南方各省常用的防渗措施。

2. *砌石防渗*

砌石防渗具有就地取材、施工简单、抗冲、抗磨、耐久等优点。石料有卵石、块石、条石、石板等，砌筑方法有干砌和浆砌两种。

(1) 块石衬砌防渗。衬砌的石料要质地坚硬、没有裂纹。石料的规格一般以长40～50cm、宽30～40cm、厚度不小于8～10cm为宜。要求有一面比较平整。干砌勾缝的护面防渗效果较差，防渗要求较高时不宜采用。浆砌块石护面有护坡式和重力墙式两种，如图4-27所示。前者工程量小，投资少、应用较普遍；后者多用于容易滑坍的傍山渠段和石料比较丰富的地区，具有耐久、稳定和不易受冰冻影响等优点。

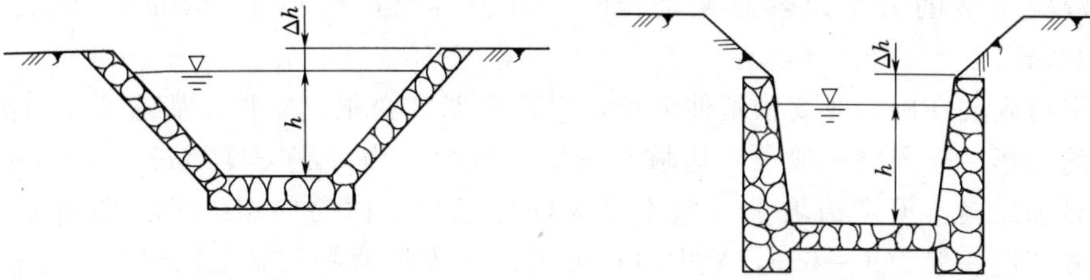

(a) 梯形断面　　(b) 渠坡为挡土墙式的断面

图4-27　浆砌块石渠道护面

(2) 卵石衬砌防渗。卵石衬砌也有浆砌和干砌两种。干砌卵石开始主要起防冲作用，使用一段时间后，卵石间的缝隙逐渐被泥沙充填，再经水中矿物盐类的硬化和凝聚作用，便形成了稳定的防渗层。卵石衬砌的施工应按先渠底、后渠坡的顺序铺砌卵石。这种防渗措施在新疆、甘肃、四川、青海等地已广为使用，积累了丰富的经验。浆砌卵石衬砌渠道的剖面如图4-28所示。

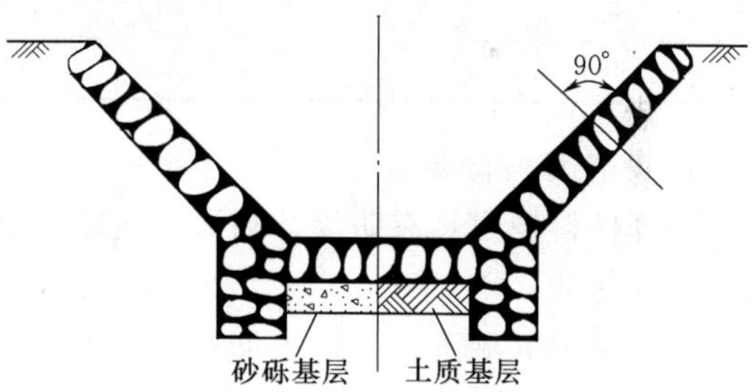

图4-28　浆砌卵石渠道断面图

3. *砖砌防渗*

砖砌护面也是一种因地制宜、就地取材的防渗衬砌措施，其优点是造价低廉、取材方便、施工技术简单、防渗效果较好。衬砌层的厚度可采用一砖平砌或一砖立砌，砖的标号不低于100号。普通砖抗冻性较差，护面易受冰冻剥蚀破坏。为了提高抗冻性能和防渗效果，许多地区用特制砖进行衬砌，特制砖有陶砖和釉砖两种。

4. *混凝土衬砌防渗*

混凝土衬砌的优点是：

1) 防渗效果好，一般能减少渗漏损失水量的85%～90%以上。

2) 糙率系数小，可提高渠道的输水能力、减小渠道的断面尺寸。

3）不生杂草，减少淤积，便于养护管理。

4）经久耐用，一般可用40～50年。

混凝土衬砌广泛采用板形结构，其截面形式有矩形、楔形、肋形、槽形等。矩形板适用于无冻胀地区的渠道；楔形板和肋形板适用于有冻胀地区的渠道；槽形板用于小型渠道的预制安装。大型渠道多采用现场浇筑。现场整体浇筑的U形槽具有水力性能好、断面小、占地少、整体稳定性好等优点，适用于无冻胀或弱冻胀地区的中小型渠道。在强冻胀地区，U形槽在不均匀冻胀力作用下易整体上移和产生裂缝，不宜采用。

混凝土衬砌层的厚度与施工方法、气候、混凝土标号等因素有关。混凝土标号一般采用100～150号。现场浇筑的衬砌层比预制安装的厚度稍大。有冻胀破坏地区的衬砌层厚度比无冻胀破坏地区的衬砌层要厚一些。预制混凝土板的厚度一般为5～10cm，在无冻胀破坏地区可采用4～8cm。

预制混凝土板的大小以容易搬动、施工方便为宜，最小为50cm×50cm，最大为100cm×100cm。

混凝土衬砌层在施工时要预留伸缩缝，以适应温度变化、冻胀、基础不均匀沉陷等原因所引起的变形。纵向缝一般设在边坡与渠底连接处，当渠底宽度超过6～8m时，可在渠底中部另加纵缝。渠道边坡上一般不设纵向伸缩缝。横向伸缩缝的间距可参考表4－18。伸缩缝宽度一般为1～4cm，缝中填料可采用沥青混合物、聚氯乙烯胶泥和沥青油毡板等。

表4－18　　混凝土衬砌层横向伸缩缝间距

衬砌层厚度/cm	伸缩缝间距/m	衬砌层厚度/cm	伸缩缝间距/m
5～7	2.5～3.5	>10	4.0～5.0
8～9	3.5～4.0		

5. *沥青材料防渗*

沥青材料护面具有防渗、耐久、抗碱、造价低、施工简便等优点，常用的沥青材料护面有以下三种：

（1）沥青混凝土。它是把沥青、碎石（或砾石）、砂经加热、拌和、压实而成的防渗材料，具有较好的稳定性、耐久性和良好的防渗效果。对中、小型渠道，护面厚度一般为4～6cm，大型渠道可以加厚到10～15cm，下面设反滤层，在反滤层上面涂一层沥青玛蹄脂或沥青乳剂，使护面与垫层得以良好的结合。地下水位较高时，应在渠底护面以下设纵向排水设施。由于沥青混凝土塑性较好，不必设伸缩缝。为了减少护面的吸热量，可以在护面上加设保护土层。

（2）埋藏式沥青薄膜。将渠床平整、压实、清除杂草后，洒水少许，再将200℃的热沥青用机械喷洒两遍以上，形成一层不透水的薄膜，厚度4～5mm。为了防止沥青老化和机械破坏，常铺设素土保护层，厚度对于小渠道约为10～30cm，对于大渠道约为30～50cm。

（3）沥青席。沥青席系指用玻璃丝布、石棉毡、油毡、苇席、麻布等材料涂以沥青层后制成的卷材。铺设时互相搭接，接缝用热沥青黏结。

1）沥青玻璃丝布是用三层沥青、两层玻璃丝布加金属网制成。一般采用埋藏式，用草泥护面，草泥层厚度为25～40cm。也有采用明铺式的。

2）沥青油毡通常都做成埋藏式的，保护层用草泥、素土、砂砾石等铺筑，厚度为30cm。油毡搭接长度一般为5~6cm，用热沥青黏结。

3）沥青砂浆席是用乳化沥青与砂的拌和料制成。有明铺式和暗藏式两种。还可与混凝土护面结合，铺设在混凝土块下面，可提高混凝土的防渗效果。

6. 塑料薄膜防渗

在渠床上铺设塑料薄膜可以有效地防止渠道渗漏，这种防渗措施具有重量轻、运输方便、施工简单、造价低、耐腐蚀、防渗效果好等优点。据国外试验资料统计，塑料薄膜防渗有效期可达15～25年。一般都采用埋藏式，保护层可用素土夯实或加铺防冲材料，总厚度应不小于30cm。在寒冷地区，冻土深度较大，保护层厚度常取冻土深度的1/3～1/2。

铺设塑料薄膜之前，在挖方渠道的两侧肩部各做宽20～30cm的戗台，以铺压薄膜，在戗台外侧再挖一道深30cm的沟槽，将薄膜边缘埋入沟槽内，以防薄膜下滑。在填方渠道施工时，先填筑到薄膜铺设高度处，接着铺设薄膜，加设保护层，然后再继续向上铺筑渠堤。为防止杂草丛生，草根穿透薄膜，在基床表面需喷洒氯酸钠水溶液，其用量为$2kg/m^2$。薄膜接缝用焊接、搭接及化学溶剂（如树脂等）胶结，在薄膜品种不同时只能用搭接，搭接长度为5cm左右。

除以上防渗措施外，还有在砂土或砂壤土中掺入水泥，铺筑成水泥土衬砌层的；也有在渠水中拌入细粒黏土，淤填砂质土渠床的土壤孔隙，减少渠床渗漏的人工挂淤防渗；还有在渠床土壤中掺入食盐、水玻璃以及含大量有机质的胶体溶液，减小土壤渗透能力的化学防渗方法等。

三、渠道衬砌冻胀破坏的防治

在季节性冻土地区，细粒土壤中的水分在冬季负温条件下结成冰晶，使土壤体积膨胀，地面隆起，这种现象称为土壤的冻胀。在渠道衬砌的条件下，因衬砌层约束了土体的冻胀变形而产生了巨大的推力，称为冻胀力。衬砌层和冻土黏结在一起，还会产生切向冻胀力。在冻胀力的作用下，衬砌护面会遭受破坏。由于渠道断面各部位接受太阳辐射不均匀，各处温度就不同，土壤的冻深和冻胀量也不同，一般渠底和阴坡的冻胀量大于阳坡。渠床渗漏和地下水上升毛管水的补给影响，使渠床下部土壤的含水量高于上部，也增加了下部土壤的冻胀量。因而，渠道的冻胀破坏以渠底和渠坡下部最为严重。

渠道冻胀破坏的防治措施可归纳为以下两类：

1. 减轻土壤冻胀力的措施

（1）减少渠床土壤水分。规划渠道时，尽可能使渠底高出地下水位的距离不小于冻土层深度与上升毛管水强烈补给高度之和，并使渠线行经砂砾石等排水性能良好的地带，还要远离灌水农田及其他水源。

（2）换置渠床土壤。用砂砾石换置冻胀性强的渠床土壤，置换深度随土壤性质和地下水补给条件而异，一般应大于冻土深度的60%。

（3）避免渠道冬季输水。冬季停水日期应比气温稳定通过零度日的时间提前7～10d。

春季开始输水日期不应早于气温稳定通过零度日的时间，最好在冻胀变形回复、衬砌层的裂缝基本闭合之后。

2. 增强衬砌结构抵抗和适应冻胀变形的措施

1）在弱冻胀地区采用预制混凝土板衬砌渠道时，对冻胀变形有较好的适应性。采用现场浇筑混凝土板衬砌渠道时，应在渠坡下部和渠底中部设变形缝，以适应土壤的冻胀变形。

2）在小型渠道上，可采用U型渠道，以提高抵抗冻胀破坏的能力。

3）在强冻胀地区，可采用柔性膜料衬砌渠道，以适应土壤的冻胀变形。

四、衬砌渠道的横断面设计

衬砌渠道按其衬砌材料可分为两类：一类是土料衬砌渠道或具有土料保护层的衬砌渠道。这种衬砌渠道的纵横断面设计方法和一般土质渠道的设计方法相同。另一类是材料质地坚硬、抗冲性能良好的衬砌渠道。这类渠道渠床糙率较小、允许流速较大、工程投资较高，为了降低工程造价和节省渠道占地，常采用水力效率更高的断面形式，水力计算方法也有自己的特色。

衬砌护面应有一定的超高，以防风浪对渠床的淘刷。衬砌超高指加大水位到衬砌层顶端的垂直距离。小型渠道可采用20～30cm，大型渠道可采用30～60cm。

衬砌层顶端到渠道的堤顶或岸边也应有一定的垂直距离，以防衬砌层外露于地面，易受交通车辆等机械损坏；也可防止地面径流直接进入衬砌层下面，威胁渠床和衬砌层的稳定，这个安全高度一般为20～30cm。

下面，对衬砌渠道常用的几种非梯形断面形式及其水力计算方法作简要介绍。

1. 圆底三角形断面的水力计算

圆底三角形过水断面是以水面宽度的中点为圆心，以最大水深为半径，画一圆弧，作为渠底，和两侧边坡相切，构成一个近似半圆形的过水断面，如图4-29所示。这种过水断面和水力最优断面十分接近，具有占地少、工程量省、输水能力大等优点，可用于中小型渠道。

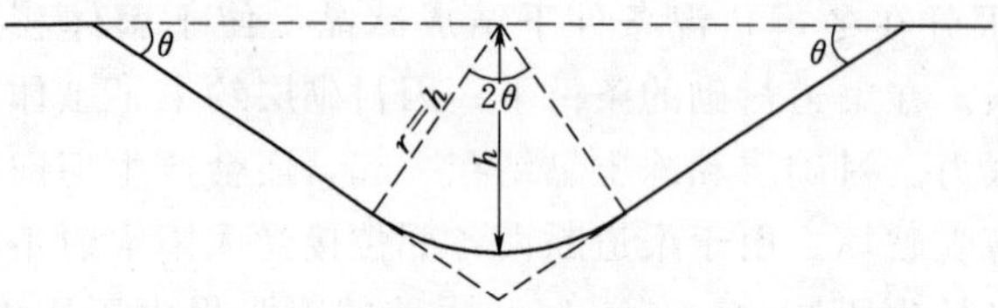

图4-29　圆底三角形过水断面

圆底三角形过水断面的水力计算公式如下：

过水断面面积：

$$A=\pi h^2\frac{\theta}{\pi}+2\frac{h^2\text{ctg}\theta}{2}=h^2(\theta+\text{ctg}\theta) \tag{4-47}$$

式中　A——过水断面积，m^2；

h——最大水深，m；

θ——渠道边坡和水平面的夹角。

过水断面的湿周：

$$P=2\pi h\frac{\theta}{\pi}+2h\text{ctg}\theta=2h(\theta+\text{ctg}\theta) \tag{4-48}$$

式中　P——过水断面的湿周，m。

过水断面的水力半径：

$$R=\frac{A}{P}=\frac{h^2(\theta+\text{ctg}\theta)}{2h(\theta+\text{ctg}\theta)}=\frac{h}{2} \tag{4-49}$$

根据断面平均流速公式可写出以下关系式：

$$\frac{Q}{A}=\frac{1}{n}\left(\frac{h}{2}\right)^{2/3} i^{1/2} \tag{4-50}$$

根据式（4－50）可求出最大水深 h，即渠底圆弧的半径。

根据渠床土质选定边坡系数 m 值，按下式计算坡角 θ 值：

$$m=\text{ctg}\theta \tag{4-51}$$

根据 h、θ 值即可画出渠道的过水断面。

水面宽度 B 可从图上量出，也可用下式计算：

$$B=\frac{2h}{\sin\theta} \tag{4-52}$$

渠道平均流速应满足不冲不淤要求。

【例 4－4】 设计一混凝土衬砌渠道，设计流量 $Q=20\text{m}^3/\text{s}$，渠道比降 $i=1/10000$，边坡系数 $m=1.25$，糙率系数选用 $n=0.014$，断面形式选用圆底三角形断面。

解

∵ $$\text{ctg}\theta=m=1.25$$

∴ $$\theta=0.675\text{rad}=38.67°$$

$$A=h^2(\theta+\text{ctg}\theta)=h^2(0.675+1.25)=1.925h^2$$

将已知的 Q、A、i、n 等代入式（4－50）得

$$\frac{20}{1.925h^2}=\frac{1}{0.014}\left(\frac{h}{2}\right)^{2/3}\left(\frac{1}{10000}\right)^{1/2}=0.715\left(\frac{h}{2}\right)^{2/3}$$

由上式解出：$h=3.24\text{m}$。

根据圆弧半径 $r=h=3.24\text{m}$ 和 $\theta=38.67°$，即可画出过水断面。也可根据式（4－52）计算水面宽度 B：

$$B=\frac{2h}{\sin\theta}=\frac{2\times3.24}{\sin38.67°}=10.37(\text{m})$$

渠道平均流速：

$$v=\frac{Q}{A}=\frac{20}{1.925\times3.24^2}=0.99(\text{m/s})$$

显然，渠道流速满足校核要求。

2. 圆角梯形断面的水力计算

圆角梯形断面是以渠道的设计水深为半径，将梯形过水断面底部两个拐角变成圆弧，圆弧两端分别和渠底、边坡相切，渠底两切点间的距离为 b，圆心角为 θ，如图 4－30 所示。

把梯形断面两个拐角变为圆弧是提高渠道输水能力的一种有效方法。

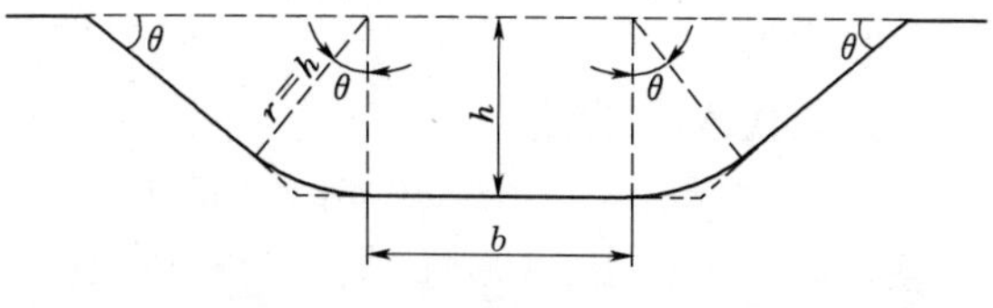

图 4－30 圆角梯形过水断面

圆角梯形断面的水力计算公式如下：

过水断面面积：

$$A=bh+2\pi h^2\frac{\theta}{2\pi}+\frac{2h^2\text{ctg}\theta}{2}=bh+h^2(\theta+\text{ctg}\theta) \tag{4-53}$$

过水断面的湿周：

$$P=b+2h(\theta+\text{ctg})\theta \tag{4-54}$$

渠道的输水能力：

$$Q=A\frac{1}{n}\left(\frac{A}{P}\right)^{2/3}i^{1/2} \tag{4-55}$$

式（4－55）中包含着 b、h 两个未知数，求解时，必须补充一个条件，或选择适宜的流速，或选择适宜的水深。

根据渠床土质选择适当的 θ 值，再求出 b、h 值，就可画出渠道的过水断面，水面宽度 B 可从图上量得，也可用下式计算：

$$B=b+\frac{2h}{\sin\theta} \tag{4-56}$$

渠道流速应满足不冲不淤要求。

【例 4－5】 设计一圆角梯形混凝土渠道，$Q=100\text{m}^3/\text{s}$，$i=1/4000$，$m=1.5$，$n=0.016$，$v=1.5\text{m/s}$。

解

因为 $$\text{ctg}\theta=m=1.5$$

则 $$\theta=0.59\text{rad}=33.8°$$

过水断面面积： $$A=\frac{Q}{v}=\frac{100}{1.5}=66.67(\text{m}^2)$$

根据流速公式求水力半径：

$$v=\frac{1}{n}R^{2/3}i^{1/2}$$

即 $$1.5=\frac{1}{0.016}\text{R}^{2/3}\left(\frac{1}{4000}\right)^{1/2}$$

$$R=1.87(\text{m})$$

过水断面的湿周： $$P=\frac{A}{R}=\frac{66.67}{1.87}=35.65(\text{m})$$

将 $A=66.67\text{m}^2$，$P=35.65\text{m}$，$\theta=0.59\text{rad}$，$\text{ctg}\theta=1.5$ 代入式（4－53）和式（4－54）得到以下两式：

$$66.67=bh+h^2\times2.09 \quad ①$$

$$35.65=b+h\times4.18 \quad ②$$

从②式得 $$b=35.65-4.18h \quad ③$$

将③式代入①式得

$$66.67=(35.65-4.18h)h+2.09h^2$$

整理后得 $$h^2-17.1h+31.9=0$$

解该二次方程式得 $$h=2.145\text{m}$$

将 h 值代入③式得

$$b=35.65-4.18\times2.145=26.68(\mathrm{m})$$

根据 $b=26.68\mathrm{m}$，$h=2.145\mathrm{m}$，$\theta=33.8°$即可绘出过水断面图。从图上可量出水面宽度，亦可按下式计算：

$$B=b+\frac{2h}{\sin\theta}=26.68+\frac{2\times2.145}{\sin33.8°}=34.39(\mathrm{m})$$

【例 4-6】 设计一圆角梯形断面的混凝土渠道，$Q=400\mathrm{m^3/s}$，$i=1/10000$，$m=1.25$，$n=0.014$，$h=5\mathrm{m}$。

解

因为

$$\mathrm{ctg}\theta=m=1.25$$

则

$$\theta=0.675\mathrm{rad}=38.67°$$

$$A=bh+h^2(\theta+\mathrm{ctg}\theta)=5b+25\times(0.675+1.25)=5b+48.13$$

$$P=b+2h(\theta+\mathrm{ctg}\theta)=b+10\times(0.675+1.25)=b+19.25$$

将 Q、A、P、n、i 的数值代入式（4-55）得

$$400=\frac{5b+48.13}{0.014}\left(\frac{5b+48.13}{b+19.25}\right)^{2/3}\left(\frac{1}{10000}\right)^{1/2}$$

虽然该式中只有一个未知数 b，但因公式复杂，难以直接求解，需按下式试算：

$$Q'=\frac{5b+48.13}{0.014}\left(\frac{5b+48.13}{b+19.25}\right)^{2/3}\left(\frac{1}{10000}\right)^{1/2}$$

假设一个底宽 b 值，算出相应的输水流量 Q'，当 Q' 等于或接近设计流量 Q 值时，假设的 b 值就可作为设计值。经过试算，该题的设计底宽为

$$b=34.0\mathrm{m}$$

根据 $h=5\mathrm{m}$，$b=34.0\mathrm{m}$，$\theta=38.67°$就可绘出渠道的过水断面。水面宽度可按下式计算：

$$B=b+\frac{2h}{\sin\theta}=34+\frac{2\times5}{\sin38.67°}=34+\frac{10}{0.625}=50(\mathrm{m})$$

根据 b、h 值可算出过水断面积和平均流速为

$$A=5\times34+48.13=218.13(\mathrm{m^2})$$

$$v=\frac{Q}{A}=\frac{400}{218.13}=1.83(\mathrm{m/s})$$

对混凝土衬砌渠道来说，该流速值满足校核要求。

3. U 型断面的水力计算

U 型断面接近水力最优断面，具有较大的输水输沙能力，占地较少，省工省料，而且由于整体性好，抵抗基土冻胀破坏的能力较强。因此，U 型断面受到普遍欢迎，在我国已广泛使用，多用混凝土现场浇筑。

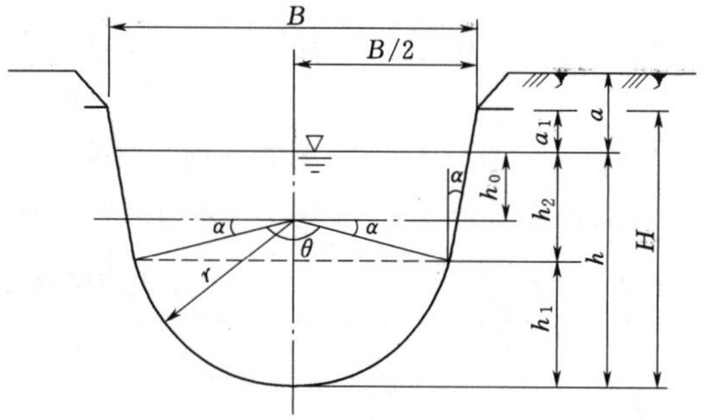

图 4-31　U 型断面

图 4-31 为 U 型断面示意图，下部为半圆形，上部为稍向外倾斜的直线段。直线段下切于半圆，外倾角 $\alpha=5°\sim20°$，随

渠槽加深而增大。较大的U型渠道采用较宽浅的断面，深宽比 $H/B=0.65\sim0.75$，较大的U型渠道则宜窄深一点，深宽比可增大到 $H/B=1.0$。

U型渠道的衬砌超高 a_1 和渠堤超高 a（堤顶或岸边到加大水位的垂直距离）可参考表4-19确定。

表4-19　U型渠道衬砌超高 a_1 和渠堤超高 a 值表

加大流量/(m^3/s)	<0.5	0.5～1.0	1.0～10	10～30
a_1/m	0.1～0.15	0.15～0.2	0.2～0.35	0.35～0.5
a/m	0.2～0.3	0.3～0.4	0.4～0.6	0.6～0.8

注　衬砌体顶端以上土堤超高一般用0.2～0.3m。

U型断面有关参数的计算公式见表4-20。

表4-20　U型断面有关参数计算公式

名称	符号	已知条件	计算式
过水断面	A	r、α、h_2	$\frac{r^2}{2}\left[\pi\left(1-\frac{\alpha}{90°}\right)-\mathrm{sn}2\alpha\right]+h_2(2r\cos\alpha+h_2\mathrm{tg}\alpha)$
湿周	P	r、α、h_2	$\pi r\left(1-\frac{\alpha}{90°}\right)+\frac{2h_2}{\cos\alpha}$
水力半径	R	A、P	$\frac{A}{P}$
上口宽	B	r、α、H	$2\{r\cos\alpha+[H-r(1-\sin\alpha)]\mathrm{tg}\alpha\}$
直线段外倾角	α	r、B、H	$\mathrm{tg}^{-1}\frac{B/2}{H-r}+\cos^{-1}\frac{r}{\sqrt{(B/2)^2+(H-r)^2}}-90°$
圆心角	θ	r、B、H	$360°-2\left[\mathrm{tg}^{-1}\frac{B/2}{H-r}+\cos^{-1}\frac{r}{\sqrt{(B/2)^2+(H-r)^2}}\right]$
圆弧段高度	h_1	r、α	$r(1-\sin\alpha)$
圆弧段以上水深	h_2	r、α、h	$h-r(1-\sin\alpha)$
水深	h	r、α、h_2	$h_2+r(1-\sin\alpha)$
衬砌渠槽高度	H	h、α_1	$h+\alpha_1$

U型断面水力计算的任务是根据已知的渠道设计流量 Q、渠床糙率系数 n 和渠道比降 i，求圆弧半径 r 和水深 h。由于断面各部分尺寸间的关系复杂，U型断面的设计，需要借助某些尺寸间的经验关系，如式（4-57）和表4-21给出的经验关系。设计步骤如下：

（1）确定圆弧以上的水深 h_2。圆弧以上水深 h_2 和圆弧半径 r 有以下经验关系：

$$h_2=N_\alpha r \tag{4-57}$$

式中　N_α——直线段外倾角为 α 时的系数。$\alpha=0$ 时的系数用 N_0 表示。

直线段的外倾角 α 和 N_0 值都随圆弧半径而变化，见表4-21。

表4-21　U型渠道断面尺寸的经验关系

r/cm	15～30	30～60	60～100	100～150	150～200	200～250
α/(°)	5～6	6～8	8～12	12～15	15～18	18～20
N_0	0.65～0.35	0.35～0.30	0.30～0.25	0.25～0.20	0.20～0.15	0.15～0.10

为了保持圆心以上的水深与 $\alpha=0$ 时相同，则应遵守以下关系：

$$N_\alpha=N_0+\sin\alpha \tag{4-58}$$

(2) 求圆弧的半径 r。将已知的有关数值代入明渠均匀流的基本公式，就可得到圆弧半径的计算式：

$$r=\frac{\left[\pi\left(1-\frac{\alpha}{90^\circ}\right)+\frac{2N_\alpha}{\cos\alpha}\right]^{1/4}\left[\frac{nQ}{\sqrt{i}}\right]^{3/8}}{\left[\frac{\pi}{2}\left(1-\frac{\alpha}{90^\circ}\right)+(2N_\alpha-\sin\alpha)\cos\alpha+N_\alpha^2\operatorname{tg}\alpha\right]^{5/8}} \tag{4-59}$$

或

$$r=\frac{\left[\theta+\frac{2N_\alpha}{\cos\alpha}\right]^{1/4}\left[\frac{nQ}{\sqrt{i}}\right]^{3/8}}{\left[\frac{\theta}{2}+(2N_\alpha-\sin\alpha)\cos\alpha+N_\alpha^2\operatorname{tg}\alpha\right]^{5/8}} \tag{4-60}$$

式中 θ——圆弧的圆心角，rad；

Q——渠道的设计流量，m^3/s；

r——圆弧半径，m；

α——直线段的倾斜角，(°)。

(3) 求渠道水深 h。

$$h=h_1+h_2=h_2+r(1-\sin\alpha)=r(N_\alpha+1-\sin\alpha) \tag{4-61}$$

(4) 校核渠道流速。计算过水断面面积：

$$A=\frac{r^2}{2}\left[\pi\left(1-\frac{\alpha}{90^\circ}\right)-\sin2\alpha\right]+h_2(2r\cos\alpha+h_2\operatorname{tg}\alpha) \tag{4-62}$$

计算断面平均流速：

$$v=\frac{Q}{A}$$

该断面平均流速应满足不冲不淤要求。

【例 4-7】 某斗渠拟采用混凝土 U 型断面，$Q=0.8m^3/s$，$n=0.014$，$i=1/2000$，计算过水断面尺寸。

解

根据经验估计 $r=60\sim80$cm，查表 4-21，选择 $\alpha=10^\circ$，$N_0=0.3$。

则 $N_\alpha=N_0+\sin\alpha=0.3+\sin10^\circ=0.474$

$$\theta=180^\circ-20^\circ=160^\circ=2.793(\text{rad})$$

$$r=\frac{\left(2.793+\frac{2\times0.474}{\cos10^\circ}\right)^{1/4}\left(\frac{0.014\times0.8}{\sqrt{0.0005}}\right)^{3/8}}{\left[\frac{2.793}{2}+(2\times0.474-\sin10^\circ)\cos10^\circ+0.474^2\operatorname{tg}10^\circ\right]^{5/8}}=0.657(\text{m})$$

$$h=r(N_\alpha+1-\sin\alpha)=0.657\times(0.474+1-\sin10^\circ)=0.854(\text{m})$$

$$h_1=r(1-\sin\alpha)=0.657(1-\sin10^\circ)=0.543(\text{m})$$

$$h_0=h_2-r\sin\alpha=(h-h_1)-r\sin\alpha=(0.854-0.543)-0.657\times0.174=0.197(\text{m})$$

$$A=\frac{0.657^2}{2}\left[3.1416\left(1-\frac{10°}{90°}\right)-\sin 20°\right]$$

$$+0.311\times(2\times0.657\times\cos 10°+0.311\times \text{tg}10°)$$

$$=0.949(\text{m}^2)$$

$$v=\frac{Q}{A}=\frac{0.8}{0.949}=0.843(\text{m/s})$$

该流速值能满足不冲不淤要求。

第五章 灌溉管道系统

几千年来，农田灌溉都是采用渠道（明渠）来输水和配水，形成灌溉渠道系统，这种系统主要适于地面灌水方法（沟灌、畦灌和淹灌等）的需要。而19世纪以来随着喷灌、滴灌、微喷灌等新的灌水方法的出现，古老的渠道系统已无法满足需要了，也由于人口的膨胀，工业的发展要求更充分地利用现有农田和减少渠道的渗漏损失，最近我国地面灌溉也广泛采用管道输水，形成低压管道输水地面灌溉系统（俗称“管灌”）。再加上农业机械化的发展，因此越来越广泛地采用管道系统输水和配水，以节省农田、便利机耕。灌溉管道系统与灌溉渠道系统相比，有以下几个方面的优点：

1）由于输配水部分（管网）大部分或全部埋在地下，一般可以少占7%～13%耕地，提高了土地利用率，并减少了对交通和耕作的影响。

2）在工程完好的情况下，可以基本没有输水损失（渗漏损失和蒸发损失），节约了用水，提高了灌溉水利用系数，同时也可以避免因渠道浸水渗水而引起的盐渍化和冷浸田等问题。

3）由于管道不但可以输送无压水，还可以输送有压水，这样不仅可以适应地面灌水方法的需要，还能符合喷灌、滴灌、微喷灌等有压灌水方法的要求。

4）使用方便，便于控制，便于与施肥和施农药等相结合，便于实现自动化。

5）管道不一定要布置在最高处，不仅可以下坡也可以上坡布置。在地形复杂的情况下工程量少。

6）杂物不易进入管道，减少了清淤的工作量；也不存在杂草的问题，所以管理劳动量少。

灌溉管道系统规划设计的原则是以对现有条件的充分了解为基础，将管道系统各设施和其他有关水利设施连接起来，使其成为一个有机的整体，以满足管理安全合理、设施经济可行等条件。

本章就是要介绍在规划设计灌溉管道系统中所需要掌握的基本知识及其与灌溉渠道系统不相同的规划设计方法。

第一节 灌溉管道系统的组成与分类

一、管道系统的组成

灌溉管道系统是从水源取水经处理后，用有压或无压管道网输送到田间进行灌溉的全套工程，一般由首部枢纽、输配水管网、灌水器等部分组成。

1. 首部枢纽

首部枢纽的作用是从水源取水，并进行处理以符合管道系统与灌溉的要求。这要求包括水量、水压、水质三方面。为使灌溉水具有一定压力，一般是用水泵机组（包括水泵和

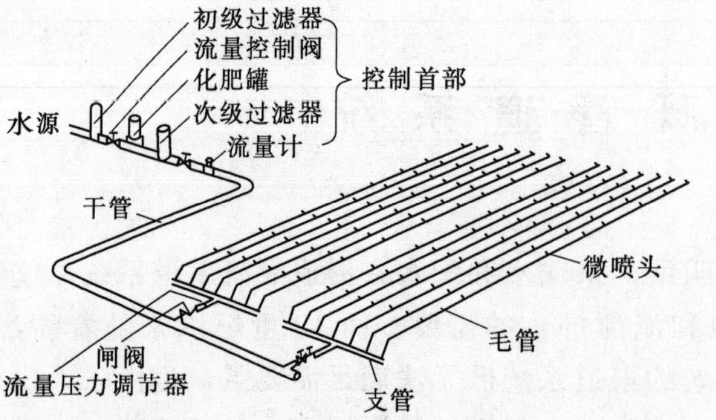

图 5-1　灌溉管道系统组成示意图

动力机）来加压。为使水质能达到要求，常用过滤或沉淀设备除去水中的固体杂质，用添加某些化学药剂的办法杀死微生物和藻类或改变水溶液的化学组成。不同的灌水方法，对水质与水压要求不相同，首部枢纽所包括设备也不相同（图 5-1）。

2. 输配水管网

根据灌区的大小及地形条件，管网一般分成干管、支管、毛管等几级（图 5-1），有时分成总干管、干管、分干管、支管、毛管五级。对于滴灌和微喷灌系统的末级管道一般为毛管，而对于喷灌系统的末级管道则为支管。管网由直管、管件和控制部件组成。管网的基本形状有树枝状和环状两种：

1）环状管网：管网有一部分（某一级）形成环状，如图 5-2（b）所示，这样可以使管网压力分布均匀，保证率较高，在环状管道有部分损坏时，管网大部分仍可正常供水，但是在多数情况下会增加管道的总长度而增加投资，适用于随机用水或泡田等用水量较大的情况。

2）树枝状管网：管网是逐级向下分枝配水，成树枝的形状，如图 5-2（a）所示。如果上一级管道损坏，以下管网就只好停止供水。这种管网的管道总长一般较短，因此现在大多数灌溉系统都用这种管网。除上述两种基本形式外，有时还采用两者结合的混合形式。

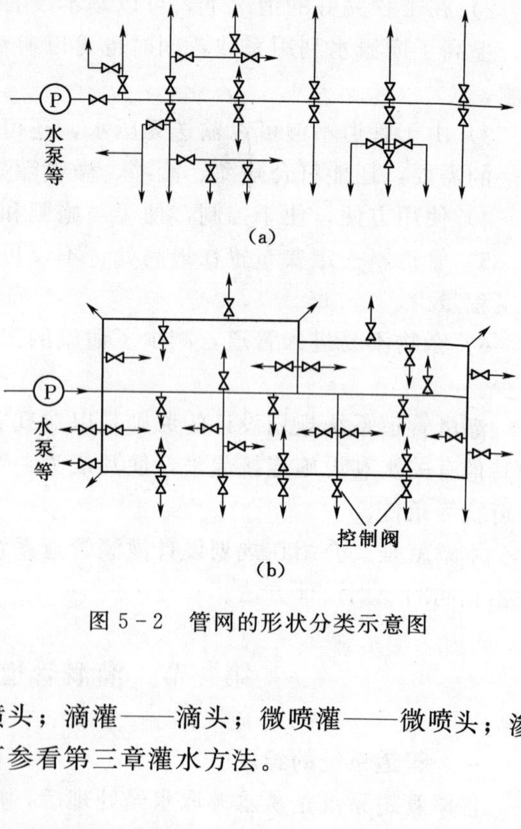

图 5-2　管网的形状分类示意图

3. 灌水器

灌水器是直接将水均匀地分布到田间和湿润土壤的设备或装置。对于不同的灌水方法采用不同的灌水器，喷灌的灌水器是喷头；滴灌——滴头；微喷灌——微喷头；渗灌——渗头。这些灌水器的特点与选用范围可参看第三章灌水方法。

二、管道系统的分类

灌溉管道系统形式很多，特点各异，一般可按照以下几个特点来进行分类：

1. 按结构形式分类

1）开敞式：是在管道上下游高差不太大，可在一些重要位置设置有自由水面调节井的管道系统形式。调节井除具有调压作用外，一般还兼有分水功能。适用于低压管道输水的地面灌溉系统。

2）封闭式：水流在封闭的管道内连续流动。管内可以保持一定的压力，只有打开给水栓才能向外供水。适用于喷灌、滴灌等需要较高压力的灌水方法。

3）半封闭式：是在输水过程中使用浮球阀等来控制阀门启闭的一种输水形式。这样可以避免无效放水，适用于水田灌溉系统。

2. 按工作压力分类

工作压力是在正常工作状态下系统内水流的压力。不同的灌水方法要求在管网中保持不同的压力范围，而不同的工作压力对系统的结构与所用的管材有很大的影响。因此按工作压力对灌溉管道系统进行分类便于设计与管理。

1）无压灌溉管道系统：管道内水流有自由表面。其管材主要承受外面的土压力。由于管道是埋在地表之下，如在管内为无压流，则无法自流灌溉地表，要灌溉就要另加动力和水泵提水或临时提高水位，常用来为移动式喷灌机组供水或进行地下渗灌，其他情况用得比较少。

2）低压灌溉管道系统：其工作压力一般为200kPa以下。管内水流为有压流，所以水能从出流口自流溢出，进行地面灌、滴灌，或在地下进行渗灌。

3）中压灌溉管道系统：工作压力一般为200～400kPa。可以用于滴灌、微喷灌和中、低压喷灌。

4）高压灌溉管道系统：工作压力在400kPa以上。由于压力较高，所以对管道的强度要求较高，主要用于中、高压喷灌。

3. 按照各部分在灌溉季节中可移动程度分类

1）固定式灌溉管道系统：除个别外，所有各组成部分在整个灌溉季节中，甚至常年都是不动的。管道多是埋在地下。这种系统的全部设备在一个灌溉季节中只能在一块地上使用，所以需要大量管材，单位面积投资高。

2）移动式灌溉管道系统：整个灌溉管道系统是可移动的，灌溉季节中轮流在不同地块上使用，非灌溉季节集中收藏保管。这样提高了设备利用率，降低了单位面积的投资，只是移动的劳动强度大。而且如管理不善，设备极易损坏。

3）半固定式灌溉管道系统：又称半移动式灌溉管道系统。其组成部分有些是固定的，有些是移动的。最常见的是首部枢纽和干管是固定的，而末级配水管（支管和毛管）和灌水器则是可以移动的。由于首部枢纽和干管最笨重，固定下来就可以大大减少移动的劳动量。而末级配水管一般较轻，而且所占投资的比例又大，所以使之移动的劳动强度相对较小，而又可节约较多的投资。这样系统综合了固定式和移动式灌溉管道系统的优点，又在一定程度上克服了两者的缺点，因此使用最为广泛。至于，哪些部分固定，哪些部分移动，则可在设计时根据具体情况经过经济分析、技术比较加以确定。

4. 按灌水方法分类

不同灌水方法的灌溉系统，其主要区别在于采用不同的灌水器，所以按灌水方法分类，实际上也就是按灌水器分类。由于灌水器不同，压力也就不同，对水质的要求也不同，所以管道规格、布置与首部枢纽的组成也都不相同，因此有一种灌水器就有一种灌水方法，就有一种灌溉系统，常见的有以下几种：

1）喷灌系统：采用喷头作为灌水器，一般要求工作压力较高，所以常采用的是高压或中压灌溉管道系统。

2）滴灌系统：采用的灌水器是滴头或滴灌带。要有中压灌溉管道系统与之配合。主要由塑料管构成输配水管网。

3）微喷灌系统：以微喷头作为灌水器，采用中压灌溉管道系统。和滴灌系统相似，各级管道均采用塑料管。

4）低压管道输水地面灌溉系统：是用低压管道将水一直送到田间，而在田间仍为畦灌或沟灌，有时还采用闸门孔管在各灌水沟之间配水。

5. 按压力的来源分类

灌溉管道系统多数都是有压的，按其压力来源的不同可以分为自压和机压两大类：

1）自压灌溉管道系统：一般是水源的水面高程高于灌区的地面高程，用压力管道引到灌区就具有一定的压力，如这压力已能满足灌区内输水水头损失与灌水器工作压力的要求，就可不另外加压而构成自压灌溉管道系统。

2）机压灌溉管道系统：在水源的水面高程低于灌区的地面高程，或虽然略高一些但不足以形成灌区所需要的压力。这时就要利用水泵加压，以形成足够的压力。

以上是仅按某一种特点来分类，而在生产实际工作中有时也有按三个或两个特点来分类的，例如固定式喷灌系统、半固定式滴灌系统、移动式微喷灌系统、自压喷灌系统等。

第二节　灌溉管道系统的规划布置

灌溉管道系统规划布置和灌溉渠道系统规划布置有很多相似之处（例如，同样需要确定引用的水源和灌区的大小和范围）。但也有许多特点（例如由于一般是有压管道输水，所以在确定灌区范围时，对地形的适应性比较强，管道布置受地形的影响较小等）。采用不同的灌水方法的灌溉管道系统，其组成与田间末级管道的规划布置方法是不相同的，而输配水管道系统的布置基本上是相同的。管道系统规划布置主要包括水源工程的布置、首部枢纽位置的选择、灌溉面积的分区和管道系统布置等。布置方案的好坏不仅影响到管网总长度，各级管道尺寸，管件用量以及总投资，而且影响到系统建成后的运行管理是否方便、灌溉质量、安全与运行费用等。

影响灌溉管道系统布置的因素有：水源与灌区的相对位置、灌区的面积大小、形状和地形、作物的分布、耕作方向、灌溉季节的风速风向等。

一、水源工程的布置

水源工程包括取水、蓄水和供水建筑物和设施等。水源工程的布置首先要研究有多少个可能被采用的水源，根据其水量、水位和水质情况，取水的难易程度与灌区的相对位置等因素选定其中技术可行、工程简单而且投资较少的作为灌区的水源。有关水源选择与取水方法详见第六章。

二、首部枢纽的组成及布置

首部枢纽除了要有引水建筑物之外，还要包括泵站（或水泵机组）、沉沙、过滤设备、肥料和化学药剂注入设备、控制器、压力或流量调节器、阀门和量测设备等。其作用是从水源取水并将其处理成符合灌溉要求的水流送到系统中去。不同的灌水方法与灌水器对水质的要求及水压和水量的控制是不同的，因此相应的首部枢纽组成也就各异。图 5-3 是一个典型的首部枢纽组成示意图。实际首部枢纽工程不一定要包括以上所有的设备，应根据需要选用。

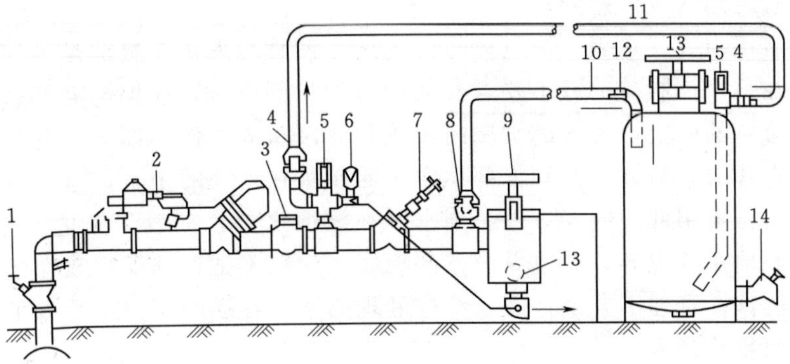

图 5-3 一个典型的控制首部组成部分示意图

1—总阀门；2—带有计数器的体积阀；3—逆止阀；4—向肥料罐供水；5—真空阀；6—压差计；7—主压力控制阀；8—肥料输入系统；9—主过滤器；10、11—供水管；12—肥料罐出口；13—肥料罐；14—冲洗阀

泵站包括水泵、动力机（电动机、柴油机或汽油机等）以及必要的配套设备、围栏或机房等。其作用就是给灌溉水加压，使之具有必要的工作压力，在有足够的自然水头可以利用的地方或从有压供水系统（如城镇自来水系统）取水的情况下则可不设泵站。

过滤设备一般布置在进入输配水管道之前，其作用在于滤去水源来水中的固体颗粒。不同的灌水方法对水质的要求是不相同的。滴灌要求最高，因为滴头的出水孔口很小，而且流速也很小，所以很容易堵塞；微喷灌次之，两者都要配备相应的过滤设备。喷灌系统被泥沙堵塞的可能性不大，但是水中含的泥沙在高速通过喷嘴时，极易磨损喷嘴，改变其形状，使喷头的性能变坏，因此也有必要滤去较粗的泥沙。低压管道灌溉对水质的要求虽比灌溉渠道系统略高，但一般情况下可以不安装过滤器。

常用的过滤设备有沉沙池、砂石过滤器、离心式过滤器、筛网过滤器、泡沫塑料过滤器、叠片式过滤器等。在含泥沙较多的水源取水时，可以考虑安装两级过滤器。一般用沉沙池和离心式过滤器作为第一级过滤，而第二级过滤则采用砂石过滤器和筛网过滤器等。有时在每根支管的进口都加一个滤网，这样可以防止由于主过滤器失效或在修理期间进入系统的杂质堵塞滴头或微喷头。

肥料和化学药剂注入设备用于向灌溉管道系统注入肥料或除草剂和杀虫剂等。常用的注入器有注射泵、有压化肥罐、“文托里”管等。虽然注入的肥料和化学药剂都是可溶性的，而且一般都先溶化于水中，但是仍然不可避免存在一些杂质或未溶解的固体颗粒，因此注入器一定要设在过滤设备之前，以防这些杂质或固体颗粒进入系统堵塞灌水器。

阀是直接用来控制和操纵灌溉管道系统的部件，布置在需要控制的部位上，起着不同的控制作用。一般灌溉管道系统是用手动阀，即由管理人员，直接操纵的，其形式有闸阀、截止阀、球阀等。也有一些阀门并不需要人工操纵而具有某些特殊的功能，如逆止阀、减压阀、空气阀等。对于自动控制的灌溉管道系统则常用电磁阀、电动阀和水动阀等。

压力调节器是用来调节进入管道系统的水流的压力，使得系统在外界压力发生突然变化以及水泵水头突变时仍能平稳地工作；也可用来减少由于干管输水水头损失和地形变化所造成的各支管之间的压力差异。

量测设备有压力表、水表、流量计等，为的是使管理人员能更清楚地定量地了解系统的工作状况。在一个控制首部并不要求安装所有的量测设备，应根据需要选用。

首部枢纽位置的确定，要考虑水源的位置和管网布局方便。如果以井作为水源，而且井位可以任意选择时，最好把井和首部枢纽一起布置在地块的中心，这样到灌区最远处的水头损失小，运行费用低，便于管理。当水源在灌区之外，一般是先把水用输水管（渠）送到最近的灌溉地块的边界，在边界设首部枢纽。一般不把首部枢纽放在远离灌溉地块的水源附近，因为这样管理不方便，而且经过处理的水，经远距离输送后有可能再被污染。

三、灌溉面积的分区

对于较大的灌溉系统，一般不是整个系统同时灌溉，而是分成若干个区进行轮灌，在划分轮灌区时应考虑以下几个因素：

1）在区内作物要一样。

2）各区所需的流量要相近，便于轮灌。离水泵远或地面高程高的地块，其流量可以小一点，反之，其流量可以大一些。这样可以使灌区的运行符合离心式水泵的工作特点。

3）尽量考虑与农业管理体制的范围相一致，以便于管理。

4）一个系统中应有一定数目的轮灌区，便于充分利用每天可灌溉的时间安排轮灌。

四、灌溉管道系统形式的选择

灌溉管道的形式很多，首先要确定采用哪一种灌水方法，其次要确定各级管道是移动的还是固定的，这要根据当地地形、作物、经济及设备条件，考虑各种形式的优缺点来选定。灌水次数多、地形坡度陡、经济价值高的作物种植区，可采用固定式灌溉管道系统，在地形平坦、灌溉次数少的大田作物区宜采用移动式或半移动式系统，以提高设备利用率。在有10～20m以上自然水头的地方，尽量选用自压系统，以降低动力设备和运行费用。图5-4所示的是几种喷灌系统的形式，可供参考，图5-4（a）为具有移动泵站和移动支管的全移动式喷灌系统；图5-4（b）为具有固定泵站和移动干管和支管的半固定式系统；图5-4（c）为具有固定泵站和干管，而支管是移动的半固定式系统；图5-4（d）为具有固定的干管和分干管、移动支管的半固定式系统；图5-4（e）为全固定式喷灌系统。

五、管道系统的布置

灌溉管道系统中的输配水管道，一般是指支管（或毛管）以上的管网。在布置时既要考虑路径的因素，又要考虑管网内压力的分布，以使支管（毛管）的出口压力一致，从而达到整个灌区灌水均匀的目的。当在支管进口安装压力调节器调节系统上的压力分布时，管道布置就可少受管内压力分布因素的影响。

1. 小型管网的布置

小型管网是指千亩以下灌溉管道系统的整个管网或千亩以上灌溉管道系统中的第二、

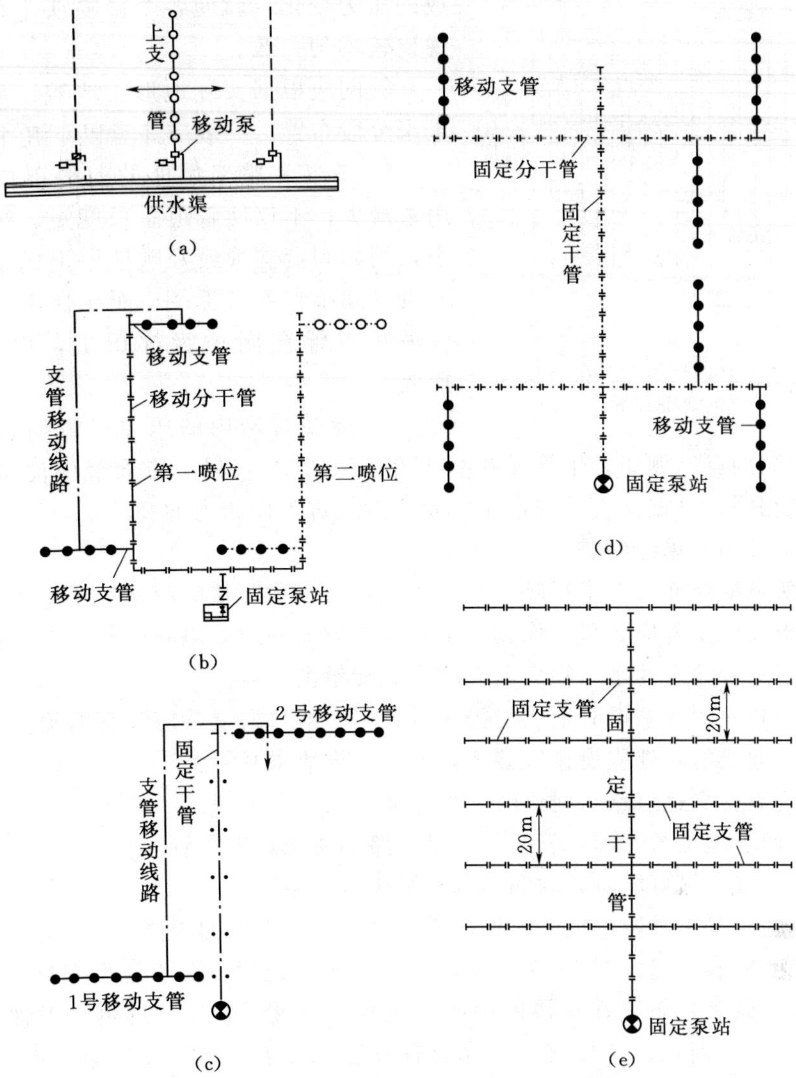

图 5-4　几种典型喷灌系统的形式

三级管道以下的管网。这种管网的布置应当适应田块灌溉的要求。在平原地区，管道一般为直线，上下级管道多为互相垂直布置，上级管道多布置在地块中间，向两边分水，形状比较规则，末级管道一般与耕作方向相一致。

在地面坡度较大的山丘地区，末级管道（支管或毛管）一般沿等高线布置，避免走逆坡。这样可以使管道上的灌水器工作压力和出水量较均匀。有时地形较为复杂不可能做到这一点时，就要考虑采用不对称的布置形式，把取水口布置在上坡方向，以补偿由于地形高差造成的压力差。例如图 5-5 即为一个微灌系统的典型例子，该轮灌区两个方向都有坡度，由分干管供水，分干管的取水口偏向高处，这样可以使得逆坡的毛管较短，而顺坡的毛管较长。每根支管入口处装上压力调节器以减少由于分干管上压力变化所造成的灌水不均匀。而且在支管上坡方向的毛管数比下坡方向的毛管数要少，以补偿支管走逆坡所造成的压力变化，就使各个微喷头上的压力相对来说比较均匀一致。

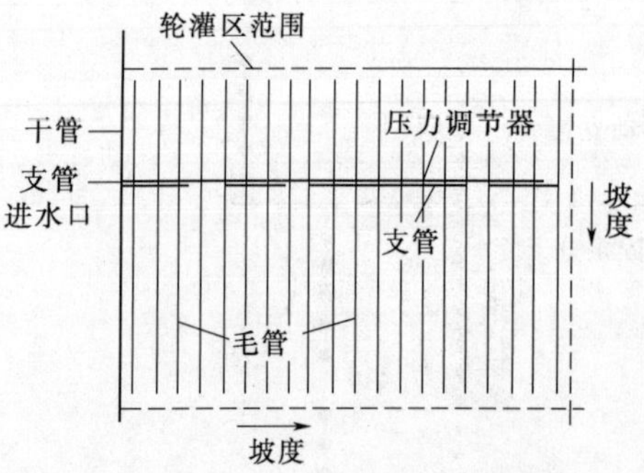

图 5-5 在有双向坡度的地形条件下管道的典型布置形式

管网应根据实际地形、地貌、地物和灌溉要求来分段布置。一般应注意以下几个方面：

1）在控制整个灌区的前提下应使管道的总用量最少；不仅使管道总长度短，还应使管径最小，例如固定支管最好顺坡由上向下布置，这样就可以减小支管的管径。而在梯田地区的移动支管最好布置在同一级梯田上，以便于移动与摆放。

2）应使管网内的压力尽量均匀，一方面不应造成压力很高的点（例如，干管最好不布置在深谷中），另一方面又应使每个灌水器处的压力尽可能相同。一根支管首末端压力差不能超过工作压力的 20%。

3）应满足各用水单位的需要，便于管理。

4）管道的纵横断面应力求平顺，减少折点，有较大起伏时应避免产生负压。

5）在平坦地区支管应尽量与作物种植和耕作方向一致，以减少竖管对机耕的影响。

6）要尽量减少输水的水头损失，以减少总能量消耗。

7）应根据轮灌的要求设有适当的控制设备，一般每根支管应装有闸阀。

8）在管道起伏的高处应设排气装置，低处应设泄水装置。

9）当管线需要穿过道路与河流时，尽可能与之垂直。

10）为了便于施工与管理，管线尽量沿道路和耕地边界布置。

11）管线布置应尽可能避开软弱地基和承压水分布区。

虽然管道的布置不会像渠道的布置那样受到地形那么大的限制，但是也同样在某种程度上受到地形的影响。现以图 5-6 中几种情况为例来说明。对于地形变化小的情况，可以将供水点（或泵站）布置在地块的中间，向两边布置干管，然后再在干管两侧分出支管，如图 5-6（a）所示，这样就与平地布置方法相似了。不过支管略有小的向下坡降，对于增加支管的灌水均匀度比较有利。如有可能，最好是将分干管布置在坡地的上侧，基本与等高线平行，如图 5-6（b）所示，这样就可使支管垂直等高线，以充分利用地面落差来抵消支管的水头损失，并可使支管上每个灌水器的压力近似相等。但也有一种情况是干管在田块下坡侧通过，如图 5-6（c）所示，分干管不得不逆坡布置，使得分干管内有较大的压力差，为此也可以考虑在分干管中段加设加压泵，使得分干管压力趋于合理。支管仍可与等高线成一定交角，向下坡方向布置。对于岗谷交错的地形，如图 5-6（d）所示，一般可以考虑沿着岗地布置分干管，支管由两侧向下坡布置。对于大冲田的系统最好将分干管布置在两侧山坡上，如图 5-6（e）所示，从两侧向冲里布置支管，以达到使支管压力尽量均匀的目的。

对于由机井供水的低压管道输水灌溉系统，其管网布置常见有如图 5-7 所示的几种形式：

图 5-7（a）为“工”字形布置：机井位于地块中间，设干、支两级固定管道，每隔

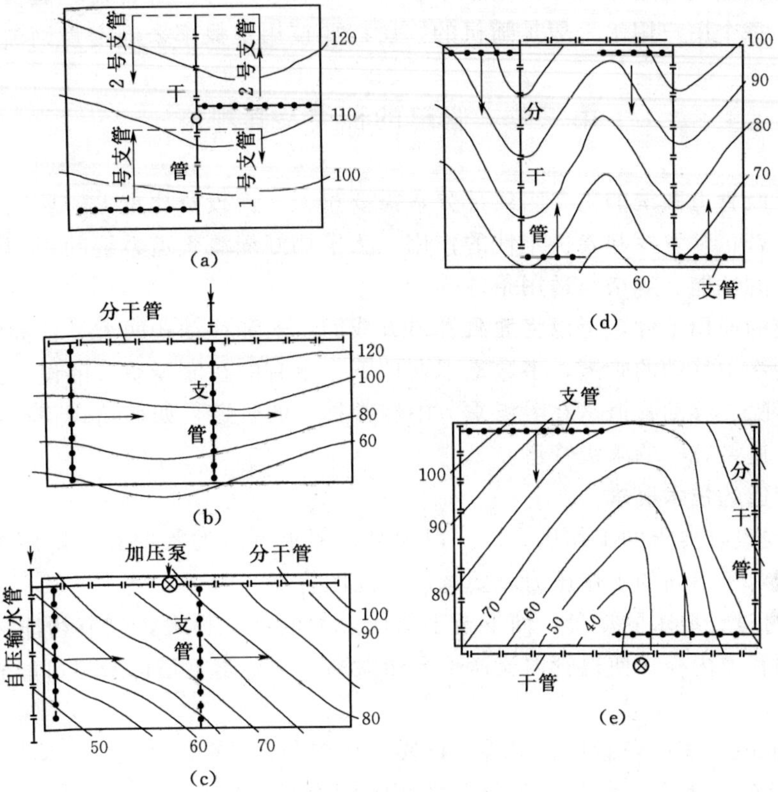

图 5-6　地形对支管布置的影响

40～50m 设一给水栓，接软管两侧供水。

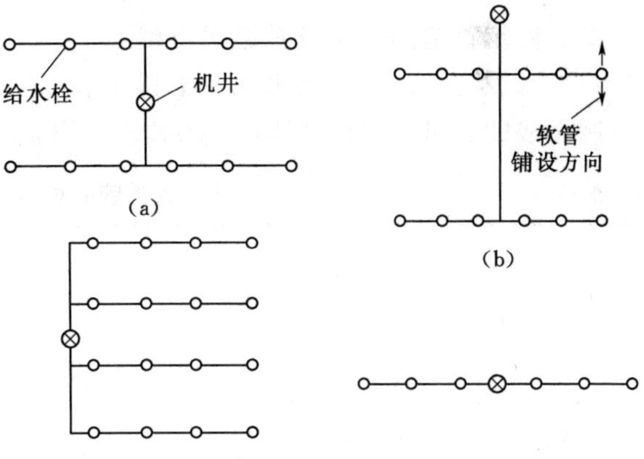

图 5-7　几种低压管道输水灌溉系统的管网布置图

图 5-7（b）为“土”字形布置：机井位于地块短边一侧的中部，可采用两级固定管道布置成土字形或王字形。

图 5-7（c）为梳子形布置：机井位于狭长地块长边一侧的中部，由干、支两级固定管道组成。

图 5-7（d）为一字形布置：地块窄长，机井位于地块中间或短边一侧的中部，只要在地块中间沿窄长方向布置一级固定管道即可。

2. 大型管网的布置

千亩以上灌溉管道系统的骨干管网，由给水栓向二级管网供水，每个给水栓相当于一个用户，给水栓的位置由用户的需要来确定。骨干管网的作用是将这些给水栓与首部枢纽连起来。一般是按最短路径的原则布置，各管段的管径应为经济管径。其设计要采用优化设计的方法。每个用户用水一般是随机的，所以要按用水概率来确定管网流量。

第三节 管道的种类及其规格

管道是灌溉管道系统的主要组成部分，需要量大，占投资比重大，所以它对工程投资大小和效益能否正常发挥起着决定性的作用。为了搞好灌溉管道系统的规划设计，一定要了解各种管道的性能、规格与适用条件等。

按照管道的使用条件，可以将灌溉管道分成固定式和移动式两大类：固定管道，即在灌溉季节中始终不移动的管道，多数是埋在地下，也有的在灌溉季节铺设在地面上，灌溉季节后立即拆除。移动管道是在灌溉季节中经常移动的管道，如移动式管道系统中的管道和半固定式管道系统中的末级管道。

一、对管道的技术要求

1）能承受设计要求的工作压力。一般说来，要求管道的管壁有一定厚度，特别注意壁厚要均匀。对于不同的工作压力就要选用不同的管材。

2）能通过设计要求的流量，而不至于造成过大的水头损失，以节约能量。这就要求有适当大小的管道内径，使得管内流速不至于太高。并要求管道内壁尽可能光滑，以减少摩阻系数。

3）价格低廉，使用寿命长。塑料管材要注意防老化，钢铁管材注意防锈蚀。

4）便于运输、易于安装与施工，主要是接头的连接要方便而且不漏水。自重不要太大，有一定的抗震和抗折的能力。

5）对于移动管道还要求轻便，耐撞击，耐磨和能经受风吹日晒。

二、固定管道的种类及其适用范围

（1）水泥土管。是采用水泥、土料和水，按一定的配合比均匀拌和，经立式挤压制管机压制而成的。可承受内压100～200kPa，其规格见表5-1。

表5-1　水泥土管的规格及性能表

规格/cm			每节管重/kg	每节用材量/kg		工作压力/kPa
内径	壁厚	管长		水泥	土料	
20	3.0	100	45	7	38	160～180
20	3.5	100	52	8	44	180～200
25	3.5	100	63	10	53	140～160
25	4.0	100	73	11	62	160～180

水泥土管适用于在缺少砂石的平原地区，就地取材制造，投资较低。但是制造工艺要求较高，各项强度指标均比混凝土管差。

（2）素混凝土管。是没有配钢筋的混凝土管，用水泥、砂、碎石按一定比例混合加水搅拌浇筑而成的。可以制成带有承插式接口的，用橡皮密封圈止水；也可制成平口的，用水泥沙浆连接。素混凝土管能承受的内水压力较小。这种管体积大，应尽量争取在现场附近浇制，而不要远途运输，以免在运输过程中损坏、破裂。表 5－2 的规格与性能可供设计时参考，但是素混凝土管的性能与制管所用的材料、制管工艺水平有很大关系。因此，在有条件的地方，应通过测试来确定工作压力。

表 5－2　　素混凝土管规格与性能表

规格/cm			每节管重量/kg	每节用材量/kg		工作压力/kPa
内径	壁厚	管长		水泥	砂、碎石	
20	2.5	100	41	7	34	100
20	3	100	50	8	42	180
25	3	100	61	9	51	140

注　1. 水泥标号 425#、混凝土容重 2300kg/m^3。
2. 水泥掺量 20%。

（3）圬工涵管。是用块石或砖就地浆砌而成的，内壁一般用水泥浆抹面，为了施工的方便，其断面形状常为马蹄形。而且断面一般较大，较大的管道应允许人进入，便于维修与清淤。一般只能承受 50kPa 以下的内压。

（4）石棉水泥管。是用 75%～85%的水泥与 15%～25%的石棉纤维（以重量计）混合后经制管机卷制而成，一般管径为 75～500mm，管长为 3～5m，可承受压力在 600kPa 以下。具有耐腐蚀、比重小，便于搬运和铺设，完全不用钢铁，内壁能保持光滑，切削钻孔等加工手续简便和易于施工等优点，只是抗冲击能力差些，运输时如不注意容易受到损伤。常用的石棉水泥管的规格见表 5－3 和表 5－4，常用石棉水泥浇缝刚性接头、环氧树脂和玻璃布缠结的刚性接头以及橡皮套柔性接头等。

表 5－3　　石棉水泥管技术数据（JG 22—64）　　单位：kPa

管子标号	工作压力	试验压力
水 4.5	450	900
水 7.5	750	1500
水 10	1000	2000

表 5－4　　石棉水泥管规格（JG 22—64）

公称直径	水 4.5/mm			水 7.5 与 10/mm			标准长度 L/mm
	内径 d	外径 D	壁厚 s	内径 d	外径 D	壁厚 s	
75	75	93	9	75	95	10	3
100	100	120	10	100	122	11	3，4
125	123	143	10	119	143	12	3，4，5
150	147	169	11	141	169	14	3，4，5
200	195	219	12	189	221	16	3，4，5

续表

公称直径	水 4.5/mm			水 7.5 与 10/mm			标准长度 L/mm
	内径 d	外径 D	壁厚 s	内径 d	外径 D	壁厚 s	
250	243	273	15	236	274	19	4，5
300	291	325	17	279	325	23	4，5
350	338	376	19	322	376	27	4，5
400	386	428	21	368	428	30	4，5
500	482	532	25	456	532	38	4，5

(5) 塑料管。是由不同种类的树脂掺入稳定剂、添加剂和润滑剂等配合后，挤压成型的。采用不同的树脂就产生出不同的塑料管，品种很多。现在常用的有聚氯乙烯管(PVC)、聚乙烯管（PE）和聚丙烯管（PP）等。对于不同厚度的管子分别可承受内压力400～1000kPa，其优点是施工容易，能适应一定的不均匀沉陷，内壁光滑，水头损失小。老化问题值得注意，但埋在地下可减慢老化速度。各种塑料管的规格各不相同，管径为5～500mm，壁厚0.5～8.0mm。具体规格可查轻工部部颁标准SGBO—75。

塑料管的连接形式有多种，刚性接头有丝扣连接、法兰连接、黏接法和焊接等。柔性接头多为铸铁套管橡皮圈止水的承插式接头。

(6) 钢筋混凝土管。有预应力钢筋混凝土管和自应力钢筋混凝土管两种，都是在混凝土浇制过程中使钢筋受到一定的拉力，从而使管子在工作压力范围内不会产生裂缝。可承受内压 400～500kPa，常用直径为 70～1200mm。其优点是：钢材用量仅为铸铁管的10%～15%，而且不会因锈蚀使输水性能降低，使用寿命长，一般可使用70年以上或更长时间。但其质脆、较重，运输有一定困难，而且目前制造工艺比较复杂。自应力钢筋混凝土管的规格见表5-5和表5-6。

表 5-5　　自应力钢筋混凝土管技术数据

类　型	公称内径/mm	压力指标/kPa	
		工作压力	检验压力
承压-4	100～600	400	800
承压-5	100～600	500	1000
承压-6	100～600	600	1200
承压-8	100～300	800	1600
承压-10	100～150	1000	2000

钢筋混凝土管一般做有插口，刚性接头用石棉水泥或膨胀性填料止水，柔性接头则用圆形橡胶圈止水。

表 5-6　　自应力钢筋混凝土管规格（JG—74 试行稿）

公称直径 D_0/mm	外径 D_1/mm	壁厚 S/mm	长度/mm	
			L_0	L_1
100	150	25	2000	2080
150	200	25	3000	3080
200	260	30	3000	3080
250	320	35	3000	3080
300	380	40	4000	4088
350	440	45	4000	4088
400	490	45	4000	4107
500	610	55	4000	4107
600	720	60	4000	4117

（7）铸铁管。一般可承压 1MPa，优点是工作可靠和使用寿命长，一般可使用 60～70 年，但一般在 30 年后就要开始陆续更换。缺点是较脆，不能经受较大的动荷重，比钢管要多花 1.5～2.5 倍的材料。每根管子长度仅为钢管的 1/4～1/3。故接头多，增加施工工作量。另外，在长期输水后，由于锈蚀，内壁会产生锈瘤，使内径逐渐变小，阻力逐渐加大，而大大降低其过水能力。

按照加工方法接头形式不同，铸铁管可分为：承插直管，砂型离心管，法兰直管。按照承受压力大小可分为低压管（工作压力 $P \leqslant 450$kPa）、普压管（450kPa$\leqslant P \leqslant$750kPa）和高压管（750kPa$\leqslant P \leqslant$1000kPa）。承插普压管的规格见表 5-7。

表 5-7　　铸铁承插直管规格（普压管）　　单位：mm

公称内径 D_g	实外径 D_W	实内径 D_n	壁厚 S	每节有效长 L	每节重量/kg	平均单位长度重量/(kg/m)
75	93.0	75	9	3000	58.5	19.5
100	118.0	100	9	3000	75.5	25.2
125	143.0	125	9	4000	119.0	29.8
150	169.0	150	9	4000	149.0	37.3
200	220.0	200	10	4000	207.0	51.7
250	271.6	250	10.8	4000	277.0	69.3
300	322.8	300	11.4	4000	348.0	87.0
350	374.0	350	12.0	4000	426.0	107.5
400	425.0	400	12.8	4000	519.0	129.5

承插式铸铁管常用的接口有石棉水泥接头、铅接头和膨胀性填料接头。其中铅接头的刚性与抗震性能均较好，养护容易，施工方便，过去用得最多，但费用高，需要用大量青铅。现在较多采用其他两种接头。

（8）钢管。可承压 1.5～6.0MPa，与铸铁管相比，它的优点是能经受较大的压力，韧性强、能承受动荷载、管壁较薄、节省材料。管段长而接口少，铺设简便，但易腐蚀、寿命仅为铸铁管的一半，因此铺设在土中时表面应有良好的保护层。

常用的钢管有热轧无缝钢管、冷轧（冷拔）无缝钢管、水煤气输送钢管（即自来水管）和电焊钢管等，一般用焊接、螺纹接头或法兰接头。

三、移动管道的种类及其适用范围

移动管道按其软硬程度可以分为三种：一是软管，用完后可以卷起来移动或收藏，体积小，运输方便。这样每节可以较长，一般10～50m，各节之间用快速接头连接；另一种是半软管，这种管子在水放空后横断面还基本能保持圆形，也可以卷成盘状，但盘的直径较大（1～4m）；第三种是硬管，为了便于移动，每节不能太长，一般6～9m，要用较多的快速接头。管道能否正常工作主要决定于接头工作的可靠性。所以对快速接头的要求较高。现在常用的软管有麻布水龙带、锦纶塑料、维塑软管等；半软管有胶管、高压聚乙烯软管等；硬管有硬塑料管、铝合金管和镀锌薄壁钢管等。

（1）铝合金管。具有强度高、重量轻、耐腐蚀、搬运方便等特点。铝合金很轻，比重为2.8，约为钢的1/3。所以做成薄壁管单位长度重量仅为同直径水煤气管的1/7。比镀锌薄壁钢管还轻。但铝合金管硬度差，容易被碰撞变形，价格较贵，正常条件下使用寿命可达15～20年左右。这样的寿命比价（即按使用寿命计算每年每米管材的价格）略低于塑料管，而且废铝管还可以回收。

（2）镀锌薄壁钢管。是用厚度为0.7～1.5mm的带钢辊压成形，并通过高频感应对焊成管。管的长度按需要切割，在管端配上快速接头，然后经过镀锌而成。重量仅为同样直径的水煤气管的1/5左右。一根6m长的直径为108mm的管道约重20kg，可承受内压4MPa左右。经镀锌处理后能防止生锈，能经受野外恶劣条件下由水和空气引起的腐蚀，所以使用寿命较长。

（3）塑料管。有硬管、软管和半软管。由于移动管道经常受到风吹日晒，一般硬塑料管容易老化，有效使用寿命短，在喷灌中现已较少使用，而半软管在滴灌和微喷灌中仍常使用。但为了延缓老化，也为了防止细菌和藻类在管内生长，一般都在塑料中掺炭黑做成黑色的管子。另外喷灌中也有用锦纶塑料软管和维塑软管，是用锦纶丝（或维纶丝）织成网状管坯然后在内外壁涂一层塑料，规格见表5-8，可承压400～800kPa，较轻便，便于收藏，但是使用时，不能在有石子的地上拖移，否则极易损坏，在用完后要特别仔细地卷成盘形移动。

表5-8　　涂塑软管主要规模与性能表

型号	公称内径/mm	工作压力/kPa	定尺长度/(m/条)
7102	25	800	20或100
7102	40	800	20或100
7102	50	800	20或100
7102	65	800	20或100
7102	80	800	20或100
7551	40	600	20或100

续表

型号	公称内径/mm	工作压力/kPa	定尺长度/(m/条)
7551	50	600	20 或 100
7551	65	600	20 或 100
7551	80	600	20 或 100
7551	100	400	20 或 100
7551	150	400	20 或 100

(4) 胶管。在手工灌水中常用，是在橡胶中夹布制成，属于半软管，价格较高，而且比较重，因此每节不可太长。

(5) 薄膜塑料管。是塑料吹塑而成的，我国曾叫做“小白龙”。管壁很薄，仅 0.25～0.6mm，只能承受很低的压力。主要用于地面灌溉系统中的田间配水之用，寿命一般仅 1～3 年。

第四节　管　道　附　件

在灌溉管道系统中，除直管和接头外，还要有一些特殊的配件，这些配件可以分为两大类：一是控制件；二是连接件。

控制件的作用是根据灌溉的需要来控制管道系统中水流的流量和压力，如阀门，压力调节器，空气阀、安全阀等。

连接件的作用是根据需要将管道连接成一定形状的管网，也称为管件，如弯头、三通、四通、异径管、堵头等。

一、控制件

(1) 给水栓。给水栓是半固定式系统中固定管道和移动管道之间的连接部分，一般包括阀门和快速接头两种。不用时由阀门封闭。当要连接移动管道时，将快速接头接上，打开阀门就可以给移动管道供水进行灌溉。由于工作压力与快速接头形式的不同，给水栓的规格与型号很多，应根据具体情况选用。

(2) 阀门。阀门是用以控制管道的启闭与调节流量的配件，按工作压力大小可以分为低压阀（<1.6MPa）、中压阀、高压阀和超高压阀。在灌溉中一般都是使用低压阀。按结构分类则较多，常用的是闸阀、截止阀和球阀。

(3) 安全阀。安全阀是用于排除管道内超过规定的压力，例如在喷灌系统中阀门关闭太快就会造成闸门前管段压力突然上升，装了安全阀即可消除水锤，防止事故的发生。

(4) 逆止阀。逆止阀又叫作止回阀或单向阀，是一种根据阀前阀后压力差而自动启闭的阀门。它使流体只能沿一个方向流动，当要反方向流动时则自动关闭。在管道灌溉系统中常在水泵出口处装逆止阀，以避免突然停机时水倒流。当在灌溉系统中要注入化学药剂（化肥，农药等）时，一定要在系统与水源之间装逆止阀，以免万一水倒流时污染水源。安装时要特别注意方向，切不可反装。

(5) 空气阀。当管道系统开始工作时，在系统的最高位置和隆起的顶部，常会积累一部分空气无法排出，这样一方面影响了过水面积；另一方面，当水流流速变大时，又会带动一部分空气在管内移动而发生水力冲击。为消除这种现象，就要在这些部位安装空气阀，在系统充水时将空气排出，而在管内充满水后自动关闭。空气阀也可以起到真空破坏阀的作用，在泵站停止工作时防止出水池的水在虹吸作用下倒流。

（6）流量调节器。流量调节器是用于自动调节流量的设备。图 5－8 即为一种最简单的流量调节器，当管道上压力增大时，有弹性的橡皮环过水孔缩小；当压力减小时，橡皮孔扩大，这样当压力变幅在 80m 水头之内，可以保证通过的流量差不超过设计值的 10%。经常安装在滴灌或微喷灌的毛管进口处，以保证进入毛管的流量较为均匀。

（7）配水井。配水井主要用于无压管网，也可用于低压管网起配水与连接干管和支管的作用，如管径较大，也可作为检修管道的进出口。其形状如图 5－9 所示。

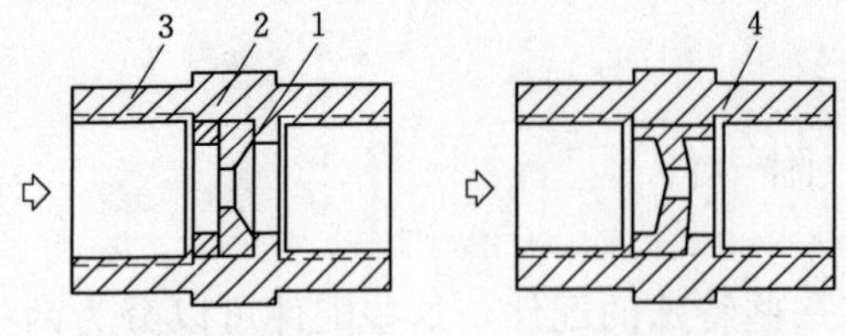

(a) 正常压力状态　(b) 压力过高时状态

图 5－8　流量调节器结构示意图

1—橡胶环；2—压环；3—外壳；4—过流孔口

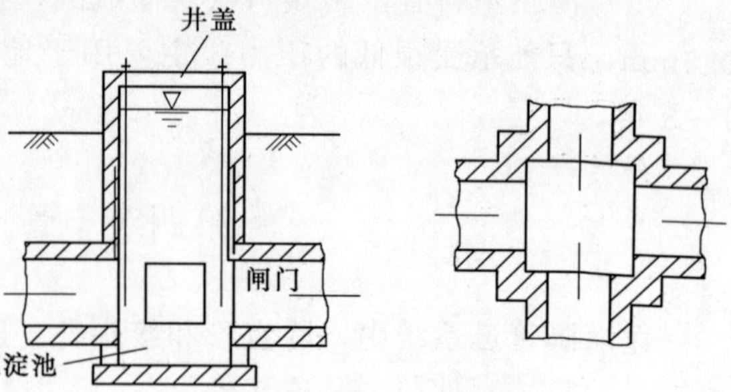

图 5－9　配水井示意图

（8）放水井。也是无压管网或低压管网的控制设施之一，管网内的水由此流到地面进行灌溉，结构如图 5－10 所示。

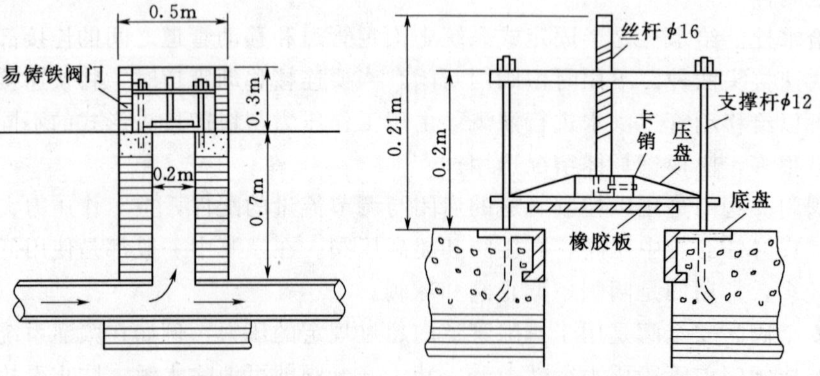

(a) 放水井断面　(b) 简易铸铁阀门

图 5－10　放水井示意图

二、连接件

（1）三通和四通，主要用于上一级管道与下一级管道的连接，对于单向分支的用三通（又称丁字管），对于双向分支的用四通（又称十字管）。按上、下级管道的管径来分类。

（2）弯头，又称为弯管，是转弯或改变坡度时用的。一般按转角中心角的大小分类，常用的有 90°、45°、22.5°、11.5°等。

（3）异径管，又称为渐缩管（或渐放管）或大小头，是连接不同管径的直管段之用，一般是以其前后管径数值来命名的。

（4）堵头，用于封闭管道的末端，其形式，对于小口径管子可用螺丝封闭，大管可用盖板式堵头，需要经常取下的堵头可用快速接头连接。

（5）乙字管，形如 S 字，用于连接两根轴线平行而又错开一点的管道，这只有在管道安装尺寸要求非常严格时才使用。

（6）短管，是用于连接具有不同形式的管接头的直线管段。例如将一根具有法兰接头的铸铁管接在具有承口接头的铸铁管上。

三、快速接头

为了节省时间、加速灌溉的进程和减轻劳动强度，移动管道之间常用快速接头（或称快速管接头）连接，对其要求有以下几点：①工作可靠，在工作压力作用下能承受一定的轴向推力，不会脱开而且密封性能好，对于支管在压力下降后要能迅速排除管内积水；②装卸简便迅速，最好能自动锁紧和自动脱扣；③结构简单，加工容易，造价低廉；④有一定的挠性，即两管在接头处可以转一定的锥角，以适应地形变化的要求；⑤应有足够的刚度，接头可以承受一节以上的管重而不需另加支承；⑥接头内壁过渡要圆滑，使水流流线光滑以减少局部水头损失。

快速接头的结构形式很多，常用的硬管的快速接头有以下几种：

（1）杠杆紧扣式。如图 5-11（a）所示，一般由接合碗、杠杆扣紧环和带橡胶密封圈的承窝三部分组成。这种接头密封性好，最大偏角可达 30°，但不能自动锁紧和脱扣，在插入后要用手将大小搭钩锁紧。

（2）搭扣式。如图 5-11（b）所示，由 V 形橡胶密封圈止水，由搭扣承受轴向推力。插入时搭扣会自动滑入挂钩槽内，当拆卸时只要把插口再插入一定深度，然后拧一个角度，搭扣就从挂钩槽侧面的缺口滑出，然后把管子抽出就可以了，装卸简便，工作也可靠。

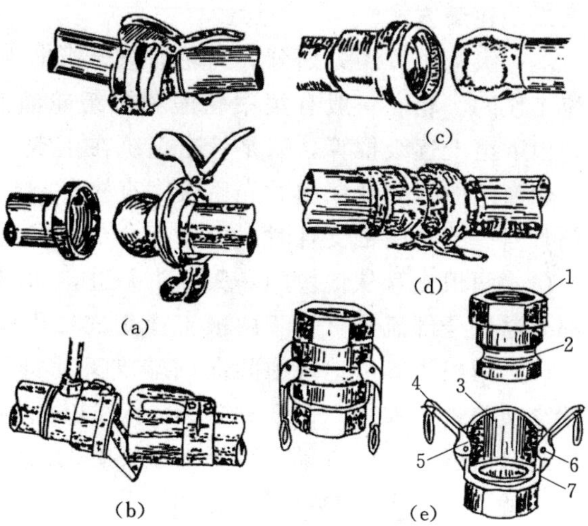

图 5-11　几种快速接头外形图

（3）弹簧锁紧式。如图 5-11（c）所示，由 V 形橡胶密封圈止水，靠锁紧弹簧圈来承受轴向推力。锁紧弹簧圈的自由环外径比承口最大内径略大一些，这样在无水时，弹簧圈胀大，使插口可以自由插入，当管内无水时，水压把橡胶和弹簧圈一起沿承口内的斜面推出，使弹簧圈环径缩小，箍住插口使之无法退出。水压下降后弹簧又胀大，管内积水可以自动排出，而且插口可以自由抽出。这种接头操作最简单，但加工工艺要求较高，否则无法正常工作。而且在无水时，基本上不能承受轴向拉力，不便于在较陡的坡地和地形起伏的田块上使用。

（4）暗销式。由V形橡胶密封圈止水，靠暗销承受轴向推力。插入时四个暗销刚好落在四个销槽内不会脱出，在拆卸时只要将插口转动45°销片就从销槽侧面滑出，插口就可以自由抽出。外形如图5-11（d）所示。这种接头装卸简便，加工容易。

（5）偏心扣式。如图5-11（e）所示，是由带偏心扣的承口和带凹槽的插口及橡胶密封圈组成。连接时将插口插入承口，同时压下偏心扣的手柄就能锁紧。其特点是承压力高，接头壁要求较厚。

最常用的软管接头是消防水龙带用的旋扣式接头，使用时只要将承口牙扣插入插口的缺口再旋转一个角度即可扣紧，靠橡胶密封圈止水，密封性好。

第五节　管道系统的工作制度

管道系统的工作制度有续灌方式、轮灌方式和随机取水方式三种。

一、续灌方式

就是上一级管道同时向所有下一级管道配水，如果在干管这一级进行续灌，那么干管和所有支管都同时过水，连续工作。这样所有管道过水时间也就等于灌水时间。续灌的特点是下一级管道的设计流量小、工作时间长。在滴灌和微喷灌用得较多。

二、轮灌方式

上一级管道按预先划分好的轮灌组分组向下一级管道配水，而轮灌管道在灌水时期是轮流工作的。轮灌一般有集中轮灌和分组轮灌两种，各级流量的推算方法和渠道系统相似，由下至上逐级推算，只是管道系统在正常工作情况下没有输水损失。

轮灌组的划分及灌水的先后次序直接影响到上一级管道的投资。以半固定式喷灌系统为例，当一组为两根支管时，可以有两个方案：

（1）两根支管从地块的一头齐头并进，如图5-12（a）、（b）所示，这样干管从头到尾都要通过全部流量（等于两根支管流量之和）。

（2）两根支管由地块中间向两端支叉前进，如图5-12（c）所示；或由地块中间的两端交叉前进，如图5-12（d）所示。这样只有前半根干管通过全部流量，而后半根干管始终只要通过一半流量（等于一根支管的流量），显然如采用第二方案干管半段管径可缩小，就可节约干管的投资。

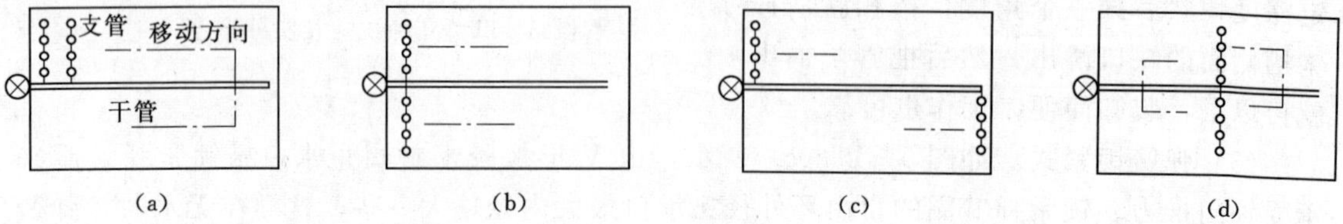

图5-12　轮灌方式

轮灌方式比较适合于灌溉系统面积不大，灌区内用水单位少，各用水单位作物种植比较单一的情况。

三、随机取水方式

当灌溉系统面积较大，区内用水单位多，而且各种作物种植面积比较分散，各个用水单位在各个时期用水要求各不相同，带有较大的任意性，这时如仍用轮灌方式，不仅增加了用水组织管理的困难，而且还可能影响到各用水单位的用水要求。因此要采用随机取水的方式，每个取水口任何时候都可以取水，也可以不取水，并以取水口作为一个用水计算单位，在此基础上用概率论和数理统计方法来推算各级管道的设计流量。在运行方法上是使取水口以上的管网中任何时候都充满水，各取水口按本用水单位的需要随时打开闸门取水灌溉。因此有时这种方式也叫做“按需分配”方式。

第六节　管道灌溉系统的流量与压力推算

管道的管径选择一般是先根据各种不同管材的适宜流速及经验选定，然后进行水力学计算校核水头损失是否合理。常用管材的适宜流速如下：钢筋混凝土管 0.8～1.5m/s，钢丝网水泥管 0.8～1.4m/s，石棉水泥管 0.7～1.3m/s，混凝土管 0.5～1.1m/s，硬塑料管 0.6～1.3m/s，软塑料管 0.3～0.8m/s，陶土管 0.6～1.1m/s，灰土管 0.5～1.0m/s。

一、树枝状管网的水力计算

（1）沿程水头损失计算。沿程水头损失即管路摩擦损失水头，它是发生在管道均匀流的直线段，由于水流内部摩擦而消耗的机械能，对于圆管有压水流可用下式计算：

$$h_f = fLQ^m / d^b \qquad (5-1)$$

式中　h_f——沿程水头损失，m；

f——摩擦系数，随水流的雷诺数 Re 而变化。层流时（$Re \leqslant 2000$），$f=64/Re$；紊流时（$Re \geqslant 4000$），f 随 Re 及相对糙率而变；

L——管道长度，m；

Q——流量，m^3/h；

d——管道内径，mm；

m——流量指数，与摩阻损失有关；

b——管径指数，与摩阻损失有关。

各种管径的 f、m 及 b 数值可按表 5-9 确定。

表 5-9　f、m、b 数值表

管材		f	m	b
混凝土管、钢筋混凝土管	$n=0.013$	1.312×10^6	2	5.33
	$n=0.014$	1.516×10^6	2	5.33
	$n=0.016$	1.749×10^6	2	5.33
旧钢管、旧铸铁管		6.25×10^5	1.9	5.33
石棉水泥管		1.455×10^5	1.85	4.86
硬塑料管		0.948×10^5	1.77	4.77
铝管、铝合金管		0.861×10^5	1.74	4.74

注　n 为粗糙系数。

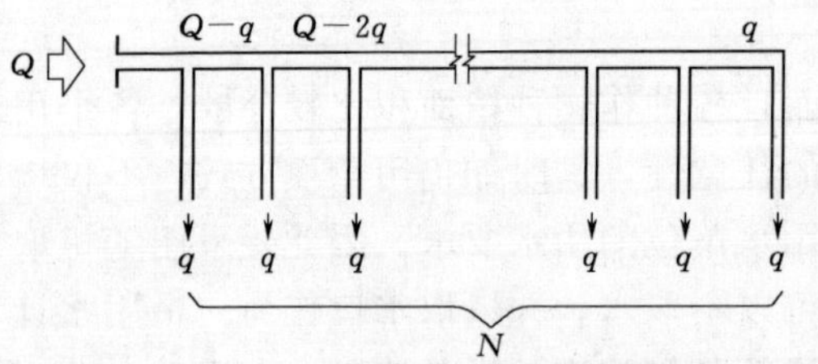

图 5-13 等距等流量多出口管道示意图

在灌溉管道系统中遇到等距等流量多出口管道（图 5-13），就是隔一定相等的间隔就有相同的流量分出，这样各分流点后的流量就发生变化。在计算时沿程水头损失原应分段计算，但是当用手算时就过于繁复，有时为了简化计算，常先假定管内流量沿程不变，一直流到末端，按进口处最大流量计算水头损失（即不考虑分流），然后乘上一个小于 1 的多口系数 F 进行校正。根据上述 F 的含义可写成下式：

$$F=\frac{h_{jz}}{h_{jz'}} \tag{5-2}$$

式中 $h_{jz'}$——假定管内流量沿程不变，而且都等于多口出流管的首端流量时的沿程水头损失，m；

h_{jz}——多口出流量管道实际的沿程水头损失，m。

上式亦可改写为

$$h_{jz}=Fh_{jz'} \tag{5-3}$$

多口系数可用下式计算，也可将其列成表格，供设计时查用。

$$F=\frac{N\left(\frac{1}{m+1}+\frac{1}{2N}+\frac{\sqrt{m-1}}{6N^2}\right)-1+X}{N-1+X} \tag{5-4}$$

式中 N——出流孔口数；

X——多孔管首孔位置系数，即多孔管入口至第一个出流孔管口的距离与各出流孔口间距之比；

m——流量指数，查表 5-9 得到。

但是，在电子计算机日益普及的情况下，也不一定用多口系数来计算，因为，如果编一个程序就可以非常容易地精确地直接计算多口出流管道的沿程损失。

(2) 局部水头损失计算。局部水头损失是发生在水流边界突然发生变化，均匀流被破坏的流段，是由于水流突然变形而在水流内部摩擦消耗的机械能。其计算公式为

$$h_{=}\xi v^2/2g$$

式中 h_j——局部水头损失，m；

ξ——局部阻力系数；

v——管道内水流的流速，m/s；

g——重力加速度，9.81m/s^2。

局部水头损失一般只能通过实验测定，常用的局部阻力系数可查有关表格。

管道总的水头损失等于沿程水头损失加上局部水头损失的叠加，即

$$h_{损}=\sum h_f+\sum h_j$$

式中 $h_{损}$——总水头损失；

h_f——沿程水头损失；

h_j——局部水头损失。

水头损失通常用流速水头的倍数表示：

$$h_{损}=\xi\frac{v^2}{2g}$$

式中 ξ——水头损失系数。

(3) 不同工作制度下各级管道设计流量的推算。灌溉管道系统中各级管道设计流量的推算，比灌溉渠道系统中各级渠道设计流量的推算要简单得多，主要是因为管道系统中可以不考虑沿程的流量损失，所以在续灌时，就等于下一级管道流量之和；而在轮灌时，就等于同时工作的下一级管道流量之和的最大值；在随机供水情况下，干管或系统的流量按下式计算：

$$Q=xQ_0 \tag{5-5}$$

$$x=\frac{1}{r}\left(1+K\sqrt{\frac{1}{n_1}-\frac{1}{n}}\right) \tag{5-6}$$

$$n_1=\frac{Q_0}{Q_{支}r} \tag{5-7}$$

$$r=\frac{C}{24} \tag{5-8}$$

式中 x——系数；

Q_0——连续供水时的干管流量，m^3/h；

K——与管理工作保证率有关的系数，当管理工作保证率为95%时，$K=1.645$；

C——系统日运行小时数，h；

n——系统支管数目；

r——系统运行系数；

n_1——在灌溉季节内可能同时供水的支管数；

$Q_{支}$——支管流量，m^3/h。

(4) 首部设计工作压力的推算。为计算首部的设计工作压力，首先要在灌区内选择一个或几个能代表整个灌区的典型点，然后按下式计算出各自的工作压力，取其最大或次大者为设计工作压力。

$$H=H_0+\sum h_f+\sum h_j+\Delta(\mathrm{m}) \tag{5-9}$$

式中 H_0——灌水器工作水头（m水柱）；

$\sum h_f$——首部到典型点之间管路沿程水头损失之和，m；

$\sum h_j$——首部到典型点之间管路局部水头损失之和，m；

Δ——典型点高程与水源水面的高差，m。

(5) 水泵和动力的选择。确定了 Q 和 H 即可据以选择水泵，至于动力功率的计算，可查有关手册。但在实际设计中，当水泵选定后，如果与电机配套，就可以直接从水泵样本中查出配套电机的功率和型号。在电力不足的地区，应考虑采用柴油机。

二、环状管网的水力计算

与树状管网不同，环状管网水力计算一般是先假定管径，然后计算流量，再求得满足管内流速、分水压力等条件的最小管道直径。因此环状管网管径要经过多次试算才能确定，特别是当分水处的分水量或分水位置发生变化时，更要经过多次反复试算。

环状管网水力计算大致有以下两种。

(1) 流量法。就是通过水力平衡参数对流量加以修正，来达到系统压力平衡。

最常用的是 Hardy - Cross 法。是先假定环状管网各管道流量和流向，然后通过反复试算，求出各管道的流量、流向及水头损失。

(2) 水位法。是先假定各节点的压力，再推求管道流量的一种计算方法。一般都通过节点水头法进行计算。即先假定环状管网各管道交叉点水头，然后将各节点间管道流量用节点动水头表示，在此基础上，根据管道流量应满足的节点条件，建立联立方程组，通过对该方程组求解，得到管道流量、流向及节点水头。

第七节　灌溉管道系统的结构设计

灌溉管道系统由直管、接头、管件、控制件等构成后，如何安置在田间。这就是结构设计所应当考虑的问题。灌溉管道系统结构设计主要包括以下几个方面：

一、确定埋深与坡度

埋设深度的确定主要考虑两个因素。一是农业机械在管道的地面上通过时不会损坏管道，对于不同的管道可承受外力的大小不同，因此要求埋深也不相同，一般要求埋深为40～70cm。当管道通过交通干道时一般应埋得深一些，为了不造成过多弯曲，经常的做法是与田间埋深相同，使管道笔直通过干道，如管道的强度不够，则在交通干道下改用抗弯强度大的管道（如钢管），或在管道外面套一层护套管。有时还要采用倒虹吸管。对于一些不怕压的半软管（如微灌系统中的毛管）如要埋在地下，一般只埋 20～30cm 深。二是在北方地区埋设深度一般应大于本地区最大冰冻层深度，以免土壤的冻融变化而破坏管道。三是当地下水位较高时，其埋深应保证空管不发生上浮。

地下埋管的坡度应根据地形特点、土质和管径来确定。在山丘区或地形起伏较大的田块，一般是大致与地面坡度相同。而在平原地区非常平坦的田块，管道不能埋设成完全水平的，而应做成 1/1000～1/100 的坡度，以防淤积和在充水时排出管内空气和在冬季到来之前将管网内余水排空，避免冻裂管道。

二、镇墩与支墩的设置

当管道受到较大的水平力时应设置镇墩，例如管坡较大，管子自重和管内水重就会在管子轴线方向形成分力而使管子向下坡滑动，这时每隔一定的距离就要设置一个镇墩。另当管道改变方向时，管内水流对管道会产生一个侧向推力，在管道末端会产生一个轴向水平推力，故这些地方也应设立镇墩。此外，固定式喷灌系统中的竖管三通处虽然在正常情况下不会产生水平推力，但是由于竖管露在外面，经常可能受到外力的作用，这样不但可能破坏竖管，甚至会破坏下面的支管，因此一般在每个竖管下也设置镇墩，以减少这种破坏的可能性。

镇墩的大小要根据水平推力的大小和土壤的摩擦力来设计。镇墩一般用块石混凝土或混凝土建造，混凝土标号一般用 100 号。较大的镇墩还应布置必要的构造钢筋。

支墩是用来支承水管，传递垂直压力的。一般只在土质较差，而且管径较大时才采用。对于管径较小（小于300mm）而且土质较好时可不设置支墩，而将管子直接置于沟底部，然后覆土。

三、柔性接头与伸缩接头

管道接头一般是刚性的，即接头两边管子是固接在一起的，轴线不会发生偏转，而在土壤不是很坚实的情况下，管槽内不可避免地发生不均匀沉陷，从而使管道承受挠曲力，严重时会使管道断裂，因此，在管道较长时每隔一定的距离就要设置一个柔性接头，使得管道的轴线能适应由于不均匀沉陷造成的微小变形。柔性接头的间距要根据管子的抗弯强度与管槽底部可能发生不均匀沉陷的程度来决定。

在管道上除了要设置柔性接头外，有时还要设置伸缩节，主要为的是适应管道由于温度的变化而产生的变形。与柔性接头不同的地方是它只能产生轴向移动而不能产生偏转，多数柔性接头也都可以起到伸缩节的作用。某些接头本身就具有伸缩的功能（例如塑料管用的橡胶圈止水的铸铁接头），此时就不必专设伸缩节了。

四、排气与泄水设施

管道一般随地形变化有起伏，充水时在下弯管道的高处常会积聚一定的空气，这样积聚于管中的空气不但会影响管道的过水能力，而且会造成管内水压的波动。因此在管道向上拱起的地方都要设置空气阀以便在通水开始时排除管内的空气。

虽然我们在确定管道埋深时，尽量使管道在冰冻层以下，但是总有一些管道（如喷灌系统中的竖管）要露在地面，况且有时也不可能将管子埋在冰冻层之下，所以应在管网的低处设置泄水阀，以便在冰冻之前将管内水排空，避免在冰冻时使管道破裂。

五、阀门井

各级管道的首端一般都装有闸阀、过滤器和压力调节器等。这些设备都应当用阀门井保护起来。阀门井一般用砖砌或混凝土预制。其尺寸按照操作的需要确定。井口要用混凝土盖或铸铁盖盖上。

六、竖管与支柱

多数灌水方法所使用的灌水器要离地面一定距离，对于喷灌其喷头支承竖管的高度视作物的高度而定，常高出地面1～2m。微喷灌的喷头也应离地面一定距离，以免降雨时溅起泥沙堵塞喷嘴。所以也要用支柱等支撑微喷头，支柱高度一般为20～30cm，可以用塑料的，也可以用竹子、木材做成。对果树喷灌，竖管可高达3～4m，这时就要特别注意保证其稳定性，避免因摇晃而影响喷头正常旋转。

第六章　灌溉水源和取水方式

第一节　灌　溉　水　源

灌溉水源是指天然资源中可用于灌溉的水体，有地面水和地下水两种形式，其中地面水是主要形式。

地面水包括河川、湖泊径流以及在汇流过程中拦蓄起来的地面径流。

地下水一般是指潜水和层间水，前者又称浅层地下水，其补给来源主要是大气降雨，由于补给容易、埋藏较浅，便于开采，是灌溉水源之一。

灌溉回归水和城市污水用于灌溉，是水源的重复利用。海水和高矿化度地下水经淡化处理后也可用于灌溉，但由于费用昂贵，尚少采用。

开发灌区，首先要选择好水源。选择水源时，除考虑水源的位置尽可能靠近灌区和附近具备便于引水的地形条件外，还应对水源的水量、水质以及水位条件进行分析研究，以便制定利用水源的可行方案。

一、灌溉水源的水量及其特点

我国河川径流多年平均总量约为 26590 亿 m^3，地下水总补给量约为 7814 亿 m^3。扣除重复部分，全国水资源总量约为 2.7 万亿 m^3，占世界第六位。但是每亩耕地平均占有水量仅为 $1760m^3$，相当于世界平均值的一半左右，而人均占有水量仅为 $2600m^3$，约为世界平均值的 1/4，见表 6-1。因此，我国灌溉水源并不丰沛，必须尽力节约使用。

表 6-1　　中外年径流量比较表

国　家	巴西	苏联	加拿大	美国	印尼	中国	印度	世界总计
年径流量/万亿 m^3	5.19	4.71	3.12	2.97	2.81	2.65	1.78	47.00
亩均水量/万 m^3	1.070	0.139	0.477	1.040	1.319	0.176	0.072	0.236
人均水量/万 m^3	4.220	1.780	13.000	1.350	1.900	0.260	0.260	1.080

我国灌溉水源可利用的水量在时程上的分布很不均匀，年内径流量一般有 50%～70%集中在夏秋四个月份，其他时期则感水量不足；径流量的年际变化也较剧烈，我国代表性河流最大与最小年径流量倍比数变化于 1.8～80，长江以南各河流量倍比小于 3，长江以北各河流量倍比一般为 3～8，且时常出现连续枯水年或连续丰水年的现象。河川径流的这一特点，表明调蓄径流以丰补歉是很必要的。

灌溉水源的水量在地区上的分布也极不均衡，南方水多，北方水少；沿海地区水量较充裕，内陆地区则水量不足。此外，水土资源在地区上的分布又很不协调。长江流域及其以南地区，年径流量占全国总量的 82%。而耕地只占全国总耕地面积的 38%，北方的黄、淮、海三大河流的流量只占全国总量的 6.6%，但耕地却有全国总量的 40%，见表 6-2。就一个较小范围的地区而言，也存在类似情况。水资源和土地资源在地域上分布不协调，表明利用灌溉水源时，在较小范围以至在很大区域之间实行跨地区的调水是有实际意义的。

表 6-2　　全国各流域片多年平均水资源总量表

分片名称	面积/km^2	水资源总量/亿 m^3	产水模数/(万 m^3/km^2)
黑龙江流域片	896756	1389	15.5
辽河流域片	345207	581	16.8
海滦河流域片	319029	406	12.7
黄河流域片	794712	762	9.59
淮河流域片	327443	1024	31.3
长江流域片	1808500	9600	53.1
珠江流域片	578141	4739	82.0
浙闽诸河片	241155	2714	112.5
西南诸河片	844138	4684	55.5
内陆诸河片	3354289	1207	3.60
额尔齐斯河	50000	104	20.8
北方六片	6087436	5473	8.99
南方四片	3471934	21737	62.6
全国	9559370	27210	28.5

开发利用灌溉水源，或进行灌区规划选择灌溉水源，需要分析灌溉水源的总量及其变化过程。对于地面水源来说，主要是分析研究年径流总量及其年际变化，年径流量的年内分布过程以及径流量的统计规律等，这些内容已在“工程水文学”中专门叙及；对于地下水源来说，主要是分析其储量及补给来源、埋藏深度、可能出水量以及开采条件等。

天然条件下灌溉水源的具体情况，一般均与灌溉用水的要求存在一定差距，无论是总量或时程分配都会出现这种现象。利用或选择灌溉水源时，就要弄清楚这种差距，以便据此确定必要的工程技术设施。

二、地下水资源类型及特点

(一) 地下水的主要类型

埋藏在地面以下的地层（如砂、砾石、砂砾土及岩层）裂隙、孔洞等空隙中的重力水，一般称为地下水，而蓄积地下水的上述土层和岩层则称为含水层。由黏性土质或整块岩石构成的岩层（或土层），地下水不容易通过，这种岩层称为不透水层。不透水层和含水层都不是绝对的，而是相对的概念，地下水含水层的分布情况如图 6-1 所示。

1. 孔隙水

存在于松散岩层孔隙中的地下水称为孔隙水，根据地下水的埋藏条件，又可分为潜水和层间水。

(1) 潜水。潜水是在地表以下第一个稳定的隔水层以上含水层中的地下水，又称浅层地下水。潜水具有自由水面。其补给来源主要为大气降水（包括溶雪水）；在靠近河流、湖泊、洼地、人工渠道的地区，潜水也可以从附近的地表水得到补给；因而潜水的水位、

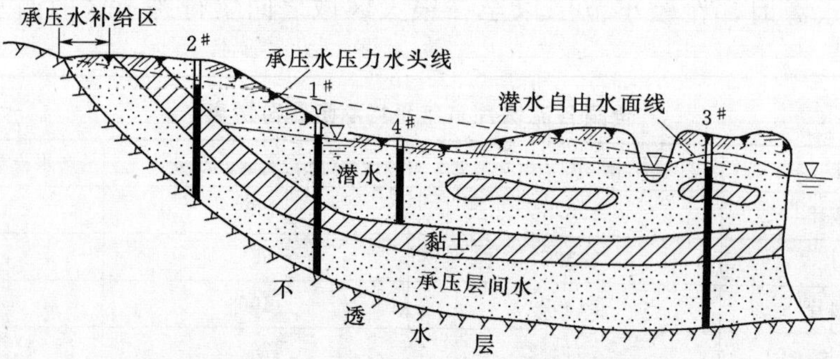

图 6-1 平原地区地下水分布情况示意图

水量在很大程度上决定于气候条件和附近河流的水文状况。在多雨季节，潜水位因雨水补给而上升，久旱不雨，由于蒸发和开采，潜水位则下降。在大多数情况下，潜水的埋藏分布区与补给区基本上是一致的。在山区，如天山北麓玛纳斯地区和河西走廊祁连山北麓，由于溶雪水的渗入，成为浅层地下水的主要补给来源。

(2) 层间水。埋藏于两个隔水层之间的地下水称为层间水，层间水又分无压层间水和有压层间水两种类型。在两个隔水层之间的含水层内，如重力水未完全充满，地下水仍具有与潜水相同的自由水面，地下水运动的性质与潜水完全相同，称为无压层间水。在含水层完全充满水，并在压力水头作用下，使上下隔水层都承受压力（对上隔水层为浮托力）的层间水，称有压层间水或简称承压水。

由于层间含水层上下均有隔水层或弱透水层阻隔，其补给区是在含水层露出地面的地方，因而补给区和分布区并不一致，有时相距甚远。承压含水层的压力水头，决定于补给区的地面高程（或水面高程）与排泄区的高程，如图 6-1 虚线所示。在承压水地区打井，当钻孔穿透上隔水层后，地下水压力水位便能自动上升至一定的高度。压力水头超出地面者称为自流井，如图 6-1 中 1# 井；如地势较高，压力水头升不到地面者，称为非自流井，如图 6-1 中 2#、3# 井。

2. 裂隙水和溶洞水

地壳上坚硬的岩层亦称基岩，基岩在其发育的过程中由于风化作用、构造作用或成岩作用形成了纵横交错的裂隙，储存和运动在基岩裂隙中的地下水称裂隙水。裂隙水可能是有压的承压水，也可能是无压的潜水，这主要视补给、排泄条件和岩层的构造而定。

由于水的作用，使石灰岩，白云岩等可溶性岩层受到侵蚀，并溶蚀成宽大的裂隙和体积不等的洞穴。埋藏在这些洞穴中的水，叫做溶洞水。溶洞水有承压的，也有无压的，它多数受大气降水补给，因而其水量大小随季节而变。裂隙水和溶洞水是岩石地层地下水源的主要形式。

山前冲积洪积扇和平原地区，由于河流的沉积作用，形成不同厚度（数十米至上千米）的沉积层，地下水的主要埋藏形式是潜水和承压水。而在山区、基岩裸露，开发地下水主要是寻找裂隙水和溶洞水。另外在山区丘陵及黄土塬边沟谷处，常见有地下水的天然露头，称为泉，这是由于含水层或含水的地下溶洞，裂隙被切割，在适宜的地形地质条件下形成的。根据泉的出露性质，可分为上升泉和下降泉两大类。排泄承压水的水流具有一定压力能自动喷出者称为上升泉，如图 6-2（a）所示。排泄潜水者称为下降泉，如图 6-2（b）所示。

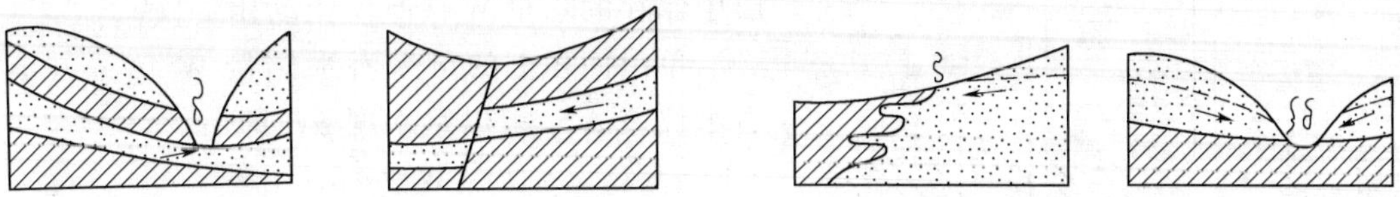

(a) 上升泉　　(b) 下降泉

图 6-2　泉的分类

（二）地下水资源的特点

供农业开采利用的地下水资源可分为两部分：一部分是可以补偿的资源；一部分是原来储存在含水层中的资源。前者是指在开采过程中地下水含水层所接受的垂直和水平方向的补给，后者是指开发利用前储存在含水层中的水量。可以开发利用的地下水资源的多少除决定于区域天然水文地质条件外，还与开采条件有关。由于潜水（包括潜水-半承压水）和承压水在补给和开采条件上有着显著不同，其地下水资源各有特点，现分别论述如后。

1. 浅层地下水（包括潜水和潜水-半承压水）资源

潜水含水层可以直接承受大气降水或渠道河流坑塘等地表水体的补给，在地下水位接近地表的情况下，也容易消耗于潜水蒸发。水的垂直交替和水平运动都十分频繁。

降雨入渗是潜水的主要补给来源。在地形条件、土地平整情况、作物覆盖情况基本相同的前提下，降雨入渗补给地下水量主要决定于降雨情况（包括雨量大小、降雨历时和降雨强度和前期雨量的大小等）、土壤质地和地下水的埋深。

潜水蒸发强度与土壤输水性能、地下水的埋深和气象条件有着密切的关系。在地下水埋深较小的情况下，潜水蒸发主要决定于外界蒸发条件（常以水面蒸发为指标）。随着地下水埋深的增大，土壤向地表的输水能力减弱，蒸发量的大小将主要决定于土壤的输水能力。

降雨入渗补给量 p_r 和潜水蒸发量 E_g 可以采用专门的均衡试验场资料，也可根据地下水动态资料，利用下式求得：

$$p_r \quad 或 \quad E_g = \mu \Delta h \tag{6-1}$$

式中　μ——土壤的给水度（或自由孔隙率）；

Δh——由于降雨入渗补给或蒸发引起地下水的上升或下降值。

渠道或河流以及灌溉水对潜水含水层的补给，均可通过灌溉渠系部分所介绍的方法进行估算。

在与潜水相邻的承压含水层压力水位高于潜水位的地区，下部含水层还可以通过弱透水层向上部潜水越层补给，称为顶托补给，其补给强度 ε，一方面决定于弱透水层厚度 m' 和渗透系数 k'，另一方面也决定于含水层之间的水位差 ΔH（图 6-3），可用下式计算：

$$\varepsilon = k' \frac{\Delta H}{m'} \tag{6-2}$$

潜水还接受来自开采区外的地下水的补给，亦即侧向补给。

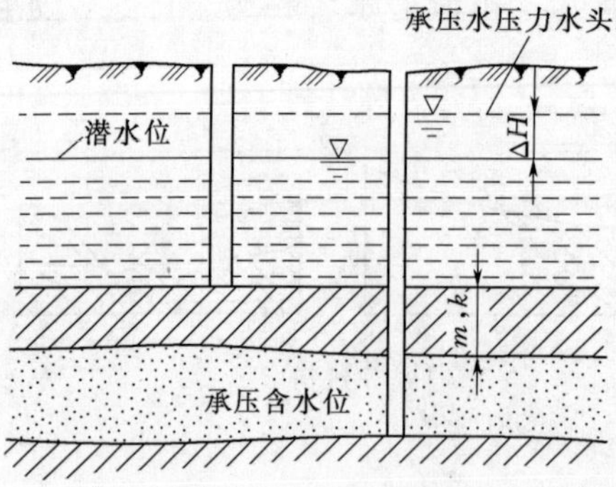

图 6-3 越层补给

潜水可以开采利用的地下水储存量，系指在开采过程中地下水静水位与开采前水位之间的土层中储存的水量 W（但仅能动用一次）。

单位面积上的可采潜水储量 W 等于开采前后水位差 ΔS_1 乘以给水度 μ，即

$$W=\mu\Delta S_1 \tag{6-3}$$

潜水给水度 μ 表示单位面积含水层中潜水位每下降一个单位深度时，由于含水层的疏干而释放出来的水量，μ 为无因次值。在潜水位下降以前，地下水面以下土层中的含水率为饱和含水率 θ_s，地下水面以上包气带中由于土层的毛管作用也含有一定的水分，其相对稳定的含水率分布如图 6-4 的 $abcd$ 线所示。b 点含水率为田间持水率 θ_f，在地下水位下降时，地下水面以上的土壤水分也随之向下移动，若地下水位下降某一深度 ΔH 后保持不变，经过一定时间后，地下水面以上又形成一个稳定的含水率分布曲线 $aefg$，e 点的含水率亦为田间持水率 θ_f。显然，潜水位下降 ΔH 时，单位面积含水层所释放出来的水量为水位下降前后两个含水率分布曲线之间所包围的面积（阴影部分）$bcdgfe$。由于 bcd 与 efg 两曲线平行下移了 ΔH，由此 $bcdgfe$ 的面积与长方形 $hdgi$ 的面积（即疏干层放出的水体）是相等的。疏干层的给水度为

$$\mu=\frac{\Delta H(\theta_s-\theta_f)\times 1}{\Delta H\times 1}=\theta_s-\theta_f \tag{6-4}$$

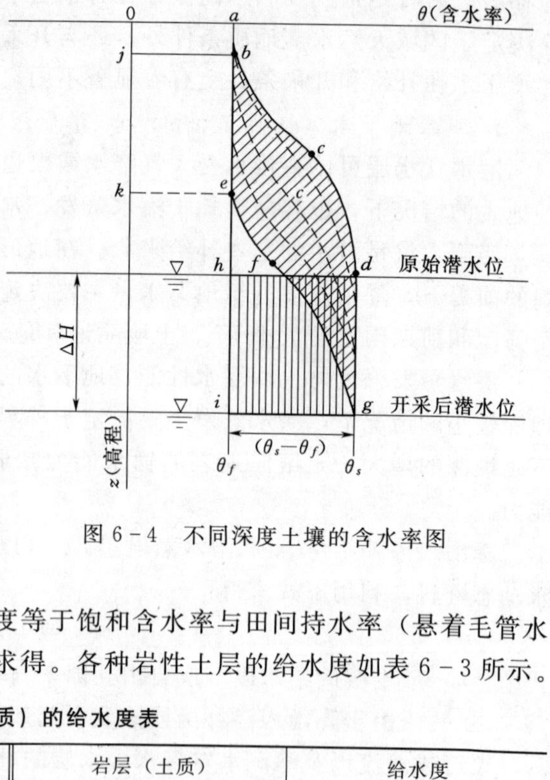

图 6-4 不同深度土壤的含水率图

亦即是说，由于水位下降，土层疏干的给水度等于饱和含水率与田间持水率（悬着毛管水率）的差值。该值可以通过室内或野外试验求得。各种岩性土层的给水度如表 6-3 所示。

表 6-3 **各种岩层（土质）的给水度表**

岩层（土质）	给水度	岩层（土质）	给水度
黏土	0.01～0.02	粉沙	0.07～0.11
亚黏土（壤土）	0.02～0.04	细沙	0.12～0.16
粉质亚沙土（粉沙壤土）	0.02～0.05	中沙	0.18～0.22
亚沙土（沙壤土）	0.05～0.07	粗沙	0.22～0.26

2. 深层承压水的地下水资源

承压水埋藏在地下一定的深度，承压含水层上下均有透水性较弱的隔水层（弱透水

层）阻隔，不能直接承受当地大气降雨，河渠和灌水入渗补给，开采区内部地下水的补给仅有来自相邻弱透水层产生的弹性释水和相邻含水层之间的越层补给。

与潜水一样，在开采区地下水下降漏斗范围未达到承压含水层的补给区（补给源）以前，区外（相邻地区）对开采区的补给只是含水量在空间的重新分配，只有在地下水位下降漏斗范围扩大到含水层补给边界后，才会产生来自补给资源的侧向补给。

和潜水不同，承压含水层埋藏深度较大，在开采过程中，地下水压力水位未下降到承压含水层顶板以前，并不发生含水层的疏干现象。含水层中所释放出来的水量将由两部分组成：一部分是由于压力水位的下降，含水层中水体膨胀而放出来的水量，一部分是由于压力水位降低，地下水的浮托力减小，含水层所承受的压力加大，造成含水层的土壤骨架压缩，孔隙减少而释放出来的水量。自承压含水层中释放出来的这两部分水量常称为承压含水层的弹性释水或弹性储量。单位面积承压含水层可以释放出来的总水量，即为可以开发利用的弹性储量，其计算公式与可开采利用的潜水储存量类似，即

$$W=\mu_e S_1 \tag{6-4'}$$

式中 μ_e——承压含水层的弹性释水系数（或承压含水层给水度），它与潜水给水度具有显著不同的概念；

其余符号意义同前。

一般认为水是不能压缩的，但实际上水和沙层受压时，在一定程度上都是可以压缩的，并且可以近似地认为符合弹性变形规律，亦即单位体积所产生的体积变化与压力的变化成正比，如用公式表示，可写成

$$\beta_\omega=\frac{\frac{\Delta V_1}{V_\omega}}{\Delta P} \tag{6-5}$$

$$\beta_s=\frac{\frac{\Delta V_2}{V_s}}{\Delta P} \tag{6-6}$$

式中 β_ω、β_s——水和土的压缩系数，kPa^{-1}；

V_ω、V_s——初始时水和土的体积；

ΔV_1、ΔV_2——由于 ΔP 的压力（kPa）变化而引起的水和土体积的变化。

$\frac{\Delta V_1}{V_\omega}$、$\frac{\Delta V_2}{V_s}$一般称为应变。由于压力水头与压力之间的关系为 $\Delta P=\gamma\Delta H$（γ 为水的容重），故

$$\beta_\omega=\frac{\frac{\Delta V_1}{V_\omega}}{\gamma\Delta H} \quad 或 \quad \gamma\beta_\omega=\frac{\frac{\Delta V_1}{V_\omega}}{\Delta H} \tag{6-7}$$

$$\beta_s=\frac{\frac{\Delta V_2}{V_s}}{\gamma\Delta H} \quad 或 \quad \gamma\beta_s=\frac{\frac{\Delta V_2}{V_s}}{\Delta H} \tag{6-8}$$

单位体积的含水层在发生单位水头变化时，土壤骨架的压缩为 $\gamma\beta_s$，对于单位宽度、单位长度、厚度为 m 的整个含水层，土壤骨架的压缩应为 $\gamma m\beta_\omega$，如含水层孔隙率为 n，在发生单位水头变化时，由于水体膨胀而释放出来的水量应为 $\gamma mn\beta_\omega$。以上两部分相加，

即得承压含水层的给水度或弹性释水系数为

$$\mu_e = \gamma m\beta_s + n\gamma m\beta_w = \gamma m(\beta_s + n\beta_\omega) \qquad (6-9)$$

根据各地资料，含水层孔隙率 n 为 0.1～0.3，水的压缩系数变化较小，$\beta_\omega=(5\sim6)\times10^{-5}\text{kPa}^{-1}$，而含水层压缩系数则变化较大，一般 $\beta_s=(1\sim50)\times10^{-5}\text{kPa}^{-1}$。

我国北方一些地区承压含水层抽水试验资料，μ_e 大多变化于 $5\times10^{-5}\sim6.5\times10^{-4}$，一般含水层埋藏越深，土层越密实，孔隙率越小，在含水层厚度相同的情况下，可开发的弹性储量越少。

综上所述，潜水含水层直接承受大气降水、渠道、河流和灌溉水的渗漏，以及区外的地下径流的侧向补给，在开采之后易于在天然和人为条件下得到补偿和恢复。且潜水埋深小，易于用造价低、收效快的水井开采。由于潜水的给水度远大于承压含水层，在动用的储存量相同时，水位降得小，因而动能消耗和运行费用远较承压含水层低。在垂直补给比较丰富，且水质适于灌溉的地区，应以浅层地下水作为主要灌溉水源，深层承压水由于上下均为弱透水层阻隔，不能接受大气降水和地表水的直接补给，越层补给也有一定限制。在远离补给地区的情况下，侧向径流微弱，可以动用的弹性储量甚小，虽然开采初期具有较高的压力水位，甚至可以达到自流，但长期大面积超采，将引起地下水位大幅度下降。因此，承压水不宜作为主要的灌溉水源，仅能作为非常干旱年份的后备水源。

三、灌溉水源的水质及污染防治

（一）灌溉水源的水质及其要求

灌溉水质主要是指水的化学、物理性状、水中含有物的成分及其含量。灌溉水源的水质应符合作物生长和发育的要求。

灌溉水的水温对农作物的生长影响颇大，水温偏低，对作物的生长起抑制作用；水温过高，会降低水中溶解氧的含量并提高水中有毒物质的毒性，妨碍或破坏作物、鱼类的正常生长和生活。因此，灌溉水要有适宜的水温、麦类根系生长的适宜温度为 15～20℃，最低允许温度为 2℃；水稻生长的适宜温度一般不低于 20℃。泉水、井水和水库底层水，温度常偏低，应采取适当措施，如延长输水路程，实行迂回灌溉，或采取水库分层取水等以提高水温。

水中含沙，粒径小的具有一定肥分，送入田间对作物生长有利，但过量输入，会影响土壤的通气性，不利作物生长。粒径过大的泥沙，不宜入渠，以免淤积渠道，更不宜送入田间。灌溉水允许含沙粒径一般为 0.005～0.01mm，允许含沙量视渠道输水能力而定；粒径 0.1～0.05mm 的泥沙，可少量输入田间；粒径大于 0.1～0.15mm 的泥沙，一般不允许入渠。

鉴于作物耐盐能力有一定限度，灌溉水的含盐量（或称矿化度），应不超过许可浓度。含盐浓度过高，使作物根系吸水困难，形成枯萎现象，还会抑制作物正常的生理过程，如光合作用等；此外，还会促进土壤盐碱化的发展。灌溉水的允许含盐量一般应小于 2g/L。土壤透水性能和排水条件好的情况，可允许矿化度略高；反之应降低。含有钙盐的灌溉水，由于危害不大，其矿化度可较高；含有钠盐的，一般要求其允许含盐量是：Na_2CO_3 应小于 1g/L，$NaCl$ 应小于 2g/L，Na_2SO_4 应小于 3g/L。

灌溉水中含有某些重金属如汞、铬、铅和非金属砷以及氰和氟等元素，是有毒性的。

这些有毒物质，有的可直接使灌溉过的作物、饮用过的人畜或生活在其中的鱼类中毒；有的可在生物体摄取这种水分后经过食物链的放大作用，逐渐在较高级生物体内成千百倍地富集起来，造成慢性累积性中毒。因此，灌溉用水对有毒物质的含量需有严格的限制。

污水中含有各种有机化合物，如用于灌溉、有些是无毒的，如碳水化合物，蛋白质、脂肪等；有些是有毒的，如酚、醛、农药等。这些有机化合物在微生物的作用下最终都分解成简单的无机物质，即二氧化碳和水等。这就是水中的生物化学过程，在这一过程中需要消耗大量的氧，其数量称生物化学需氧量（BOD）。在正常的气压和温度之下，水中溶解氧（DO）的含量是一定的。水中有机化合物过多，在其分解过程中就要消耗较多的氧，这势必导致缺氧以致脱氧，从而对作物生长、鱼类的正常生活产生不良影响。因此，适宜的灌溉水质对生化需氧量要有一定限制。含有病原体的水不能直接灌入农田，尤其不能用于生食蔬菜的灌溉。

对于农田灌溉水质的详细要求，可参考我国于1979年颁布的国家标准，见表6-4。

表6-4　　农田灌溉水质标准（中华人民共和国国家标准 TJ 24—79）

编号	项　目	标　准
1	水温	不超过35℃
2	pH值	5.5～8.5
3	含盐量	非盐碱土农田不超过1500mg/L
4	氯化物（以Cl计）	非盐碱土农田不超过300mg/L
5	硫化物（以S计）	不超过1mg/L
6	汞及其化合物（以Hg计）	不超过0.001mg/L
7	镉及其化合物（以Cd计）	不超过0.005mg/L
8	砷及其化合物（以As计）	不超过0.05mg/L
9	六价铬化合物（以Cr^{-6}计）	不超过0.1mg/L
10	铅及其化合物（以Pb计）	不超过0.1mg/L
11	铜及其化合物（以Cu计）	不超过1mg/L
12	锌及其化合物（以Zn计）	不超过3mg/L
13	硒及其化合物（以Se计）	不超过0.01mg/L
14	氟化物（以F计）	不超过3mg/L
15	氰化物（以游离态氰根计）	不超过0.5mg/L
16	石油类	不超过10mg/L
17	挥发性酚	不超过1mg/L
18	苯	不超过2.5mg/L
19	三氯乙醛	不超过0.5mg/L
20	丙烯醛	不超过0.5mg/L

利用或选择灌溉水源时，各项水质指标应符合国家标准，否则，应采取相应工程技术措施，改变水中含有物的数量，排除某些含有物，改善水的温度等物理指标，以适应灌溉的要求，达到促进作物生长的目的。

（二）灌溉水源的污染及防治

灌溉水源的污染，是指由于人类的生产或生活活动向水体排入的污染物的数量，超过了水体的自净能力，从而改变了水体的物理、化学或生物学的性质和组成，使水质发生恶化，以至于不适用于灌溉农田。随着工业的发展，工厂排放的废水日益增多，已使越来越多的灌溉水源受到污染，给农业生产带来了严重的威胁。因此，消除污染，保护好水源，已成为当前发展农业生产的一项不可忽视的工作。

1. 灌溉水源的污染

工业废水是污染灌溉水体的最主要来源。特别是冶金、机械、矿山、炼油、化工、造纸、皮革、印染、食品等工业，不仅排放的废水量大，而且所含的有毒成分十分复杂，对农业危害最大。

城市生活污水也是重要污染源之一。城市生活污水是指从家庭、机关、学校、医院、服务行业及其他非工业部门排出的污水，污水中除含有各种有机、无机物质外，还含有对人体健康有害的传染病菌和放射性物质，用这种污水灌溉农田后，有害物质也会污染粮食和蔬菜。

大量施用农药和化肥（主要是氮肥），通过下渗或地表径流，也可以污染地下或地表水源。

此外，工业废渣中的有害物质，还会通过雨水冲刷、渗入浅层地下水或流入河流。工业废气中的各种污染物质也会随降雨（酸雨）进入地面水体。

2. 灌溉水源污染的防治

为防治灌溉水污染及减轻因灌溉水污染对农业造成的危害，可采取下列措施：

（1）控制污染源，减少污水的排放量。工厂要改革生产工艺，尽量节约用水，不用或少用易产生污染的原料及工艺流程。要采用重复用水及循环用水系统，使废水的排放量减至最少。要从废水中回收有用产品，降低废水中污染物的含量。特别是对含重金属的废水，由于重金属能在环境中积累，为了确保灌溉水不被污染，必须要强调工厂对重金属废水的处理和回收。

应严格监测施用农药及化肥后的回归水对水源的污染，尤其是对地下水的污染，测定危害物的浓度，利用生物降解作用，减少农药及化肥的有害成分，禁止使用某些有明显副作用的农药及化肥。

（2）加强监测管理，执行灌溉水质标准。对重复灌溉水源要进行水质监测，同时要加强灌溉管理，这是保护农业环境不受污染，作物不受危害的重要环节。在监测和管理过程中，应严格执行《农田灌溉水质标准》，凡超过标准规定时，应慎重使用。

（3）合理进行污水灌溉。随着工业的发展和城市的扩大，工业废水和城市生活污水的排放量日益增多。由于这些污水中含有一定的作物营养成分，因此常常被农业上用作灌溉水源和肥源。特别是我国北方干旱和缺水地区，大部分污水被用来灌溉农田，这对增加农业产量和减轻江河污染起到了很大的作用。

用于灌溉的污水一般为工业废水和生活污水的混合体。这些污水如果未经处理或处理得仍不符合标准，则其中含有的各种有害物质必然要进入农田，造成作物受害、农产品被污染，以至污染土壤和地下水。因此，进行污水灌溉时，要切实做到既要充分利用污水资源，又避免农业环境污染。

四、扩大灌溉水源的措施

目前，我国农田灌溉总用水量约占全国各国民经济部门总用水量的80%左右，而我国水资源总量折算成每亩耕地占有水量却又很低，因此，尽力利用各种可以利用的水源，减少废弃，提高利用程度，对于灌溉水源的利用来说，是十分重要的。

首先，兴建和用好蓄水设施，提高灌溉水源的利用程度。蓄水灌溉工程对水源的利用程度最高。由于河川径流的年际分布和年内分布与灌溉用水要求之间有着较大的差距，需要用工程设施对水源加以调蓄，以丰补缺，既满足灌溉要求，又提高了水源的利用程度，因此，蓄水灌溉工程占有重要位置。建国以后四十多年来，全国共兴建不同规模的水库86000余处，总库容4300亿m^3，是主要的供水设施，但是，目前全国河川径流利用率仅为17.5%，还需进一步兴建新的蓄水工程，以满足农业和整个国民经济发展的需要，同时要使用好现有的蓄水工程，为农业增产发挥更大作用。

其次，实行区域之间水量调剂，解决好水资源与土地资源的分布不相协调的问题是很重要的。我国在流域之间实行水量调剂，已有许多成功的实例。如引滦入津、引黄济青、引大入秦等调水工程均已实现。地区之间以及各省范围的水量调剂则有更多的实例。有些大型灌溉系统本身就是一项水量调剂的工程设施，兼有输水至其他地区的功能。从丰水地区调水到缺水地区，常需兴建比较复杂和比较艰巨的工程，输水距离长，输送水量大、跨越障碍多、施工难度大而且工程造价高，此外，还须认真分析和研究调水前后地区生态环境可能产生的变化，以防出现环境恶化的后果。

最后，实行地面水和地下水的联合运用，对于充分利用水资源，是十分有效的，特别是在北方水量不足的地区、井灌渠灌相结合，已得到很大发展。在两种水资源联合运用的情况下，地面水库和地下水库的配合使用，收效更好。这时多余的地面水除存蓄在地面水库中，尚可储存在地下水库，特别是在汛期地面水库废弃的洪水储存在地下水库，到灌溉季节，两水并用，则大大提高了水资源的利用程度。此外，实行地面水与地下水联合运用，还可有效控制地下水位及土壤次生盐碱化，达到最佳的经济效益及环境效应。

第二节　灌 溉 取 水 方 式

灌溉取水方式，随水源类型、水位和水量的状况而定。利用地面径流灌溉，可以有各种不同的取水方式，如无坝引水、有坝引水、抽水取水、水库取水等；利用地下水灌溉，则需打井或修建其他集水工程，现分述如后。

一、地表水取水方式

（一）无坝引水

灌区附近河流水位、流量均能满足灌溉要求时，即可选择适宜的位置作为取水口修建进水闸引水自流灌溉，形成无坝引水。在丘陵山区，灌区位置较高，可自河流上游水位较高的地点A引水（图6-5），借修筑较长的引水渠，取得自流灌溉的水头。这种方式，引水口一般距灌区较远，引水干渠常有可能遇到难工险段。

无坝引水渠首一般由进水闸、冲沙闸和导流堤三部分组成。进水闸控制入渠流量，冲

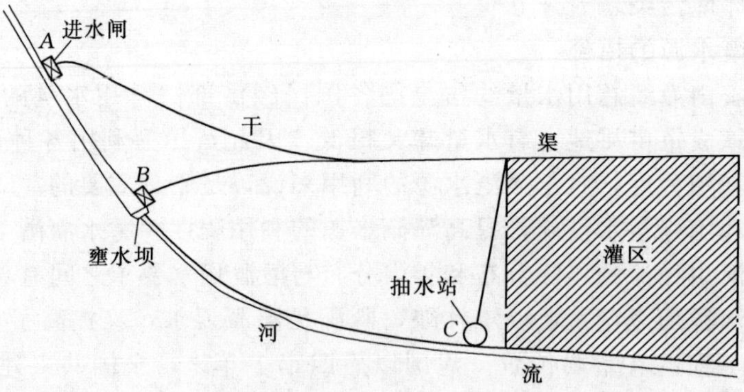

图 6-5　灌溉取水方式示意图

A—无坝取水；*B*—有坝取水；*C*—抽水取水

沙闸冲走淤积在进水闸前的泥沙，而导流堤一般修建在中小河流中，平时发挥导流引水和防沙作用，枯水期可以截断河流，保证引水。渠首工程各部分的位置应相互协调，以有利于防沙取水为原则，图 6-6 是历史悠久闻名中外的四川都江堰工程。它的进水口正好位于岷江凹岸顶点的下游，整个枢纽包括用于分水的鱼嘴，用于导流的金刚堤，用于排沙、溢洪的飞沙堰等。它在各方面的布局都很成功，已经运行了二千二百多年，是无坝引水的典范。

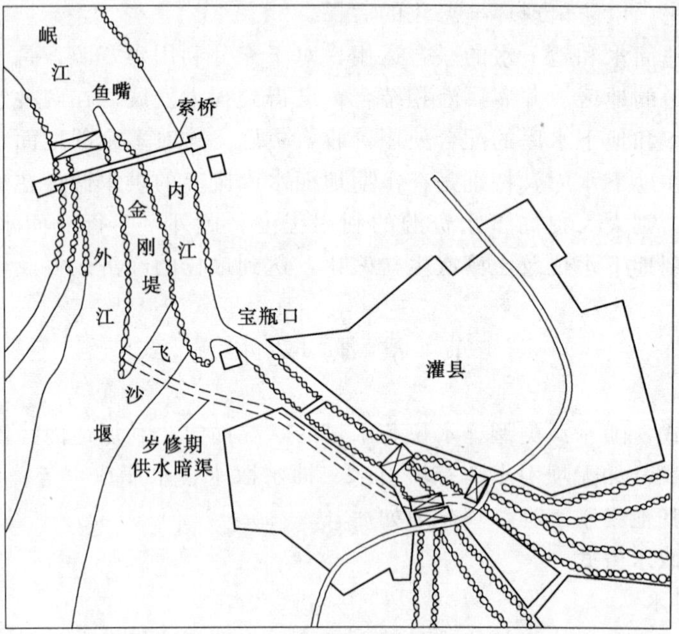

图 6-6　四川都江堰工程示意图

（二）有坝（低坝）引水

当河流水源虽较丰富，但水位较低时，可在河道上修建壅水建筑物（坝或闸），抬高水位，自流引水灌溉，形成有坝引水的方式，如图 6-5 中的 *B* 点。在灌区位置已定的情况下，此种型式与有引渠的无坝引水相比较，虽然增加了拦河坝（闸）工程，但引水口一般距灌区较近，可缩短干渠线路长度，减少工程量。在某些山区、丘陵地区，洪水季节虽然流量较大，水位也够，但洪、枯季节变化较大，为了便于枯水期引水也需修建临时性低坝。

有坝引水枢纽主要由拦河坝（闸）、进水闸、冲沙闸及防洪堤等建筑物组成，如图6－7所示。

1. 拦河坝

拦截河道，抬高水位，以满足灌溉引水的要求，汛期则在溢流坝顶溢流，宣泄河道洪水。因此，坝顶应有足够的溢洪宽度，在宽度增长受到限制或上游不允许壅水过高时，可降低坝顶高程，改为带闸门的溢流坝或拦河闸，以增加泄洪能力。

2. 进水闸

进水闸用以引水灌溉。其主要有两种型式：

（1）侧面引水。进水闸过闸水流方向与河流方向正交，如图6－7所示。这种取水方式，由于在进水闸前不能形成有力的横向环流，因而防止泥沙入渠的效果较差，一般只用于含沙量较小的河道。

（2）正面引水。这是一种较好的取水方式。进水闸过闸水流方向与河流方向一致或斜交，如图6－8所示。这种取水方式，能在引水口前激起横向环流，促使水流分层，表层清水进入进水闸，而底层含沙水流则涌向冲沙闸而被排掉。

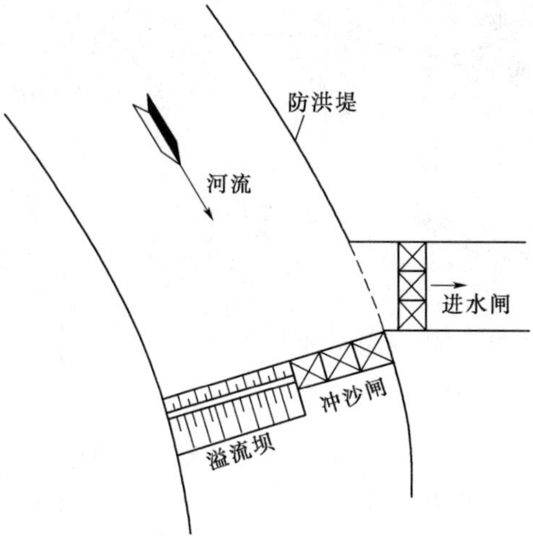

图6－7　侧面引水示意图

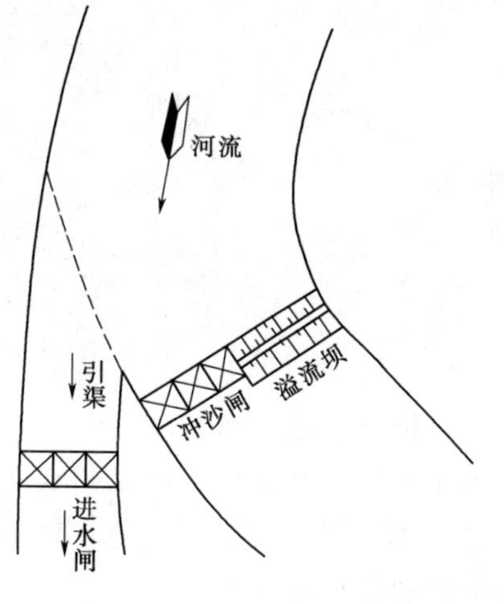

图6－8　正面引水示意图

3. 冲沙闸

冲沙闸是多沙河流低坝引水枢纽中不可缺少的组成部分，它的过水能力一般应大于进水闸的过水能力，冲沙闸底板高程应低于进水闸底板高程，以保证较好的冲沙效果。

4. 防洪堤

为减少拦河坝上游的淹没损失，在洪水期保护上游城镇、交通的安全，可在拦河坝上游沿河修筑防洪堤。

此外，若有通航、过鱼、过木和发电等综合利用要求，尚需设置船闸、鱼道、筏道及电站等建筑。

(三) 抽水取水

河流水量比较丰富，但灌区位置较高，修建其他自流引水工程困难或不经济时，可就近采取抽水取水方式，如图 6-5 中的 C 点。这样，干渠工程量小，但增加了机电设备及年管理费用。

(四) 水库取水

河流的流量、水位均不能满足灌溉要求时，必须在河流的适当地点修建水库进行径流调节，以解决来水和用水之间的矛盾，并综合利用河流水源。这是河流水源较常见的一种取水方式。采用水库取水，必须修建大坝、溢洪道和进水闸等建筑物，工程较大，且有相应的库区淹没损失，因此必须认真选择好建库地址。但水库能充分利用河流水资源，这是优于其他取水方式之处。

上述几种取水方式，除单独使用外，有时还能综合使用多种取水方式，引取多种水源，形成蓄、引、提结合的灌溉系统；即便只是水库取水方式，也可以对水库泄入原河道的发电尾水，在下游适当地点修建壅水坝，将它抬高，引入渠道，以充分利用水库水量及水库与壅水坝间的区间径流，如图 6-9 所示。

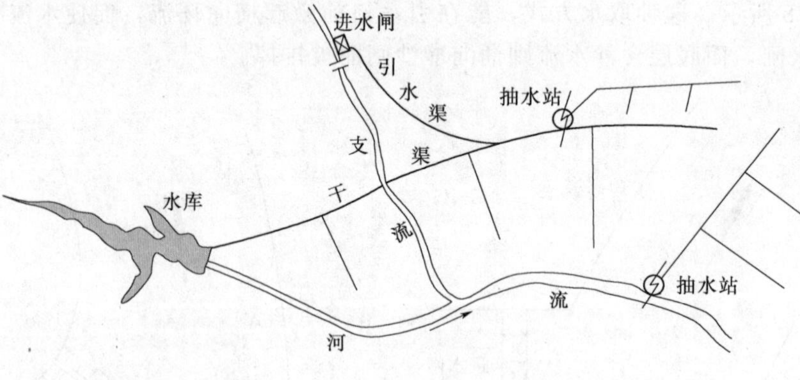

图 6-9　蓄、引、提相结合的灌溉系统

二、地下水取水建筑物

由于不同地区地质、地貌和水文地质条件不同，地下水开采利用的方式和取水建筑物的形式也不相同。根据不同的开采条件，大致可分为垂直取水建筑物、水平取水建筑物和双向取水建筑物三大类。

(一) 垂直取水建筑物

1. 管井

管井是在开采利用地下水中应用最广泛的取水建筑物，它不仅适用于开采深层承压水，也是开采浅层水的有效形式。由于水井结构主要是由一系列井管组成，故称为管井。当管井穿透整个含水层时，称为完整井，穿透部分含水层时，称为非完整井。根据我国北方一些地区农田用水经验，井深在 60m 以内，井径以在 700～1000mm 为宜；60～150m 的中深井，井径可采用 300～400mm；150m 以上的深井，井径可取 200～300mm。由于管井出水量较大，一般采用机械提水，故通常也称为机井。

管井的一般结构如图 6-10 所示，把井壁管（亦称实管）和滤水管（亦称花管）连接起来，形成一个管柱，垂直安装在打成的井孔中，井壁管安装在隔水层处和不拟开采的含水层处，滤水管安装在开采的含水层处，管井最下一段为沉淀管（4～8m），以沉淀流入井中的泥沙。在取水的含水层段，井管与井孔的环状间隙中，填入经过筛选的砾石（人工填料），以起滤水阻砂的作用；在填砾顶部的隔水层或不开采的含水层段，用黏土球止水，以防止水质不好的水渗入含水层，破坏水源。此外在井管上端井口处，应用砖石砌筑或用混凝土浇筑，以便安装抽水机和保护井口。

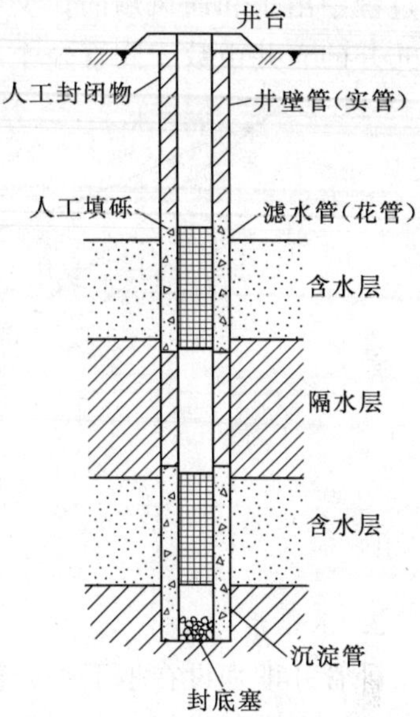

图 6-10 管井

2. 筒井

筒井是一种大口径的取水建筑物，由于其直径较大（一般为 1～2m）形似圆筒而得名，有的地区筒井直径达到 3～4m，最大者至 12m，这种筒井又称为大口井，筒井多用砖石等材料衬砌，有的采用预制混凝土管作井筒。筒井具有结构简单、检修容易、能就地取材等优点；但由于口径太大，井不宜过深（过深后，施工、建筑和用料等都有困难），因而筒井多用于开采浅层地下水，其深度一般为 6～20m，深者达 30m 左右。

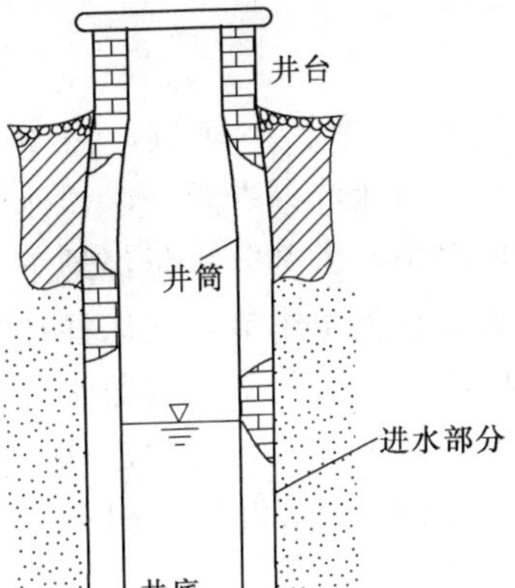

图 6-11 筒井

筒井有三个组成部分（图 6-11）：

(1) 井台。是筒井的地上部分，起保护井身，安放提水机械和生产管理之用。

(2) 井筒。井筒亦称旱筒，是含水层以上的部分。

(3) 进水部分。它是埋藏在含水层的部分，故亦称水筒，是筒井中最主要的组成部分，地下水自含水层通过井壁（非完整井还通过井底）进入井中。

(二) 水平采水工程

1. 坎儿井

这种井主要分布在我国新疆地区山前洪积冲积扇下部和冲积平原的耕地上。高山融雪水经过洪积冲积扇上部的漂砾卵石地带时，大量渗漏变为潜流。劳动人民采取开挖廊道的形式，引取地下水。当地称这种引水廊道为坎儿井，如图 6-12 所示。

坎儿井工程由地下廊道和立井组成，地下廊道是截取地下潜流和输水的通道。廊道的比降小于潜流的水力坡降，约为 1～8‰，廊道出口处底部与地面平，向上游开挖，逐渐低于地下水位，于是潜流就可以顺廊道流出地面，进入引水渠。廊道底部高于地下水位的部分，起输水作用，顺水流方向开挖，廊道底部低于地下水位的部分起集水作用，可垂直地下水流向开挖。廊道断面为矩形，拱顶用木料和块石砌成。立井与地面垂直，是廊道开挖过程中出土和通风用的，又称工作井。立井间距 15～30m，上游较稀，下游较密，每个坎儿井的立井由数十到百余个组成。坎儿井的下游与引水渠相接，可自流灌溉。

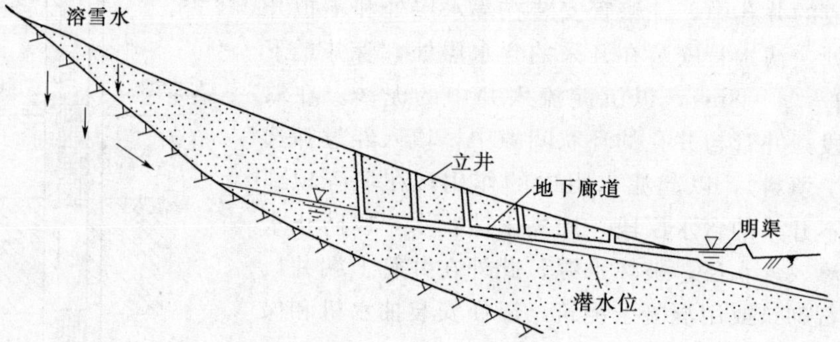

图 6-12　坎儿井

2. 卧管井

卧管井即埋设在地下水较低水位以下的水平集水管道。集水管道与提水竖井相通，地下水渗入水平集水管，流到竖井，可用水泵提取灌溉。为了增加卧管井的出水量，集水管埋置深度应在地下水位最低水位以下 2～3m。集水管长度 100m 左右，间距 300～400m，可用普通井管或水泥砾石管。为了防淤，周围应填砂砾料。

卧管井在地下水位高的沼泽化和盐渍化地块上，可起暗管排水作用。但用在抗旱上有一定局限性，因为旱季随着地下水位的降低，卧管井的出水量将显著减少。另外，卧管埋置较深，施工和检修工作量都很大。

3. 截潜流工程

在山麓地区，有许多中、小河流，由于沙砾、卵石的长期沉积，河床渗漏严重，除洪水季节外，平时河中水量很小，大部分水量经地下沙石层潜伏流走，特别是在干旱季节，河床往往处于干涸状态。在这些河床中筑地下坝（截水墙），拦截地下潜流，即称截潜流工程，通常也称“干河取水”或“地下拦河坝”工程，如图 6-13 所示。

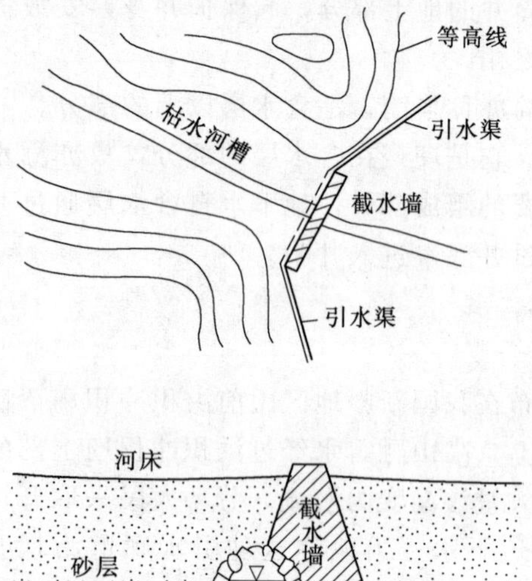

图 6-13　截潜流工程

（三）双向取水建筑物

为了增加地下水的出水量，有时采用水平和垂直两个方向相结合的取水形式，称为双向取水建筑物，如辐射井即属于这种型式。

在大口井动水位以下，穿透井壁，按径向沿四周含水层安设水平集水管道，以扩大井的进水面积，提高井的出水量。由于这些水平集水管呈辐射状，因而称为辐射井（图 6-14）。

辐射管的作用在于集取地下水。大口竖井除具有较好的集水作用外，主要是为打辐射管提供施工场所，并把从辐射管流出的水汇集起来供水泵抽取，因此又把辐射井中的大口竖井叫做“集水井”。

辐射管沿井管周长均匀分布，其数目一般为3～8个，长度视要求的水量和土质而定。集水井直径应根据辐射井施工要求而定，一般以3m为宜。在黄土和裂隙黏土、亚黏土等黏土层中钻成的辐射孔，一般不需要下水平滤水管，只需要在辐射孔的出口处打进1m左右长的护筒。在沙性土层中钻孔则需安装滤水管，以防止孔壁坍塌。为了增加水头和出水量，辐射孔的位置应布设在集水井下部。为了便于施工操作，并使集水井发生淤积时不致堵塞孔口，集水井的最下部应留一定沉沙段。

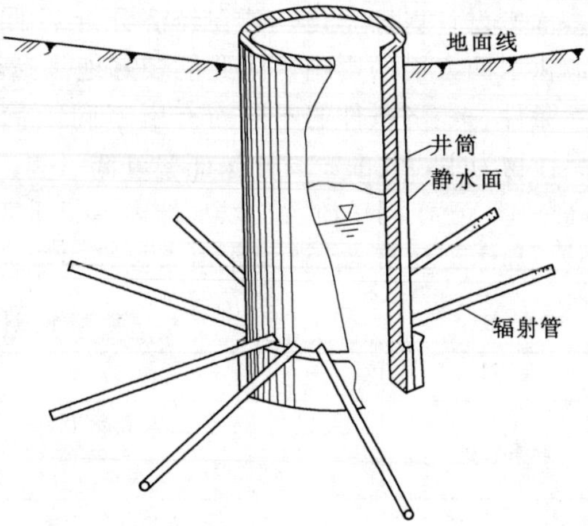

图 6-14　辐射井

第三节　引水灌溉工程的水利计算

灌溉工程的水利计算是灌区规划工作的主要组成部分。通过水利计算可以揭示灌区天然来水情况和灌区需水要求之间的矛盾，并确定协调这些矛盾的工程措施及其规模，如灌区面积、坝的高度、进水闸尺寸、抽水站装机容量和水库库容等。

灌溉工程的水利计算，一般有蓄水工程的水利计算、引水工程的水利计算和提水工程的水利计算等。不同情况下的水利计算，虽然目的及要求相同，但计算内容则有差异。本节主要介绍引水灌溉工程的水利计算，而蓄水工程和提水工程的水利计算已在其他有关课程中叙及。

一、灌溉设计标准

进行灌溉工程的水利计算以前，必须首先确定灌溉工程的设计标准。实际工作中、多采用灌溉设计保证率作为灌溉工程的设计标准，有些地区亦有采用“抗旱天数”的。

灌溉设计保证率是指灌区用水量在多年期间能够得到充分满足的概率，一般以正常供水的年数或供水不破坏的年数占总年数的百分数表示，例如设计保证率$P=80\%$表示灌溉设施在长期运用过程中，平均每100年可保证80年正常供水。

为了修正以样本资料推测总体规律的某些不合理的地方，灌溉设计保证率常用下式进行计算，即

$$P=\frac{m}{n+1}\times 100\% \tag{6-10}$$

式中　P——灌溉设计保证率，%；

m——灌溉设施能保证正常供水的年数；

n——灌溉设施供水的总年数。

灌溉设计保证率是一项在经济分析基础上产生的指标，由于它综合反映了灌区用水和水源供水两方面的影响，因此能较好地表达灌溉工程的设计标准。灌溉设计保证率因各地自然条件、经济条件的不同而有所不同，就全国来说为50%～95%。一般缺水地区，多以旱作物为主，其灌溉设计保证率可低一些；而丰水地区，多以水稻为主，灌溉设计保证率可高一些，至于同一地区，以水稻为主的灌区，其灌溉设计保证率应比旱作物为主的灌区高一些。具体可参照《灌溉排水渠系设计规范》（SDJ 217—84）所规定的数值，见表6-5。

表6-5　　灌溉设计保证率表

地区	作物种类	灌溉设计保证率/%
缺水地区	以旱作物为主	50～75
	以水稻为主	70～80
丰水地区	以旱作物为主	70～80
	以水稻为主	75～95

值得指出的是，考虑到破坏年份的亏水量如果不超过年需水量的5%、对灌区作物产量影响很小时，在实际工作中，常以亏水量不超过5%的年份，也作为水量保证的年份。

所谓抗旱天数，是指灌溉设施在无降雨情况下能满足作物需水要求的天数，它反映了灌溉设施的抗旱能力，是灌溉设计标准的一种表达方式。

关于抗旱天数的标准，水利电力部颁发的试行规范中规定“采用抗旱天数作为灌溉设计标准的地区，旱作物和单季稻灌区抗旱天数可为30～50d，双季稻灌区抗旱天数可为50～70d，有条件的地区应予提高”。

我国小型灌区和农田基本建设规划设计，多以抗旱天数作为设计标准，而在大中型灌溉工程及综合利用工程的规划设计工作中，主要以灌溉设计保证率作为灌溉设计标准。

二、无坝引水工程的水利计算

无坝引水工程水利计算的任务，主要是根据河流天然来水情况，确定经济合理的灌溉面积以及进水建筑物的相应尺寸。有时是在灌区面积已定的情况下，依灌溉设计保证率要求，确定进水建筑物尺寸；有时是进水建筑物的尺寸已定，根据河流来水情况，确定满足既定灌溉设计保证率下的灌溉面积；有些情况下，则是根据灌溉设计保证率的要求，同时确定灌溉面积和进水建筑物尺寸。各种情况下的具体计算内容主要包括确定设计引水流量，闸前设计水位、闸后设计水位和进水闸尺寸等。

（一）设计引水流量的确定

当河流流量及水位对灌溉用水有保证的情况下（例如在大江大河上引水，引水流量占河流流量比重显然甚小），无坝引水枢纽的设计引水流量可采用以下方法计算。

1. 长系列法

所谓长系列法，就是根据灌溉面积，历年的灌水率图以及灌溉水利用系数，求得灌区历年灌溉用水流量过程线，并选择各年灌溉引水和用水紧张时期（即灌溉临界期）内，灌水延续时间大于或等于20d的最大灌水流量，作为该年的灌溉最大引水流量；然后以此进行频率分析，选择其中符合灌溉设计保证率的流量作为设计引水流量。

长系列法由于考虑了历年灌溉用水流量的实际变化情况，所以，如选取的系列年组具有足够的代表性，其成果是可靠的。对于比较重要的大、中型工程，宜采用此法，其缺点是计算工作量较大。

2. 设计代表年法

此法是根据灌区历年灌溉定额或灌溉期降雨量进行频率分析，选择2～3个相当于灌溉设计保证率的年份作为设计代表年，然后作各设计代表年的灌溉用水过程线，以确定各设计代表年的灌溉最大引水流量（方法与长系列法相同），再从中选择一个最大的灌溉引水流量作为设计引水流量。由于设计代表年法是按选定的年份进行分析，故计算工作量显然较长系列法为小，如选取的设计代表年具有较好的代表性，则成果还是可靠的。

按照前述方法选定的设计引水流量，如河流在灌溉临界期内相应频率的流量能够予以满足，即设计引水流量小于或等于频率与设计保证率相同的河流流量的30%，则原定设计灌溉面积即可落实；如河流流量不能予以满足，则可将历年灌溉临界期河流的最低旬（或月）平均流量进行频率分析，选取相当于灌溉设计保证率的流量的1/4～1/3作为设计引水流量，并以此确定设计灌溉面积。

（二）闸前设计水位的确定

为了确定闸前设计水位 x（图6-15），首先应确定外河设计水位 x_1。外河设计水位一般可以按设计引水流量的相应水位确定。对于大江大河的引水工程，则可根据历年灌溉临界期的最低旬（或月）平均水位进行频率分析，选取相当于灌溉设计保证率的水位作为外河设计水位。如果大江大河枯水位比较稳定，也可以选取历年灌溉临界期的最低水位加以平均，作为外河设计水位。

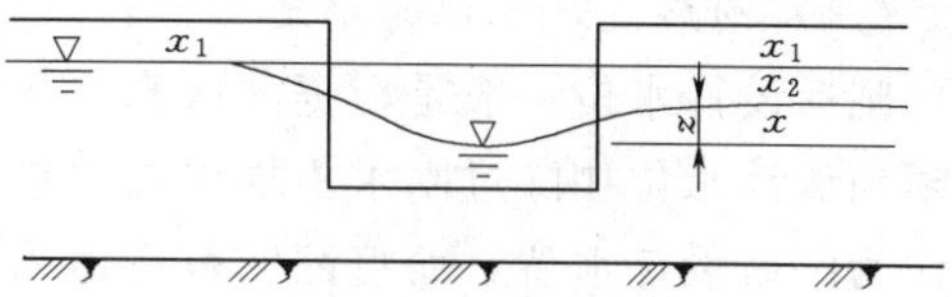

（a）河道取水段纵断面图

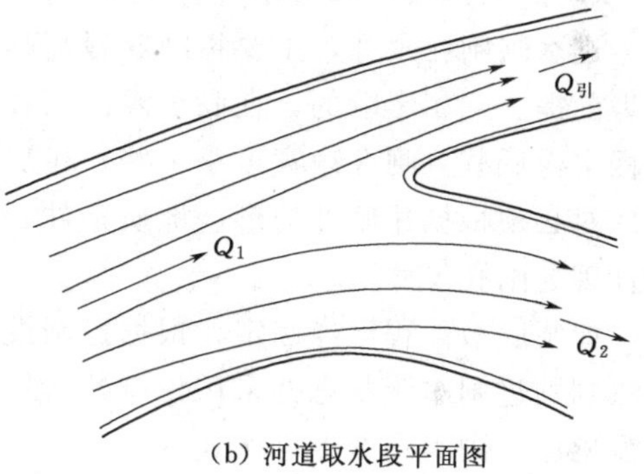

（b）河道取水段平面图

图6-15　闸前设计水位示意图

在外河设计水位确定之后，便可根据与外河设计水位相应的河流平均流量 Q_1，减去设计引水流量 $Q_引$ 得到引水后的河流流量 Q_2，并根据 Q_2 查河流水位流量关系曲线得引水后河流相应的水位 x_2。此外，还应考虑引水时闸前有一定流速引起的水面降落 z（图6-15），则闸前设计水位为

$$x=x_2-z \tag{6-11}$$

式中　x——闸前设计水位，m；

x_2——与 Q_2 相对应的外河水位，由水位流量关系曲线查得，m；

z——引水时部分位能转化为动能后所形成的闸前水位降落。

z 值可按下述经验公式计算：

$$z=\frac{3}{2}\frac{K}{1-K}\frac{v_2^2}{2g} \tag{6-12}$$

❶

❶ 平原地区水闸设计参考手册，长江水利委员会编，水利出版社，1957年。

$$v_2=\frac{Q_1-Q_{引}}{A_2}=\frac{Q_2}{A_2}$$

式中 K——取水系数，为引水流量 $Q_{引}$ 与引水前河流流量 Q_1 之比值，即 $K=Q_{引}/Q_1$；

v_2——与 x_2 相应的河流平均流速，m/s；

A_2——相应于水位 x_2 时下游河道的过水断面面积，m^2。

由式（6-12）可以看出，z 值的大小与取水系数 K 直接有关。南方山区丘陵地区中，小河流上的无坝引水工程，其取水系数一般在 30% 以下，若取 $K=0.3$，$v_2=1.0$(m/s)，则 $z\approx0.03$m，设计时可取此值进行估算；而自大江大河引水时，取水系数 K 往往很小，由式（6-12）计算的 z 甚微，设计时一般可以忽略不计，即取闸前设计水位为 $x\approx x_2$。

若闸前引水渠较长，则闸前设计水位还应减去引水渠中的水头损失。

（三）闸后设计水位的确定

闸后设计水位一般是根据灌区高程控制要求确定的干渠渠道水位，但这一水位还应根据闸前设计水位扣除过闸水头损失加以校核。如果不足，则应以闸前水位扣除过闸水头损失作为闸后设计水位，而将灌区范围适当缩小，或者向上游重新选择新的取水地点。

（四）进水闸闸孔尺寸的确定及校核

进水闸闸孔尺寸，主要指闸底板高程和闸孔的净宽，在确定这些尺寸时，它们之间是互为前提、互相影响的，在满足灌区高程控制要求的前提下，对于同一设计流量，闸底板高程定得低些，闸孔净宽可小一些；相反，闸底板高程定得高些，闸孔净宽就需要大些。设计时必须根据建闸处地形、地质条件，河流挟沙情况等综合考虑，反复比较，以求得经济合理的闸孔尺寸。

如闸底板高程已经确定，根据过闸设计流量、闸前及闸后设计水位，即可按水力学的方法判别过闸水流状态并采用相应的计算公式计算闸孔净宽，如果过闸水流状态为宽顶堰淹没出流，则闸孔宽度可按式（6-13）计算。

$$B=\frac{Q_{设引}}{\sigma_s \varepsilon m\ \sqrt{2g}H_0^{3/2}} \qquad (6-13)$$

式中 B——闸孔净宽，m，若分孔，则为 nb（n 为孔数，b 为每孔净宽）；

$Q_{设引}$——过闸设计流量，相当于某一灌溉设计保证率的灌溉临界期最大引水流量，m^3/s；

σ_s——淹没系数，与闸前及闸后水位有关，可查水力学中有关表确定；

ε——侧收缩系数，与边墩及中墩形状、个数及闸孔净宽有关，可参阅水力学中有关公式计算或查表确定；

m——宽顶堰流量系数，与进口是否设置底坎的形状有关，可查水力学中有关表确定；

H_0——行近流速水头的闸前堰顶总水头，m。

在进行闸孔净宽计算时，由于侧收缩与闸孔净宽有关，故存在一个试算过程。可以先不考虑侧收缩影响，计算闸孔总净宽 B，再结合分孔情况，计入侧收缩影响，检验闸孔的过水能力。

大型工程在设计计算后，必要时还应通过模型试验，加以验证。

在实际工程设计中，设计条件有时比较复杂，灌溉临界期往往不止一个，如按某一灌溉临界期设计进水闸尺寸，还应按另一个灌溉临界期的引水流量进行校核，以满足保证年份内各个时期的灌溉用水要求。

如某引水闸确定的灌溉临界期有春灌和夏灌两个季节，其灌溉流量及河流水位资料分别为：

春灌季节：河流水位（频率 $p=75\%$）　33.88m

灌溉流量　$169.3m^3/s$

夏灌季节：河流水位（频率 $p=75\%$）　36.05m

灌溉流量　$350.0m^3/s$

由此可以看出，春灌季节河流水位虽然较低，但灌溉流量远较夏灌季节为小，若按春灌季节的水位，流量作为设计标准，则夏灌季节能否引入需要的灌溉流量，必须进行校核才行。

三、有坝引水工程的水利计算

有坝引水工程的水利计算与无坝引水工程类似，不同之处在于增加了壅水建筑物的影响，即有坝引水可能引取的流量，不但与河流天然来水流量有关，而且与壅水建筑物抬高后的河流水位有关。有坝引水工程水利计算的内容主要是在已给灌区面积情况下，确定设计引水流量、拦河坝高度、拦河坝上游防护设施及进水闸尺寸等。若需对灌区范围进行选定，则由于设计引水流量与灌区面积、作物组成以及灌溉设计标准是相互联系的，在具体计算中，常先假定灌溉面积和作物组成以及灌溉设计保证率，然后计算灌溉设计引水流量；如果河道的流量不能满足灌溉引水的要求，则应适当调整灌溉面积或降低设计标准等，并重新进行计算，最后通过方案比较，合理确定设计引水流量和灌区的范围。

（一）设计引水流量的确定

1. 长系列法

所谓长系列法，就是首先计算历年（或历年灌溉临界期）的渠首河流来水过程线和已定灌区的灌溉用水过程线，再逐年比较这两个过程，统计出河流来水满足灌溉用水的保证年数，如 n 年系列中，保证供水的年数为 m，则该灌区的灌溉保证率 $p=\frac{m}{n+1}\times100\%$。如果计算得到的灌溉保证率与该灌区要求的灌溉设计保证率相一致，则系列年中的最大引水流量即为所求的设计引水流量；如果计算得到的灌溉保证率与灌区要求的灌溉设计保证率不一致，则需调整灌溉面积或改变作物种植比例等，重复以上计算，使两者一致起来，最后定出设计引水流量。

其具体步骤如下：

1）选择有代表性的系列年组。

2）计算历年（或历年灌溉临界期）的河流来水和灌区用水过程。在计算河流来水和灌区用水过程中，一般可采用5日或旬作为计算时段。

3）逐年进行引水水量平衡计算（可采用表格形式计算，见表6-6），将表中同一段时间的可以引取的河流来水量与灌溉用水量进行比较，取两者中较小的数字作为实际引水量，填入该栏。当同一时段的实际引水量小于灌溉用水量时，即表示该时段的灌溉引水量不能保证需要，就出现灌溉遭到破坏的情况。

表 6-6　　××灌区历年引水量平衡计算表

年	月	旬	可以引取的河流来水量 $/10^4 m^3$	毛灌溉用水量 $/10^4 m^3$	实际引水量 $/10^4 m^3$	引水保证情况 (+) 或 (−)
(1)	(2)	(3)	(4)	(5)	(6)	(7)=(6)−(5)
1952	4	中	1000	400	400	+
		下	1200	700	700	+
	5	上	500	800	500	−
		…	…	…	…	…

4）统计系列年组 n 中河流来水满足灌溉用水的保证年数 m，按式 $p=\frac{m}{n+1}\times 100\%$ 计算灌溉保证率。

5）如按上式计算得到的灌溉保证率与灌区设计所要求的灌溉设计保证率相一致，则可在引水量平衡计算表内实际引水量一栏中，选取其中最大的实际引水量 $W(m^3)$，按下式计算设计引水流量：

$$Q=\frac{W\times 10^4}{86400t}(m^3/s) \tag{6-14}$$

式中　t——采用的计算时段，d。

长系列法考虑了历年的引水流量与灌溉用水量的实际变化及配合，只要所选取的系列年组有足够的代表性，其成果一般比较可靠，但工作量比较大。

2. 设计代表年法

设计代表年法是选择某几个代表年份，进行引水量平衡计算，其计算方法与长系列法相同，但该法仅就选定的代表年份进行计算，故计算工作量较小，在选取的设计代表年具有一定代表性时，成果还是可靠的。

具体计算步骤如下：

1）选择设计代表年，由于仅选择一个年份作为代表，具有很大的偶然性，故可按下述方式选择一个代表年组：①对渠首河流历年（或历年灌溉临界期）的来水量进行频率分析，按灌区所要求的灌溉设计保证率，选出 2～3 年，作为设计代表年，并求出相应年份灌溉用水过程；②对灌区历年作物生长期降雨量或灌溉定额进行频率分析，选择频率接近灌区所要求的灌溉设计保证率的年份 2～3 年，作为设计代表年，并根据水文资料，查得相应年份渠首河流的来水过程；③由上述一种或两种方法所选得的设计代表年中，选出 2～6 年，组成一个设计代表年组。

2）对设计代表年组中的每一年，进行引水量平衡计算与分析（具体计算方法同长系列法），如在引水量平衡计算中，发生破坏情况，则应采取缩小灌溉面积，改变作物组成或降低设计标准等措施，并重新计算。

3）选择设计代表年组中实际引水流量最大的年份，作为设计代表年，并以该年最大引水流量作为设计流量。

3. 设计灌水率法

此法首先根据灌区所处位置及水旱田面积比例等，参考附近灌区的灌水经验，选定设计灌水率值 $q_{净}$ [m^3/(s·万亩)]，并按下式确定渠首设计引水流量。

$$Q_{引}=q_{净}A/\eta_{水} \tag{6-15}$$

式中 $Q_{引}$——渠首设计引水流量，m^3/s；

$q_{净}$——设计灌水率值；

A——灌溉面积，万亩；

$\eta_{水}$——灌溉水的利用系数。

然后统计历年作物生长期或灌溉临界期中渠首河段最小五日（或旬）平均流量，并绘制频率曲线，根据渠首设计引水流量 $Q_{引}$，在频率曲线上查得相应频率 p，此值就是灌溉保证率，如 p 小于灌溉设计保证率 $p_{设}$，则应减小灌溉面积或改变作物组成以减小灌水率值。此法将灌溉用水视为固定不变的，这与实际情况有出入，故仅适用于初步规划阶段。

（二）拦河坝高度的确定

根据一般规划设计经验，拦河坝的高度应满足下述三方面的要求：

1）应满足灌区要求的引水高程。

2）在满足灌溉引水要求的前提下，使筑坝后上游淹没损失尽可能小，亦即在宣泄一定设计频率洪水的条件下，使溢流坝（或闸）的壅水高度最小。

3）适当考虑综合利用的要求，如发电、通航、过鱼等。

这些要求事实上是既统一又矛盾的，如对灌溉和发电效益而言，拦河坝高些为好；但拦河坝越高，上游淹没损失越大，防洪工程造价也越高，因此，必须通过多方面的调查研究，反复比较才行。

一般地说，坝顶高程常先根据灌溉引水高程初步拟定，然后结合河床地形地质条件、坝型和建材以及溢流坝段工程量和坝上游防洪工程的大小等进行综合比较确定。

1. 溢洪坝段的坝顶高程 $z_{溢}$ 的计算

坝顶高程（图 6-16）可按下式计算：

$$z_{溢}=z_{设计}+\Delta z+\Delta D_1 \tag{6-16}$$

式中 $z_{溢}$——拦河坝溢流段坝顶高程，m；

$z_{设计}$——相应于设计引水流量的干渠渠首水位，m；

Δz——渠首进水闸过闸水头损失，一般为 0.15～0.3m；

ΔD_1——安全超高，一般中、小型工程取 0.2～0.3m。

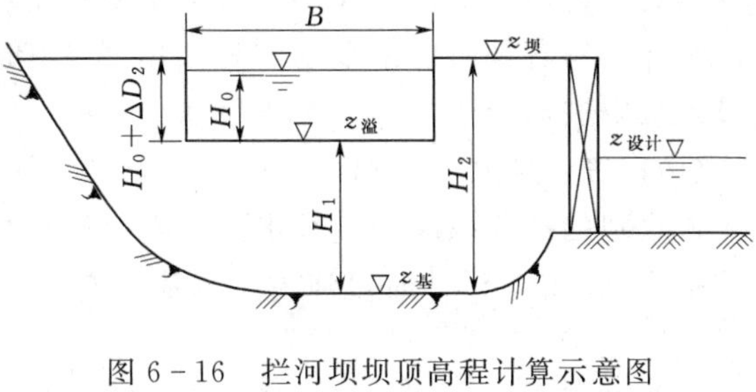

图 6-16 拦河坝坝顶高程计算示意图

由推算得的坝顶高程 $z_{溢}$，减去坝基高程 $z_{基}$，即得溢流坝的高度 H_1 为

$$H_1=z_{溢}-z_{基} \tag{6-17}$$

2. 非溢流段的坝顶高程 $z_{坝}$ 的计算

$$z_{坝}=z_{溢}+H_0+\Delta D_2 \tag{6-18}$$

$$H_0=\left[\frac{Q_M}{\varepsilon mB\sqrt{2g}}\right]^{2/3} \tag{6-19}$$

式中 ΔD_2——安全超高，按坝的级别、坝型及运用情况确定，一般可取 0.4～1.0m；

H_0——溢流坝段溢洪时的壅水高度，m；

Q_M——相应于某一设计标准的洪峰流量，m^3/s；

B——拦河坝溢流段宽度，m，若是分孔，应为净宽 nb（n 为孔数，b 为每孔宽）；

m——溢流坝流量系数；

ε——侧收缩系数；

其余符号意义同前。

此时，非溢流段的坝高 H_2 为

$$H_2=z_{坝}-z_{基} \tag{6-20}$$

（三）拦河坝的防洪校核及上游防护设施的确定

进行防洪校核，首先要确定设计标准，中小型引水工程的防洪设计标准，一般采用10～20 年一遇洪水设计，100～200 年一遇洪水校核。根据一定标准的设计洪水和初步拟定的坝高，便可根据河床情况，选取一个溢流宽度，计算坝上的壅水高度 H_0 如式(6-19)。此项计算往往与溢流段坝高的计算交叉进行。

坝上壅水高度求出后，可按稳定非均匀流推求出上游回水曲线，计算方法详见水力学教材，根据回水范围，可调查统计筑坝后的淹没情况（淹没面积及搬迁等）。对于一些重要的城镇和交通要道则应增设防洪堤和抽水排涝工程等进行防护。防洪堤的长度按防护范围而定，堤顶高程则根据设计洪水回水水位加超高（一般为 0.5m）来决定。若坝上游的淹没情况严重，且所需防护工程的工程量过大，则必须考虑改变拦河坝的结构型式，如增长溢流坝段的宽度，降低固定坝高，加设泄洪闸或活动坝等，以降低回水高度，减少上游回水淹没，如某灌溉引水工程，将 3m 高固定坝改为 2m 高，上设 1m 高的活动坝，设计洪水期的回水长度由 2560m 减小到 1160m，大大减小了上游的淹没损失。

可见，拦河坝的尺寸，形式及上游防护工程受多方面的影响。在规划设计时，应根据具体情况，对各种可能采取的坝高和坝型及其造成的淹没损失和需要的防护工程做多方案比较，从中选取最优方案。

（四）进水闸尺寸的确定

进水闸的尺寸取决于过闸水流状态，设计引水流量、闸前及闸后设计水位等，而闸前设计水位 $z_{前}$ 又与设计时段河流来水流量有关（图 6-17）。

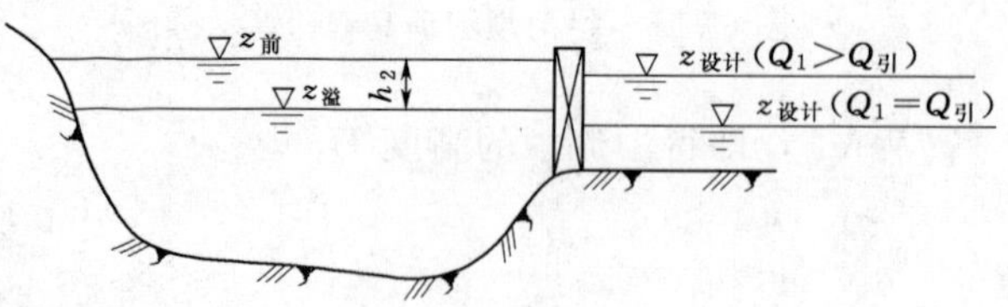

图 6-17　有坝引水闸前设计水位计算示意图

1）当设计时段河流来水流量等于引水流量（$Q_1=Q_{引}$）时：

$$z_{前}=z_{溢}-\Delta D_1 \tag{6-21}$$

式中符号意义同前。

2）当设计时段来水流量大于引水流量（$Q_1>Q_{引}$）时：

$$z_{前} = z_{溢} + h_2 \tag{6-22}$$

式中 h_2——相应于设计年份灌溉临界期河流流量 Q_1 减去引水流量 $Q_{引}$ 后的河流流量 Q_2 的溢流水深，可按式（6-19）计算。当 h_2 很小时，可略去不计。

如有引水渠，式（6-21）和式（6-22）中还需考虑引水渠中水头损失。

闸后设计水位的确定和闸孔尺寸的具体计算方法，与无坝引水工程中有关部分相同，这里不再赘述。

第四节 地下水资源评价及开发利用

一、地下水资源分析计算

为了在一个地区内合理调配使用地面水和地下水资源，在井灌区规划之前，必须首先进行地下水资源评价和分析计算工作。

浅层地下水直接接受大气降水及其他形式的补给，常年补给的水量比较丰富，因此，大面积的农田供水应以开发利用浅层地下水为主，而以承压水为辅。由于浅层地下水的补给随气象条件（降雨、蒸发等）和水文条件（河流的流量、水位等）而变化，而农田用水量也是随气象条件而变化的，故各年的地下水补给量和灌溉用水量都不相同，干旱年份地下水补给量小，灌溉用水量大，开采量超过补给量时，将消耗一部分地下水储存量而形成水位下降。丰水年份降雨量大，在地下水补给量超过开采量时，地下水位就会回升。在多年的地下水开发利用中以丰补歉，在一个适当的农田供水规划下，地下水位将会有某一相对稳定的数值。为此，对浅层地下水资源，不可能通过个别年份的分析作出正确的评价，而必须从多年角度进行分析，如果地下水资源能满足一定的灌溉设计保证率的用水要求，将会有一个周期性相对均衡的地下水降深变化过程，其降深的最大值即是选取（或校核）提水设备的依据。当这一降深超过提水设备的允许值，或者由于超量开采，即多年平均开采量超过多年平均地下水补给量，地下水位在多年运用中持续下降而不能维持一个稳定的水位时，则应对规划的开采水平进行适当的修正，或者降低灌溉保证率，或者考虑采用其他水源以及人工回灌措施。

井灌区地下水资源分析计算包括：

1）分析地下水的补给、排泄条件，估计多年平均单位耕地面积上可以得到的地下水补给量和地区可以得到的总补给量，作为确定井灌规划的依据。

2）拟定不同的开发利用方案，计算各年灌溉用水量，进行地下水多年调节计算，通过计算：①分析在多年运用情况下的地下水动态，在连续干旱年份动用的地下水储存量，能否在丰水年得到回补，亦即地下水在多年的开发利用中能否达到动平衡；②得出在达到动平衡（周期性均衡）条件下的最大降深（一般出现在连续干旱年份之末）；③根据求得的降深和相应的灌溉设计保证率及技术经济条件，选择开采方案，确定可采水量和相应的设计降深，作为水井规划和选择提水设备的依据。

在地下水资源不能完全满足灌溉用水需要（从多年运用的角度而言）的地区，可以考虑采用人工回灌措施，以补充地下水资源之不足。所谓人工回灌，是借助某些工程措施，在非用水季节，将地表水（本地区的或从外区引进的）引入地下，利用地层作为调蓄库容，进行季节性和多年的调节。在这种情况下，应根据不同回灌方案分析地下水多年动态变化，确定开采深度，选定最优回灌方案和制定地下水开发利用规划的依据。

井渠结合地区，在地下水资源计算中，须计入渠灌的补给量，拟定不同的井渠结合方案进行比较，最后确定最优方案。

目前常用的区域性大面积浅层地下水资源分析计算方法有：①成因分析法，包括区域水均衡法，非稳定流计算法；②统计分析法（相关分析法）。均衡法是以一定均衡区（或均衡地段）作为一个整体进行分析计算的方法，它具有概念清楚，方法简便等优点，是目前生产实践中应用最广的方法之一，本节将着重介绍多年均衡法的基本概念和方法。

（一）多年均衡法（地下水库的多年调节）的概念

将均衡区作为一个整体进行水量均衡分析时，Δt 时段内水量均衡方程式为

$$\mu\Delta HA=Q_i-Q_0+WA-VA \tag{6-23}$$

平均到单位面积上的水量均衡方程式为

$$\mu\Delta H=\frac{Q_i-Q_0}{A}+W-V \tag{6-23'}$$

式中 μ——水位变幅范围内土层的给水度；

ΔH——在时段 Δt 内均衡区平均的地下水位变幅；

A——均衡区面积；

Q_i——均衡区在时段 Δt 内的入流总量，$Q_i=q_t\Delta t$；

Q_0——均衡区在时段 Δt 内的出流总量，$Q_0=q_0\Delta t$；

V——计算时段内单位面积上的开采量；

W——计算时段内单位面积上的补给（或消耗）量。

对于潜水：

$$W=P_r+R_r+W_r+W_y-E \tag{6-24}$$

$$W_r=\frac{k'}{m'}\Delta H'\Delta t$$

式中 P_r——计算时段 Δt 内的降雨入渗补给量；

R_r——计算时段 Δt 内大型河流和渠道对地下水的补给量；

W_r——计算时段灌溉水对地下水的补给量；

W_y——计算时段的越层补给量；

k'——弱透水层的渗透系数；

m'——弱透水层的厚度；

$\Delta H'$——开采含水层水位与相邻含水层的水位差；

E——计算时段的潜水蒸发量。

对于承压含水层：

$$W=W_y+W_s \tag{6-25}$$

式中 W_s——计算时段弱透水层的释水量。

在多年的运用过程中，地下含水层相当于一个地下水库，它的范围与开采区的范围基本相同，而它的库容则决定于所使用的提水机械的吸水扬程（相当于地面水库的坝高）。

和地面水库一样，地下水库有最高渍水位（汛期滞蓄渗入地下的渍水允许短期内达到的最高水位，与地面水库的最高洪水位相当）、正常高水位（根据保证作物高产和防止土壤盐碱化所允许长期保持的最高水位，一般防渍要求的地下水埋深为1.5m，防碱要求的地下水埋深为2.5～3.0m，这一水位与地面水库的正常高水位相当）和最低静水位（提水机械吸水扬程所允许达到的最低水位，相当于地面水库的死水位）等3个特征水位（图6-18）。

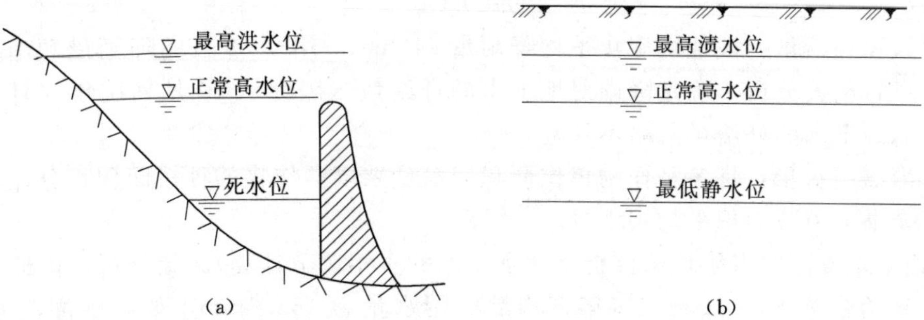

图6-18　地下水库和地面水库水位库容对照图

多年均衡法的基本思想是将地下水含水层作为一个多年调节的地下水库，根据水量平衡原理按照与地面水库相似的方法进行多年调节计算，确定地下水库的库容和最低静水位。地下水库的调节计算可从正常高水位开始，根据各年（或月）的补给量和开采量，逐年（或月）推算时段末的地下水埋深（或降深），经过多年调节计算，分析满足一定用水条件下（如满足一定灌溉保证率等）多年达到的最大降深和干旱年份动用的地下水储存量（即兴利库容）能否在丰水年份得到完全的回补。

（二）多年均衡计算的方法与步骤

由于区域性均衡法是以某一划定的区域作为一个整体进行分析，因此，首先应将计算区域划分为若干均衡区，均衡区内根据条件的差异和计算要求又可分为若干均衡段。

在划分均衡区、均衡段时，除了考虑地质和水文地质条件、地形和地貌条件比较均一，区域边界补给和排泄条件比较清楚外，还要考虑地区的行政区划和开采状况，尽量使区内机井密度、井灌率（指利用地下水灌溉的面积与耕地面积之比值）和地下水开采强度比较均匀。

在均衡区（段）确定之后，为了进行均衡计算，必须首先确定各区（段）的均衡要素（如区内降雨补给、蒸发消耗、灌水补给、地面水补给、区外侧向补给等）。在有专门均衡试验场的地区，可根据均衡场资料确定均衡要素。

北方干旱、半干旱地区一般多年平均补给量常小于多年平均用水量。在这种地区，单纯依靠天然地下水资源是不能全部保证灌溉用水需要的。因此，在进行地下水资源的分析计算时，应拟定不同井灌率的灌溉用水方案，通过多年均衡计算，确定可能达到的最大降深。在有人工回灌条件下，则需根据可能的回灌方案，进行多年均衡计算，以确定不同回灌方案下的可采水量和最大降深。在井渠结合地区，则需要根据不同的渠灌方案（渠灌面积、渠灌次数和渠灌水量），通过均衡计算，确定相应的地下水埋深，为选定适宜井渠结合方案提供依据。

各种情况下具体计算要求虽有一定差异，但多年均衡计算的基本方法都是相同的，现以海河平原某地区为例，介绍进行多年均衡计算的方法和步骤。

已知某均衡区面积 46km^2，耕地占总面积的 2/3，第一淡水层底板埋深一般为 25m，土质大部分为亚砂土和亚黏土，含水层岩性为细砂和粉细砂。

1）计算参数及灌溉用水量。

土壤给水度：

$$\mu=0.048$$

降雨入渗补给量：该地区多年平均降雨量 540mm，用 6—9 月的降雨量和雨季地下水位升高值进行相关分析，确定降雨对地下水的补给量（因为从 10 月到次年 5 月，一般降雨很少，对地下水的补给可忽略不计）。

各年灌溉用水量：将各种作物单位面积用水量乘以该作物的种植面积百分比，然后相加，即得全灌区单位面积平均用水量。

2）地下水资源的多年均衡分析（地下水库的多年调节计算）。经分析，该地区多年平均地下水补给量为 80.18mm；多年平均灌溉用水量为 152.5mm，如扣除灌溉水回渗量 10%，得净灌溉用水量为 137.5mm。因此，补给量与地下水灌溉用水量之比仅为 80.18/137.5=58.3%。这表明地下水资源不能全部满足灌溉用水的需要。本地区依靠地下水可以达到的井灌率，虽然还需要通过多年均衡计算确定，但从地下水补给的可能性看，最多不能超过 58.3%。为此，选取了 45%、50%、55%等三种程度的井灌率，分别进行均衡计算。经分析，井灌率为 55%时，年均衡条件下灌溉保证率仅有 31.8%。这说明单纯进行地下水的年调节运用，保证率是比较低的。为了提高保证率，还必须进行多年调节。

在用水超过来水（补给）的年份，将动用地下水库容中多年存储的水量，但在多年过程中不同井灌率的情况下，灌溉用水能否得到保证，在连续干旱年份地下水可能达到的最大降深是多少，连旱年份动用的地下水储存量在多年内能否得到回补等问题，都要通过多年均衡（地下水库的多年调节）计算进行分析。

地下水资源评价的多年均衡法可以采用时历法，也可以采用数理统计分析的方法。以下着重介绍多年均衡的时历法。

时历法是在一定的开采方案下根据历史上各年实测的资料进行连续的均衡计算方法（以一年为一计算时段）。为了确定连续干旱年份可能达到的最大水位降深和判明多年范围内地下水是否可以回补，可以自系列中的连旱年份第一年作为均衡计算的起始时间，而将这一时间以前的各年（来水较多的年份）排在实际系列终了年份的后面（即作为水文周期循环出现）。表 6-7 为采用时历法进行均衡计算的实例。例中水量调节自 1964—1965 年度（枯水年）开始计算。计算系列按 1964—1965 年度至 1974—1975 年度（本例实测资料由 1954—1974 年），1954—1955 年度至 1963—1964 年度排列，即 1974—1975 年度完了后，又开始出现 1954—1955 年度的情况。显然，实测资料系列越长，越接近真实情况。考虑到埋深在 3m 以内时地下水量大部分将消耗于潜水蒸发和沟渠排水，难以开发利用，为此，均衡计算的起算水位（正常高水位）自 3m 开始。兹以井灌率为 55%的情况为例说明计算方法与步骤。首先将各年补给和用水列入表 6-7 第 2、3 栏。根据各时段（年）的均衡差值（第 4、5 栏），求得各年地下水位变化值（均衡差除以给水度）列入第 6、7 栏，自 1964—1965 年度（开始时的地下水埋深为 3m）逐年推算多年均衡要求的地下水埋深，见表6-7中第8栏。由于年内灌溉用水与补给（来水）在时间分配上存在着一定矛盾（北方许多地区灌溉用水大多在汛期以前，而降雨补给则在汛期），为了满足年内灌溉用水要求，还需要一定的地下水位降深（即年调节库容）。在无复蓄的情况下（北方雨季集中，旱季降雨补给极少，汛前地下水位达到最低，每年只在汛期蓄水一次），年内最低水位（正常高水位至最低水位之间的库容即为多年均衡和年均衡要求的总库容）为年度开始时多年调节要求的水位，减去年用水要求的降深（即年用水除以给水度）；年内最大埋深为年度初多年调节要求的地下水埋深加年用水要求的降深。年用水要求的降深列入表6-7第9栏。将年度多年均衡和年均衡要求的总库容相加（即第8、9栏相加）即可求得满足灌溉用水要求所需要的地下水总埋深（第10栏）。在年内有两个以上降雨季节（如安徽淮北），地下水库有两次以上蓄水过程（复蓄），或虽有一个雨季但汛期灌溉用水量不容忽视的情况下，需要通过逐月均衡单独计算年调节库容，然后与多年库容相加，也可以根据多年逐月补给和用水量系列，直接推求各年要求的最大埋深（在系列较长时计算比较繁琐，可以借助电子计算机进行）。求得各年要求的地下水埋深后，将各年埋深自小到大按顺序排列，即可计算出水泵提水能力达到第10栏内所列各种埋深时的灌溉设计保证率。从表6-7可以看到，在井灌率为55%的情况下，如农田用水得到保证，地下水最大埋深达到9.3m（静水位）。在井灌率为55%时，各年地下水位变化过程如图6-19所示。灌溉用水保证率与允许达到的最大降深之间的关系曲线如图6-20所示。

表6-7　　　井灌面积占耕地面积55%时的均衡计算表

年度	来水量（补给）/mm	用水量/mm	来水用水差值/m		地下水位变化值/m		多年均衡要求的地下水埋深/m	年用水要求的地下水位变幅/m	多年调节和年调节要求的地下水埋深/m	序号	保证率/%
			+	−	+	−					
1	2	3	4	5	6	7	8	9	10	11	12
							3.00				
1964—1965	19.24	96.40		77.16		1.61	4.61	2.01	5.01	2	9.1
1965—1966	73.60	82.30		8.70		0.18	4.79	1.70	6.31	4	18.2
1966—1967	71.00	76.40		5.40		0.11	4.90	1.60	6.39	5	22.7
1967—1968	11.88	96.40		84.52		1.77	6.67	2.01	6.91	6	27.3
1968—1969	54.10	62.30		8.20		0.17	6.84	1.30	7.97	11	50.5
1969—1970	72.63	76.40		3.77		0.13	6.97	1.60	8.44	16	72.6
1970—1971	146.11	62.30	83.81		1.75		5.22	1.30	8.27	14	63.6
1971—1972	11.88	82.30		70.42		1.47	6.69	1.70	6.92	7	31.8
1972—1973	59.35	62.30		2.95		0.06	6.75	1.30	7.99	12	54.6
1973—1974	98.53	82.30	16.23		0.34		6.41	1.70	8.45	17	77.3
1974—1975	28.19	62.30		34.11		0.71	7.12	1.30	7.71	8	36.4
1954—1955	72.28	82.30		10.02		0.21	7.33	1.70	8.82	20	90.9

续表

年度	来水量（补给）/mm	用水量/mm	来水用水差值/m		地下水位变化值/m		多年均衡要求的地下水埋深/m	年用水要求的地下水位变幅/m	多年调节和年调节要求的地下水埋深/m	序号	保证率/%
			+	−	+	−					
1955—1956	104.26	62.30	41.96		0.88		6.45	1.30	8.63	18	81.8
1956—1957	46.30	62.30		16.00		0.33	6.78	1.30	7.75	9	40.9
1957—1958	43.55	76.40		32.85		0.69	7.47	1.60	8.38	15	68.2
1958—1959	64.80	62.80	2.50		0.05		7.42	1.30	8.77	19	86.4
1959—1960	165.00	90.00	75.00		1.56		5.86	1.88	9.30	21	95.4
1960—1961	63.80	96.40		32.60		0.68	6.54	2.01	7.87	10	45.4
1961—1962	240.40	82.30	158.10		3.30		3.24	1.70	8.24	13	59.1
1962—1963	45.53	68.30		22.87		0.48	3.72	1.43	4.67	1	4.6
1963—1964	191.40	62.30	129.10		2.7		3.00	1.30	5.02	3	13.6

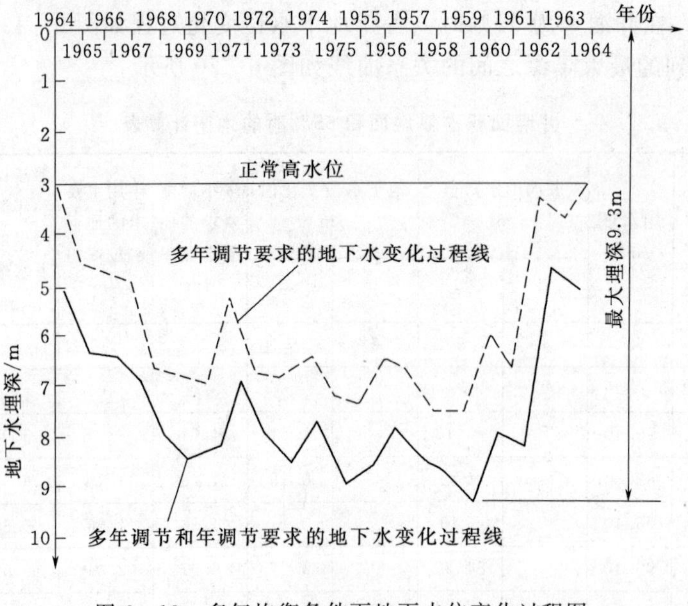

图 6-19　多年均衡条件下地下水位变化过程图

自表 6-7 和图 6-20 可以看到，在井灌率为 55%的情况下，整个水文周期内干旱年份虽然地下水位有所下降，最大降深达到 9.30m，但丰水年份水位又逐渐回升至埋深 3m 左右，表明用水是可以得到保证的。

根据同样方法，可以求得井灌率 45%、50%时不同灌溉保证率情况下要求的地下水最大埋深。

计算表明，随着灌水率和灌溉用水水平的提高，要求的最大埋深也逐渐增大，灌溉保证率越高，要求的地下水埋深也越大。

二、水井的合理布局

为使地下水的开发能够有计划和有控制地进行，在制订地下水开发利用规划时，应根据各含水层的可采资源，确定各层水井数目和开采水量，做到分层取水，浅、中、深合理布局。在浅层淡水比较充足的地区，以开采浅层水为主，将深层水作为后备水源，平时尽量减小深层水的开采量，留备大旱和连旱之年抗旱保收之用。在浅层淡水缺乏又无地面水可供利用的地区，为了保证工农业用水需要，在一定时期内可以有计划地开采深层水但必须预见到地下水位下降、地面下沉、碱水界面下移等出现的可能性，争取在这些现象发生之前，采取有效措施，确保工农业用水的需要。

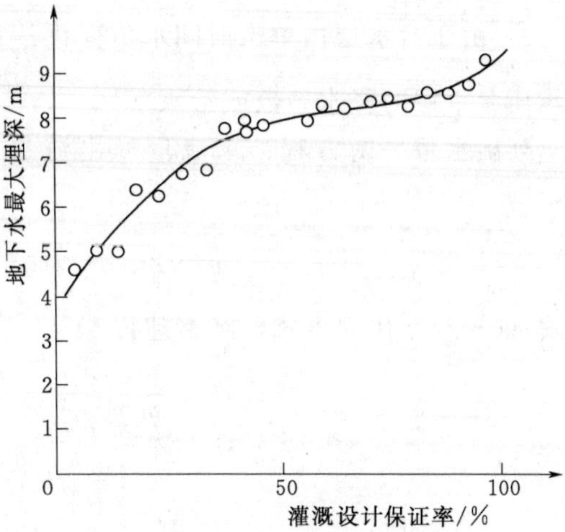

图 6-20　允许的最大地下水埋深与灌溉保证率关系曲线

（一）水井出流量计算

1. 承压含水层单井抽水时非稳定流计算

图 6-21 表示单井从承压含水层抽水时地下水位的变化情况。根据达西定律，在某一瞬间 t，通过距井（坐标中心）r 处（采用极坐标，以井为坐标原点）断面（其周长为 $2\pi r$）的流量 q 为

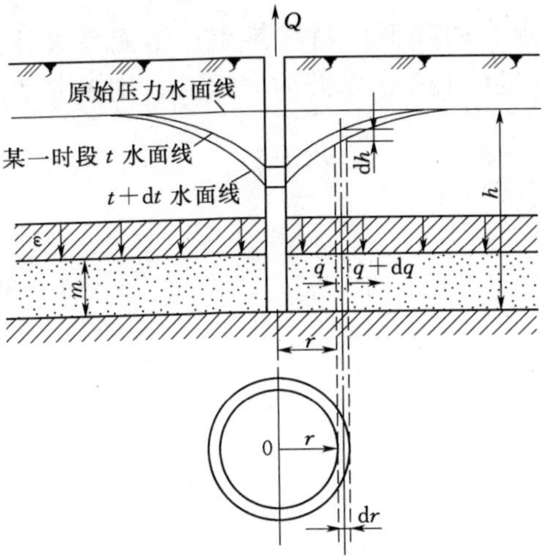

图 6-21　单井从承压含水层抽水时地下水位变化图

$$q = -2\pi rkm\frac{\partial h}{\partial r} \qquad (6-26)$$

式中　k——含水层渗透系数；

m——含水层的厚度；

h——压力水位高程（以含水层底板为基准面）。负值表示水流方向与坐标方向相反。

在 r 变化 $\mathrm{d}r$ 时，q 的变化为 $\mathrm{d}q$，自上式得

$$\frac{\mathrm{d}q}{\mathrm{d}r} = 2\pi km\frac{\partial\left(r\dfrac{\partial h}{\partial r}\right)}{\partial r} = -2\pi km\left(r\frac{\partial^2 h}{\partial r^2}+\frac{\partial h}{\partial r}\right)$$

$$\mathrm{d}q = -2\pi km\left(r\frac{\partial^2 h}{\partial r^2}+\frac{\partial h}{\partial r}\right)\mathrm{d}r \qquad (6-27)$$

取距原点 r 处相差 $\mathrm{d}r$ 的两断面间含水层进行水量平衡分析（图 6-21）。

1）含水层的来水有：①水平方向来流量 q；②垂直补给，可以是越层补给，也可以是越层损失（此时为负值）；若补给强度为 ε，则两断面间含水层所承受的总补给量为 $\varepsilon 2\pi r\mathrm{d}r$。

2）含水层的出流量为 $q+\mathrm{d}q$。

3）由于含水层内单位时间水位变化$\frac{\partial h}{\partial t}$所蓄存或释放的水量，其值为$\frac{\partial h}{\partial t}\mu_e \times 2\pi r dr$（$\mu_e$为承压含水层的释水系数或给水度）。

列出水量平衡方程：来流量－出流量＝含水层在单位时间内蓄存（或释放）的水量，即

$$q+\varepsilon 2\pi r dr-(q+dq)=\frac{\partial h}{\partial t}\mu_e \times 2\pi r dr$$

将式（6－21）代入上式，经整理得

$$\frac{km}{\mu_e}\left(\frac{\partial^2 h}{\partial r^2}+\frac{1}{r}\frac{\partial h}{\partial r}\right)+\frac{\varepsilon}{\mu_e}=\frac{\partial h}{\partial t}$$

或

$$a\left(\frac{\partial^2 h}{\partial r^2}+\frac{1}{r}\frac{\partial h}{\partial r}\right)+\frac{\varepsilon}{\mu_e}=\frac{\partial h}{\partial t} \tag{6-28}$$

式中 a——压力传导系数，$a=\frac{T}{\mu_e}=\frac{km}{\mu_e}$，$m^2/d$；

T——导水系数，$T=km$，m^2/d。

若没有越层补给时，式（6－28）中$\frac{\varepsilon}{\mu_e}=0$。

式（6－27）即为单井地下水非稳定流的基本方程。

在单井定流量抽（注）水时，如果①含水层是均质各向同性；②含水层范围无限延伸（实际上是指在所计算的时间内含水层的边界位于抽水井影响范围以外）；③水和含水层假定为弹性体，并且从含水层中释放出的水量随着水头的降低而瞬时排出；④无垂直补给（$\varepsilon=0$）；⑤含水层原始水位为水平；⑥抽水流量为定值Q；⑦水井为完整井，则单井非稳定流基本方程式（6－28）的解为

$$S=h_0-h=\frac{Q}{4\pi T}\int_{\frac{r^2}{4at}}^{\infty}\frac{e^{-u}}{u}du$$

$$=\frac{Q}{4\pi T}W(u) \tag{6-29}$$

$$u=\frac{r^2}{4at}$$

式中 S——降深，m；

h_0——原始水位高程，m；

h——计算点在计算时间的水位高程，m；

r——计算点至抽水井的距离，m；

a——压力传导系数，m^2/d；

t——计算时间（自开始抽水时算起），d；

Q——抽水流量，m^3/d。

一般$W(u)$称为井函数，该函数展开是一收敛级数，即

$$W(u)=-0.5772-\ln u-\sum_{n=1}^{\infty}(-1)^n\frac{u^n}{nn!} \tag{6-30}$$

式（6－29）在国外文献中常称为泰斯（Thies）公式。

$W(u)$ 值可自表 6－8 中查得。根据式（6－28）即可求得单井抽水时任一时间 t、任一距离 r（距抽水井的距离）处的压力水位降深值。

表 6－8　　井函数 $W(u)$ 表

u	1.0	2.0	3.0	4.0	5.0	6.0	7.0	8.0	9.0
	0.219	0.049	0.013	0.0038	0.0011	0.00036	0.00012	0.000038	0.00
$\times10^{-1}$	1.82	1.22	0.91	0.70	0.56	0.45	0.37	0.31	0.26
$\times10^{-2}$	4.04	3.35	2.96	2.68	2.47	2.30	2.15	2.03	1.92
$\times10^{-3}$	6.33	5.64	5.23	4.95	4.73	4.54	4.39	4.26	4.14
$\times10^{-4}$	8.63	7.94	7.53	7.25	7.02	6.84	6.69	6.55	6.44
$\times10^{-5}$	10.94	10.24	9.84	9.55	9.33	9.14	8.99	8.86	8.74
$\times10^{-6}$	13.24	12.55	12.14	11.85	11.63	11.45	11.29	11.16	11.04
$\times10^{-7}$	15.54	14.85	14.44	14.15	13.93	13.75	13.60	13.46	13.34
$\times10^{-8}$	17.84	17.15	16.74	16.46	16.23	16.05	15.90	15.76	15.65
$\times10^{-9}$	20.15	19.45	19.05	18.76	18.54	18.35	18.20	18.07	17.95
$\times10^{-10}$	22.45	21.76	21.35	21.06	20.84	20.66	20.50	20.37	20.25
$\times10^{-11}$	24.75	24.06	23.65	23.36	23.14	22.96	22.81	22.67	22.55
$\times10^{-12}$	27.05	26.36	25.96	25.67	25.44	25.26	25.11	24.97	24.86
$\times10^{-13}$	29.36	28.63	28.26	27.97	27.75	27.56	27.41	27.28	27.16
$\times10^{-14}$	31.66	30.97	30.55	30.27	30.05	29.87	29.71	29.58	29.46
$\times10^{-15}$	33.96	33.27	32.86	32.58	32.35	32.17	32.02	31.88	31.76

当 $u=\dfrac{r^2}{4at}\leqslant0.05$，即 $t\geqslant5\dfrac{r^2}{a}$时，式（6－30）第三项可忽略不计，自式（6－29）得

$$
\begin{aligned}
S &= \frac{Q}{4\pi T}\left(-0.5772-\ln\frac{r^2}{4at}\right)\\
&= \frac{Q}{4\pi T}\left(\ln\frac{4at}{r^2}-0.5772\right)\\
&= \frac{0.183Q}{T}\lg\frac{2.25at}{r^2}
\end{aligned}
\tag{6-31}
$$

在无垂直补给和侧向边界无限的承压含水层中的单井抽水，理论上是不可能出现稳定状态的。但随着抽水时间的增加，漏斗范围不断扩展，自含水层四周向水井汇流的面积不断增大，水井附近地下水压力水位的变化渐趋缓慢，在一定范围内接近稳定状态，取任意两点，其距井孔的距离为 r_1 及 $r_2(r_2>r_1)$，当抽水延续时间 $t\geqslant5\dfrac{r_2^2}{a}$时，$r_1$ 及 r_2 处的水位降深均可按式（6－31）计算，即

$$S(r_1,t)=h_0-h(r_1,t)=\frac{Q}{4\pi T}\ln\frac{2.25at}{r_1^2}$$

$$S(r_2,t)=h_0-h(r_2,t)=\frac{Q}{4\pi T}\ln\frac{2.25at}{r_2^2}$$

$$S(r_1,t)-S(r_2,t)=h(r_2,t)-h(r_1,t)$$

$$=\frac{Q}{4\pi T}\left(\ln\frac{2.25at}{r_1^2}-\ln\frac{2.25at}{r_2^2}\right)$$

$$=\frac{Q}{4\pi T}\ln\frac{r_2^2}{r_1^2}=\frac{Q}{2\pi T}\ln\frac{r_2}{r_1} \tag{6-32}$$

如果 r_1 取在井径处，即 $r_1=r_\omega$，则式（6-32）可改写为

$$h(r_2,t)-h(r_\omega,t)=\frac{Q}{2\pi T}\ln\frac{r_2}{r_\omega}$$

式中 $h(r_2,t)$——在抽水延续时间为 $t\left(t>5\frac{r_2^2}{a}\right)$时，距井轴 r_2 处的水位高程；

$h(r_\omega,t)$——在抽水延续时间为 t 时，井的水位高程。

2. 潜水含水层单井抽水时非稳定流计算[1]

在承压含水层中，水头的下降，仅是压力的减小，它所引起的水的弹性膨胀和含水层的弹性压缩比较迅速，因而可以近似地假定弹性储量的释放（或储存）是瞬时完成的。但是，潜水含水层却不一样，地下水位的下降所引起的水量释放，是水自饱和的土体中由于重力的作用而排泄出来的，因而它不能瞬时完成（图 6-4），尤其是细粒土所组成的含水层更是明显。这种由于潜水位下降引起的饱和带水缓慢地排出的现象，称为滞后疏干（或滞后重力排水）。

布尔顿（Boultion）提出了考虑潜水含水层这种滞后疏干现象的分析方法。

假定在抽水开始以后某一时间 τ 和 $\tau+d\tau$ 之间，潜水位下降 δh，潜水含水层释放（排出来）的水由两部分组成：

1）单位面积含水层柱体中弹性释放出的水其体积为 $\mu_e\delta h$，μ_e 是弹性释水系数。

2）单位面积含水层柱体由于潜水位下降 δh，在任意时间 $t(t>\tau)$ 的滞后疏干排水强度可用以下经验公式表示：

$$\delta h a\mu_d e^{-a(t-\tau)} \tag{6-33}$$

式中 μ_d——潜水含水层的给水度；

a——经验系数。

单位面积含水层柱体单位时间的滞后重力排水强度的总和为

$$a\mu_d\int_0^t\frac{\partial h}{\partial t}e^{-a(t-\tau)}d\tau$$

在考虑潜水滞后疏干作用的基础上，布尔顿根据以下条件：

1）含水层在抽水影响范围内是均质的，且厚度基本相同。

2）含水层的侧向延伸是无限的。

3）含水层的底板为一水平隔水层。

4）抽水井为完整井，井的半径可忽略。

5）水井的出水量是稳定的。

求得潜水运动的微分方程式为

---

[1] 张蔚榛主编，地下水非稳定流计算及地下水资源评价，科学出版社，1981年。

$$kh_0\left(\frac{\partial^2 h}{\partial r^2}+\frac{1}{r}\frac{\partial h}{\partial r}\right)=\mu_e\frac{\partial h}{\partial t}+a\mu_d\int_0^t\frac{\partial h}{\partial t}e^{-a(t-\tau)}d\tau \tag{6-34}$$

在潜水含水层中 $\mu_d \gg \mu_e$，一般 $\eta=\frac{\mu_d+\mu_e}{\mu_e}$ 值均很大，在 $\eta=\frac{\mu_e+\mu_d}{\mu_e}$ 趋于∞时，求得地下水降深 $S(r, t)=h-h_0$ 的近似解为

$$S=\frac{Q}{4\pi kh_0}\int_0^\infty 2J_0\left(\frac{r}{B'}x\right)\left(1-\frac{1}{x_2+1}e^{-\frac{atx^2}{x^2+1}}-F\right)\frac{dx}{x}$$

$$=\frac{Q}{4\pi T}W\left(u_e, u_d, \frac{r}{B'}\right) \tag{6-35}$$

式中 $F=\frac{x^2}{1+x^2}e^{-a\eta t(1+x^2)}$；

$J_0(x)$——虚变量零阶第一类贝塞尔函数；

$r=\sqrt{\frac{\eta-1}{\eta}}$；

$B'=\sqrt{\frac{kh_0}{a\mu_d}}$；

$u_e=\frac{r^2\mu_e}{4\kappa h_0 t}$；

$u_d=\frac{r^2\mu_d}{4\kappa h_0 t}$。

在抽水初期式（6－35）可简写为

$$S=\frac{Q}{4\pi T}W\left(u_e, \frac{r}{B'}\right) \tag{6-36}$$

在抽水后期式（6－35）可简写为

$$S=\frac{Q}{4\pi T}W\left(u_d, \frac{r}{B'}\right) \tag{6-37}$$

当抽水时间较长时，可以忽略井函数 $W\left(u_e, \frac{r}{B'}\right)$ 及 $W\left(u_d, \frac{r}{B'}\right)$ 中的 $\frac{r}{B'}$ 项，则式（6－36）和式（6－37）与承压含水层的泰斯公式一致。

前述各种含水层条件下水井计算公式，包含了渗透系数 κ，导水系数 T，弹性释水系数 μ_e，给水度 μ_d，压力传导系数 $a\left(a=\frac{T}{\mu_d}\right)$ 等水文地质参数。如果已知这些参数，选定符合实际条件的计算公式，即可进行降深计算。如果进行抽水试验，取得抽水流量以及水位降深 S 等观测资料，可以用解释推断方法反求上述水文地质参数。

如果有若干水井同时工作或含水层有边界限制，则根据线性方程的解可以叠加的原理，应用源流叠加和镜像反射的方法，自单井公式求得相应的水位降深，参见第七章竖井排水部分。

（二）水井的距离

水井的平面布置应根据水文地质条件，地下水资源状况并与地形、提水机械，老井和作物布局等情况结合起来考虑，保证在任何时间灌溉工作都能正常地进行，在多年运用中

取水量不减少，取水条件不恶化。

在大面积水文地质条件差异不大，地下水的补给比较充足，地下水资源比较丰富，地下水利用量与补给量基本平衡的情况下，均匀分布水井的间距主要决定于井的出水量和所能灌溉的面积。如水井的流量为Q(以m^3/h)，渠系水有效利用系数为η，每次灌水定额为m(m^3/亩)，每天灌水时间为t(h)，整个面积完成一次灌水所需要的时间为T(d)，则单井灌溉面积A(亩)为

$$A=\frac{QtT\eta}{m} \tag{6-38}$$

井的距离D应为

$$D=\sqrt{\frac{667QtT\eta}{m}}\text{(m)} \tag{6-39}$$

上式中的Q值是在有群井抽水动水位相互干扰情况下，静水位降深达到相对稳定时的单井出水量，这一水量常小于开采初期单井的出水量。在动水位的干扰下每井出水量的大小，与井距D有关，一般应根据试验或计算确定。

由式（6-39）看出，在井出水量一定情况下，井距主要决定于灌水定额，而灌水定额又与土地平整、灌水技术有着十分密切的关系，为了扩大单井的灌溉面积，加大井距，减少井数，降低造价，必须大力搞好土地平整工作，尽量减少渠道的渗漏损失和采用先进的省水的灌水技术。

在地下水补给量不能满足灌溉用水需要的地区，应根据各含水层允许的开采模数和每个水井的出水量确定单位面积上的井数和井距，根据平均受益的原则，在大面积内均匀布井。在这种情况下，每平方公里井数可按下式估算：

$$N=\frac{\varepsilon}{QtT} \tag{6-40}$$

式中 N——每平方公里平均井数；

ε——开采模数，$m^3/(km^2 \cdot a)$；

Q——每井出水量，m^3/h；

t、T——水井每日工作时数和每年工作日数。

井的间距为

$$D=1000\sqrt{\frac{1}{N}}=1000\sqrt{\frac{QtT}{\varepsilon}}\text{(m)} \tag{6-41}$$

井距决定后，在具体布井时还要考虑地形、地下水流向、作物种植、输电线路等条件。在成排布井时，注意与地下水流向垂直，井位互相错开成梅花形，或根据具体情况布置，输电线路布置要求经济合理，变压器布置在负荷的中心成放射状为最好，还要打破乡村界限，进行全面规划，避免局部地方布井过密或形成空白点。在条件许可时，井位应尽可能布置在高地，以便于输水和控制最大的灌溉面积。

第七章　田　间　排　水

田间排水的任务是除涝、防渍、防止土壤盐渍化、改良盐碱土以及为适时耕作创造条件等。以下仅就农作物对农田排水的要求以及为达到这些要求而修建的田间排水系统的规格、布置和结构，分别进行论述。

第一节　农作物对农田排水的要求

一、农田对除涝排水的要求

在降雨量较大地区，农田排水工程必须满足除涝要求，要能及时排除由于暴雨产生的田面积水，减少淹水时间和淹水深度，以保证作物正常生长。农作物的受淹时间和淹水深度有一定的限度。如果超出允许的淹水时间和淹水深度，将影响作物的正常生长，轻者招致减产，重者甚至死亡。田间积水会使土壤水分过多，氧气缺乏，影响作物根系呼吸的正常进行。淹水时间过长，长期缺氧，作物在无氧条件下呼吸，所产生的乙醇可使作物中毒而死亡。

农作物受淹减产情况和允许的淹水时间与作物的种类和生育阶段有关。棉花、小麦等作物耐淹能力较差，一般在地面积水 10cm 情况下，淹水 1d 就会引起减产，受淹 6～7d 以上就会死亡。一般粮食作物当积水深 10～15cm 时，允许的淹水时间不超过 2～3d。根据山东、河北等省的调查资料，几种农作物允许的淹水深度和淹水历时见表 7－1。允许的淹水时间还与土壤质地和气候条件有关，一般土壤黏重和气温较高的晴天耐淹时间较短，砂性土壤和阴天允许淹水时间较长。水稻虽然能够在一定水层的水田中生长，但若地面积水过深也会引起减产和死亡。根据江苏省里下河地区的试验和调查，在分蘖期内，淹水深度和淹水时间对水稻产量的影响如图 7－1 所示。浙江省杭加湖地区根据试验资料提出稻田允许的淹水深度见表 7－2。

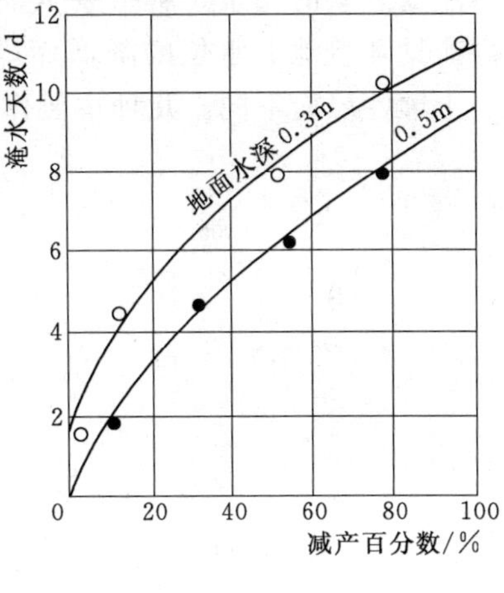

图 7－1　江苏省里下河地区水稻分蘖期淹水天数与产量关系

表 7－1　农作物允许的淹水深度和淹水历时表

作物种类	生育期	淹水深度/cm	允许淹水历时/d	作物种类	生育期	淹水深度/cm	允许淹水历时/d
棉花	开花结铃期	5～10	1～2	小麦	分蘖至成熟	10	1
水稻	分蘖期	6～10	2～3	玉米	抽穗期	8～12	1～1.5
	拔节期	15～20	5～7		孕穗灌浆期	8～12	1.5～2
	孕穗期	20～30	9～10		成熟期	10～15	2～3

表 7-2　稻田允许滞蓄水深表　单位：mm

稻别 / 水深 / 生育期	早稻		双晚		单晚	
	允许最大耐淹水深	允许滞蓄水深	允许最大耐淹水深	允许滞蓄水深	允许最大耐淹水深	允许滞蓄水深
返青	40	30	90	55	80	50
分蘖	60	45	75	55	70	45
孕穗	105	80	95	70	100	100
抽穗	100	70	80	65	100	85
乳熟	80	60	30	30	50	50
黄熟	50	50	0	0	0	0

二、农田对防渍排水的要求

在旱地中，如果地下水位过高，作物就会受到渍害而减产。因此，田间排水工程还须满足防渍的要求，亦即满足控制和降低地下水位的要求。为了保证农作物的正常生长，必须使农田土壤具有适宜的含水率。

作物根系活动层内土壤含水率的大小与地下水的埋藏深度有着密切的关系，在地下水位过高时，根系活动层内的平均含水率 θ 将超过土壤适宜含水率 θ_n。图 7-2 为地下水埋深与小麦产量的关系。从图中明显看出，地下水位过高将严重影响小麦产量，并在一定幅度内产量随着地下水位的降低而增加。作物所要求的地下水埋深，随作物种类、生育阶段、土壤性质而不同。几种主要作物对地下水位的要求如下：

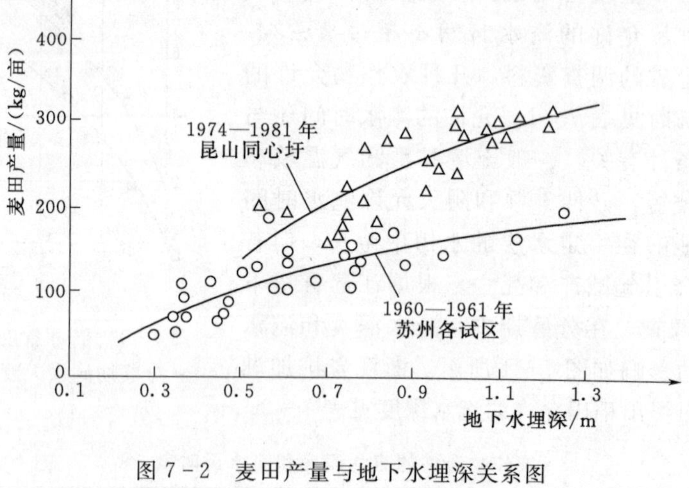

图 7-2　麦田产量与地下水埋深关系图

(1) 麦类。在播种和幼苗期，要求土壤湿润，地下水位不能降得过低，一般在 0.5m 左右，以便利用上升毛管水，促使种子早日发芽，苗全苗壮。自返青以后至拔节阶段，此时正是麦类根系旺发时期，地下水位要降到 0.8～1.0m。如田面未经平整，雨后田面积水时要迅速开沟排水，要求雨过田干。麦类根系发育后，地下水位要逐步下降。在南方，清明节以后（四月上中旬），地下水应控制在 1.0～1.2m。

（2）棉花。土壤含水率对棉根的分布有显著影响，土壤水分过多或地下水位过高时，棉花主根短，支根和毛根也少，严重影响地上基叶生长，使棉花的花蕾减少和蕾铃脱落增多，甚至死亡。棉花在开花结铃期，需水量大，因而最怕干旱，此时土壤含水率一般以占田间持水率的70%～80%为宜。因此，掌握适宜土壤含水量和控制地下水位，是棉花增产主要措施之一。在播种、幼苗时期的根系较浅，地下水要控制在地面以下0.6～0.8m；此后地下水位要逐渐下降，蕾期以后要降到地面以下1.0～1.2m或更深一些，以防止根系受渍。但在整个作物生育期间，由于有降雨和蒸发的影响，不可能将地下水位完全控制在一个固定的深度，降雨时期可以容许地下水位有短暂的上升，但上升的高度和持续时间不能超过一定的限度。根据我国南方渍害田排水规程，几种主要作物降雨后允许的排水时间和在此时间内要求达到的地下水埋深见表7-3。

表7-3　主要农作物要求的排水时间和地下水埋深

作　物	生长阶段	要求的排水时间/d	地下水埋深/m
棉花	花铃期及以后	3～5	0.9～1.2
小麦	拔节期及以后	3～6	0.8～1.0
水稻	晒田期	3～5	0.4～0.6

在作物生长季节发生持续降雨的地区，作物的产量不仅决定于一次降雨后地下水位回落过程，也与在一定季节超过某一地下水位的高度和持续时间有关。水位越高，持续的时间越久，作物生长受到的抑制程度越大，减产损失越大。为此，一些国家根据生长期（或某一生长阶段）各日地下水位超过某一水位数量的总和为指标提出排渍要求。例如，目前常用的指标为各日地下水位超过地面以下30cm数值的总和（SEW_{30}），根据不同作物产量与SEW_{30}的关系确定要求的SEW_{30}值。我国一些单位对SEW_{30}与产量关系曾作过研究，但目前尚少采用。

（3）水稻。水稻是喜温好湿作物，在水稻大部分生长期间，稻田要保持较多的水分，同时由于水稻根、茎、叶具有畅通的通气组织，根部的空气可以由通气组织与田面以上的大气交换，故水稻可以较长时间生活在饱和土壤中。但这并不说明稻田水分越多越好。如果稻田积水过深过久，或缺乏田间排水沟，地下水位经常很高，就会造成土壤通气不良，水稻根部缺氧，呼吸减弱，好气性细菌的活动受到限制，肥料难于分解，硫化物、有机酸和铁锈水等有害物质增加；土壤中水分不能流动交换，不利于土壤的脱盐、脱酸和有害物质的排除；稻根扎不深，易倒伏，并易产生黑根、烂根等，严重影响水稻的产量。因此，修建排水沟，降低地下水位、适时落干晒田是协调稻田水、热、气、肥的矛盾和提高水稻产量的一个重要措施。江苏，广东等省的试验研究，认为在晒田期3～5d内，地下水位降到离地面以下0.40～0.60m为宜；在其他时期，也要求水田保持适当数量的渗漏，促进稻田中水分交换，增加新鲜水分和氧气，改善通气状况，促进根系活力，及时排除土壤中的有害物质。根据我国各地经验，水田适宜渗漏量多为每日3～16mm。在水稻收割以后，为了改良土壤，便于机耕和播种绿肥以及提高春季插秧前后的地温，也要求降低地下水位，一般使其离地面0.6～0.8m。

三、防止土壤盐碱化和改良盐碱土对农田排水的要求

土壤中的盐分主要是随水分而运动。在有蒸发的条件下，由于土壤的毛管作用，土壤盐分随水分而上升，水分自地表蒸发后，盐分则留在土壤表层；在降雨或灌水时，入渗的水流携带表层的盐分向深层移动，使表层盐分逐渐降低。在某一季节内，土壤的积盐或脱盐主要决定于蒸发和入渗条件。

在一定的耕作条件下，表层土壤水分蒸发的强度一方面决定于气象条件，另一方面又决定于地下水的埋深。埋深越小，地下水面以上土壤含水量越高，蒸发能力越强；干旱季节土壤蒸发强度越大，表层积盐越快，越容易形成土壤盐碱化。

在发生降雨或进行灌溉时，土壤的入渗量也与地下水条件有关。地下水位越高，土壤含水量越大，入渗速度越小，地下水位以上土壤空隙中所能蓄存的水量（亦即雨水或灌水入渗总量）也越小。因此，入渗期间自地表所能带入深层的盐分越少，因而土壤越不容易脱盐。

由于土壤脱盐和积盐均与地下水的埋藏深度有着密切关系，在生产中常根据地下水埋深判断某一地区是否会发生土壤盐碱化。在一定的自然条件和农业技术措施条件下，为了保证土壤不产生盐碱化和作物不受盐害所要求保持的地下水最小埋藏深度，叫做地下水临界深度。其大小与土壤质地、地下水矿化度、气象条件、灌溉排水条件和农业技术措施（耕作、施肥等）有关。轻质土（砂壤、轻壤土）的毛管输水能力强，当其他条件相同时，在同一地下水埋深的情况下，较黏质土的蒸发量大，因而也容易积盐，为了防止其盐碱化，地下水应保持在较大的深度，亦即地下水临界深度的数值较大。在同一蒸发强度的情况下，地下水矿化度高的地区，积盐速度快，因而也应有较大的地下水临界深度。反之，精耕细作，松土施肥，可以减少土壤蒸发，防止返盐，适时灌水可以起到冲洗压盐的作用，在这些地区地下水临界深度可以适当减小。各地条件不同，地下水临界深度也不同，一般应根据实地调查和观测试验资料确定。北方一些地区采用的临界深度见表 7-4。应当指出，年内不同季节，气象（蒸发和降雨）、耕作、灌水等具体条件不同，防止土壤返盐要求的地下水埋深及其持续时间也应有所不同。因此，对地下水位的要求不应是一个固定值而应是一个随季节而变化的地下水位动态。

表 7-4　　北方地区采用的地下水临界深度表

单位：m

地下水矿化度/(g/L) ＼ 土壤质地	砂壤	壤土	黏土
<2	1.8～2.1	1.5～1.7	1.0～1.2
2～5	2.1～2.3	1.7～1.9	1.1～1.3
5～10	2.3～2.6	1.8～2.0	1.2～1.4
>10	2.6～2.8	2.0～2.2	1.3～1.5

四、农业耕作条件对农田排水的要求

为了适于农业耕作，需要使农田土壤保持在一定的含水率以下，一般根系吸水层内含水率在田间持水率的 60%～70%时较为适宜。为了便于农业机械下田，并具有较高的工作效率，土壤含水率应低于一定数值，视土壤质地和机具类型而定。例如，根据黑龙江省

查哈阳农场在盐渍化黑钙土上的试验资料，在采用重型拖拉机带动联合收割机时，允许的最大土壤含水率为干土重的30%～32%，要求的最小地下水埋深为0.9～1.0m。根据国外资料，一般满足履带式拖拉机下田要求的最小地下水埋深为0.40～0.50m，满足轮式拖拉机机耕要求的地下水最小埋深为0.5～0.6m。

综上所述，农作物对农田排水的要求可以概括为排除多余的地面径流和控制地下水位。以下分别论述用于除涝和控制地下水位的田间排水系统。

第二节　排除地面水的水平排水系统

多余的地面水除利用田间沟网加以排除外，还应利用田块本身以及田块上的沟、畦、格田等，拦蓄一部分雨水，例如，旱作地区的灌水沟、畦，降雨时也可作为聚集雨水之用，暂时存蓄或将其导入排水沟中。在水稻地区，利用格田拦蓄部分雨水，在一定程度上也可以减轻涝灾。但在田块内部拦蓄雨水的能力是有一定限度的，这种限度可以称为大田蓄水能力。降雨时，大田蓄水一般包括两部分：一部分储存在地下水面以上的土层中；另一部分补充了地下水，并使地下水位有所升高（不超过规定的允许高度，以免影响作物生长）。旱田蓄水能力一般可用下式计算。

$$V=H(\theta_{\max}-\theta_0)+H_1(\theta_s-\theta_{\max}) \tag{7-1}$$

或

$$V=H(\theta_{\max}-\theta_0)+\mu H_1$$

式中　V——大田蓄水能力，m；

H——降雨前地下水埋深，m；

θ_0——降雨前地下水位以上土层平均体积含水率；

$\theta_{\max}$——地下水位以上土壤平均最大持水率（与土壤体积之比）；

θ_s——饱和含水率（与土壤体积之比）；

H_1——降雨后地下水允许上升高度，视地下水排水标准而定，m；

μ——给水度，$\mu=\theta_s-\theta_{\max}$。

在降雨量过大或连续降雨情况下，如果降雨径流形成的积水，超过允许的作物耐淹深度和持续时间或渗入土中的水量超过大田蓄水能力时，必须修建排水系统，将过多的雨水（涝水）及时排出田块。

为了正确规划布置除涝用的排水沟网，下面将对田面降雨径流过程和排水沟的间距加以分析。

一、田面降雨径流过程

对于旱田，在降雨过程中，如果降雨强度超过了土壤的入渗速度，则将在田面产生水层。由于田面具有一定的坡降，水层将沿田面向下流动。田块首端汇流面积小，因而淹水层厚度小，下游随着汇流面积的增大，径流量也不断增加。因此，距离田块首端越远，水层厚度也越大。在地面作物覆盖、耕作方法、地面平整情况和地面坡降相同的情况下，田块长度越大，下端水层越厚，亦即淹水深度越大。在降雨停止后，排除这一层水所需要的时间也越久，下端水层越厚，亦即淹水历时也越长。为了减少淹水深度和淹水时间，保证作物正常生长，就必须开挖田间排水沟，减少水流的长度，以加速地面径流的排除。排水

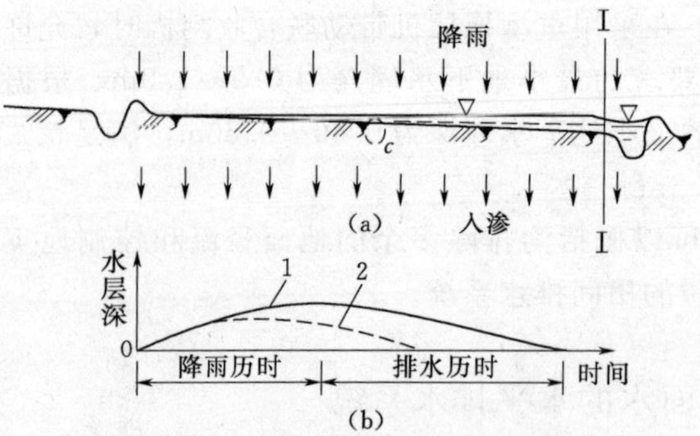

图 7-3　排水沟对田面水层的调节作用
1—开挖排水沟 c 以前 1—1 断面处排水过程线；
2—开挖排水沟 c 以后 1—1 断面处排水过程线

沟间距越小，亦即水流长度越短，淹水深度越小，淹水历时越短。排水沟对地面水层的调节作用如图 7-3 所示，增开中间的田间排水沟，不仅减少了田块尾端水层深度，同时也缩短了淹水时间。根据山东省齐河观测资料，在田间排水沟（垂直于农沟）的深度为 0.8～1.0m，间距分别为 30m、50m、100m、400m 时，地面淹水时间见表 7-5。田间排水工程可以缩短淹水时间，从而也可以减少地面水渗入地下水的量，也有利于防止农田受渍。

表 7-5　　山东省齐河县不同沟距与田面淹水时间表

（降雨量 116mm，降雨历时 4h，土壤为重壤和黏土）

田间排水沟间距/m	30	50	100	400
田面淹水时间	3～4h	5～6h	10～12h	3～4d

二、田间排水沟间距

田间排水沟是排水系统中的末级固定排水沟，如果布置过密，虽然排水效果好，但田块分割过小，机耕不便，占地过多；相反，如排水沟的间距过大，则达不到除涝排水要求，影响作物正常生长。因此排水沟的间距（如不考虑机耕及其他方面的要求）与降雨时的田面水层形成过程以及允许的淹水深度和淹水历时有密切关系。

关于各种作物的允许淹水深度和淹水历时已在第一节中介绍，但对允许淹水历时还需进一步说明。在设计排水沟间距时，一般是以作物允许淹水历时作为主要参数之一，但作物淹水历时必须以雨水渗入田间的限度（即大田蓄水能力 V）加以校核。如果根据大田蓄水能力确定的允许淹水历时小于作物允许淹水历时，则在设计排水沟间距时，应采用根据大田蓄水能力确定的允许淹水历时为依据。

在第一章已述及，土壤渗吸速度的变化过程可用式（1-25）表示：

$$i=\frac{i_l}{t^{\alpha}}$$

式（1-26）为在时间 t 内入渗总量 I（以水层深度表示）：

$$I=\frac{i_l}{1-\alpha}t^{1-\alpha}$$

式中　i_l——在第一个单位时间末的土壤入渗速度。

如果降雨历时为 t，降雨停止后允许的淹水历时为 T，则由式（1-26），在时间（$t+T$）内渗入土层的总水量（即大田蓄水能力 V）为

$$i_0(t+T)^{1-\alpha}\leqslant V$$

亦即

$$t+T\leqslant\left(\frac{V}{i_0}\right)^{\frac{1}{1-\alpha}} \qquad (7-2)$$

由上可见，田间排水沟的间距与田面降雨径流形成过程、允许的淹水历时和旱田蓄水能力等因素有密切关系，而这些因素之间的关系又十分复杂，至今还缺乏比较完善的理论公式可以进行计算。另外，田间排水沟间距除满足除涝排水要求以外，还应根据机耕及其他方面的要求，进行综合分析确定。我国北方地区农沟一般间距多为150～400m，毛沟间距为30～50m。南方地区末级排水沟间距多为100～200m。单纯排除地面水的排水沟沟深视排水流量而定，一般不超过0.8～1.0m。兼有控制地下水位作用的明沟，其深度则视防渍和防盐要求而定。

第三节　控制地下水位的水平排水系统

在地下水位较高或有盐碱化威胁的灌区，必须修建控制地下水位的田间排水沟，以便降低地下水位，防止因灌溉、降雨和冲洗引起地下水位的上升，造成渍害或土壤盐碱化。

控制地下水位的田间工程，有水平排水和垂直排水两种形式。水平排水又可分为明沟和暗管两种。本节着重介绍田间水平排水系统。

一、排水沟对地下水位的调控作用

根据灌区地下水动态资料分析，引起地下水上升的主要水量来源于降雨、灌溉（特别是种植水稻和采用不良的灌水技术）、冲洗、河渠的渗漏等。下面仅就降雨因素加以分析，以说明排水沟对地下水位的调节控制作用。

降雨时渗入地下的水量，一部分蓄存在原地下水位以上的土层中，另一部分将透过土层补给地下水，引起水位的上升。地下水位上升过程如图7-4中的*abc*所示。在田间排水工程修建前，雨停后水位的回落主要依靠地下水的蒸发。由于蒸发强度随着地下水位的下降而逐渐减弱，因而由蒸发而引起的地下水位下降速度也随地下水埋深的加大而减弱。在地下水位达到一定深度后，水位下降将十分缓慢。在无排水设施的条件下，农田地下水回落过程将如图7-4中的*cde*所示。在建有田间排水工程的条件下，降雨过程中入渗水量的一部分将自排水沟排走，因而地下水上升高度将较无排水工程时为小，如图7-4中的$ab'c'$所示。越靠近排水沟，对地下水位的控制作用越显著，地下水位越接近沟中水位；距沟越远，控制作用相对减弱，因而两沟中间一点形成地下水位最高点，如图7-5所示。雨停以后，由于排水沟和蒸发的双重作用，地下水位迅速降低，两沟中间一点水位降落过程如图7-4中$c'd'e'$所示。综上所述，田间排水沟在降雨过程中可以减少地下水位的上升，雨停后又可以加速地下水的排除和地下水位的回落，因而对于控制地下水位可以起到重要作用。

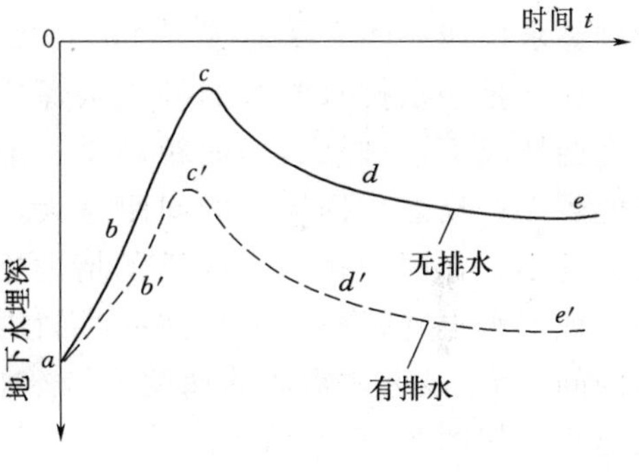

图7-4　地下水位变化过程示意图

二、控制地下水位要求的排水沟（管）的深度和间距

实际观测资料表明，在一定的排水沟深的条件下，要求的排水沟间距与土层的导压系数$a=\frac{k\overline{H}}{\mu}$（$k$为土壤的渗透系数，$\overline{H}$为含水层平均厚度，$\mu$为土壤的给水度）有着十分

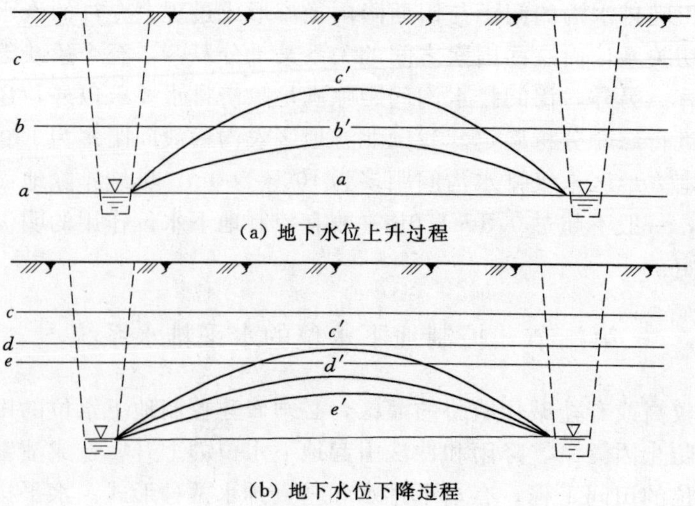

图 7-5　排水沟对地下水位的控制作用示意图

a、b、c—无排水；c、d、e—无排水；

a、b'、c'—有排水；c'、d'、e'—有排水

密切的关系。a 值越大，排水沟（管）的间距可越大，亦即土壤渗透系数越大，含水层厚度越大，土壤给水度越小，满足一定地下水位控制要求的排水沟间距可越大；反之，土壤渗水性越差（土壤越黏重），含水层厚度越小，土壤给水度越大，排水沟间距越小。在满足一定排水要求的排水沟深度和间距之间存在着密切的关系。在同一排水沟深度的情况下，排水沟的间距越小，地下水下降速度越快，在一定时间内地下水的下降值越大；反之，排水沟的间距越大，地下水下降越慢，在规定时间内地下水的下降值也越小。在同一排水沟间距的情况下，沟深越大，地下水下降越快；反之，沟深越小，地下水下降越慢。在允许的时间内要求达到的地下水埋藏深度 ΔH 一定时，排水沟的间距 L_1 越大，需要的深度 D_1 也越大；反之，排水沟的间距 L_2 越小，要求的深度也越小，如图 7-6 所示。

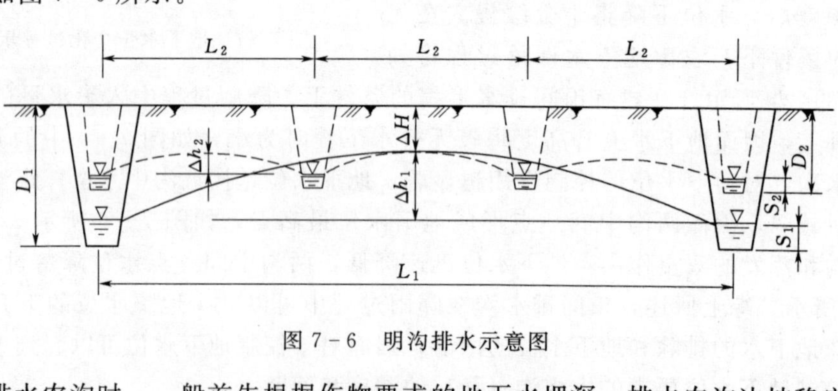

图 7-6　明沟排水示意图

设计排水农沟时，一般首先根据作物要求的地下水埋深、排水农沟边坡稳定条件、施工难易等初步确定排水农沟的深度，然后再确定相应的间距。

当作物允许的地下水埋深 ΔH 一定时，排水农沟的深度（D）可用下式表示：

$$D=\Delta H+\Delta h+S$$

式中 ΔH——作物要求的地下水埋深，m；

Δh——当两沟之间的中心点地下水位已降至 ΔH 时，地下水位与沟水位之差。此值视农田土质与沟的间距而定，一般不小于 0.2～0.3m；

S——排水农沟中的水深，排地下水时沟内水深很浅，一般取 0.1～0.2m。

排水农沟的间距，应通过专门的试验或参照当地或相似地区的资料和实践经验加以确定。表 7－6 根据我国一些地区试验资料分析统计，列出了不同土质、不同沟深时满足旱作物控制地下水位要求的排水沟间距的大致范围，可供参考。

表 7－6　控制地下水位的田间排水沟间距表

沟深/m ＼ 土质（间距/m）	轻壤或砂壤	中壤	重壤或黏土
1.0～1.3	50～70	35～50	20～35
1.3～1.5	70～100	50～70	35～50
1.5～1.8	100～150	70～100	50～70
1.8～2.3	—	100～150	70～100

根据调查统计，南方一些省区不同土质的排水暗管埋深与间距的经验值见表 7－7，由于明沟的断面大于暗管，水流入沟的束缩作用和阻力损失小于暗管，因此，采用的明沟间距大于暗管。

表 7－7　南方一些省区不同土质的排水暗管埋深与间距经验数值

土壤质地		黏土	壤土	砂壤
渗透系数/(m/d)		<0.3	0.3～0.6	0.1～1.0
地下排水形式	深度/m	间距/m		
暗管	0.8	6～8	8～10	10～12
	1.0	8～10	10～12	12～15
	1.2	10～12	12～15	15～20
	1.5	12～15	15～20	20～30

水田地区排水农沟的深度，一般为 0.8～1.5m；旱作物地区的沟深为 1.5～2.0m；而沟的间距则一般在 60～200m 范围内，视各地土质而异。

在盐碱化地区，排水沟的深度和间距，不仅要满足控制和降低地下水位的要求，而且要能达到脱盐和改良盐碱土的预期效果。根据各地经验，末级固定排水沟的沟深与间距关系如表 7－8 所示，可供黄淮海平原北部地区参考。在冲洗改良阶段，为了加速土壤脱盐，可采用深浅沟相结合的办法。在深沟控制地段，加设深 1m 左右的临时性浅沟（毛排），待土壤脱盐后再行填平。根据山东打渔张灌区六户试验站资料，在砂性壤土地区，排水毛沟的间距可采用 150m，在壤土黏重地区可采用 100m。

表 7-8　　　　末级排水沟的沟深和间距

排水沟 \ 土质	黏质土				轻质土			
沟深	1.2	1.4	1.6	1.8	2.1	2.3	2.5	3.0
间距	160～200	220～260	280～320	340～380	300～340	360～400	420～470	580～630

在缺乏实测和调查资料情况下，排水沟的间距也可采用公式进行计算。不透水层的埋深不同，其计算方法也有差别。下面按不透水层位于有限深度和无限深度时的两种情况进行介绍。

(一) 不透水层位于有限深度时

1. 地下水运动基本方程的推导

图 7-7 为不透水层在有限深度时的排水情况示意图。在图 7-7 中，取距原点为 x 及 $x+\mathrm{d}x$ 的Ⅰ—Ⅰ、Ⅱ—Ⅱ两个断面之间的地段 $\mathrm{d}x$ 进行分析。设通过Ⅰ—Ⅰ断面单位宽度（垂直纸面）的流量为 q，降雨入渗强度为 ε，则通过Ⅱ—Ⅱ断面的单宽流量为 $q+\frac{\partial q}{\partial x}\mathrm{d}x$。在 $\mathrm{d}t$ 时间内，自 $\mathrm{d}x$ 地段流走的总水量为 $\frac{\partial q}{\partial x}\mathrm{d}x\mathrm{d}t$，渗入 $\mathrm{d}x$ 地段的总水量为 $\varepsilon\mathrm{d}x\mathrm{d}t$。当蒸

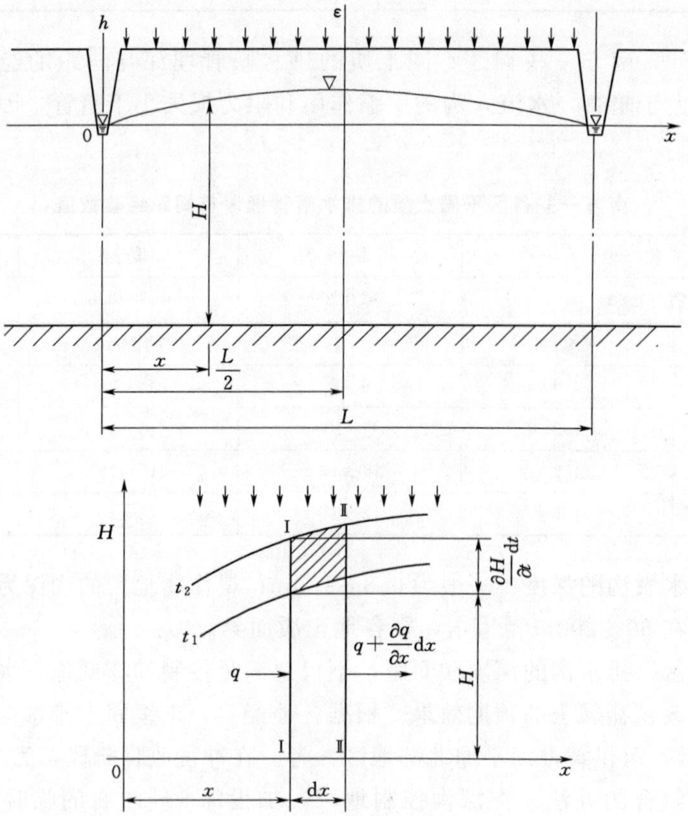

图 7-7　不透水层在有限深度时的排水示意图

发可忽略不计时，在 $\mathrm{d}t$ 时间内，地下水位自 H 上升至 $H+\frac{\partial H}{\partial t}\mathrm{d}t$。地下水位上升 $\frac{\partial H}{\partial t}\mathrm{d}t$ 时，在土壤中增加的存蓄的水量为 $\mu\frac{\partial H}{\partial t}\mathrm{d}x\mathrm{d}t$（其中 μ 为未饱和土壤的孔隙率），根据水量平衡原理，在 $\mathrm{d}t$ 时间内增加的水量应与地下水位上升所需水量相等，即

$$\left(\varepsilon-\frac{\partial q}{\partial x}\right)\mathrm{d}x\mathrm{d}t=\mu\frac{\partial H}{\partial t}\mathrm{d}t\mathrm{d}x$$

或

$$-\frac{1}{\mu}\frac{\partial q}{\partial x}+\frac{\varepsilon}{\mu}=\frac{\partial H}{\partial t}$$

根据达西定律，通过任一断面的流量为

$$q=-kH\frac{\partial H}{\partial x}$$

$$\frac{1}{\mu}\frac{\partial\left(kH\frac{\partial H}{\partial x}\right)}{\partial x}+\frac{\varepsilon}{\mu}=\frac{\partial H}{\partial t}$$

由于在一般情况下，地下水位的变化远较地下水深 H 为小，式中 H 可用平均水深 $\overline{H}$ 代替，则上式可以换写成式（7－3）形式。该式即为地下水运动基本方程（即在均匀土质条件下的地下水不恒定流的一般方程）：

$$a\frac{\partial^2 H}{\partial x^2}+\frac{\varepsilon}{\mu}=\frac{\partial H}{\partial t} \tag{7-3}$$

式中　a——导压系数（或水位传导系数）。

2. 恒定流计算公式

在雨季连续降雨时，由降雨入渗补给地下水的水量如果与排水沟排出水量相等，则该时的地下水位达到稳定，即地下水位将不随时间而变化，此时，排水沟间距应按恒定流公式计算，则式（7－3）可以改写成

$$\frac{k\overline{H}}{\mu}\frac{\mathrm{d}^2 H}{\mathrm{d}x^2}+\frac{\varepsilon}{\mu}=0 \tag{7-4}$$

设排水沟间距为 L（图 7－8），在沟中水位变化较小时，可以作为定水位看待，若以沟内水位为基准面，沟水位以上水位高程取作 h，则 $h=H-H_0$，$\frac{\mathrm{d}^2H}{\mathrm{d}x^2}=\frac{\mathrm{d}^2h}{\mathrm{d}x^2}$，式（7－4）可写成

$$\frac{k\overline{H}}{\mu}\frac{\mathrm{d}^2 h}{\mathrm{d}x^2}+\frac{\varepsilon}{\mu}=0$$

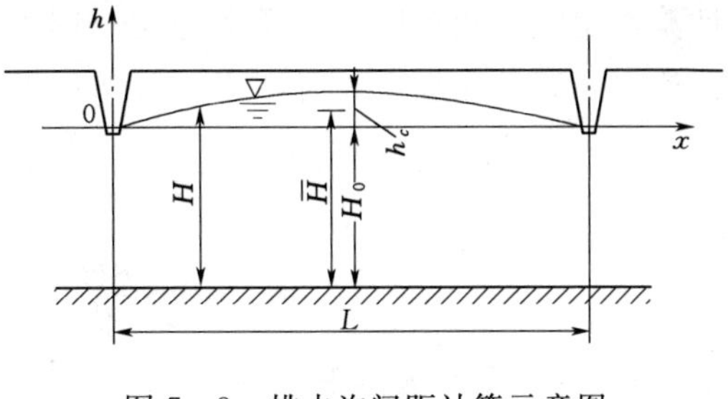

图 7－8　排水沟间距计算示意图

其边界条件为：$x=0$，$h=0$（自沟内原有水位算起）；$x=L$，$h=0$。

将上式移项，可写成

$$\frac{\mathrm{d}^2 h}{\mathrm{d}x^2}=-\frac{\varepsilon}{k\overline{H}}$$

积分，则

$$\frac{\mathrm{d}h}{\mathrm{d}x}=-\frac{\varepsilon}{k\overline{H}}x+c_1$$

再积分，则

$$h=-\frac{\varepsilon}{k\overline{H}}\frac{x^2}{2}+c_1x+c_2 \tag{7-5}$$

根据边界条件确定常数 c_1 及 c_2：

$$x=0,\quad h=0,\quad c_2=0$$

$$x=L,\quad h=0,\quad -\frac{\varepsilon}{k\overline{H}}\frac{L^2}{2}+c_1L=0,\quad c_1=\frac{\varepsilon L}{2k\overline{H}}$$

将 c_1、c_2 代入式（7-5），得

$$h=-\frac{\varepsilon x^2}{2k\overline{H}}+\frac{\varepsilon Lx}{2k\overline{H}} \tag{7-6}$$

在两排水沟中间一点，即 $x=\frac{L}{2}$处，地下水位上升值为 h_c：

$$h_c=-\frac{\varepsilon\frac{L^2}{4}}{2k\overline{H}}+\frac{\varepsilon\frac{L^2}{2}}{2k\overline{H}}=\frac{\varepsilon L^2}{8k\overline{H}} \tag{7-7}$$

由于 $\overline{H}=H_0+\frac{h_c}{2}=\frac{2H_0+h_c}{2}$，代入式（7-7）即得恒定流条件下的地下水排水沟间距的计算公式：

$$L=\sqrt{\frac{8h_ck\left(\frac{2H_0+h_c}{2}\right)}{\varepsilon}}=\sqrt{\frac{4k(h_c^2+2H_0h_c)}{\varepsilon}} \tag{7-8}$$

式（7-8）为完整沟（即沟底切穿整个透水层）时的计算公式。在实际情况下，田间排水沟的深度一般多在 2～2.5m 以下，而透水层厚度常大于沟深。在这种情况下的排水沟为非完整沟。由于地下水流自透水层进入排水沟进发生急剧收缩，因而产生局部损失。在计算非完整沟间距时，为了考虑这一附加损失，常将透水层厚度 $\overline{H}$ 乘以修正系数 α❶，求得透水层有效厚度。此时，式（7-8）变为

$$L=\sqrt{\frac{4k(h_c^2+2h_cH_0)\alpha}{\varepsilon}} \tag{7-8'}$$

$$\alpha=1\Big/\left(1+\frac{8\overline{H}}{\pi L}\ln\frac{2\overline{H}}{\pi D}\right),\quad \overline{H}=\frac{2H_0+h_c}{2}$$

式中　α——非完整沟修正系数；

　　D——采用明沟时为沟内水面宽，采用暗管时为暗管直径。

式（7-8′）须经过试算求解，将 $\overline{H}=\frac{2H_0+h_c}{2}$代回式（7-8′），得

$$\varepsilon L^2=8kh_c\overline{H}\alpha$$

❶ 瞿兴业，均匀入渗情况下均质地下水向排水沟流动的分析，《水利学报》，1962 年第 2 期。

$$L^2=\frac{kh_c}{\varepsilon}\frac{1}{\frac{1}{8\overline{H}}+\frac{1}{\pi L}\ln\frac{2\overline{H}}{\pi D}}$$

$$\frac{L^2}{8\overline{H}}+\frac{1}{\pi}\ln\frac{2\overline{H}}{\pi D}L-\frac{kh_c}{\varepsilon}=0$$

求解上式可得非完整排水沟间距的计算式：

$$L=\sqrt{\left(\frac{4\overline{H}}{\pi}\ln\frac{2\overline{H}}{\pi D}\right)^2+8\overline{H}\frac{kh_c}{\varepsilon}}-\frac{4\overline{H}}{\pi}\ln\frac{2\overline{H}}{\pi D} \tag{7-8''}$$

自式（7－8″）可直接求得间距 L。

【例 7－1】 某多雨地区，为了控制地下水位，拟建立排水系统。若采用非完整排水沟，设计排水沟水位在地面以下 1.0m，沟水位至不透水层深度 $H_0=4.5$m，如图 7－9 所示，沟内水深 0.2m，水面宽 $D=0.4$m，设计降雨入渗强度 $\varepsilon=0.02$m/d。要求在降雨期间排水地段中心地下水位上升高度不超过 0.6m（即地下水位控制在地面以下 0.4m）。已知土壤渗透系数 $k=$1m/d，求排水沟间距。

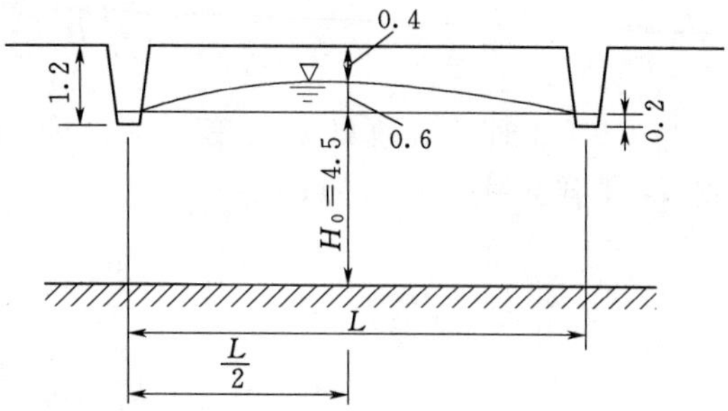

图 7－9　排水沟间距计算示例图

解　由题意知：$h_c=0.6$m，$H_0=4.5$m，$\varepsilon=0.02$m/d，$k=1$m/d，$\overline{H}=4.8$m，代入式（7－8″），得

$$L=\sqrt{\left(\frac{4\times4.8}{\pi}\ln\frac{2\times4.8}{\pi\times0.4}\right)^2+8\times4.8\frac{1\times0.6}{0.02}}-\frac{4\times4.8}{\pi}\times\ln\frac{2\times4.8}{\pi\times0.4}$$
$$=36.14-12.42=23.72(\text{m})$$

在完整排水沟的情况下，$L=33.76$m。

3. 非恒定流计算公式

发生降雨时，当降雨入渗补给地下水的水量大于排水沟排出的水量时，则地下水位将不断上升；降雨停止后，水位开始回降，下降的水位随时间而变化。

（1）根据一次降雨或灌水后地下水位回落过程推求的非恒定流计算公式。在发生短时间暴雨时，如由于降雨入渗沟间地下水位迅速上升接近地表，排水沟内由于排除地表径流，亦达到较高水位，但雨停后沟水位很快降至排除地下水的低水位，由图 7－10 所示。

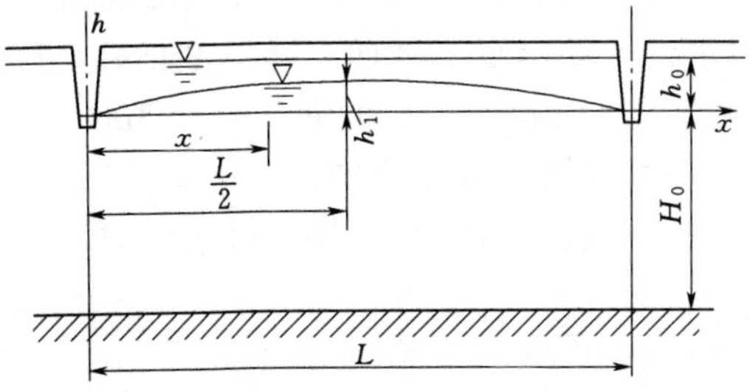

图 7－10　排水沟布置示意图

在这种情况下，如雨停时沟间地下水位接近水平，并高出沟水面 h_0。取沟水面为基准面，沟水面以上水位高程为 h，则降雨停止后，式（7－3）可写成

$$a\frac{\partial^2 h}{\partial x^2}=\frac{\partial h}{\partial t} \tag{7-3'}$$

其初始和边界条件如下：

初始条件　$h(x,t)_{t=0}=h_0$

边界条件
$$h(x,t)_{x=0}=0$$
$$h(x,t)_{x=L}=0$$

由此定解方程（7-3′），求得

$$h=h_0[1-(s)']^{❶} \tag{7-9}$$

系数
$$(s)'=1+\sum_{n=1}^{\infty}(-1)^n \frac{2\cos\left[(1-\overline{x})\frac{(2n-1)\pi}{2}\right]}{\frac{(2n-1)\pi}{2}} e^{-\left(\frac{2n-1}{2}\pi\right)^2 \overline{t}} \tag{7-10}$$

式中

$$\overline{t}=\frac{t}{\frac{L^2}{4a}}, \quad \overline{x}=\frac{x}{\frac{L}{2}}$$

当 $\overline{t}>0.3$ 时，级数只需取第一项，即 $n=1$。此时排水沟中间一点的水位值 $h=h_1$，可将 $\overline{x}=1$ 代入式（7-10），得

$$(s)'=1-\frac{4}{\pi}e^{-\left(\frac{\pi}{2}\right)^2\overline{t}}$$

$$h_1=h_0\frac{4}{\pi}e^{-\left(\frac{\pi}{2}\right)^2\overline{t}}$$

取对数：

$$\left(\frac{\pi}{2}\right)^2\overline{t}=\ln\frac{4h_0}{\pi h_1}$$

$$\frac{\pi^2 ta}{L^2}=\frac{\pi^2 tk\overline{H}}{\mu L^2}=\ln\frac{4h_0}{\pi h_1}$$

解之，得排水沟间距公式为

$$L=\pi\sqrt{\frac{k\overline{H}t}{\mu\ln\frac{4h_0}{\pi h_1}}} \tag{7-11}$$

已知降雨停止后的任何一时间 t 所要求的地下水位 h_1 时，即可根据式（7-11）计算排水沟间距。式（7-11）在国外文献中称为 Glover 公式。式中分子的对数项中 $4/\pi=1.27$。如在降雨停止时，沟间地下水面不是一个平面，而是一个四次抛物线，则对数项中的 $4/\pi$ 将变为 1.16，式（7-11）中若采用 1.16，则称为 Glover-Dumm 公式。

【例 7-2】 某排水地区，排水沟深 1.8m，沟内水深 0.2m，地下水位在地面以下 1.6m 处，不透水层埋深 11.6m。降雨后，地下水位上升趋近于地面。降雨停止后，地下水位逐步回落。根据农作物生长要求，在降雨停止后 4d，地下水位下降 0.8m。$k=1$ m/d，$\mu=0.05$，试计算排水沟的间距。图 7-11 为排水沟布置示意图。

解 当透水层厚度远大于地下水位变化值时，可以近似地取 $\overline{H}$ 等于沟水位至不透水层厚度 H_0，即 $\overline{H}=10$m（偏于安全）。

---

❶ 张蔚榛主编，地下水排稳定流计算和地下水资源评价（第 260～263 页），科学出版社，1983。

在降雨停止 4d 后，要求地下水位从接近地面处下降 0.8m，即 $h_1=0.8\text{m}$。在非完整沟的情况下对含水层厚度需用系数 α 加以修正。由于 α 的计算式中包含间距 L，因此需要采用迭代法求解，即首先根据完整沟的情况求得排水沟间距作为第一次迭代值：

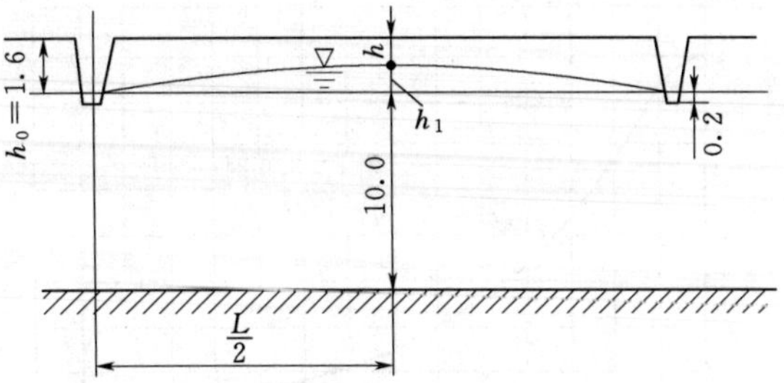

图 7-11　某排水地区排水沟布置示意图（单位：m）

$$L=\pi\sqrt{\frac{k\overline{H}t}{\mu\ln\frac{4h_0}{\pi h_1}}}=\pi\sqrt{\frac{1\times10\times4}{0.05\ln\frac{4\times1.6}{x\times0.8}}}$$

$$=91.9(\text{m})$$

非完整沟时修正系数 α 为

$$\alpha=\frac{1}{1+\frac{8\overline{H}}{\pi L}\ln\frac{2\overline{H}}{\pi D}}=\frac{1}{1+\frac{80}{\pi\times91.9}\ln\frac{20}{0.4\pi}}=0.566$$

采用透水层有效厚度 $\alpha\overline{H}$ 时，求得排水沟间距为

$$L=\pi\sqrt{\frac{\alpha k\overline{H}t}{\mu\ln\frac{4h_0}{\pi h_1}}}=91.9\sqrt{\alpha}=69.14(\text{m})$$

再根据新的 L 值，代入 α 的计算式求得 $\alpha=0.495$，间距 $L=64.66\text{m}$；返复迭代，最后求得 $\alpha=0.473$，$L=63.2\text{m}$，排水沟间距取 $L=63\text{m}$。

（2）根据一定季节内多次水位涨落过程推求的非恒定流计算公式。在生长期或生长阶段内发生多次降雨或灌水时，如根据地下水高水位持续时间和超出某一水位的累积值进行排水系统设计，则需要计算在入渗和蒸发影响下的地下水变化过程。在入渗或蒸发条件下地下水运动的基本方程为式（7-3），如降雨开始前地下水位与沟（或管）水位齐平，降雨过程中沟水位基本不变，则初始和边界条件如下：

初始条件　　$h(x,t)_{t=0}=0$

边界条件　　$h(x,t)_{x=0}=0$

$h(x,t)_{x=L}=0$

如降雨入渗强度为 ε(m/d)，降雨入渗持续时间为 t_1(d)，则求解式（7-3），可得任一时间两沟（或暗管）中间一点的水位上升高度 h(m) 的表达式为

$$h=\frac{\varepsilon t}{\mu}\eta \tag{7-12}$$

式中　$\frac{\varepsilon t}{\mu}$——无排水设施时的水位上升高度，m；

η——调节系数，反映排水沟对中心点地下水位上升的控制作用。

η 为相对时间 $\bar{t}=\frac{4at}{L^2}$ 的函数，在 $\bar{t}<0.05$ 时，η 接近于 1；在 $\bar{t}>0.3$ 时：

$$\eta=\frac{1}{\bar{t}}\left[\frac{1}{2}+\frac{16}{\pi^3}e^{-\left(\frac{\pi}{2}\right)^2\bar{t}}\right]$$

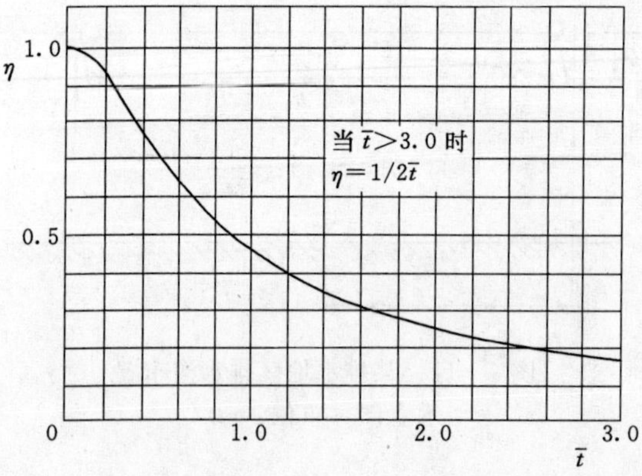

图 7-12　函数 η 与 $\bar{t}$ 关系曲线

η 可自图 7-12 查得。

当 $\bar{t}>2.7$ 时：$\eta=\frac{1}{2\bar{t}}$，则

$$h=\frac{\varepsilon t}{\mu}\frac{1}{2\bar{t}}=\frac{\varepsilon t}{\mu}\frac{L^2}{8ta}$$

$$h=\frac{\varepsilon}{\mu}\frac{L^2}{8\frac{k\bar{H}}{\mu}}=\frac{\varepsilon L^2}{8k\bar{H}}$$

此式即是式（7-7），是地下水位达到恒定时的计算公式。

当降雨入渗强度发生变化时，若在 t_1 时刻，入渗强度改变为 ε_1。入渗时 ε_1 为正值，蒸发时为负值，无入渗和蒸发时，$\varepsilon_1=0$。在 $t>t_1$ 时水位 h 可通过水流叠加方法求得：

$$h=\frac{\varepsilon t}{\mu}\eta-\frac{\varepsilon(t-t_1)}{\mu}\eta_{\bar{t}-\bar{t}_1}+\frac{\varepsilon_1(t-t_1)}{\mu}\eta_{\bar{t}-\bar{t}_1}$$

或

$$h=\frac{\varepsilon t}{\mu}\eta+\frac{\varepsilon_1-\varepsilon}{\mu}(t-t_1)\eta_{\bar{t}-\bar{t}_1} \tag{7-13}$$

如在作物生长季节发生 n 次入渗强度的变化，仍可用类似方法求得水位高度 h(m)：

$$h=\frac{\varepsilon t}{\mu}\eta_{\bar{t}}+\frac{\varepsilon_1-\varepsilon}{\mu}(t-t_1)\eta_{\bar{t}-\bar{t}_1}+\frac{\varepsilon_2-\varepsilon_1}{\mu}(t-t_2)\eta_{\bar{t}-\bar{t}_2}+\cdots+\frac{\varepsilon_n-\varepsilon_{n-1}}{\mu}(t-t_n)\eta_{\bar{t}-\bar{t}_n} \tag{7-14}$$

根据式（7-14）可以求得在排水沟（管）间距已知的条件下地下水位在时间上的变化过程，满足以水位历时累加值为指标的排水标准（如 SEW_{30} 等）的排水沟间距，则可以给定不同的排水沟间距通过计算确定。

（二）不透水层位于无限深度时

当地下水不透水层埋藏极深（$H\geqslant L$）时，流向排水沟（或暗管）的地下水为非渐变流，除水平流速外还有垂直流速，排水沟（管）间地段地下水流线如图 7-13 所示。在恒定流情况下地下水运动方程式为

$$\frac{\partial^2\varphi}{\partial x^2}+\frac{\partial^2\varphi}{\partial y^2}=0$$

式中　φ——$-k(h+y)$ 为速度势；

h——坐标为（x，y）的任一点的压力水头。

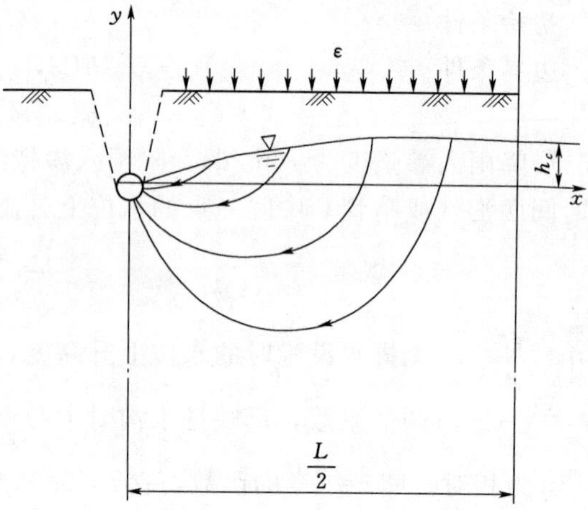

图 7-13　不透水层在无限深度时的排水示意图

在有均匀入渗强度 ε 的情况下地下水发生恒定流动时，流向排水沟（管）的渗

流量 q 与两沟中间地下水位上升值 h_c 之间的关系式为

$$q=\varepsilon L=\frac{k\pi h_c}{\ln\dfrac{2L}{\pi D}} \tag{7-15}$$[1]

式中 h_c——两沟中间一点地下水位与沟水位差；

D——暗管直径或明沟水面宽。

在入渗强度 ε 和允许的水位上升高度 h_c 已知时，排水沟（管）的间距计算式为

$$L=\frac{k\pi h_c}{\varepsilon\ln\dfrac{2L}{\pi D}} \tag{7-16}$$

【例 7-3】 某地区土壤条件、水文地质条件、降雨入渗强度以及排水沟断面和水位控制条件均与不透水层位于有限深度例题相同，只是沟水位至不透水层深度 $H_0=50$m。求排水沟间距。

解 自不透水层在有限深例题知：$h_c=0.6$m，$H_0=50$m，$\varepsilon=0.02$m/d，$k=1$m/d，$\overline{H}=50+\frac{h_c}{2}=50.3$(m)。不透水层在有限深度时排水沟间距 $L=23.72$m，远小于不透水层埋藏深度 50.3m，故排水沟间距可采用式（7-16）计算。由于式（7-16）中包含待求的间距 L，需迭代求解。首先以有限深情况下间距 $L=23.72$m 作为第一次迭代值。将各参数值代入式（7-16），得

$$L=\frac{1\times\pi\times0.6}{0.02\ln\dfrac{2\times23.72}{\pi\times0.4}}=25.95(\mathrm{m})$$

将 25.95m 作为第二次迭代值代入式（7-16），得

$$L=\frac{1\times\pi\times0.6}{0.02\ln\dfrac{2\times25.95}{\pi\times0.4}}=25.32(\mathrm{m})$$

再经两次迭代后，得

$$L=25.45\mathrm{m}$$

降雨时，地下水位上升，降雨后地下水位下落，水流呈不恒定状况。在根据一次降雨后水位下降过程进行设计时，排水计算公式可以采用变换瞬时稳定过程的方法进行推导。若在起始时两沟中间一点地下水位比沟（管）水位高出 h_0，任一时间 t 时地下水位高出沟水位值为 h，如图 7-14 所示。如将任一时间的地下水面和排水流量近似地按稳定流考虑，则排水流量 q 仍可按式（7-15）计算。在 $\mathrm{d}t$ 时段内两沟中间一点地下水位下降值 $\mathrm{d}h$ 与排水流量 q 之间有以下关系：

$$-\varphi_1\mu L\mathrm{d}h=q\mathrm{d}t=\frac{k\pi h}{\ln\dfrac{2L}{\pi d}}\mathrm{d}t \tag{7-17}$$

左侧 $\mu L\mathrm{d}h$ 表示沟间地段各点均下降 $\mathrm{d}h$ 时排出的水量，但由于沟间地下水位并非均

---

[1] 瞿兴业，均匀入渗情况下均质地下水向排水沟流动的分析，《水利学报》，1962 年第 6 期。

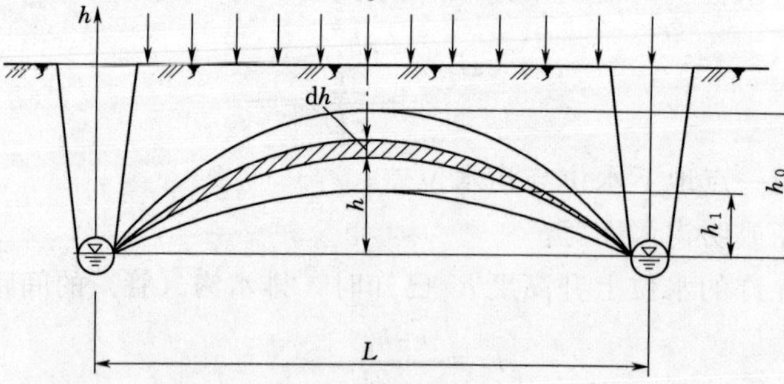

图 7-14　不透水层位于无限深时非恒定流排水示意图

匀下降，靠近沟（管）处受沟水位限制下降较小，故须乘以考虑浸润曲线形状的修正系数 φ_1，φ_1 一般为 0.7～0.8。式（7-17）经变换后得

$$\int_{h_1}^{h} -\frac{\dfrac{\varphi_1 \mu L}{k\pi}}{\ln\dfrac{2L}{\pi d}} \frac{dh}{h} = \int_0^t dt \tag{7-18}$$

积分并整理后得

$$\frac{\dfrac{\varphi_1 \mu L}{k\pi}\ln\dfrac{h_0}{h}}{\ln\dfrac{2L}{\pi d}} = t \tag{7-19}$$

若要求在 t 时间中间一点地下水位降低至 h_1，则排水沟间距为

$$L = \eta \frac{kt}{\ln\dfrac{h_0}{h_1}} \tag{7-20}$$

$$\eta = \frac{\pi}{\varphi_1 \mu \ln\dfrac{2L}{\pi d}}$$

在发生多次水位涨落过程时，非恒定流计算公式仍可用变换瞬时过程法推求。在发生降雨入渗（强度为 ε）时，沟间地段地下水位在 dt 时间之内的变化 dh 可以用下式表示：

$$\varphi_1 \mu L dh = (\varepsilon L - q) dt \tag{7-21}$$

由于

$$q = \frac{\pi k h}{\ln\dfrac{2L}{\pi d}} = q_1 h$$

$$q_1 = \frac{\pi k}{\ln\dfrac{2L}{\pi d}}\text{（单位水头差时单位沟长的排水流量）}$$

代入式（7-21）得

$$dt = \frac{\varphi_1 \mu L}{\varepsilon L - q_1 h} dh \tag{7-22}$$

自 $t=0$ 积分至 $t=t$，$h=0$ 积分至 $h=h$，得

$$-t=\frac{\varphi_1 \mu L}{q_1}\ln\left(\frac{\frac{\varepsilon L}{q_1}-h}{\frac{\varepsilon L}{q_1}}\right)$$

或

$$e^{-\frac{tq_1}{\varphi_1 \mu L}}=\frac{\frac{\varepsilon L}{q_1}-h}{\frac{\varepsilon L}{q_1}} \tag{7-23}$$

令 $\bar{t}=\frac{tq_1}{\varphi_1 \mu L}$，则可得

$$h=\frac{\varepsilon t}{\mu}\frac{1}{\varphi_1}\frac{1-e^{-\bar{t}}}{\bar{t}}$$

$$h=\frac{\varepsilon t}{\mu}\eta_{\bar{t}} \tag{7-24}$$

$$\eta_{\bar{t}}=\frac{1}{\varphi_1}\frac{1-e^{-\bar{t}}}{\bar{t}} \tag{7-25}$$

式（7-24）与有限透水层条件下公式形式完全相同，只是 $\eta_{\bar{t}}$ 和 $\bar{t}$ 的含义不同，在发生多次降雨或蒸发时，计算仍可用式（7-14）。

三、控制水田渗漏量要求的排水沟（或暗管）的间距

如前所述，为了保证水稻的正常生长，淹水稻田中需要保持一定的渗漏强度。在冲洗改良盐渍化土壤时，为了在一定时间内达到脱盐要求，常需要有较大的入渗强度。排水沟（或管）的间距和深度必须根据要求的入渗强度进行选择。

淹水条件下入渗强度的大小除与土壤的质地（渗透系数）有密切关系外，主要决定于沟（管）的深度、间距和田面水位与沟水位差。入渗强度在沟距、沟深和水位差一定的条件下还与田面各点与沟（或管）的距离有关，距沟越近，入渗强度越大，在田面一点与沟的距离超过4倍含水层的厚度，或超过沟深的10倍时，该点的入渗强度已相当微弱。入渗强度与距离的关系如图7-15所示。

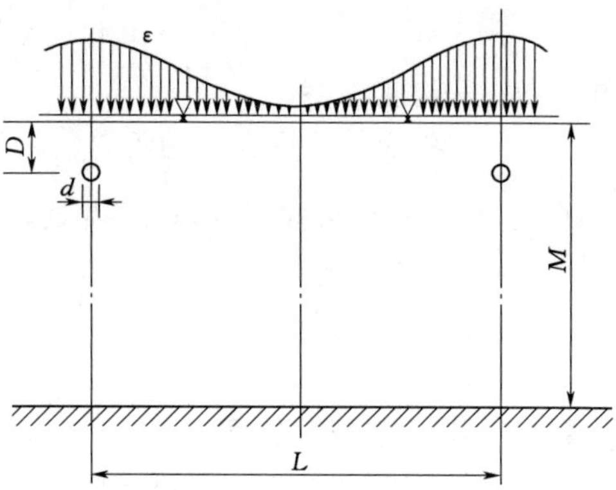

图7-15　暗管排水条件下水田入渗强度分布图

现以含水层厚度较大（沟间距 $L \leqslant 0.5$ 倍含水层厚度 M）的情况为例，说明水田和淹水冲洗时入渗强度的计算方法。

1. 水田暗管排水情况

在暗管埋深为 D，直径为 d，间距为 L，田面水层与暗管水头差为 H 时，田面各点入渗强度 ε(m/d) 的计算公式：

$$\varepsilon=\bar{\varepsilon}\frac{\alpha}{(1-\alpha^2)\sin^2\frac{\pi x}{L}+\alpha^2} \tag{7-26}$$

式中　x——入渗点与暗管中心的距离，m；

$\bar{\varepsilon}$——平均入渗强度，m/d。

$$\bar{\varepsilon}=\frac{q}{L}=\frac{KH}{AL} \tag{7-27}$$

式中 q——单位管长的排水流量，m^2/d。

$$A=\frac{1}{\pi}\text{arth}\sqrt{\frac{\text{th}\,\frac{\pi D}{L}}{\text{th}\,\frac{\pi(D+d)}{L}}} \tag{7-28}$$

$$\alpha=\sqrt{\text{th}\,\frac{\pi D}{L}\text{th}\,\frac{\pi(D+d)}{L}} \tag{7-29}$$

暗管中心线（$x=0$）的入渗速度 ε_0(m/d)：

$$\varepsilon_0=\frac{\bar{\varepsilon}}{\alpha}$$

暗管间地段中心$\left(x=\frac{L}{2}\right)$入渗强度 ε_c：

$$\bar{\varepsilon}_c=\bar{\varepsilon}\alpha$$

2. 明沟冲洗排水情况

在冲洗条件下应尽量保持田面与沟水位之间有较大的水头差。由于明沟的断面较大，而排出的水量仅是入渗的流量，故水位较低。在忽略沟内水深和田面水层厚度时，与沟不同距离 x 处的入渗强度可用下式表示：

$$\varepsilon=k\left\{1-\frac{\sin\frac{\pi x}{L}}{\sqrt{\text{ch}^2\,\frac{\pi D}{L}-\cos^2\,\frac{\pi x}{L}}}\right\} \tag{7-30}$$

式中 D——沟底深度；

x——田面入渗点与沟的距离。

自式（7-30）可知，沟边 $x=0$ 处，入渗强度 $\varepsilon=k$；在 $x=\frac{L}{2}$处（两沟中间一点）：

$$\varepsilon=k\left\{1-\frac{1}{\text{ch}\,\frac{\pi D}{L}}\right\}$$

【例 7-4】 水田暗管埋深 1.0m，含水层厚度 $M=24$m，渗透系数 $k=0.10$m/d，暗管管径 0.06m，暗管间距 12m，试求暗管不承压（$H=1.0$m）和 $H=0.35$m 时，平均入渗强度和最大最小入渗强度。

解 由于 $L=0.5M$，即暗管间距仅为含水层厚度的$\frac{1}{2}$，入渗可按无限深计算。平均入渗强度为

$$\bar{\varepsilon}=\frac{kH}{AL}$$

$$A=\frac{1}{\pi}\text{arth}\sqrt{\frac{\text{th}\,\frac{\pi}{12}}{\text{th}\,\frac{\pi(1.06)}{12}}}=\frac{1}{\pi}\text{arth}\sqrt{\frac{0.256}{0.277}}$$

$$A=\frac{1.95}{\pi}=0.621$$

$H=1.0m$ 时，$\bar{\varepsilon}=\frac{0.10\times1}{0.621\times12}=0.0134(m/d)=13.4mm/d$

$x=0$ 处，$\alpha=\sqrt{0.256\times0.277}=0.266$

$$\varepsilon_0=\frac{\bar{\varepsilon}}{\alpha}=50.3mm/d$$

$x=\frac{L}{2}$处，$\varepsilon_c=\bar{\varepsilon}\alpha=13.4\times0.266=3.56(mm/d)$。

$H=0.35m$ 时：

$$\bar{\varepsilon}=\frac{0.10\times0.35}{0.621\times12}=4.69(mm/d)$$

$$\varepsilon_0=\frac{4.69}{0.266}=17.6(mm/d)$$

$$\varepsilon_c=4.69\times0.266=1.25(mm/d)$$

计算表明在水稻生长期，田面与暗管水位之间应保持较小水头差，保持较大水头差 $H=1.0m$ 时，渗漏强度过大，造成水量浪费；在 $H=0.35m$ 时，平均入渗强度 $\bar{\varepsilon}$ 可以满足允许的适宜下限 3mm/d，但最小入渗强度小于下限，为此，需减小暗管间距。取 $L=7m$。则：

$$A=\frac{1}{\pi}\text{arth}\sqrt{\frac{0.421}{0.443}}=\frac{2.180}{\pi}=0.694$$

$$\bar{\varepsilon}=\frac{0.10\times0.35}{0.694\times7}=7.20(mm/d)$$

$$\varepsilon_0=\frac{7.20}{0.431}=16.7(mm/d)$$

$$\varepsilon_c=7.20\times0.431=3.10(mm/d)$$

基本符合入渗强度的要求。

在水旱轮作地区排水沟（管）的深度和间距应同时根据两种作物对水位和入渗强度的要求加以确定。

第四节　田间排水系统的布置与结构

一、田间明沟排水系统

田间排水系统应与灌溉系统结合布置，由于各地区自然条件不同，田间排水系统的组成和任务也有很大差异，应根据具体要求拟定合理的布置方案。

在易旱易涝易碱地区，如防止土壤次生盐碱化的任务由斗、支沟负担，则田间渠系仅负担灌溉和除涝的任务。在地下水埋深较大，无控制地下水位和防渍要求，或虽有控制地下水位的任务，但由于土质较轻，要求排水沟间距在 200～300m 以上时，排除地面水和控制地下水的排水农沟可以结合使用。在这种情况下，农田内部的排水沟主要起除涝（排除地面水）作用，田间灌排渠系可以全部（即毛渠、输水垄沟）或部分（即输水垄沟）结合使用，其布置形式分别如图 7-16（a）、（b）所示。

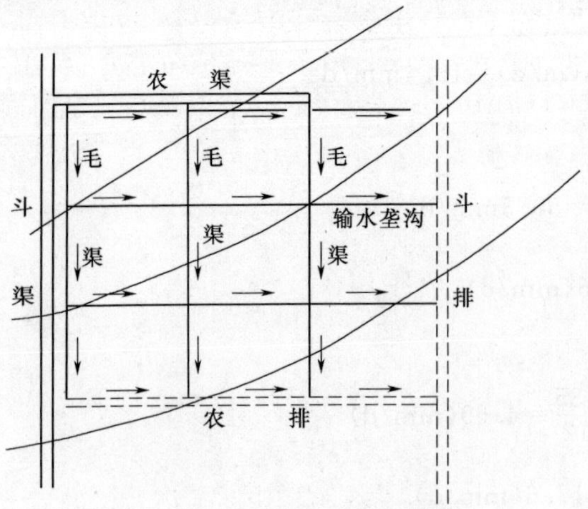

(a) 毛渠输水垄沟灌排两用的田间渠系

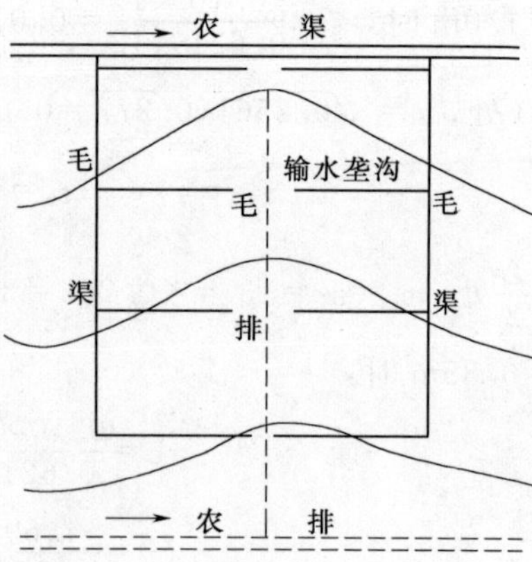

(b) 仅输水沟灌排两用的田间渠系

图 7-16 灌排两用田间渠系布置示意图

在土质比较黏重的易旱易涝地区，控制地下水位（防渍）要求的排水沟间距较小。因此，除排水农沟外，在农田内部尚须有 1～2 级田间排水沟。

在要求控制地下水位的末级排水沟间距为 100～150m 时，则在田间可以仅设毛沟，田间灌排渠系的布置如图 7-17（a）所示。农沟及毛沟均应起控制地下水位的作用，毛沟深度一般至少 1.0～1.2m，农沟则应在 1.2～1.5m 以上。由于田块为排水毛沟分割，条田宽度减小，机耕时拖拉机开行方向应平行毛沟。为了加速地面径流的排除，毛沟应大致平行等高线布置。

如要求的末级排水沟间距在 30～50m 以下，则在农田内部采用两级排水沟（毛沟、小沟），此时灌排渠系如图 7-17（b）所示。末级田间排水沟应大致平行等高线布置，以利地表径流的排除。如末级排水沟要求的深度较大，不便机耕，有条件的地区应采用暗管排水系统。

排水农沟的纵坡主要决定于地形坡度。为了排水通畅和防止冲刷，其纵坡一般为 0.004～0.006，最大不得超过 0.01。横断面一般为梯形，边坡视土质而定。为了满足施工和管理要求，沟底宽度一般不小于 0.3～0.5m。

二、地下暗管排水系统

在田间工程中采用明沟排水，开挖工程量大，而且存在易坍、易淤、易生杂草等问题。特别是在土质比较黏重地区，为了满足降低地下水位、控制土壤适宜水分状况和高产稳产要求，如缩小排水沟间距，则势必增加占地面积，严重影响机耕。因此，地下排水暗管（沟）在我国南北方地区有不同程度的发展。目前全国暗管排水面积约 90 万亩，鼠道排水面积为 60 万亩。为适应暗管排水技术的发展，我国已初步研制成大、中、小型开沟铺管机和波纹塑料管、水泥土管、机制瓦管等多种管材和相应的施工机械，为机械化施工提供了条件。近代世界各国已广泛采用暗管排水，有的暗管排水面积已占排水总面积的 70%以上。采用地下水排水系统已成为当前一种发展趋势。暗管排水可减少占用耕地，提

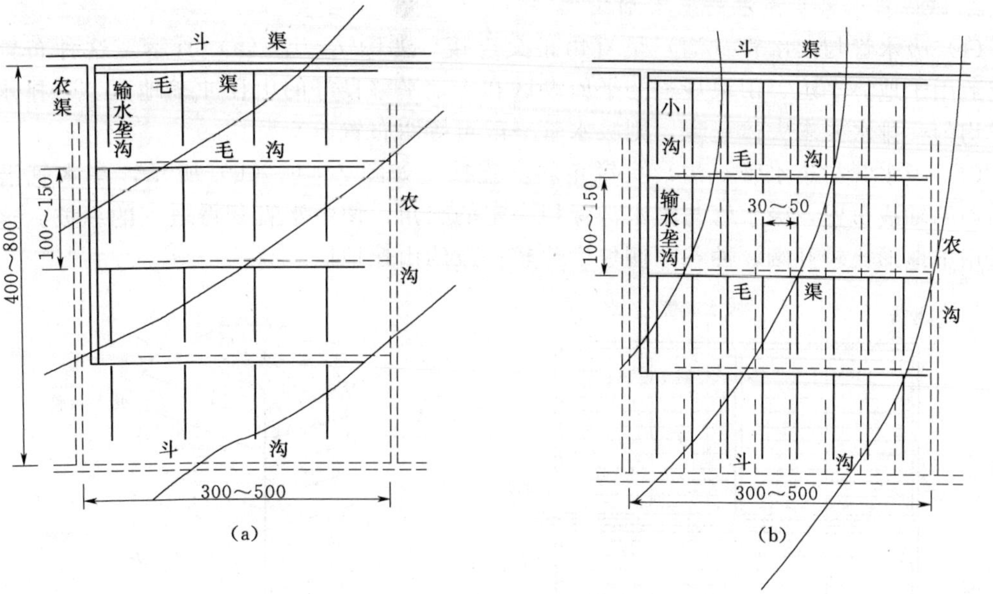

图 7-17 易旱易涝地区田间渠系布置示意图

高土地利用率，增大明沟控制面积，有利机械耕作，无坍塌和长草等问题，易于管理，节省劳力，土方工程量少，便于机械化施工。暗管排水虽有工程造价高，一次性投资大等缺点，但随着我国国民经济和农业生产的发展，暗管排水建设将会有广阔的前景。

以下对暗管排水系统的组成和布置，管道的设计和施工等问题分别进行论述。

(一) 暗管排水系统的组成和布置

1. 暗管排水系统的组成

暗管排水系统一般由吸水管、集水管（沟）、检查井、集水井等几部分组成。

(1) 吸水管。它是埋设于田间，直接由进水孔或接缝吸收和接受土壤中多余水分的管道。

(2) 集水管（沟）。用于汇集吸水管集水并输送至下一级排水沟道的暗管或明沟。在吸水管进入集水沟处应设有出口建筑物，防止水流冲刷集水沟，并在集水沟高水位时防止杂物或泥土进入暗管造成出口堵塞。

(3) 检查井。当暗管系统由多级暗管组成时，设置在吸水管与集水管相交处，用于冲沙、清淤、控制水流和管道检修的竖井。

(4) 集水井。当集水管出口处的外水位较高，集水不能自流排出时，需设置集水井汇集集水管的来水，由水泵排至下一级排水沟中。

在骨干排水系统可能出现高水位，集水不能自流外排时，在集水沟出口处还应设置小型泵站，扬水排出。在水旱轮作地区为了减少水田渗漏应对吸水管和集水管（沟）中水位进行控制。在旱作物生长季节有可能出现干旱时段，为了防止土壤含水率过低，应进行有控制地排水或间歇性地提高水位以进行浸润灌溉。在这种情况下，在田间排水系统中还应有控制建筑物，根据作物生长需要，对水流进行调控。

2. 暗管排水系统布置的基本形式

（1）吸水管与集水管（沟）呈直角正交连接。如图 7－18（a）所示，这种布置形式广泛适用于地势平坦、田块规整的平原湖区和土地平整良好的山丘冲垄地区。若排水地段土质均匀，排水要求大体一致，则吸水管一般可等距布置。

（2）吸水管与集水管（沟）呈锐角斜交连接。如图 7－18（b）所示，集水管沿洼地或山冲的轴线布置，吸水管与集水沟保持一定的交角，使吸水管获得适宜的纵坡。这种布置适用于地形比较开阔，冲谷两侧坡度比较一致的山丘地区。

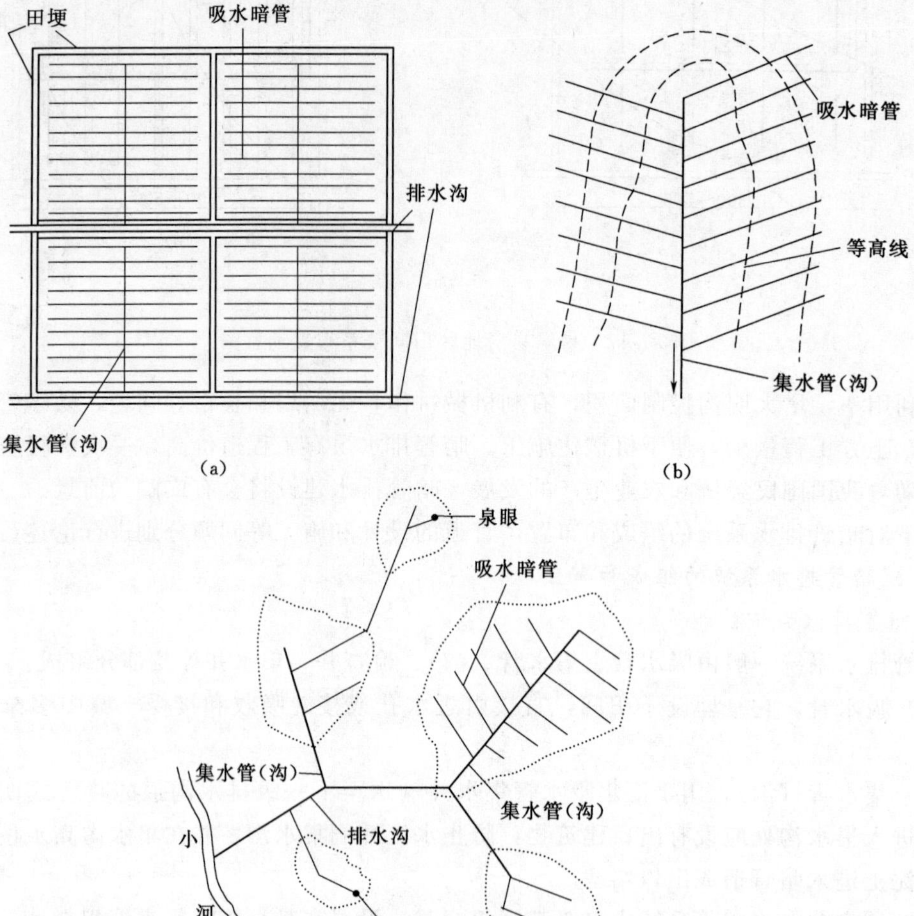

图 7－18　暗管排水系统布置形式图

（3）排水系统不规则布置形式。如图 7－18（c）所示，在渍害田面积较小，且孤立分布，或有分散的泉水溢出点，需局部进行排水时，则需要根据地形、水文地质和土壤条件布置暗管，不要求形成等距和规则的排水系统。

在农田附近有河流、渠道、湖泊或平原水库的地方，为了减少渗漏水对农田侧向补给，需平行于上述水体布设截流暗管。在农田上游地下水的逸出带，为了降低地下水位也需要布置截渗暗管。

根据暗管系统的组成，可分为单级暗管排水和多级暗管排水两种。单级暗管排水仅在田间一级采用吸水暗管，集水则采用明沟，如图 7－19 所示，我国南方平原湖区现有沟渠水网较密，大多采用此种形式。一些地区目前田块一般宽 12～30m，长 80～100m，每个田块布设 1～2 条暗管，大的田块有时可布设三条暗管。这种形式具有布置简单、施工容易，投资较少、便于检查和清理的优点。缺点是出口众多，易于损坏。多级暗管排水系统则是除吸水管外，还有 1～2 级以上的集水暗管，如图 7－19（a）所示。这种系统又称为组合系统。组合系统明沟的长度大为减少，进一步节省了耕地，有利于机耕，节省了明沟的养护维修费用。组合系统某些管段发生堵塞，其影响范围较大，且不便检查与维修，投资也高于单级布置。多级暗管排水系统一般要求较大的坡降，暗管出口需有较大的埋深或需修泵站抽排。

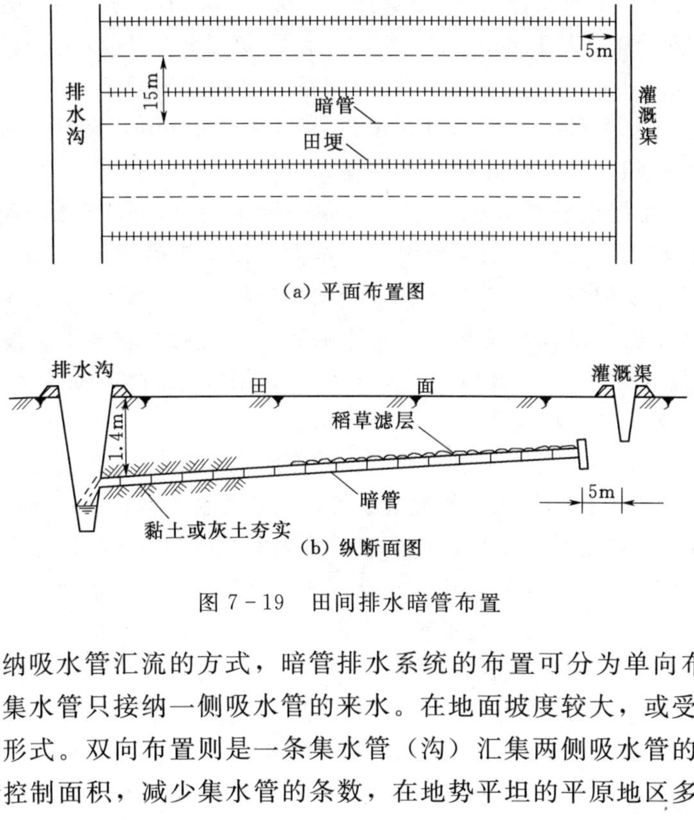

图 7－19　田间排水暗管布置

按集水管接纳吸水管汇流的方式，暗管排水系统的布置可分为单向布置和双向布置。采用单向布置时集水管只接纳一侧吸水管的来水。在地面坡度较大，或受田块及其他条件限制时采用这种形式。双向布置则是一条集水管（沟）汇集两侧吸水管的来水，这种布置可以扩大集水管控制面积，减少集水管的条数，在地势平坦的平原地区多采用这种形式。

（二）暗管排水系统的设计

暗管的设计包括暗管深度和间距的确定，管材和外包材料的选择，管径和坡降的确定等。田间末级排水管（沟）深度和间距的确定已在前面进行了介绍，以下仅对暗管设计的其他问题进行论述。

1. 暗管的管材

国内外常用的暗管材料分为当地材料管和塑料管两大类。目前我国使用的以当地材料管为主，近年来塑料管有一定的发展。

（1）当地材料管材。

1）瓦管。瓦管是一种古老的当地材料暗管，我国河南省济源县的合瓦暗管由三片瓦拼合而成。历史上保留下来的合瓦暗管已使用了千年以上，至今仍完整无缺，排水效果良好。瓦管取材方便，制作工艺简单，耐磨蚀性强，抗压强度大，其寿命较长，是一种较好的刚性管材。我国目前使用的瓦管断面有圆形、外方内圆形和马蹄形等几种，从铺设稳定性看，后者优于前者。瓦管每节长为25～33cm。内径多为60～100mm，管壁厚15～20mm。管壁一般不开孔，利用管节间的接缝进水。为了减少进水阻力，要求管端光滑，管身平直。接缝宽度，与暗管进水量的多少有关。缝隙过大，易发生管涌；缝隙过小，进水量不能达到设计要求。每米管长的缝隙进水面积视管节长度、管长和接缝宽度而定。例如，瓦管长度为30cm，内径60mm时，接缝宽度以3mm左右为宜。

2）石屑水泥管。这种暗管是利用采石场废弃的石屑作骨料与水泥配合制作而成的，有时亦称碎石水泥管。在湖北、江苏等地得到了比较广泛的应用。经筛分分析，石屑的不均匀系数为13～10，粒径大于2mm的颗粒占石屑总重量的40%以上。各地采用的水泥与石屑的配比为1：5.5～1：9。目前各地采用的石屑水泥管规格有圆形（机械制作）和外方内圆形（手工制作）两种。一般每节管长33cm，内径60mm，壁厚10mm。由于石屑水泥管管壁充满透水孔隙，具有良好的排水性能。

3）水泥土管。水泥土管是一种用水泥与砂土掺水混合，经挤压凝结而成型的管材。适用于缺乏砂、石料而土料丰富的平原地区。水泥土以土中砂粒为骨架，粉粒充填，黏粒胶结，而水泥则是主要的胶凝材料，起着胶结硬化的作用，因此，水泥标号、用量、土料级配、水泥土管成型密实度和干湿状态等是影响管材强度的控制因素。根据各地经验水泥土管中水泥的用量应占干料总重量的4%～10%，用砂量占30%～70%，土的用量为30%～60%。水泥土管的规格与石屑水泥管相同。

4）其他管材。常用的当地材料管材还有由粉煤灰与石灰和石膏或与水泥、砂子配合而制成的粉煤灰管，用作大孔径集水管的混凝土管，管壁透水的多孔水泥滤水管，竹管和柳枝管等。在石料资源丰富的山丘冲垄田改造中有时采用由石料砌成的暗沟排水。在平原湖区作为临时性的排水措施有时采用特别的狭长土锹，开挖窄深的沟槽，上面盖以留有稻草茬的硬土；夯实形成地下土暗沟。在南方长期种植水稻地区，地面以下20cm处形成5cm厚的透水性差的质密层，一些地区采用特别的犁刀划破犁底层形成缝隙，称为土线沟。

（2）塑料管。塑料管具有重量轻、耐磨蚀、易于搬运和铺设，且联结简便等特点，目前在国外已得到广泛采用。塑料管多由聚乙烯（PE - Polyethylene）和聚氯乙烯（PVC - Polyvinyl Chloride）材料制成，后者由于抗压强度大，且造价较低，应用更为普遍。塑料管材耐久性强，但在强阳光紫外线曝晒下易于损坏。聚氯乙烯在冻结温度下易变脆而破裂。

塑料管按外形分有光滑管、波纹管和塑料片等3种。目前应用最多的为波纹管。波纹管有平行环状、单螺纹和双螺纹3种。波纹管由于水流糙率n值的增大（由0.002增至0.014～0.016），在通过相同流量时管径须增大20%。但因光滑管厚度大，在相同输水能力的情况下，波纹管与光滑管的每米造价几乎是相等的。

为了便于排水在波纹管的波谷内打有进水孔（缝），进水孔在管壁周长均匀分布，开孔面积每米管长不少于800mm^2。

我国自70年代末已先后研制出环状波纹管和双螺旋形波纹管。规格有内径55mm和70mm两种，壁厚分别为0.4～0.5mm，波纹深2.6mm和3mm，纹距6.35mm，每米管长进水孔面积3300mm²。虽然塑料管具有多种优点，但由于其价格较高，在我国尚未普遍采用。目前只在一些经济条件较好的地区应用或在小面积试区铺设。

2. 管材的选择

管材的选择应坚持因地制宜、就地取材、技术可行、经济实用的原则。管材的技术性能包括化学性能和物理性能两个方面。在化学性能方面管材应耐酸碱、耐腐蚀；在物理性能方面则应满足一定抗压强度和透水性能的要求。在符合技术性能要求规定的前提下，管材的选用主要决定于价格比较和是否符合就地取材的原则。

由于在水流通过有限的进水孔或管间缝隙进入暗管，因而产生一定的水头损失，这一损失的大小决定于进水面积的大小。为了比较各种管材的透水性能，一般可用决定水头损失的阻力系数 α 表征：

$$he=\alpha\frac{Q}{k} \tag{7-31}$$

式中 he——进水水头损失，m；

α——阻力系数，无因次；

Q——进入暗管的单位管长流量，$m^3/(m \cdot d)$；

k——暗管外包材料的导水率，m/d。

α 的变化范围为：

瓦管和混凝土管	$\alpha=0.4\sim2.0$
光滑塑料管	$\alpha=0.4\sim0.6$
波纹管	$\alpha=0.05\sim0.1$

阻力系数 α 值是选用管材和外包材料的重要指标。

当地材料管价格比较低廉，是目前各地采用的主要管材。在有丰富石料资源的平原地区，大都选用石屑水泥管。石料缺乏的地区，有的采用水泥土管。邻近电厂的地区常使用粉煤灰管，山丘区常用竹管、砌石暗沟等。瓦管则是平原区和山丘区均可采用的通用管材。塑料管的重量轻，运输方便，铺设质量对排水性能影响小，便于机械施工。虽然造价较高，但随着国民经济的发展将具有广阔的应用前景。

3. 暗管的外包滤料

外包滤料指包裹或充填在排水暗管周围的材料，它的作用是阻止土壤颗粒进入暗管，以避免沉淀和暗管阻塞，稳定暗管周围的土壤，改善暗管通道的渗水能力，以提高暗管的排水功能。充填在暗管周围，主要用于防止土壤中的细颗粒进入暗管的外包层，一般称为滤层；主要用于改善暗管的渗透性能而放置在暗管上部或周围的外包层，称为裹层。

用作外包滤料的材料，一般有有机材料，无机材料和合成材料等三大类。有机材料多采用农业生产的副产品，如稻草、稻壳、麦秸、棕皮、椰衣、芦苇、锯末等，我国应用较多的为稻草，日本应用较多的为稻壳。这类材料可就地取材，价格低廉，因此，应用比较普遍。稻草在埋管初期可以有效地阻止细颗粒土壤进入暗管，虽经一定时期（如2～3年）会腐烂，但此时已形成稳定的滤水层，可保证暗管正常的排水功能。无机材料包括砂、碎石、贝壳等，这些材料耐久性极好，只要级配得当，它适合于各种暗管的透水防砂要求，但它有重量大、用量多、运输和施工不便，且投资较高等缺点。合成材料主要是化纤制品，有粒状、片状和碎屑状等多种，但应用较多的有合成纤维丝和编织物、聚氯乙烯、聚苯乙烯等碎屑。近年来一些国家采用塑料网或无纺布作为外包滤料，取得良好效果，但我国合成外包材料的使用尚不普遍。外包滤料的选择，应以取材容易，价格便宜，施工方便为原则，并应符合耐酸碱、不易腐烂，不污染环境的要求。

4. 暗管管径和坡降的确定

暗管管径的大小应保证在无压流的情况下排除设计的排水流量，田间吸水管在仅承担排除地下水的情况下可以采用较小的管径。根据我国各地经验在采用当地材料管（如瓦管、石屑水泥管、水泥土管等）时，其内径为 50～100mm，塑料管内径为 50mm 和 75mm。管径的大小可以根据经验选定，也可以通过计算确定。

一条暗管在排水时是在其全长上进水的，所以在上游端其过水流量 $Q=0$，在距上游端 x 处的流量为 $Q=qBx/1000\text{m}^3/\text{d}$，在下游出口处逐渐增加为 $Q=qBL/1000\text{m}^3/\text{d}$。式中 q 为排水系数（或排水模数），以 mm/d 计，B 为管线排水面积的宽度，L 为排水管线的长度。由于暗管的类型不同，在选取暗管设计流量时常遵循两种不同的原则：

(1) 输水原则。即认为在暗管全长上均以同一流量满管输水（按均匀流设计），水力坡度线位于暗管断面的顶部。由于在管的首端流量为 0，仅在出口处满流，因而设计是不经济的。

(2) 排水原则。即认为暗管流量沿程是变化的（按非均匀流设计），暗管首端流量为 0，末端流量最大。在这种情况下，水力坡降自管的首端为 0，逐渐增加至出口处达到最大。根据这种设计原则，可以采用较小管径，水力坡降线将高出管顶，使暗管承压，如图 7-20 所示，对排水形成不利影响。由于管道承压水头过大造成陶管接缝处土壤的冲刷，管道出口处淤塞以及土壤过湿影响牲畜和机械下田，为此，管道承压一般应限制在 20cm 以下，压力水位应限制在地面以下 60cm。

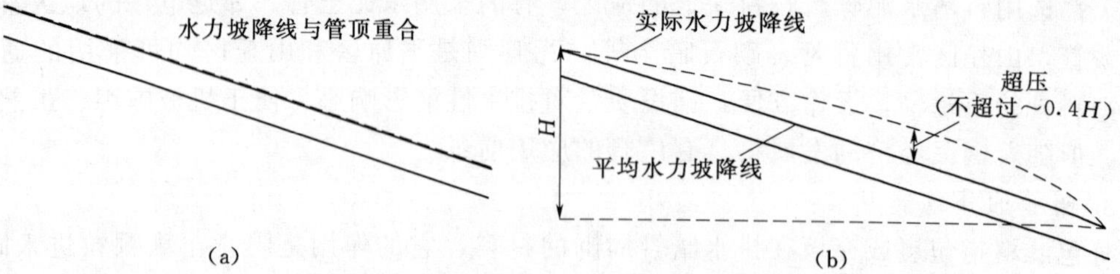

图 7-20　均匀流与非均匀流水力坡降线

考虑到经济管径和管道承压之间的矛盾，一般建议在设计吸水管时采用非均匀流，但将承压值限制在 20cm 以内。为了避免因主管承压而影响吸水管排水，主管的设计则采用均匀流。

排水暗管（吸水管）的设计最小坡降应满足不产生淤积的要求，管内径小于 100mm 时，一般采用 1/300～1/600。大于 100mm 时可采用 1/1000～1/2500。由于在暗管的下游或出口断面负荷最重（流量最大），在田面成凸或凹形坡度的地区，应采用暗管下游 1/3

段的地面坡降为设计坡降。

由于瓦管的接缝大、出口条件差、坡度过小以及回填质量差等原因，管内可能出现淤积，在设计管径时应当考虑留有安全余量。在设计时为了考虑可能的淤塞和暗管错位，最简便的办法是对设计流量乘以加大系数，在稳定土壤地区采用 1.33，对易淤塞土壤则采用 2.00。

采用均匀流设计时计算公式为

$$Q=\frac{1}{n}R^{2/3}i^{1/2}A \tag{7-32}$$

式中 n——管内糙率系数，见表 7-9；

R——水力半径，满流时 $R=\frac{d}{4}$；

i——水力坡降；

A——暗管满流时断面面积，$\frac{\pi d^2}{4}$。

表 7-9　　排水管内糙率系数表

管材	瓦管	混凝土管	波纹塑料管	光壁塑料管
糙率	0.014	0.013	0.016	0.011

在管径为 d 时，上式可写成

$$Q=\frac{0.31}{n}d^{2.667}i^{1/2} \tag{7-33}$$

在采用瓦管 $n=0.014$ 时：

$$Q=22d^{2.67}i^{0.50} \tag{7-34}$$

根据上式瓦管的管径可自曲线图 7-21 中实线查得。

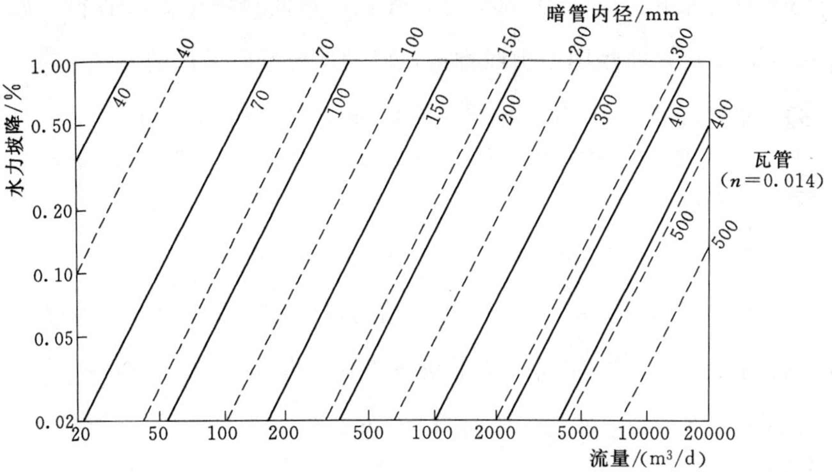

图 7-21　暗管管径计算曲线图

(引自 Smedema 和 Rycroft 农田排水)

——均匀流　---非均匀流

如采用其他暗管，n 为其他数值时，则管径仍可自图 7－21 查得，只是计算中需采用换算流量 $\overline{Q}=Q\dfrac{n}{0.014}$。

采用非均匀流时，距上游端任一点 x 处的流量为

$$Q_x=qBx \tag{a}$$

自式（7－33）得

$$i=(10.25n^2)Q^2d^{-5.33}=cQ^2d^{5.33} \tag{b}$$

将式（a）代入式（b）得

$$i=\frac{dz}{dx}=cd^{-5.33}(qB)^2x^2 \tag{c}$$

利用条件 $x=0$，$z=0$，得

$$x=L,\quad z=H$$

对式（c）进行积分得

$$H=\frac{c}{3}d^{-5.33}(qBL)^2L$$

引入平均水力坡降：

$$\overline{i}=\frac{H}{L}=\frac{c}{3}d^{-5.33}Q_L^2 \tag{d}$$

$$Q_L=\frac{0.54}{n}d^{2.67}\overline{i}^{0.50}$$

$n=0.014$ 时

$$Q_L=38d^{2.67}\overline{i}^{0.50} \tag{7-35}$$

自式（d）可以看到，在非均匀流情况下，在末端流量达到 Q_L 时所需平均水力坡降 $\overline{i}$ 仅为在均匀流时的 1/3，即在同一水力坡降条件下按非均匀流设计的管径将为均匀流管径的 $\left(\dfrac{22}{38}\right)^{2.67}=0.81$。

在非均匀流的情况下，已知 Q_L 和 $\overline{i}$ 时，管径可自曲线图中虚线查得。如采用的管材有其他糙率 n 时，仍可自曲线图中虚线查得，但设计流量应采用 $\overline{Q}_L=Q\dfrac{n}{0.014}$。

【例 7－5】 暗管间距 $B=35$m，管长 $L=200$m，排水模数 $q=10$mm/d，坡降采用 $i=0.1\%$，试比较采用瓦管和波纹塑料管按非均匀流和均匀流设计时要求的管径。

解 暗管出口流量为

$$Q=\frac{10\times200\times35}{1000}=70(\text{m}^3/\text{d})$$

采用瓦管时可直接查图 7－21，查实线得均匀流时管径为 80mm，查虚线得非均匀流时为 60mm。采用波纹塑料管时可先求得换算设计流量 $\overline{Q}_L$，$\overline{Q}_L=Q\dfrac{0.016}{0.014}=80(\text{m}^3/\text{d})$，查图得均匀流时内径 85mm，非均匀流时为 67mm。

（三）暗管的施工

暗管的施工包括暗管的定线和暗管的铺设两个方面。

1. 定线

在暗管的首末两端用桩定出中心线位置，在暗管的长度较大时中间每隔 20m 加桩。

测定各木桩顶高程，并将桩顶至沟槽底的开挖深度标注在相应的木桩上。

2. 铺设暗管

暗管可以铺设在人工或机器开挖的沟槽中，也可以直接用机械埋设在土壤中而不需要先开挖沟槽。采用开沟埋管的方法进行施工时包括以下过程：①开挖沟槽；②铺设暗管和外包滤料；③回填沟槽。沟槽的开挖和暗管与外包滤料的埋放可由机械连续作业完成。在劳力较多，缺乏机械或排水面积较小的地区多采用人工埋管。利用机械开沟时可以采用人工埋管，也可用机械自动埋管。

开沟铺管机主要有链刀式和链斗式两种。在机器向前行驶过程中通过链刀或链斗同时旋转，挖成矩形沟槽。挖出的土壤由输运器输送至沟槽的一侧或两侧。管道则通过管箱铺设于沟底，然后填入滤料。

我国目前采用的国产暗管施工机具主要有 1KP－100、1KP－150 型开沟铺管机和 1KM－100、1KM－180 和 1KM－250 开沟埋管机。1KP－100 和 1KP－150 开沟铺管机的配套动力分别为 12 马力（8.8kW）和 35 马力（25.7kW）的拖拉机，开沟深度为 0.6～1.2m 和 1.2～1.5m，采用人工铺设瓦管和塑料管。1KM－100 和 1K－180 开沟埋管机动力为 50HP，开沟深度分别为 1.0m 和 1.8m，可自动铺放波纹塑料管。1KM－250 型开沟埋管机动力为 55kW，开沟深 1.6～2.5m，可用于人工铺放瓦管和自动埋放波纹塑料管。

自 60 年代末以来，国外开始采用无沟埋管机铺设暗管，其工作部件是带塑孔器和铺设管道斜槽的犁刀，利用这些部件将地面开出一条沟缝，同时向沟缝铺放暗管和滤料。施工过程中利用激光设备控制暗管坡降。在田块的边缘安放激光发射器，通过光束的旋转在田间形成一个选定坡度的参考平面，通过埋管机上的接收器将信息传送到控制系统。

暗管的机械施工应在地面有足够承托重型机械能力的较干旱季节进行。一般履带式埋管机要求的土壤承载力为 20～30kPa。

埋管后沟槽应用表土由人工或装在机械上的叶片推土机进行回填，高于地面的回填土用开沟机压实，以免水流通过未沉实的沟槽，造成土壤流失而淤塞集水管。

三、鼠道排水

鼠道是指在田面以下用特殊设备形成的一种无衬砌的地下排水通道。由于其形状与鼠洞相似，故称为鼠道。鼠道是由拖拉机或电动绳索牵引机带动鼠道犁，由钻孔器在田面以下适当深度土层中挤压或振击而成形的孔道和由犁刀切割而成的切槽所构成的地下排水通道。鼠道犁由三部分组成，如图 7－22 所示：①带有犁刀的联结板，其作用是将鼠道犁与拖拉机（或绳索牵引机）相连接，并切开土层，犁刀的厚度一般为 10～20mm；②安装在联结板下端的尖形钻孔器（或称弹头），长 30～65cm，直径 5～10cm，用以将土壤钻开小洞；③挤压器是用铁链拖拉在弹头后面的圆柱形扩孔器，其作用是将弹头初步钻成的土洞挤压扩大。在鼠道犁通过时浅层土壤由于剪力的作用被排挤向前、向两侧和向上移动，在弹头顶部和地面之间形成一个与水平线成 45°角的破坏线，如图 7－23 所示，使土壤形成裂缝并使土壤孔隙度和导水率增大。在降雨时地表积水和土壤中过多的水分便可通过鼠道周围和刀缝两侧的孔隙和裂隙渗入鼠道而排出。鼠道的形状有圆形、椭圆形、悬胆形和马蹄形等，根据我国各地经验，以悬胆形和椭圆形鼠道耐久性较好。

鼠道排水是一种投资省、用工少、见效快、效益高的治渍排水措施，但由于鼠道是无

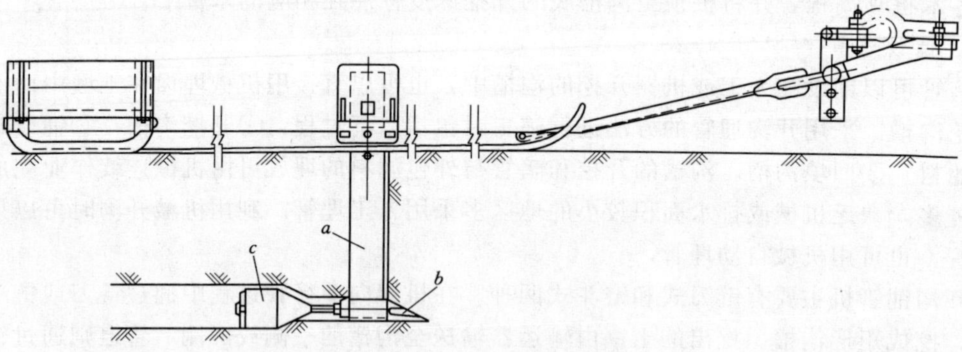

图 7-22　鼠道犁结构示意图

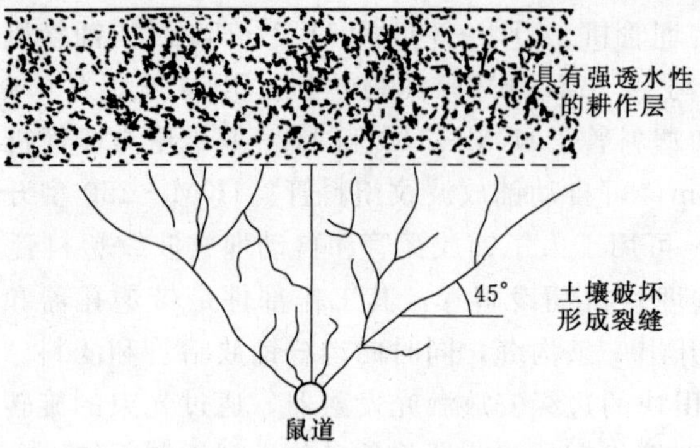

图 7-23　鼠道排水作用示意图
（引自 Smedema 和 Rycroft 农田排水）

衬砌的排水通道，为了防止坍陷和损坏，其使用有一定条件。一般认为适于修建鼠道系统的土壤中黏粒含量至少为25%～50%，以大于35%～45%为好，而砂粒含量则应小于20%，且不含石块等杂物，以免鼠道坍塌。土质越黏重，鼠道洞壁越牢固，使用年限越长。根据我国南方各省的实践经验，黏粒含量在50%以上并具有一定塑性的黏质土，其鼠道使用年限一般为3～5年，有的可达10年以上，而黏粒含量在30%以下的砂质土壤或质地轻于中壤时，鼠道遇水易塌陷，不能使用。

鼠道排水系统一般由鼠道直接排水入明沟，或与暗管相通，然后再排水入集水明沟。鼠道在垂直剖面上有单层和双层两类。单层鼠道系指布设在同一深度的鼠道排水系统，因其施工简便、管理方便、投资较少，我国各地多采用这种形式。单层鼠道按其深度可分为三种：浅层鼠道深度一般0.3～0.5m，间距为1～3m，由于犁刀缝穿透犁底层，洞孔在犁底层以下，有利于排除层间滞水，适用于浅根作物；中层鼠道深度为0.5～0.7m，间距为2～4m，有利于排除根层滞水；深鼠道深度为0.7～1.0m，间距3～5m，除排除土壤滞水外也可起到降低潜水位的作用。目前我国采用较多的是0.5～0.7m深的鼠道。

双层鼠道系指布设在深、浅不同深度上，形成两个水平层次的地下排水系统。按剖面布置可分为同一剖面不同深度的双层鼠道和深浅相间的双层鼠道两种。双层鼠道排水效果优于单层鼠道，但施工、管理均较复杂，投资亦较多。

为了防止鼠道因阻水而破坏，鼠道应有一定坡降，但坡度过大将引起冲刷，安全坡降以在0.2%～3%范围之内为宜。如地面坡降在以上范围之内，鼠道坡度可采用地面坡度。为了防止旱作过度排水和发生冲刷或稻作季节保持田面水层，鼠道出口应有控制阀门，也可用简单的控制方法，在出口插入长2～3m暗管，在需要停止排水时用管塞塞住管口。

鼠道的长度与反复充水条件下土壤的稳定性、鼠道的坡降、土壤的均匀性和施工条件有关，常根据经验确定。在地面平整的条件下，鼠道的长度与坡降的关系如下：

坡降	<1/100	鼠道长度	40～60m
	1/100～1/60		60～100m
	1/60～1/40		100～300m

鼠道的施工，由拖拉机或牵引机带动的鼠道犁完成。由于鼠道犁的深度在作业过程中不能调整，如地面是不规则的，在施工前需首先平整土地，施工时土壤需保持适宜的含水率，土壤过湿形成的鼠道将缺少必需的裂缝和断裂，土壤太干，鼠道附近将产生过多的土壤碎片，易导致鼠道坍塌。一般适于施工的土壤含水率为田间持水率的70%～90%。

第五节　竖　井　排　水

近年来，我国北方在地下水埋深较浅，水质又符合灌溉要求的许多地区结合井灌进行排水，不仅提供了大量的灌溉水源，同时对降低地下水位和除涝治碱也起到了重要作用。实践证明，井灌井排是综合治理旱、涝、碱的重要措施，在我国北方易旱易涝易碱地区，具有广阔的前途。关于井灌问题已在第六章讲述，本节将着重对竖井排水的除涝治碱作用和井灌井排条件下水井的规划布局问题进行简要论述。

一、竖井排水的作用

1. 降低地下水位，防止土壤返盐

在井灌井排或竖井排水过程中，由于水井自地下水含水层中吸取了一定的水量，在水井附近和井灌井排地区内地下水位将随水量的排出而不断降低。地下水位的降低值一般包括两部分：一部分是由于水井（或井群）长期抽水，地下水补给不及，消耗一部分地下水储量，在抽水区内外产生一个地下水位下降漏斗而形成的，如图7-24中实线所示，称为静水位降。另一部分是由于地下水向水井汇集过程中发生水头损失而产生的。距抽水井越近，其数值越大，在水井附近达到最大值，此值一般在3～6m以上。在水井抽水过程中

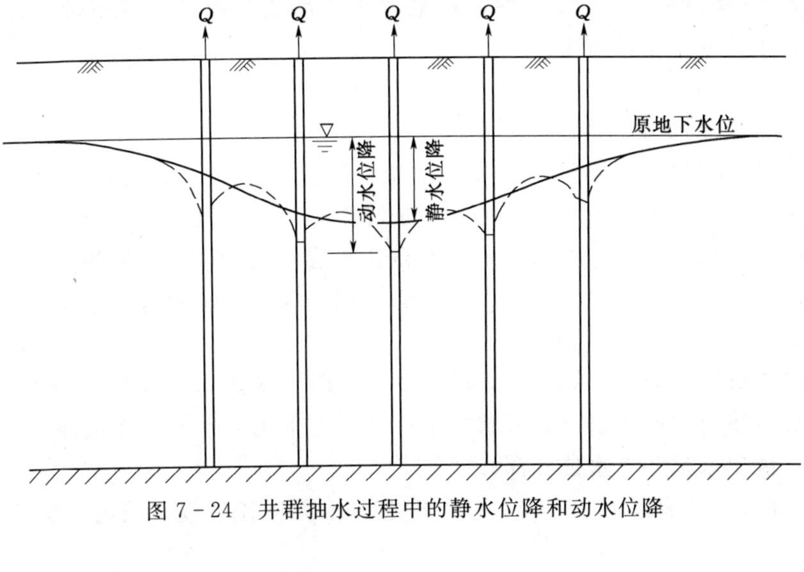

图7-24　井群抽水过程中的静水位降和动水位降

形成的总水位降为动水位降，如图 7-24 中虚线所示。

由于水井的排水作用，增加了地下水人工排泄。地下水位的显著降低，有效地增加了地下水埋深，减少了地下水的蒸发，因而可以起到防止土壤返盐的作用。

2. 腾空地下库容用以除涝防渍

干旱季节，结合井灌抽取地下水，不仅可以防止土壤返盐，同时由于开发利用地下水，使汛前地下水位达到年内最低值，这样就可以腾空含水层中的土壤容积，供汛期存蓄入渗雨水之用。地下水位的降低，可以增加土壤蓄水能力和降雨的入渗速度。由于降雨时大量雨水渗入地下，因而可以防止田面积水形成淹涝和地下水位过高造成土壤过湿，达到除涝防渍的目的。同时，还可以增加地下水提供的灌溉水量。

3. 促进土壤脱盐和地下水淡化

竖井排水在水井影响范围内形成较深的地下水位下降漏斗。地下水位的下降，可以增加田面的入渗速度，因而为土壤的脱盐创造了有利条件。在有灌溉水源的情况下，利用淡水压盐可以取得良好的效果。例如，根据青海省德令哈农场尕海分场冲洗排水试验资料，在竖井排水影响范围内，硫酸盐氯化物盐渍土经冲洗后，0～30cm 土层脱盐率为81.5%～84.4%，0～100cm 土层脱盐率为 66.3%～77.5%。而无井排地区冲洗后 0～30cm 脱盐率为 36.3%～40.9%，0～100cm 脱盐率为 25%～30%，约为竖井排水地区的 1/3～1/2。

在地下咸水地区、如有地面淡水补给或沟渠侧渗补给，则随着含盐地下水的不断排除，地下水将逐步淡化。试验表明，在抽排的咸水水量较大，能够保证地下水位下降一定深度，并有淡水及时补给的情况下，一般都可以取得较好的淡化效果。例如河北省水利专科学校在校办农场（面积 85 亩）进行抽咸换淡试验，利用真空井和锅锥井抽咸，利用灌水和雨水补淡。在 1974 年和 1975 年两年中平均每亩共抽排咸水 1368m^3，灌淡水 1244m^3。由于抽咸补淡的水量均较大，地下水发生了显著淡化，咸水改造前表层（2m）地下水矿化度为 3.8～9.9g/L，1975 年已降至 0.48～1.04g/L。

竖井排水除可形成较大降深、有效地控制地下水位外，还具有减少田间排水系统和土地平整的土方工程量、占地少和便于机耕等优点，但竖井排水需消耗能源。运行管理费用较高，且需要有适宜的水文地质条件，在地表土层渗透系数过小或下部承压水压力过高时，均难以达到预期的排水效果。

二、竖井的规划布置

1. 合理的井深和井型结构

为了使水井起到灌溉、除涝、防渍、改碱、防止土壤次生盐碱化和淡化地下水的作用，每个水井必须有较大的出水量。为了增加降雨和灌水的入渗量，提高压盐的效率，并在表层形成一定的地下水库，在保证水井能自含水层中抽出较多水量的同时，还应使潜水位有较大的降深。为此，在水井规划设计中必须根据各地不同的水文地质条件，选取合理的井深和井型结构。

1）在浅层有较好的砂层或虽无良好的砂层，但土壤透水性较好（例如裂隙黏土等）的情况下可以打浅机井或真空井，井管自上而下全部采用滤水管，在这种情况下，一般可以保证有一定的出水量和潜水位降深。

2）砂层埋深在地表以下一定深度，但砂层以上无明显的隔水层时，为了使单井保持一定的出水量，水井可打至含水砂层，抽水时虽然出水量的一部分来自下部砂层，但由于上部土层无明显的隔水作用，大面积抽水时潜水位也可随之下降，因此，可以保证形成一定的潜水位降深和浅层地下库容，有利于承受上部来水，促进土壤脱盐和地下水的淡化。

3）上部土层透水性较差，且在相当深度内又无良好砂层时，为了保证水井有较大的出水量和地下水位有较大的降深，必须选取适当的井型结构，如大口井、大骨料井、辐射井、梅花井（群井点）和卧管井等。

2. 水井的规划布置

担负排水任务的水井，其规划布局应视地区自然特点、水利条件和水井的任务而定。在有地面水灌溉水源并实行井渠结合的地区，井灌井排的任务是保证灌溉用水，控制地下水位，除涝防渍，并防止土壤次生盐碱化。在这种情况下，井的间距一方面决定于单井出水量所能控制的灌溉面积，另一方面也决定于单井控制地下水位的要求。在利用竖井单纯排水地区，井的间距则主要决定于控制地下水位的要求。

竖井在平面上一般多按等边三角形或正方形布置。由单井的有效控制面积可求得单井有效控制半径 R 和井距 L，如图 7-25（a）、（b）所示。井渠应结合灌溉渠系进行布置。

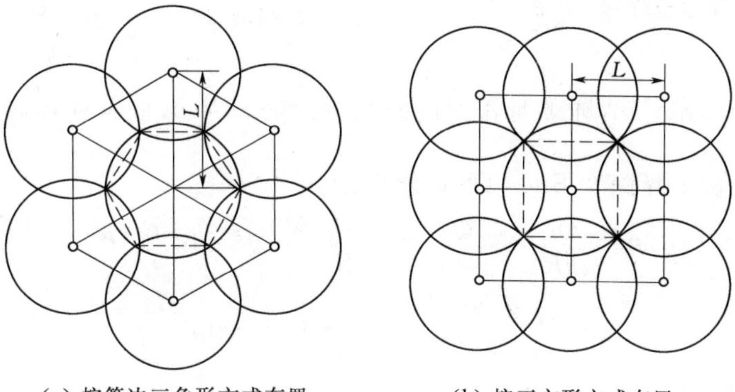

(a) 按等边三角形方式布置（井距 $L=R\sqrt{3}$）

(b) 按正方形方式布置（井距 $L=R\sqrt{2}$）

图 7-25　竖井布置示意图

在局部地区进行竖并排水时，竖井抽出的地下水，一部分来自抽水区以外的侧向补给，如图 7-24 所示。在相同的水井间距和单井抽水量情况下，在抽水过程中局部井排对降低地下水位的作用不如大面积井排显著。且在水井停抽后，由于外区补给，地下水位将较快地回升。在局部井排情况下，在初步拟定井距和布井方案之后，地下水位的动水位降深 S 可根据单井非稳定流公式进行计算：

$$S=\sum_{i=1}^{n}S_i=\sum_{i=1}^{n}\frac{Q_i}{4\pi T}W\left(\frac{r_i^2}{4at}\right) \tag{7-36}$$

$$a=\frac{T}{\mu}$$

式中　S_i——由于第 i 口井抽水引起的水位降深；

Q_i——第 i 口井的抽水流量；

r_i——第 i 口井与计算点的距离；

T——含水层导水系数；

μ——潜水含水层给水度。

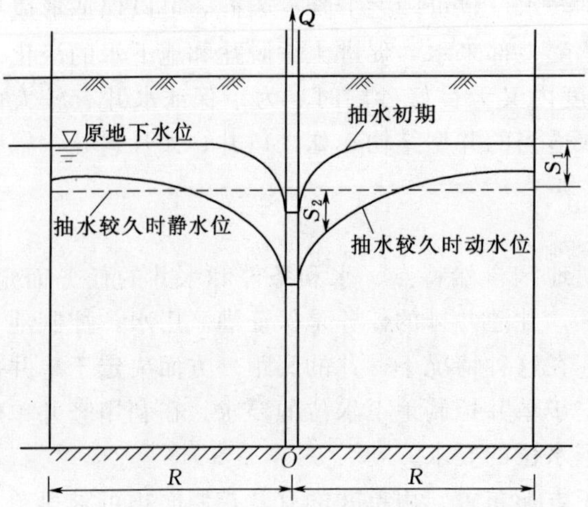

图 7-26　大面积均匀布井抽水时的地下水位降深示意图

根据式（7-36）即可计算出在要求的时间 t 内水位下降的深度 S。如符合要求，则拟定的布局方案可作为备选方案之一。再通过多种方案比较，即可选定最优方案。

大面积均匀布井实行竖井排水时，外区补给微弱，每个单井控制相同的面积（可近似地作为圆形考虑），在这一面积内各点地下水位降深的大小，仅与井的出水量和含水层的水文地质参数 T、μ 有关，因此，每个水井控制区可以单独考虑。如图 7-26 所示。

在水井成等边三角形布置时，单井有效控制半径 $R=\dfrac{L}{\sqrt{3}}$；成方形布置时，$R=\dfrac{L}{\sqrt{2}}$（L 为井的间距）。在水井抽水时间较久（$t>0.4\dfrac{R^2}{a}$）时，任一点（与抽水井距离为 r）地下水动水位下降深度 S 可用下式计算：

$$S=\frac{Qt}{\mu\pi R^2}+\frac{Q}{2\pi k\bar{h}}\left(0.5\frac{r^2}{R^2}-0.75+\ln\frac{R}{r}\right)\text{[1]} \tag{7-37}$$

$$S=\frac{\varepsilon t}{\mu}+\frac{Q}{2\pi T}\left(0.5\frac{r^2}{R^2}-0.75+\ln\frac{R}{r}\right) \tag{7-37'}$$

式中　Q——井的抽水流量；

ε——单位面积的平均开采强度。

式（7-37′）可改写成

$$\left.\begin{aligned}S&=S_1+S_2\\S_1&=\frac{\varepsilon t}{\mu}\\S_2&=\frac{Q}{2\pi T}\left(0.5\frac{r^2}{R^2}-0.75+\ln\frac{R}{r}\right)\end{aligned}\right\} \tag{7-38}$$

式中　S_1——在无侧向补给情况下因井排而引起的平均水位降或静水位降；

S_2——由于水量向抽水井汇集引起的动水位与平均水位的差值。

在 $r=R$ 处，即两井中间一点，$\dfrac{r}{R}=1$，$\ln\dfrac{R}{r}=0$。

$$S_2=-\frac{Q}{8\pi T}$$

[1] 张蔚榛主编，地下水非稳定流计算及地下水资源评价，科学出版社，1983 年。

$$S=\frac{\varepsilon t}{\mu}-\frac{Q}{8\pi T}=\frac{Qt}{\mu\pi R^2}-\frac{Q}{8\pi T} \tag{7-39}$$

在 $r=r_\omega$（r_ω 为井半径）处，即在抽水井内，由于 $0.5\left(\frac{r_\omega}{R}\right)^2$ 趋近于 0，得

$$S_2=\frac{Q}{2\pi T}\left(\ln\frac{R}{r_\omega}-0.75\right)=\frac{Q}{2\pi T}\left(\ln\frac{R}{r_\omega}-\ln 2.115\right)$$

$$S_2=\frac{Q}{2\pi T}\ln\frac{R}{2.115r_\omega}=\frac{Q}{2\pi T}\ln\frac{0.473R}{r_\omega}$$

$$S=\frac{\varepsilon t}{\mu}+\frac{Q}{2\pi T}\ln\frac{0.473R}{r_\omega} \tag{7-40}$$

当井距一定时，式（7-40）可用来确定地下水位降深，也可根据允许的期限 t 和要求的水位降深确定井距。如以两井中间一点水位降为依据，则自式（3-39）得

$$\frac{Qt}{\mu\pi R^2}=S+\frac{Q}{8\pi T}$$

$$R=\sqrt{\frac{Qt}{\mu\pi\left(S+\frac{Q}{8\pi T}\right)}}$$

$$L=\sqrt{3}R=\sqrt{\frac{3Qt}{\mu\pi\left(S+\frac{Q}{8\pi T}\right)}} \tag{7-41}$$

【例 7-6】 井灌井排地区水井自均质潜水含水层抽水，并在大面积内呈梅花形均匀布井，若根据灌溉要求选定井距为 346m，并已知含水层导水系数 $T=150\text{m}^2/\text{d}$，土层的给水度 $\mu=0.05$，单井出水量 $30\text{m}^3/\text{h}$，水井半径 0.2m，试求抽水 10d 后单井控制范围内的平均水位降深、最大降深和最小降深。

解 首先计算含水层压力传导系数 $a=\frac{T}{\mu}=\frac{150}{0.05}=3000(\text{m}^2/\text{d})$。单井控制面积的有效半径 $R=\frac{L}{\sqrt{3}}=\frac{346}{\sqrt{3}}\approx 200(\text{m})$。

在 $t=10\text{d}$ 时，$\bar{t}=\frac{at}{R^2}=\frac{3000\times10}{40000}=0.75>0.4$。

地下水位降深可用式（7-40）进行计算。

在 $t=10\text{d}$ 时，平均水位降深为

$$S_1=\frac{Qt}{\mu\pi R^2}=\frac{30\times24\times10}{0.05\pi\times40000}=1.15(\text{m})$$

在井孔附近（$r=r_\omega=0.2\text{m}$）发生最大降深为

$$S=S_1+S_2=1.15+\frac{30\times24}{2\pi\times150}\ln\frac{0.473\times200}{0.2}$$

$$S=1.15+4.71=5.86(\text{m})$$

在两井中间（$r=200\text{m}$）发生最小降深为

$$S=1.15-\frac{30\times24}{8\pi\times150}=1.15-0.19=0.96(\text{m})$$

【例 7－7】 在与前例相同的含水层中利用竖井排水，单井出水量为 $30m^3/h$。若要求在 20d 内水位下降 2.10m，试求井距。

解 由式（7－41）得

$$L=\sqrt{\frac{3\times 30\times 2.4\times 20}{0.05\pi\left(2.10+\frac{30\times 24}{8\pi\times 150}\right)}}=347(\mathrm{m})$$

第八章 排水沟道系统

第一节 排水沟道系统的规划布置

排水系统一般包括排水区内的排水沟系和蓄水设施（如湖泊、河沟、坑塘等）、排水区外的承泄区以及排水枢纽（如排水闸、抽排站等）三大部分所组成。根据我国各地区排水系统的各种组成和形式，可概括为如下模式，如图 8-1 所示。

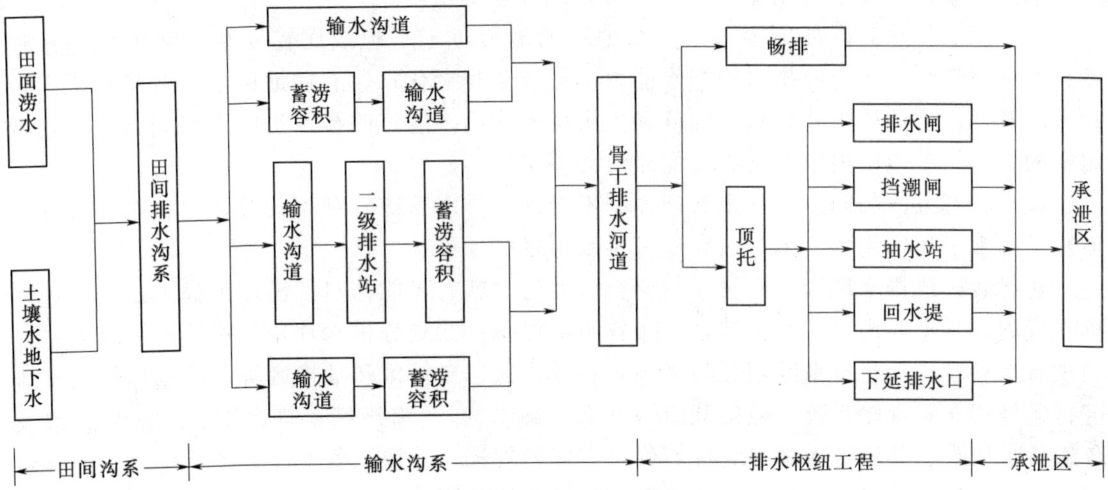

图 8-1 排水系统模式图

排水沟系和灌溉渠系相似，一般可分为干、支、斗、农四级固定沟道。但当排水面积较大或地形较复杂时，固定排水沟可以多于四级；反之，也可少于四级。干、支、斗三级沟道组成输水沟网，农沟及农沟以下的田间沟道组成田间排水网，农田中由降雨所产生的多余地面水和地下水通过田间排水网汇集，然后经输水网和排水枢纽排泄到容泄区。田间排水网可分明沟、暗管和竖井三种排水方式，属田间工程，这些已于本书第七章《田间排水》中介绍，本节将重点介绍主要排水沟道系统的规划设计等。

地区或灌区内排水系统的规划，一般是在流域防洪除涝规划基础上进行的。流域防洪、除涝规划的目的是确定流域范围内骨干防洪除涝工程的布局和规模，同时也为流域内局部地区或灌区的排水系统规划提供必要的依据。

由于我国排水地区的情况各不相同，因此规划排水系统时，必须从实际出发，由调查研究入手，搜集和分析有关资料，摸清涝、渍和盐碱化的情况及原因；然后据以制定规划原则，确定规划标准和主要措施，合理拟定各种方案；最后通过技术经济论证，选定采用方案并拟出分期实施计划。

一、排水地区（包括灌区）的涝渍成因

排水地区的涝渍成因，主要有两方面：一是来水过多；二是排水不良。

过多的来水不外有以下几部分：①当地暴雨形成的地面径流；②以地面径流的形式流入本地区的外来水，例如从邻近高地流入的地面径流，由承泄区（江、河、湖、海）倒灌入侵的来水；③以地下径流形式流入本地区的外来水，例如来自地区周边的渗透水和承压地下水等。这些不同形式、不同数量的涝渍水源，都可导致不同性质和不同程度的涝渍灾害；④灌区灌溉多余水量以及盐碱土冲洗水量等。

至于排水不良的原因，一般可归结为以下几方面：

（1）属于承泄区和排水出口方面的问题。①承泄区水位（又称外水位）高于排水区内的渍涝水位（即内水位）；②承泄区水位虽然低于内水位，但水位差较小；③排水出口断面狭窄或堵塞；④排水闸宽度和排水泵站装机容量不足等。

（2）属于排水区内部原因。①排水地区的地形过于平坦或比较复杂；②土壤透水性差；③排水系统不配套或排水沟排水能力不足或工程老化；④有些地区由于利用排水沟道蓄水灌溉，造成沟道阻塞，以致降低和失去排水作用；⑤田间排水沟的沟深间距没有达到规定的标准；⑥地区内部缺乏必要的滞涝河湖容积等。

（3）管理方面的问题。排水管理体制不合理，排水系统管理不善等，都在不同程度上限制了排水工程作用的发挥，引起地区排水不良的后果。

在对灌区或排水地区进行深入的调查研究后，就有可能针对渍涝原因提出比较合理的排水规划，其主要内容一般包括：①布置防洪堤线；②划分排水片，如按地形、水文条件和现有水利设施等将排水区划分为高排区和低排区、自排区和抽排区等；③选择排水承泄区；④规划布置排水系统，包括截流沟（又称撇洪沟）、滞涝区、排水闸、排水泵站以及各级排水沟等，并通过水文水利计算确定它们的规模；⑤协调各地区、各单位之间的排水要求和预估排水效果；⑥编制除涝排水系统的费用概算，进行方案比较。

二、排水沟系的布置

1. 排水方式

排水沟系的布置，往往取决于灌区或地区的排水方式。我国各地区和各灌区的排水类别基本上可以归纳以下几种：

（1）汛期排水和日常排水。汛期排水是为了防止耕地受涝水淹没以及江河泛滥。日常排水是为了控制地区的地下水位和农田水分。两者排水任务虽然不同，但目的都是为了保障农、林、牧业的生产，所以在规划布置排水沟系时，应能同时满足这两方面的要求。

（2）自流排水和抽水排水。当承泄区水位低于排水干沟出口水位时，一般进行自流排水，否则须要采取抽水排水或抽排与滞蓄相结合的除涝排水方式。

（3）水平（沟道）排水和垂直（或竖井）排水。对于主要由降雨和灌溉渗水成涝的地区，常采用水平排水方式；如由于以地下深层承压水补给潜水而致渍涝，则应考虑采用竖井排水方式；对于旱涝碱兼治地区，如地下水质和含水层出水条件较好，宜实行井灌井排，配合田间排涝明沟，形成垂直与水平相结合的排水系统。

（4）地面截流沟（有些地区称撇洪沟）和地下截流沟排水。对于由外区流入排水区的地面水或地下水以及其他特殊地形条件下形成的涝渍，可分别采用地面或地下截流沟排水

的方式。

排水系统的布置，主要包括承泄区和排水出口的选择以及各级排水沟道的布置两部分。它们之间存在着互为条件、紧密联系的关系。为了说明方便，将首先介绍排水沟的布置，而承泄区的布置将在第六节中讲述。

排水沟的布置，应尽快使排水地区内多余的水量泄向排水口。选择排水沟线路，通常要根据排水区或灌区内、外的地形和水文条件，排水目的和方式，排水习惯，工程投资和维修管理费用等因素，编制若干方案，进行比较，从中选用最优方案。

2. 布置排水沟的原则

1）各级排水沟要布置在各自控制范围的最低处，以便能排除整个排水地区的多余水量。

2）尽量做到高水高排，低水低排，自排为主，抽排为辅；即使排水区全部实行抽排，也应根据地形将其划分为高、中、低等片，以便分片分级抽排，节约排水费用和能源。

3）干沟出口应选在承泄区水位较低和河床比较稳定的地方。

4）下级沟道的布置应为上级沟道创造良好的排水条件，使之不发生壅水。

5）各级沟道要与灌溉渠系的布置、土地利用规划、道路网、林带和行政区划等协调。

6）工程费用小，排水安全及时，便于管理。例如干沟尽可能布置成直线，但当利用天然河流作为干沟时，就不能要求过于直线化；另外排水沟还要避开土质差的地带，同时也不给居民区的交通设施带来危害等。

7）在有外水入侵的排水区或灌区，应布置截流沟或撇洪沟，将外来地面水和地下水引入排水沟或直接排入承泄区。

第二节　除涝设计标准

排水设计标准包括两方面的内容：一是排除地表多余降雨径流的除涝标准；二是控制农田地下水位的排渍标准。后者在本书第七章介绍，本节只论述除涝设计标准。

除涝设计标准，一般有三种表达方式：

1）以治理区发生一定重现期的暴雨，作物不受涝为标准。这种表达方式除明确指出一定重现期的暴雨外，还规定在这种暴雨发生时作物不允许受涝。即当实际发生暴雨不超过设计暴雨时，农田的淹水深度、历时应不超过农作物正常生长所允许的耐淹水深和历时。这种概念能够较全面地反映治理区设计标准的有关因素。

2）以治理区作物不受涝的保证率为标准。作物不受涝的保证率，是指治理工程实施后作物能正常生长的年数与全系列总年数之比（经验保证率）。实际应用时，先假定在不同的工程规模下分别进行全系列的排涝演算，求出各种规模下作物能正常生长的经验保证率。然后选择经验保证率与治理设计保证率相一致的工程规模，作为设计采用值。这种方法能综合反映雨量、水位及其他有关因素在时间、地点和数量上的组合情况，比较符合实际。但要具有相当长的降雨、水位等资料，且计算比较复杂，除大型的重要治理区外，一般较少采用。

3）以某一定量暴雨或涝灾严重的典型年作为排涝设计标准。这种表达方式能反映涝灾的实际情况，概念比较明确、具体，不因资料加长而改变结果。与第二种表达方式一样，具有能反映各种有关因素之间有机联系的优点，但定量暴雨或典型年仍有一定重现期的概念，在选择定量暴雨或典型年时仍需进行频率分析。

在目前我国除涝规划设计中，使用最为普遍的是第一种除涝标准表达方式，这也是我国《灌溉排水工程设计规范》中采用的表达方式。

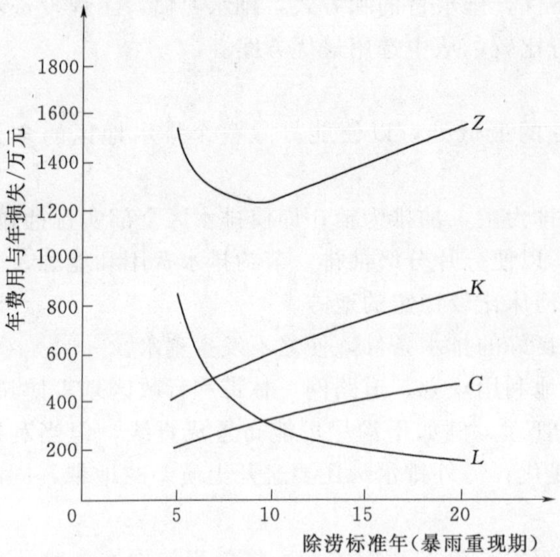

图 8-2　各扩建方案的除涝标准与年费用、损失的关系曲线

除涝设计标准是确定排涝流量及排水沟道、滞涝设施（湖、河）、排水闸站等除涝工程规模的重要依据。除涝设计标准确定得是否合理，直接关系到工程的经济效益及其可行性。如设计标准定得过高，则工程规模过大，占用耕地的损失和投资费用大，而工程使用率不高，工程在有效使用年限内的效益未必显著，造成国家资金和设备的大量积压，经济上不合理；反之，如设计标准定得过低，则工程规模过小，投资费用虽小，但除涝效益不大，达不到除涝要求。所以除涝设计标准应当通过除涝工程的费用、效益分析和经济论证加以确定。进行经济论证时，一般可取除涝工程年费用和超标准降雨所产生的多年平均淹涝损失之和最小作为优选除涝设计标准的准则，或取除涝工程多年平均净效益现值最大的除涝标准作为设计标准。

下面列出某除涝系统通过经济分析获得的不同除涝标准下的主要经济数据见表 8-1。根据表 8-1 可以绘出该工程各扩建方案除涝标准与年费用的关系曲线（图 8-2）。

表 8-1　　各除涝标准下的工程主要经济指标

除涝标准（暴雨重现期）	年平均投资 K	年运行费用 C	工程建成后多年平均受涝损失 L	年费用和年平均受涝损失之和 Z	备注
(1)	(2)	(3)	(4)	(5)=(2)+(3)+(4)	年平均投资和年运行费用中均不计入现已建成 3 年一遇标准的工程投资和费用
5 年一遇	424	220	865	1509	
10 年一遇	636	345	354	1335	
20 年一遇	878	483	189	1550	

由图 8-1 可见，该除涝系统扩建方案的除涝标准以采用暴雨重现期 10 年一遇的标准为好，其年费用和年损失 Z 最小，经济效益最显著。

随着我国国民经济的发展，农村经济自 80 年代以来，有着显著的变化，除农业种植业外，水产养殖和乡镇企业都有了很大的发展。在过去，农村只搞单一粮食生产情况下，除涝效益只算农业减免的损失，因而针对当前和今后农村经济结构发生变化的情况，计算除涝效益还应作相应的变化。湖北省在1992年针对汈汊湖流域3种除涝效益因素、2种粮食单价、5种泵站单位千瓦投资，进行了各种效益费用组合方案的经济分析，优选出各方案的除涝设计标准见表8-2。由表8-2可见，除极少数方案因投资、效益值估算过大或过小，其除涝设计标准小于5年一遇降雨重现期和大于10年一遇重现期以外，绝大多数方案的除涝设计标准为5～10年一遇。由此说明了在当前和今后一段时期内该地区除涝设计标准一般仍应采用5～10年一遇的标准，不宜过高。

表8-2　湖北省汈汊湖区除涝系统除涝设计标准优选结果表

粮食单价/(元/kg)	大型泵站单位千瓦投资/(元/kW)	除涝设计标准（暴雨重现期）		
		只计算农业减涝效益	计算农业和水产养殖减涝效益	计算农业、水产养殖和乡镇企业等减涝效益
0.87	2000	7	10	15
	3000	7	7	10
	4000	7	7	10
	6000	5	7	7
	9000	5	5	7
0.64	2000	7	7	10
	3000	5	7	7
	4000	5	5	7
	6000	5	5	7
	9000	3	3	5

注　表中单价均为1992年价格。

根据调查，目前我国各地区采用的除涝设计标准（包括暴雨重现期等）列于表8-3中。由表8-3可见，我国除少数地区采用了暴雨重现期大于10年一遇的除涝设计标准和个别地区采用小于5年一遇的除涝设计标准以外，大多数地区采用了暴雨重现期为5～10年一遇的设计标准。另据目前我国的实际情况，全国易涝耕地面积约3.65亿亩，其中尚未治理的面积约0.79亿亩。在已治理的面积中，达到了5年一遇标准的面积为1.73亿亩，占总易涝面积的47.3%，不到易涝面积的一半。另外，根据1988年全国各省易涝面积治理情况的统计，5年一遇标准治理面积超过50%的省（自治区、直辖市），还不到一半。因此，从我国当前大多数地区的情况考虑，除涝设计标准的重现期规定为5～10年一遇仍然是合理的。考虑到大概还有20%左右尚未治理的地区以及有些治理难度很大的地区，对这些地区可以适当降低标准；而对有些已达到10年一遇除涝标准的地区，除涝设计标准根据需要可以适当提高。

除涝标准除规定一定重现期的暴雨外，还应包括暴雨历时和排涝时间。除涝设计标准中的暴雨历时，一般采用1d、3d、7d、15d、30d等时段。采用暴雨历时长短，视流域面积大小、地形、植被等条件而定。在小流域中，对规划设计排水沟起决定作用的是形成洪峰的短历时暴雨。据华北平原地区实测资料分析，对于100～500km^2的排水面积，洪峰流量主要由一日暴雨形成，而对于500～5000km^2的排水面积，洪峰流量一般由三日暴雨形成。因此，设计暴雨历时一般视流域面积大小等条件定为 1～3 日是适宜的。目前，各地区所采用的设计暴雨天数见表 8-3。

表 8-3　　我国部分地区除涝标准

省、市	地　区	设计重现期/a	设计暴雨和排涝天数
广东	珠江三角洲	10	1 日暴雨 2d 排至作物耐淹水深
广西		10	1 日暴雨 3d 排至作物耐淹水深
湖南	洞庭湖地区	10	3 日暴雨 3d 排至耐淹水深（50mm）
湖北	平原湖区	10	3 日暴雨 5d 排至作物耐淹水深或 1 日暴雨 3d 排至作物耐淹水深
江西	鄱阳湖地区	5～10	3 日暴雨 3～5d 排至作物耐淹水深
安徽	巢湖、芜湖地区	5～10	3 日暴雨 3d 排至作物耐淹水深
江苏	水网圩区	5～10	日雨量 150～200mm 2d 排出（即雨后 1d 排出），已达到此标准的可提高到日雨量 200～250mm 2d 排出
浙江	杭嘉湖地区	5～20	3 日暴雨 4d 排至作物耐淹水深或 1 日暴雨 2d 排至作物耐淹水深
上海	郊县	10～20	1 日暴雨 200mm 1～2d 排出；蔬菜当日暴雨当日排出
福建		5～10	3 日暴雨 3d 排至耐淹水深
河南	豫东地区	3～5	3 日暴雨，旱作地区雨后 1～2d 排出
河北	白洋淀地区	5	1 日暴雨 3d 排出
辽宁	平原区	10	3 日暴雨旱作物 3d 排干、水稻 5d 排至适宜水深
黑龙江	三江平原	5～10	1 日暴雨 3d 排出
天津		5～20	1 日暴雨 2d 排出

排涝时间应根据作物的耐淹能力，即耐淹历时和水深确定，排涝时间不应超过作物的耐淹历时，否则作物受涝减产。在无经验资料时，通常应对排水区进行调查，以作物不减产为原则，设计排涝天数。由于不同地区现有工程基础不同，雨情与灾情不同，农业发展对治涝要求也不尽相同，应因地制宜的综合分析，慎重确定。目前，各地区采用的排涝天数见表 8-3。因此，根据已有资料，设计排涝天数视设计暴雨历时不同而异，定为一般旱作物 1～3d，水稻 3～5d 是适宜的。

第三节　排 水 流 量 计 算

排水流量是确定各级排水沟道断面、沟道上建筑物规模以及分析现有排水设施排水能力的主要依据。设计排水流量分设计排涝流量和设计排渍流量两种。前者用以确定排水沟道的断面尺寸；后者作为满足控制地下水位要求的地下水排水流量，又称日常排水流量，以此确定排水沟的沟底高程和排渍水位。

一、设计排涝流量的计算

推求设计排涝流量（又称最大设计流量）的基本途径有二：一是用流量资料推求；二

是用暴雨资料推求。由于平原地区水文测站少，资料年限短，设计标准较低，受人类活动的影响较大，例如排水河道开挖前与开挖后，同样的暴雨所形成的流量相差很大等，故一般难以根据实测径流资料进行统计分析，而往往采用由设计暴雨推求排涝流量的方法。但是在不同地区和不同情况下，这类由暴雨推求排涝流量的方法也是各不相同的。

1）对于一般不受下游河、沟水位影响的排水沟，可由设计暴雨推求最大峰量作为设计排涝流量。

2）对于不直接排入容泄区而汇入低洼滞涝区的排水沟，则须通过推求排涝流量过程线来确定设计排涝流量，这种经过滞涝区调蓄后的设计排涝流量常比最大排涝峰量小得多。

3）对于山丘区或比降较陡的排水河沟或撇洪、截流沟，其暴雨排水过程线一般采用单位线法推求。

4）对于平原低洼地区，河沟排涝流量还常常受下游承泄区水位或潮位的影响，应按非恒定流或非均匀流理论计算。

关于上述后面三种情况，由暴雨推求排水流量过程线的具体方法，可参见《水力学》和《水文学》有关部分，这里从略、下面将针对第一种情况予以介绍。

（一）由降雨推求排涝流量或排涝模数的分析

影响排涝流量或排涝模数（单位面积上的排涝流量）的因素主要有：设计降雨、排涝面积的大小和形状、地面坡度、地面覆盖和作物组成、土壤性质、排水沟网配套情况及沟道比降等。由于影响因素较复杂，难于通过成因分析得到计算排涝流量或排涝模数的理论公式，通常采用各种经验公式进行估算。为了便于理解各种公式的物理意义，下面将首先介绍排涝地区地面径流的形成过程。

设在某一典型排水地区内（图 8-3），AB 为排水干沟、1-1、2-2、3-3 等为支沟，其相应长度为 λ_1、λ_2、λ_3 等，而介于支沟之间的集水坡地长度为 l_1、l_2、l_3 等，则在这一面积上所产生的地面径流，开始时总是沿着集水坡地（长度为 l）流动，然后流入支沟，最后经干沟而注入容泄区。

在一般情况下，各支沟所控制的集水坡地面积、长度、土壤性质及地形等皆不相同，加上降雨分布不均匀，因此径流从坡地流入沟道的过程是十分复杂的。

同时，各级沟道的比降、糙率以及沟口的位置等因素都不同，所以径流在沟道内流动的历时和速度也各有差别。地面径流从排水面积（或集水面积）汇入沟道流入容泄区的时间先后不一，因此，地面径流的排泄过程总是按照某种曲线形状变化，一般开始时的流量较小，然后增加到最大流量，有时并在一定时间内保持这一最大流量，然后再逐渐减小。为了便于对集流过程现象的理解，首先研究基本（无排水设备）集水坡地的径流情况。

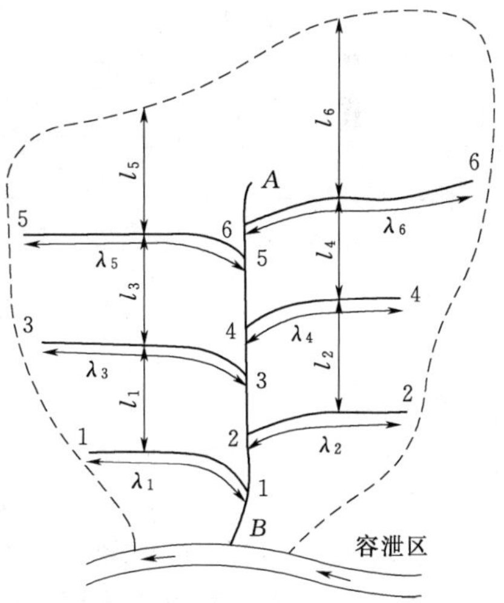

图 8-3 排水系统示意图

地面径流的集流过程一般可分为三种基本情况：

1）最大径流恰巧发生在降雨停止的时刻，即 $l/v=t$（l 为集水坡地的长度；v 为径流沿坡地流动的速度；t 为降雨历时）。其径流过程线呈三角形（图 8-4）。在这种情况下，发生最大径流时的集流面积 A_{max} 恰等于排水总面积 $A_{总}$，并且最大流量 Q_{max} 为平均流量 $\overline{Q}$ 的 2 倍，如以 K 表示以上两种流量的比值（即 $K=Q_{max}/\overline{Q}$），则此时 $K=2$。K 常被称为径流过程线的形状系数。

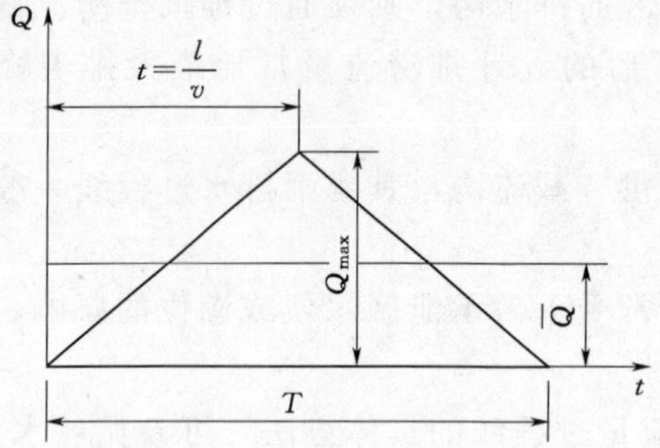

图 8-4

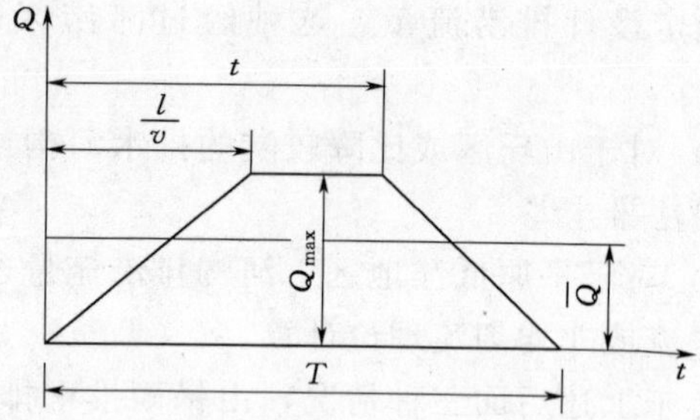

图 8-5

2）在降雨停止前就开始发生最大径流，这种现象经常发生在降雨历时较久，集水面积较短以及径流流动速度较大情况下。此时 $l/v<t$，其典型径流过程线大致呈梯形（图 8-5）。同时，发生最大径流时的集流面积 A_{max} 等于排水总面积 $A_{总}$，而 K 值（$Q_{max}/\overline{Q}$）为 1.0～2.0。

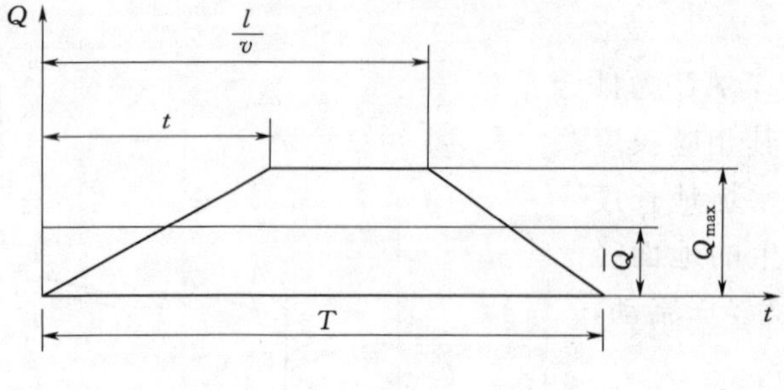

图 8-6

3）在降雨停止后，才开始发生最大径流，这种现象发生在降雨历时较短，集水面积较长以及径流速度较缓的情况下，此时 $l/v>t$，其径流过程线也大致呈梯形（图 8-6）。同时，在这种情况下发生最大径流时的集流面积 A_{max} 要比排水总面积 $A_{总}$ 为小。

实际上，径流过程线的形状多是不规则的，举出上述三种典型情况仅是用来说明各种条件下集流过程特征而已。

根据径流形成的规律，并由于降雨强度的不均匀性，各时间阶段内由降雨而产生的径流量（或径流率）是不同的。但在设计排水沟道的输水能力时，特别重要的是确定最大径流量。在任何情况下，最大降雨径流量是绝对不会大于净降雨强度（除去蒸发及土壤入渗和截流外）与其集水面积的乘积的。如在 $l/v \leqslant t$ 的情况下，最大径流量至多等于净降雨强度与其集水面积的乘积。此时 $A_{max}=A_{总}$。而在其余的情况下（例如 $l/v>t$），由于径流的迟缓作用，最大径流量往往要比净降雨强度与其集水面积的乘积为小，此时 $A_{max}<A_{总}$。通常可以采用径流迟缓系数 $\varphi=A_{max}/A_{总}=1$ 或 $\varphi<1$ 来表示最大径流量是否等于或小于净降雨强度与其集水面积的乘积。

上述径流形成的规律同样适用于有排水设备的情况。

根据图 8-2 所示的排水面积，我们来研究该面积上的迟缓径流现象和确定地面径流率的数值。

设计地面径流率常是按照发生设计频率降雨时的最大径流率计算的。同时，设计径流率必须针对排水沟道各个控制（汇流）断面，分别推求。

$$q_{设计}=q_{max}=\frac{Q_{max}}{A_{总}}$$

但

$$Q_{max}=K\overline{Q}=K\frac{A_{总}\sigma P}{T}$$

故

$$q_{max}=\frac{KA_{总}\sigma P}{TA_{总}}=\frac{K\sigma P}{T} \tag{8-1}$$

式中 q_{max}——最大径流率；

K——径流过程线的形状系数，当径流过程线为梯形时，$K<2.0$；为三角形时，$K=2.0$；

σ——径流系数；

P——降雨量；

T——集流历时。

集流历时 T 值的计算式应为

$$T=t+\frac{l}{v}+\frac{\lambda}{v_0}+\frac{L}{v_1}$$

式中 t——降雨历时；

l、λ、L——集水坡地、支沟、干沟的长度；

v、v_0、v_1——径流沿坡地、支沟、干沟的流速。

因此

$$q_{max}=\frac{K\sigma P}{t+\frac{l}{v}+\frac{\lambda}{v_0}+\frac{L}{v_1}}=\frac{\sigma P}{t}\left(\frac{K}{1+\frac{l}{vt}+\frac{\lambda}{v_0 t}+\frac{L}{v_1 t}}\right)$$

若 P 以 mm 计，t 以 h 计，q_{max} 以 $m^3/(s \cdot km)$ 计，而

$$D=1+\frac{l}{vt}+\frac{\lambda}{v_0 t}+\frac{L}{v_1 t}$$

则

$$q_{max}=0.28\frac{\sigma P}{t}\frac{K}{D} \tag{8-2}$$

式中 K/D——径流迟缓系数，从式（8-2）中看出，径流迟缓系数还与排水系统的结构与布置有关；

其余符号意义同前。

从式（8-2）中可以看出，影响径流率的因素大致可分为两类：①集水面积上的若干不变因素，如集水面积的大小、形状、地形和地面坡度，排水系统的布置情况（λ、l、L 的大小）等；②随时间变化的若干因素，如降雨强度和延续时间、渗入土壤的雨量以及汇流的流速等。

考虑到在具体条件下，排水面积的大小，形状和排水设备（如沟道布置）并不相同，再加上其他因素的影响，由降雨产生的径流过程是十分复杂的，因此企图用上述理论公式

来推算径流迟缓系数（$K/D=\varphi$）和径流率，往往使计算工作十分繁重，甚至是不可能的。一般是根据成因分析的理论，在运用和统计实测资料的基础上提出了相应的径流率计算的经验公式，这些公式的基本形式为

$$q_{\max}=0.28\frac{\sigma P}{t}\varphi \tag{8-2'}$$

这些公式的区别主要在于如何根据影响径流率的各项因素，提出确定 φ 值的方法。

苏联 A·H·考斯加可夫院士的公式：

$$q_{\max}=0.28\frac{\sigma P}{t}\frac{K}{\sqrt[x]{A}}[\mathrm{m^3/(s\cdot km^2)}] \tag{8-3}$$

式中 P——一定频率的一次降雨量，mm；

σ——径流系数；

t——降雨历时，h；

A——排水面积，$10\mathrm{km}^2$；

K——系数，其平均值为 2.0；

x——指数，与排水设备、地面坡度、地貌情况等因素有关。

当排水沟具有排地下径流任务时，上式中还应加上地下径流率 q_0 的数值。

即
$$q_{\max}=0.28\frac{\sigma P}{t}\frac{K}{\sqrt[x]{A}}+q_0 \tag{8-3'}$$

表 8-4 列出了欧美和苏联各国所采用的几种主要的经验公式类型，可供参数。国内常用的排涝流量（或排涝模数）计算方法分别介绍如下。

表 8-4　　国外排涝模数经验公式类型举例①

欧美各国	苏联
$q=\frac{X}{F}+Y$ $q=\frac{X}{F+Y}+Z$ $q=\frac{X}{Y\sqrt{F}}$ 式中 q——排涝模数； F——流域面积，km^2； X、Y、Z——常数	$q=0.28\frac{P}{t}\varphi$ $q=\frac{A_p}{F^n}$ $q=\frac{A_p}{(F+C)^n}$ $q=\frac{A_p}{(F+C)^n}+B$ 式中 q——排涝模数（又称径流模数）； A_p——与频率有关的参数； F——流域面积，km^2； C、B——常数； η——指数； 其余符号意义同前

① 水利电力科学研究院，平原地区排涝模数经验公式的研究，1963 年 12 月。

（二）国内计算排涝流量的常用方法

国内计算排涝流量主要有三种方法。

1. 排涝模数经验公式法

该法适用于大型涝区，需求出最大排涝流量的情况，其计算公式为

$$q=KR^mF^n \tag{8-4}$$

式中　q——设计排涝模数，$m^3/(s \cdot km^2)$；

F——排水沟设计断面所控制的排涝面积，km^2；

R——设计径流深，mm；

K——综合系数（反映河网配套程度、排水沟坡度、降雨历时及流域形状等因素）；

m——峰量指数（反映洪峰与洪量的关系）；

n——递减指数（反映排涝模数与面积的关系）。

公式中考虑了形成最大流量的主要因素。首先是反映了随着排涝面积（或流域）的增大及其自然调蓄作用的增加而排涝模数减少的情况；其次还考虑了一次径流过程的峰量关系等。目前各地区或各流域在应用式（8-4）时，都根据该地区的除涝排水标准，选用接近设计标准的河流或排水系统的实测资料进行大量统计分析，确定了公式中的各项系数和指数（详见表8-5），供规划时参考使用。

表8-5　　部分地区排涝模数公式参数值表

<table>
<tr><th colspan="2">地区</th><th>适用范围/km²</th><th>K 日平均</th><th>m</th><th>n</th><th>设计降雨天数/d</th></tr>
<tr><td colspan="2">淮北平原地区</td><td>500～5000</td><td>0.026</td><td>1.00</td><td>−0.25</td><td>3</td></tr>
<tr><td rowspan="3">河南省</td><td>豫东及沙颍河平原区</td><td></td><td>0.30</td><td>1.00</td><td>−0.25</td><td>1</td></tr>
<tr><td rowspan="2">金堤河</td><td>＜1500</td><td>0.215</td><td>0.79</td><td>−0.43</td><td></td></tr>
<tr><td>＞1500</td><td>0.096</td><td>0.79</td><td>−0.43</td><td></td></tr>
<tr><td rowspan="2">山东省沂沭泗地区</td><td>湖西地区</td><td>2000～7000</td><td>0.031</td><td>1.00</td><td>−0.25</td><td>3</td></tr>
<tr><td>邳苍地区</td><td>100～500</td><td>0.031</td><td>1.00</td><td>−0.25</td><td>1</td></tr>
<tr><td colspan="2" rowspan="2">河北省黑龙港地区</td><td>＞1500</td><td>0.058</td><td>0.92</td><td>−0.33</td><td>3</td></tr>
<tr><td>200～1500</td><td>0.032</td><td>0.92</td><td>−0.25</td><td>3</td></tr>
<tr><td colspan="2">河北省平原地区</td><td>30～1000</td><td>0.040</td><td>0.92</td><td>−0.33</td><td>3</td></tr>
<tr><td colspan="2">山西省太原平原区</td><td></td><td>0.031</td><td>0.82</td><td>−0.25</td><td></td></tr>
<tr><td colspan="2" rowspan="2">湖北省平原湖区</td><td>≤500</td><td>0.0135</td><td>1.00</td><td>−0.201</td><td>3</td></tr>
<tr><td>＞500</td><td>0.017</td><td>1.00</td><td>−0.238</td><td>3</td></tr>
<tr><td colspan="2">辽宁省中部平原区</td><td>＞50</td><td>0.0127</td><td>0.93</td><td>−0.176</td><td>3</td></tr>
</table>

必须指出，公式中将很多因素的影响都综合在K值中，因而K值变动幅度较大，一般规律是：暴雨中心偏上，净雨历时长，平槽以下径流深大，地面坡度小，流域形状系数小，河网调节程度大，则K值小；反之则大。当流域或地区较大时，如果不考虑条件的差别，采用统一的K值，将会影响计算成果精度。

推求设计径流深，必先确定设计暴雨。设计暴雨一般包括暴雨历时、暴雨的大小分布诸因素，它们都和除涝排水面积的大小有关。在我国华北平原地区，根据实测资料分析证明，对于100～500km^2的排水面积，洪峰流量主要由一日暴雨形成；而对于500～5000km^2的排水面积，洪峰流量面积一般由三日暴雨形成；所以在上述两种情况下，应分别采用一日和三日作为设计暴雨历时。对于具有滞涝容积的排水系统，则应考虑采用长历时的暴雨，有的还须采用具有一定间隙期的前后两次暴雨作为设计标准。当除涝排水面积较小时，一般可用点雨量代表面雨量；当除涝排水面积较大时，由于整个除涝排水面积上的平均面雨量和点雨量的差别较大，需要用面雨量计算。推算设计暴雨的方法有两种，一种是典型年法，即采用排水地区内某个涝灾严重的年份作为典型年，以这一年的某次最大暴雨作为设计暴雨；另一种是频率法，即当流域内有足够的测站和较长的降雨资料，用各年最大的一次面平均降雨量，直接进行面雨量的频率计算，求得设计标准的暴雨量。

由设计雨量推求径流深（净雨）R，均以降雨和径流的实测资料作为依据。计算方法有降雨径流相关图法及暴雨扣损法两种。水田的净雨深常按暴雨扣损法计算。而旱作区一般采用以前期降雨量 P_a 为参数的降雨径流相关图即 $P+P_a \sim R$ 关系曲线。前期影响雨量是反映该地区发生暴雨之前的土壤干湿情况。可采用与设计标准相似的若干场暴雨的 P 平均值作为设计值。小汇水面积的径流深，亦可由设计暴雨 P 乘径流系数 a 得出，a 值一般是指一次暴雨和该次暴雨所产生的径流深的比值 $\left(a=\dfrac{R}{P}\right)$，亦有把前期影响雨量考虑在内的 $\left(a=\dfrac{R}{P+P_a}\right)$。

2. 平均排除法

平均排除法是以排水面积上的设计净雨在规定的排水时间内排除的平均排涝流量或平均排涝模数作为设计排涝流量或排涝模数的方法，即

$$Q=\frac{RF}{86.4t} \tag{8-5}$$

或

$$q=\frac{R}{86.4t} \tag{8-6}$$

对于水田 $R=P-h_{田蓄}-E$

对于旱田 $R=aP$

式中 Q——设计排涝流量，m^3/s；

q——设计排涝模数，$m^3/(s \cdot km^2)$；

F——排水沟控制的排水面积，km^2；

R——设计径流深，mm；

a——径流系数；

P——设计暴雨量，mm；

$h_{田蓄}$——水田滞蓄水深，mm，由水稻耐淹水深确定；

E——历时为 t 的水田田间腾发量，mm；

t——规定的排涝时间，d，主要根据作物的允许耐淹历时确定。对于水田，一般选 3～5d 排除；对于旱地，因耐淹较差，排涝时间应当选得短些，一般取 1～3d。

如排水区既有旱地又有水田时，则首先按上式分别计算水田和旱地的排涝模数，然后按旱地和水田的面积比例加权平均，即得综合排涝模数。

这一方法确定的排涝流量或排涝模数是一个均值，为了与前述按照最大排涝模数确定排水沟设计流量的方法相区别，故把这法称为平均排除法。对于水网圩区和抽水排水地区，由于河网有一定调蓄能力，不论排水面积大小，此方法都是比较适用的。而对于排水沟道调蓄能力较差的地区（如有些坡水区等），按此法算得的排涝流量可能偏小，故一般

认为它仅适用于控制面积较小的排水沟，这是因为较小的排水沟，在不超过作物允许耐淹历时的条件下，可以允许地面径流在短时间内漫出沟槽。此法计算简便是其优点，但它没有反映出排水面积越大、其排涝模数越小这一规律；而且当排水面积很大时，涝水汇流时间往往也超过计算中一般规定的排涝时间 3～5d。因此应用此法时，首先要针对具体条件，分析其适用性。

3. 排涝流量过程线法

当涝区内有较大的蓄涝区时，即蓄涝区水面占整个排涝区面积的 5%以上时，需要考虑蓄涝区调蓄涝水的作用，并合理确定蓄涝区和排水闸、站等除涝工程的规模。对于这种情况，就需要采用概化过程线等方法推求设计排涝流量过程线，供蓄涝、排涝演算使用。

二、排渍流量的计算

地下水排水流量，自降雨开始至雨后同样也有一个变化过程和一个流量高峰。当地下水位达到一定控制要求时的地下水排水流量称为日常流量，它不是流量高峰，而是一个比较稳定的较小的数值。单位面积上的排渍流量称为设计地下水排水模数或排渍模数 [$m^3/(s \cdot km^2)$]，其大小决定于地区气象特点（降雨、蒸发条件）、土质条件、水文地质条件和排水系统的密度等因素。对于排渍模数，一般难于进行理论分析，给出计算公式，而是根据实测资料分析确定。

一般在降雨持续时间长、土壤透水性强和排水沟系密度较大的地区，设计排渍模数具有较大的数值。根据某些地区资料，由于降雨而产生的设计排渍模数见表 8-6。

表 8-6　　各种土质设计排渍模数表

土　质	设计排渍模数/[$m^3/(s \cdot km^2)$]	备　注
轻沙壤土	0.03～0.04	
中壤	0.02～0.03	
重壤、黏土	0.01～0.02	

在盐碱土改良地区，由于冲洗而产生的设计排渍模数常大于表 8-6 所列数值。如山东省打渔张灌区在洗盐的情况下，实测的排渍模数约为 0.02～0.1$m^3/(s \cdot km^2)$。而防止土壤次生盐碱化地区，在强烈返盐季节，其地下水控制在临界深度时的设计排渍模数一般较小。例如河南省引黄人民胜利渠灌区，其排涝模数在 0.002～0.005$m^3/(s \cdot km^2)$ 以下。

第四节　设计内、外水位的选择

排涝计算中的设计内水位是指排水出口处的沟道通过排涝流量时的水面高程；而在排渍情况下，设计内水位一般应定在农田地下水位降到规定深度的高程上。设计内水位的确定，将在本章第五节中介绍，下面论述设计外水位的选择。

目前我国部分地区设计外水位的采用情况见表 8-7。从表 8-7 可见，各地区采用的设计外水位虽然不尽相同，但从中可以概括出两点基本规律：

表 8-7　　　　　　　　　我国部分地区设计外水位

省、市	地　区	设计外水位/m	备　注
广东	珠江、韩江三角洲地区	采用年最高洪水位的多年平均值	洪水区
		采用5年一遇年最高水位	湖区
湖南	洞庭湖区	采用外江6月最高水位的多年平均值；以5～8月最高水位多年平均值中的最高值进行校核	大型排水站
湖北		采用与排水设计标准同频率、与设计暴雨同期出现的旬平均水位或采用暴雨设计典型年排涝期间相应的日平均水位，也有采用江河警戒水位的	
江西	鄱阳湖地区	采用10年一遇五日最高平均水位	
		采用年最高水位的多年平均值	大型电排站
安徽		采用5～10年一遇汛期日平均水位	
江苏		采用历年汛期平均最高外水位设计按历年汛期最高外水位校核	中小型排水站
		采用20年一遇汛期最高外水位	大型电排站
福建		采用5年一遇洪水位	闽江下游
		采用10年一遇洪水位	九龙江下游
河南	安阳地区（黄河）	采用黄河3年一遇水位	考虑黄河淤积至1970年时的水位
	信阳地区（淮河）	采用河道堤防保证水位（5～20年一遇）	
黑龙江		采用20年一遇汛期最高日平均水位	
天津		采用汛期最高洪水位	

1）对于选择水位标准，一种情况是采取相应于涝区暴雨重现期的水位；另一种情况是采用多年平均水位。一般当涝区设计降雨与承泄区水位同频率遭遇的可能性较大时，采用前者；否则采用后者。

2）对于选择水位特征期，则有以下多种选择，如年或汛期最高水位、年或汛期最高日平均水位、汛期最高5日或旬平均水位、最高汛期平均水位等。具体选择时，可建议如下原则：①当涝区设计降雨与承泄区水位同频率遭遇的可能性较大时，可采用相应于涝区设计降雨同频率的承泄区排涝天数（3～10d）平均水位作为设计外水位；②当涝区设计降雨与承泄区水位同频率遭遇的可能性较小时，可根据各地的具体情况确定，一般可采用排涝天数（3～10d）平均高水位的多年平均值。

感潮河段的设计外水位，原则上可与上述设计外水位的确定方法相同。取各年排涝期内的高潮位与低潮位，按排涝天数的平均值（即连续高高潮与高低潮的半潮位）作频率计算，并取相应于涝区设计降雨同频率的潮位作为设计潮水位。

近几年来，由于江河湖泊泥沙淤积逐年加剧以及其他原因的影响，在流量相同的情况下，其水位逐年有所增高。在确定设计外水位时，要考虑这种因素，以便留有余地。

第五节　排水沟的设计水位和排水沟断面设计

一、排水沟的设计水位

设计排水沟，一方面要使沟道能通过排涝设计流量，使涝水顺利排入外河；另一方面还要满足控制地下水位等要求。

排水沟的设计水位可以分为排渍水位和排涝水位两种，确定设计水位是设计排水沟的重要内容和依据，需要在确定沟道断面尺寸（沟深与底宽）之前，加以分析拟定。

1. 排渍水位（又称日常水位）

这是排水沟经常需要维持的水位，在平原地区主要由控制地下水位的要求（防渍或防止土壤盐碱化）所决定。

为了控制农田地下水位，排水农沟（末级固定排水沟）的排渍水位应当低于农田要求的地下水埋藏深度，离地面一般不小于1.0～1.5m；有盐碱化威胁的地区，轻质土不小于2.2～2.6m，如图8-7所示。而斗、支、干沟的排渍水位，要求比农沟排渍水位更低，因为需要考虑各级沟道的水面比降和局部水头损失，例如排水干沟，为了满足最远处低洼农田（图8-8）降低地下水位的要求，其沟口排渍水位可由最远处农田平均田面高程A_0，考虑降低地下水位的深度和斗、支、干各级沟道的比降及其局部水头损失等因素逐级推算而得，即

$$z_{排渍}=A_0-D_{农}-\sum Li-\sum \Delta z \tag{8-7}$$

式中　$z_{排渍}$——排水干沟沟口的排渍水位，m；

A_0——最远处低洼地面高程，m；

$D_{农}$——农沟排渍水位离地面距离，m；

L——斗、支、干各级沟道长度，m，如图8-8所示；

i——斗、支、干各级沟道的水面比降，如为均匀流，则为沟底比降；

Δz——各级沟道沿程局部水头损失，如过闸水头损失取0.05～0.1m，上下级沟道在排地下水时的水位衔接落差一般取0.1～0.2m。

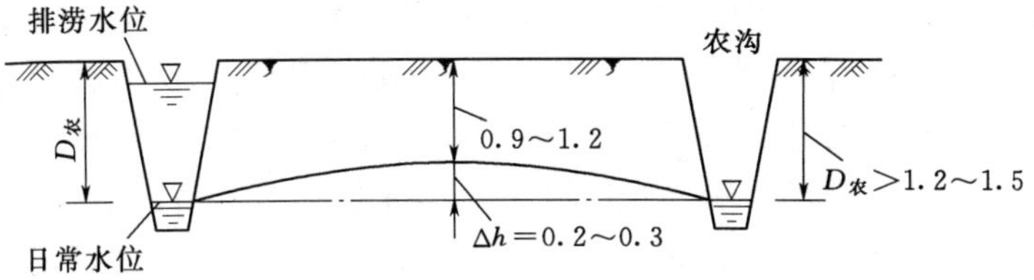

图8-7　排渍水位与地下水位控制的关系（单位：m）

对于排渍期间承泄区（又称外河）水位较低的平原地区，如干沟有可能自流排除排渍流量时，按上式推得的干沟沟口处的排渍水位$z_{排渍}$，应不低于承泄区的排渍水位或与之相平。否则，应适当减小各级沟道的比降，争取自排。而对于经常受外水位顶托的平原水网圩区，则应利用抽水站在地面涝水排完以后，再将沟道或河网中蓄积的涝水排至承泄区，使各级沟道经常维持排渍水位，以便控制农田地下水位和预留沟网容积，准备下次暴雨后

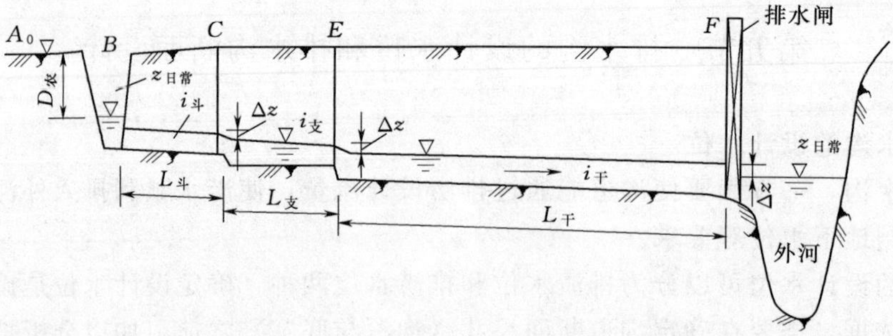

图 8-8 干、支、斗、农排水沟排渍水位关系图

滞蓄涝水。

2. 排涝水位（又称最高水位）

排涝水位是排水沟宣泄排涝设计流量（或满足滞涝要求）时的水位。由于各地承泄区水位条件不同，确定排涝水位的方法也不同，但基本上分为下述两种情况。

1）当承泄区水位一般较低，如汛期干沟出口处排涝设计水位始终高于承泄区水位，此时干沟排涝水位可按排涝设计流量确定，其余支、斗、沟的排涝水位亦可由干沟排涝水位按比降逐级推得；但有时干沟出口处排涝水位比承泄区水位稍低，此时如果仍须争取自排，势必产生壅水现象，于是干沟（甚至包括支沟）的最高水位就应按壅水水位线设计，其两岸常需筑堤束水，形成半填半挖断面，如图 8-9 所示。

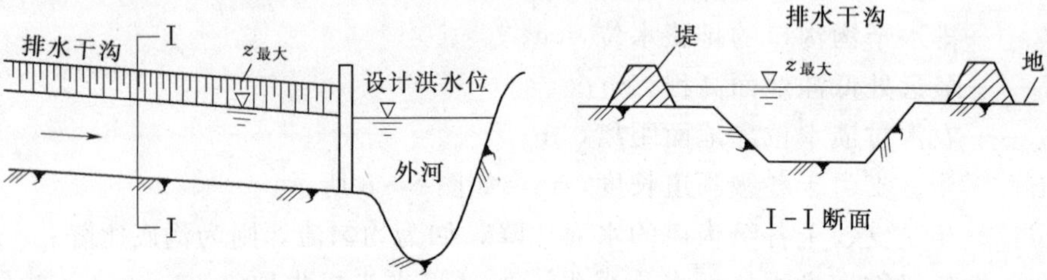

图 8-9 排水出口壅水时干沟的半填半挖断面示意图

2）在承泄区水位很高、长期顶托无法自流外排的情况。此时沟道最高水位是分两种情况考虑，一种情况是没有内排站的情况，这时最高水位一般不超出地面，以离地面 0.2～0.3m 为宜，最高可与地面齐平，以利排涝和防止漫溢，最高水位以下的沟道断面应能承泄除涝设计流量和满足蓄涝要求；另一种情况是有内排站的情况，则沟道最高水位可以超出地面一定高度（如内排站采用圬工泵时，超出地面的高度就不应大于 2～3m），相应沟道两岸亦需筑堤。

二、排水沟断面设计

当排水沟的设计流量和设计水位确定后，便可确定沟道的断面尺寸，包括水深与底宽等。设计时，一般根据排涝设计流量计算沟道的断面尺寸，如有通航、养殖、蓄涝和灌溉等要求，则应采用各种要求都能满足的断面。

1. 根据排涝设计流量确定沟道的过水断面

排水沟一般是按恒定均匀流公式设计断面，但在承泄区水位顶托发生壅水现象的情况下，往往需要按恒定非均匀流公式推算沟道水面线，从而确定沟道的断面以及两岸堤顶高程等。推算水面线的方法已在水力学中详述，这里从略；但对于排水沟道的断面因素如底坡 i、糙率 n 及边坡系数 m 等应结合排水沟特点进行分析拟定。

（1）排水沟的比降 i。主要决定于排水沟沿线的实际地形和土质情况，沟道比降一般要求与沟道沿线所经的地面坡降相近，以免开挖太深。同时，沟道比降不能选得过大或过小，以满足沟道不冲不淤的要求，即沟道的设计流速应当小于允许不冲流速（表 8-8）和大于允许不淤流速（0.3～0.4m/s）。此外，对于连通内湖与排水闸的沟道，其比降还决定于内湖和外河水位的情况；而对于连通抽水站的沟道比降，则须注意抽水机安装高程的限制，一般说来，对照上述要求，平原地区沟道比降可在下列范围内选择：干沟为 $\frac{1}{6000}\sim\frac{1}{20000}$，支沟为 $\frac{1}{4000}\sim\frac{1}{10000}$，斗沟为 $\frac{1}{2000}\sim\frac{1}{5000}$。

表 8-8　　允许不冲流速表

土壤类别	允许不冲流速/(m/s)	土壤类别	允许不冲流速/(m/s)
淤土	0.2	粗砂土（d=1～2mm）	0.6～0.75
重黏壤土	0.75～1.25	中砂土（d=0.5mm）	0.4～0.6
中黏壤土	0.65～1.00	细砂土（d=0.05～0.1mm）	0.25
轻黏壤土	0.6～0.9		

而在排灌两用沟道内有反向输水出现的情况下，则沟道比降宜较平缓，其方向则以排水方向为准。对于有些结合灌溉、蓄涝和通航的沟道，其比降也有采用平底的情况。为了便于施工，同一沟道最好采用均一的底坡，在地面比降变化较大时，也要求尽可能使同一沟道的比降变化较少。

（2）沟道的边坡系数 m。这主要与沟道土质和沟深有关，土质越松，沟道越深，采用的边坡系数应越大。由于地下水汇入的渗透压力、坡面径流冲刷和沟内滞涝蓄水时波浪冲蚀等原因，沟坡容易坍塌，所以排水沟边坡一般比灌溉边坡为缓。设计时可参考表 8-9。

表 8-9　　土质排水沟边坡系数表

土质	边坡系数			
	挖深<1.5m	挖深 1.5～3m	挖深 3～4m	挖深 4～5m
砂土	2.5	3.0～3.5	4～5	≥5
砂壤土	2	2.5～3	3～4	≥4
壤土	1.5	2～2.5	2.5～3	≥3
黏土	1	1.5	2	≥2

（3）排水沟的糙率 n。对于新挖沟道，其糙率与灌溉渠道相同，约为 0.02～0.025，而对于容易长草的沟道，一般采用较大的数值，取 0.025～0.03。

2. 根据通航、养殖要求校核排水沟的水深与底宽

按除涝设计流量确定的排水沟水深 h（相应的排渍水深为 h_0）及底宽 b（图8-10），往往还不一定是最后采用的数值。考虑到干、支沟在有些地区需要同时满足通航、养殖要

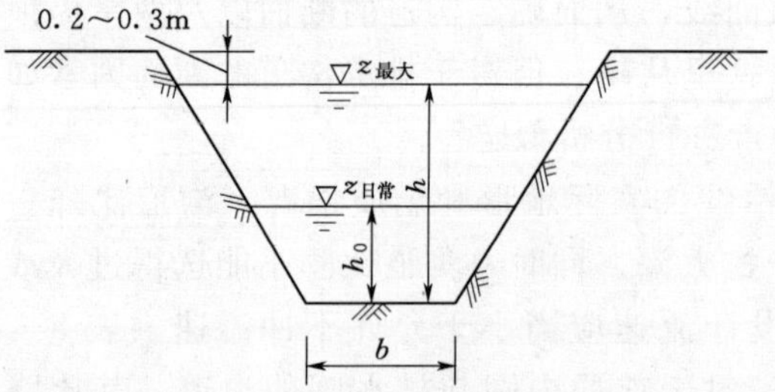

图 8-10　排水沟横断面图

求，因此还必须根据这些要求对沟道排渍水深 h_0 及底宽 b 进行校核。

沟道通航水深决定于通航船只的吨位。干沟一般要求通航 50～100t 的船只，支（斗）沟通航 50t 以下的船只，相应要求的通航水深见表 8-10。养殖水深一般要求 1.0～1.5m，干、支沟都一样。

通过校核，如果按排涝设计流量算出的沟道水深与底宽不能满足在排渍水位下通航、养殖和控制地下水位的要求，则沟道应按要求拓宽加深。在排涝流量和排渍流量相差悬殊且要求的沟深也显著不同的情况下，可以采用复式断面。

表 8-10　　通航、养殖对排水沟的要求

沟名	通航要求		养殖水深
	水深 h_0	底宽	
干沟	1.0～2.0	5～15	1.0～1.5
支沟	0.8～1.0	2～4	1.0～1.5

3. 根据滞涝要求校核排水沟的底宽

平原水网圩区的一个特点，就是汛期（5—10 月）外江（河）水位高涨、关闸期间圩内降雨径流无法自流外排，只能依靠抽水机及时提水抢排一部分，大部分涝水需要暂时蓄在田间以及圩垸内部的湖泊洼地和排水沟内，以便由水泵逐渐提排出去。除田间和湖泊蓄水外需要由排水沟容蓄的水量（因蒸发和渗漏量很小，故不计）为

$$h_{沟蓄}=P-h_{田蓄}-h_{湖蓄}-h_{抽排} \tag{8-8}$$

式中　P——设计暴雨量（一日暴雨或三日暴雨，以 mm 计），按除涝标准选定；

$h_{田蓄}$——田间蓄水量，水田地区按水稻耐淹深度确定，一般取 30～50mm，旱田则视土壤蓄水能力而定；

$h_{沟蓄}$——沟道蓄水量；

$h_{抽排}$——水泵抢排水量；

$h_{湖蓄}$——湖泊洼地蓄水量，根据各地圩垸内部现有的或规划的湖泊蓄水面积及蓄水深度确定。

$h_{沟蓄}$、$h_{抽排}$、$h_{湖蓄}$ 均为折算到全部排水面积上的平均水层，mm。

由式（8-8）可见，只要研究确定了 P、$h_{田蓄}$、$h_{湖蓄}$、$h_{抽排}$ 等值，便可求得需要排水沟容蓄的涝水量，这部分水量就蓄在各级沟道（干、支、斗）的滞涝容积 $V_{滞}$ 内，即图 8-11中最高滞涝水位与排渍水位（或称汛期预降水位）之间的阴影部分。沟道滞涝水深 h 一般为 0.8～1.0m，排水沟的滞涝总容积（$V_{滞}$）可用下式计算，即

$$V_{滞}=\sum bhl \tag{8-9}$$

式中　b——各级滞涝河网或沟道的平均滞涝水面宽度，m，如图 8-11 所示。

l——各级滞涝沟道的长度，m；

$\sum bhl$——各级滞涝沟道的 bhl 之和，m^3。

校核计算时，可以采用试算法，即先按排涝或航运等要求确定的沟道断面计算其滞涝容积 $V_{滞}$，如果这一容积小于需要沟道容蓄的涝水量，除可增加抽排水量外则须适当增加有关各级沟道的底宽（或改为复式断面）或沟深（甚至增加沟道密度），直至沟道蓄水容积能够容蓄涝水量为止。

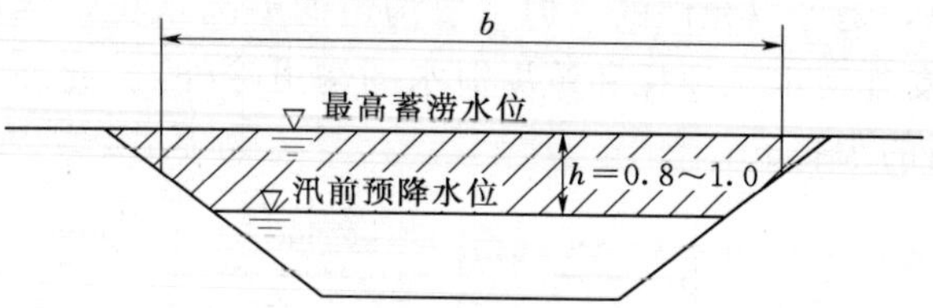

图 8-11　河（沟）道的滞水位和预降水位（单位：m）

4. 根据灌溉引水要求校核排水沟道底宽

当利用排水沟引水灌溉时，水位往往形成倒坡或平坡，这就需要按非均匀流公式推算排水沟引水灌溉时的水面曲线，借以校核排水沟在输水距离和流速等方面能否符合灌溉引水的要求，如不符合，则应调整排水沟的水力要素。

在一般工程设计中，对斗、农沟常常采用规定的标准断面（根据典型沟道计算而得），不必逐一计算，而只是对较大的主要排水沟道，才需要进行具体设计。设计时，通常选择以下断面进行水力计算：①沟道汇流处的上、下断面（即汇流以前和汇流以后的断面）；②沟道汇入外河处的断面；③河底比降改变处的断面等。对于较短的沟道，若其底坡和土质都基本一致，则在沟道的出口处选择一个断面进行设计即可。

排水沟在多数情况下是全部挖方断面，只有通过洼地或受承泄区水位顶托发生壅水时，为防止漫溢才在两岸筑堤，形成又挖又填的沟道。从排水沟挖出的土方，可用以修堤、筑路、填高农田田面和居民点房基，或结合灭螺填平附近废沟旧塘，不要任意乱堆在沟道两岸，以免被雨水冲入沟中，影响排水。通常堤与弃土堆距离沟的上口，不应小于1.0m，堤（路）高应超出地面或最高水位以上 0.5～0.8m，堤顶宽取 0.5～1.0m，如兼作各种道路，则结合需要另行确定。对于较大的排水干沟，有时为了满足排除涝水和地下水的综合要求，特别在排涝设计流量和排渍流量相差悬殊的情况下，排水沟可以设计成复式断面，这样可节省土方和减少水下的施工。

防止排水沟的塌坡现象是设计沟道横断面的重要问题，特别是在砂质土地带，更需重视。沟道塌坡不但使排水不畅，而且增加清淤负担。针对边坡破坏的主要原因，在结构设计中，除应用稳定的边坡系数外，还可以采取下列措施以稳定排水沟的边坡。

1）防止地面径流的冲蚀，如利用截流沟、截流堤或沟边道路防止地面径流漫坡注入沟道；或采取护坡措施，如种植草皮和干砌块石等。

2）减轻地下径流的破坏作用，排水沟与灌溉渠道如采取相邻布置的方式，则沟、渠之间可安排道路或使沟道采用不对称断面，即靠近灌渠一侧采用较缓的边坡。

3）对于沟道较深和土质松散的排水沟，采用复式断面，可以减少沟坡的破坏。复式断面的边坡系数 m，随各种土质而定，可选用一种或几种数值。排水沟开挖深度大于5.0m 时，应在沟底以上每隔 3～4m 设置宽度不小于 0.8～1.0m 的戗台。

在设计排水沟的纵断面时，一般要求各级沟道之间在排地下水时不发生壅水现象，即上、下级沟道在排除日常流量（排渍流量）时，水位衔接应有一定的水面落差（Δz），一般取 0.1～0.2m，如图 8－12 所示。在通过排涝设计流量时，沟道之间产生短期的壅水现象，是可以允许的，但一般沟道的最高水位，尽可能低于沟道两侧的地面高程 0.2～0.3m（受外河水位顶托和筑堤泄水的沟道除外）。此外，还须注意下级沟道的沟底不高于上级沟道的沟底。

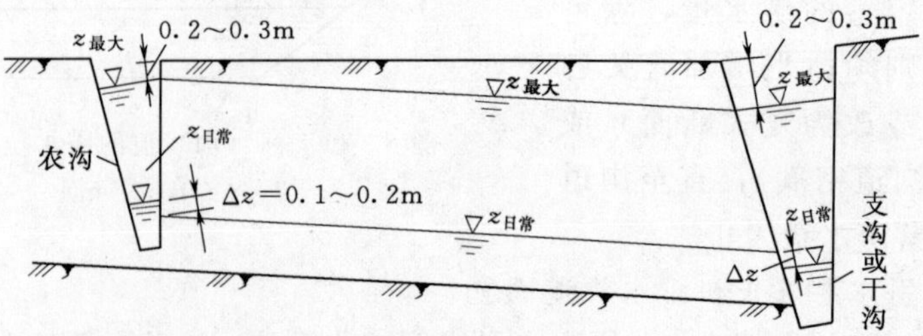

图 8－12　上下级排水沟之间沟底水位衔接示意图（单位：m）

下面结合图 8－13 说明排水沟纵断面图的绘制方法与步骤。通常首先根据沟道的平面布置图，按干沟沿线各桩号的地面高程依次绘出地面高程线；其次，根据干沟对控制地下水位的要求以及选定的干沟比降等，逐段绘出日常水位线；然后在日常水位线以下，根据宣泄日常流量或通航，养殖等要求所确定的干沟各段水深，定出沟底高程线；最后再由沟

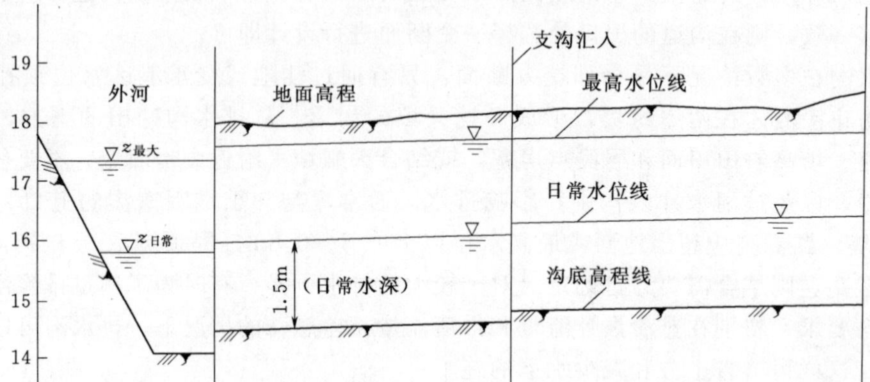

桩号	0+000	0+200	0+400	0+600	0+800	1+000		1+200	1+400	1+600	1+800	2+000	2+080	2+200
地面高程/m	17.80	17.82	17.91	17.96	18.00	18.00		18.15	18.15	18.25	18.25	18.06	18.28	18.35
最高水位/m	17.60	17.62	17.64	17.66	17.68	17.70		17.72	17.74	17.76	17.78	17.80	17.81	17.82
日常水位/m	16.00	16.02	16.04	16.06	16.08	16.10	16.30	16.32	16.34	16.36	16.38	16.40	16.41	16.42
沟底高程/m	14.50	14.52	14.54	14.56	14.58	14.60	14.80	14.82	14.84	14.86	14.88	14.90	14.91	14.92
挖方深度/m	3.30	3.30	3.37	3.40	3.42	3.40	3.20	3.33	3.31	3.39	3.37	3.16	3.37	3.43
沟底比降	$\frac{1}{10000}$													

图 8－13　排水干沟纵断面图

底向上，根据排涝设计流量或蓄涝要求的水深，绘制干沟的最高水位线。排水沟纵断面的设计和其横断面设计是相互联系的，需要配合进行。排水沟纵断面图的形式和灌溉渠道相似，但有时可绘成由右向左的倾斜形式，以便于从干沟出口处起算桩距，如图 8-13 所示。在图上应注明桩号、地面高程、最高水位、日常水位、沟底高程、沟底比降以及挖深等各项数据，以便计算沟道的挖方量。

第六节　承泄区整治

排水系统的承泄区是指位于排水区域以外，承纳排水系统排出水量的河流、湖泊或海洋等。承泄区一般应满足下列要求：①在排水地区排除日常流量时，承泄区的水位应不使排水系统产生壅水，保证正常排渍；②在汛期，承泄区应具有足够的输水能力或容蓄能力，能及时排泄或容纳由排水区排出的全部水量。此时，不能因承泄区水位高而淹没农田，或者虽然局部产生浸没或淹没，但淹水深度和淹水历时不得超过耐淹标准；③具有稳定的河槽和安全的堤防。

承泄区的规划一般涉及排水系统排水口位置的选择和承泄区的整治，分别介绍如下。

一、排水口位置的选择

排水口的位置主要根据排水区内部地形和承泄区水文条件决定，即排水口应选在排水区的最低处或其附近，以便涝水易于集中；同时还要使排水口靠近承泄区水位低的位置，争取自排。由于平时和汛期排水区的内、外水位差呈现出各种情况，所以排水口的位置可以选择多处，排水口也可以有多个，以便于排泄和符合经济要求为准。另外，在确定排水口的位置时，还应考虑排水口是否会发生泥沙淤积，阻碍排水；排水口基础是否适于筑闸建站；抽排时排水口附近能否设置调蓄池等。

由于承泄区水位和排水区之间往往存在矛盾，一般可采取以下措施处理：

1）当外河洪水历时较短或排涝设计流量与洪水并不相遇时，可在出口建闸、防止洪水侵入排水区，洪水过后再开闸排水。

2）洪水顶托时间较长，影响的排水面积较大时，除在出口建闸控制洪水倒灌外，还须建泵站排水，待洪水过后再开闸排水。

3）当洪水顶托、干沟回水影响不远，可在出口修建回水堤，使上游大部分排水区仍可自流排水，沟口附近低地则建站抽排。

4）如地形条件许可，将干沟排水口沿承泄区下游移动，争取自排。

当采取上述措施仍不能满足排水区排水要求或者虽然能满足排水要求但在经济上不合理时，就需要对承泄区进行整治。

二、承泄区整治

降低承泄区的水位，以改善排水区的排水条件，这是整治承泄区的主要目的，而整治承泄区的主要措施一般有以下几点：

（1）疏浚河道。通过疏浚，可以扩大泄洪断面，降低水位。但疏浚时，必须在河道内保留一定宽度的滩地，以保护河堤的安全。

（2）退堤扩宽。当疏浚不能降低足够的水位以满足排水系统的排水要求时，可采取退堤措施，扩大河道过水断面。退建堤段应尽量减少挖压农田和拆迁房屋，退堤一般以一侧退建为宜，另一侧利用旧堤，以节省工程量。

(3) 裁弯取直，整治河道。当以江河水道为承泄区时，如果河道过于弯曲，泄水不畅，可以采取截弯取直措施，以短直河段取代原来的弯曲河段。由于河道流程缩短，相应底坡变陡，流速加大，这样就能使本河段及上游河段一定范围内的水位降低。裁弯取直段所组成的新河槽，在整体上应形成一条平顺曲线。裁弯取直通常只应用于流速较小的中、小河流。对于水流分散，断面形状不规则的河段，应进行各种河道整治工程，如修建必要的丁坝、顺堤等，以改善河道断面，稳定河床，降低水位，增加泄量，给排水创造有利条件。

(4) 治理湖泊、改善蓄泄条件。如调蓄能力不足，可整治湖泊的出流河道、改善泄流条件，降低湖泊水位。在湖泊过度围垦的地区，则应考虑退田还湖，恢复湖泊蓄水容积。

(5) 修建减流、分流河道。减流是在作为承泄区的河段上游，开挖一条新河，将上游来水直接分泄到江、湖和海洋中，以降低用作排水承泄区的河段水位。这种新开挖的河段常称减河。分流也是用来降低作为承泄区的河段水位的。这一措施，一般也在河段的上游，新开一条新的河渠，分泄上游一部分来水，但分泄的来水，绕过作为承泄区的河段后仍汇入原河。有些地区，为了提高承泄区排涝能力，还采取另辟泄洪河道，使洪涝分排。

(6) 清除河道阻碍。临时拦河坝、捕鱼栅、孔径过小的桥涵等，往往造成壅水，应予清除或加以扩建，以满足排水要求。

以上列举了一些承泄区的整治措施，但各种措施都有其适用条件，必须上下游统一规划治理，不能只顾局部，造成其他河段的不良水文状况，应该通过多方案比较，综合论证，择优选用。

第九章 分区水利问题及其治理

第一节 山区、丘陵地区的治理

我国山区、丘陵地区（简称山丘区，下同）分布很广，面积约占全国总土地面积的80%左右，耕地占全国总耕地面积近50%。因此，发展山丘区的农业生产，对国民经济有着十分重要意义。山丘区地势起伏剧烈，地面高差大，坡度陡；一遇暴雨，汇流迅速，往往山洪成灾，并造成严重的土壤流失；无雨期间沟溪常常干涸，因水源不足而出现旱象。

但是，山、丘区的自然条件，也存在有利的方面：地形起伏，峡谷众多，有利于筑坝建库，以蓄水抗旱、滞洪；河流坡度大，宜于发展水力发电和水力加工；地形坡度大，易于自流引水灌溉；宜林宜草面积大，有利于发展多种经营。

针对山丘区特点，制定正确的开发治理方针，便可有效地利用有利的自然条件，克服不利的自然条件，使农业得到全面的发展。

一、山、丘区的灌溉系统

在发展农业生产的过程中，我国山丘区兴建了许多引、蓄结合或引、蓄、提相结合的灌溉系统。它是这类地区较合理的形式，包括三个组成部分：一是渠首引水、蓄水或提水工程；二是输水配水渠道系统；三是灌区内部小型水库和塘堰以及小型提水工程，由于渠道系统似藤，灌区内部蓄水设施似瓜，故名为长藤结瓜式灌溉系统。这类系统具有下述特点：

1）比较充分地利用了山、丘区可能利用的水源。在非灌溉季节，利用渠道引取河水灌塘，以便用水紧张季节河水、塘水同时灌田；另外，傍山渠道还可承接一部分坡面径流，引入渠道或塘堰，进行灌溉或存蓄。

2）引水上山，盘山开渠，扩大了山丘区的灌溉面积，而且也为旱地改水田提供了有利条件。

3）充分发挥了灌区内部塘堰的调蓄作用。由于塘堰有河流径流补给，从而提高了塘堰的复蓄次数及抗旱能力。

4）提高了渠道单位引水流量的灌溉能力。由于在渠系内部联结了许多山塘、平塘及小型水库等蓄水设施，就能把非灌溉季节的渠道引水量（即河流径流）存蓄起来，以供灌溉季节时使用。这就是所谓“闲时灌塘，忙时灌田”，从而提高了渠道单位引水流量（$1m^3/s$）的灌溉能力；单纯引水系统为1万亩左右，引蓄结合的系统可提高到1.5～2.0万亩；从而可以缩小渠道断面，或扩大灌溉面积。

5）由于充分利用了灌区内部的塘库（特别是小型水库）调蓄河流径流，因此，在河流上兴建大、中型水库时，可在相当程度上减少河流水库的季调节容积。

山、丘区灌溉系统的型式很多，主要有以下两种。

一种是一河取水、单一渠首的灌溉系统如图 9-1 所示，这是山、丘区灌溉系统的基本形式。当依靠灌区内小型塘库调蓄当地径流不能满足灌溉用水的要求，或者河流水源需要进行年调节或多年调节以满足灌溉、发电、防洪等综合利用要求时，则必须在河流上修建较大的水库，形成大、中、小蓄水工程联合运用的形式。另一种是多河取水、多渠首的灌溉系统，这种水利系统不仅由小网发展成大网，而且也逐渐自一条河系发展到与几条河系相连，以解决山丘区流域之间水土资源不平衡的问题，成为地区水利规划的重要组成部分。横贯安徽省中部丘陵地区的淠史杭灌区，如图 9-2 所示，即是这类灌溉系统的例子。灌区以几条河流上的五座水库（磨子潭、佛子岭、响洪甸、梅山、龙河口）作为其多河取水的渠首，加上灌区内部的地面径流，通过塘堰和中、小水库的调节，共灌溉土地 1096 万亩，发电 5 万 kW；主要渠道可通航吨位为 100～200t 的轮船。

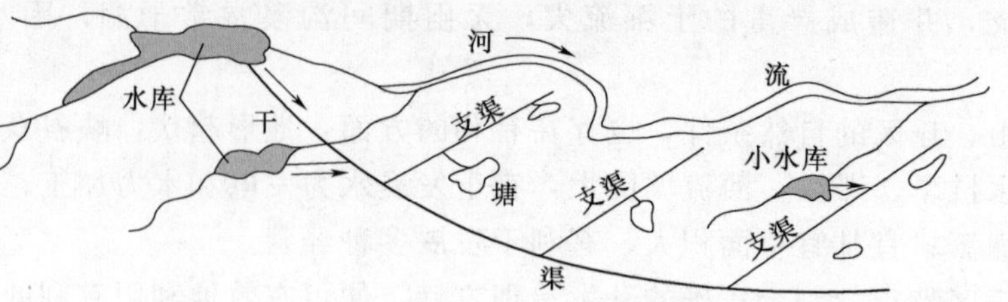

图 9-1　一河取水、单一渠首的灌溉系统

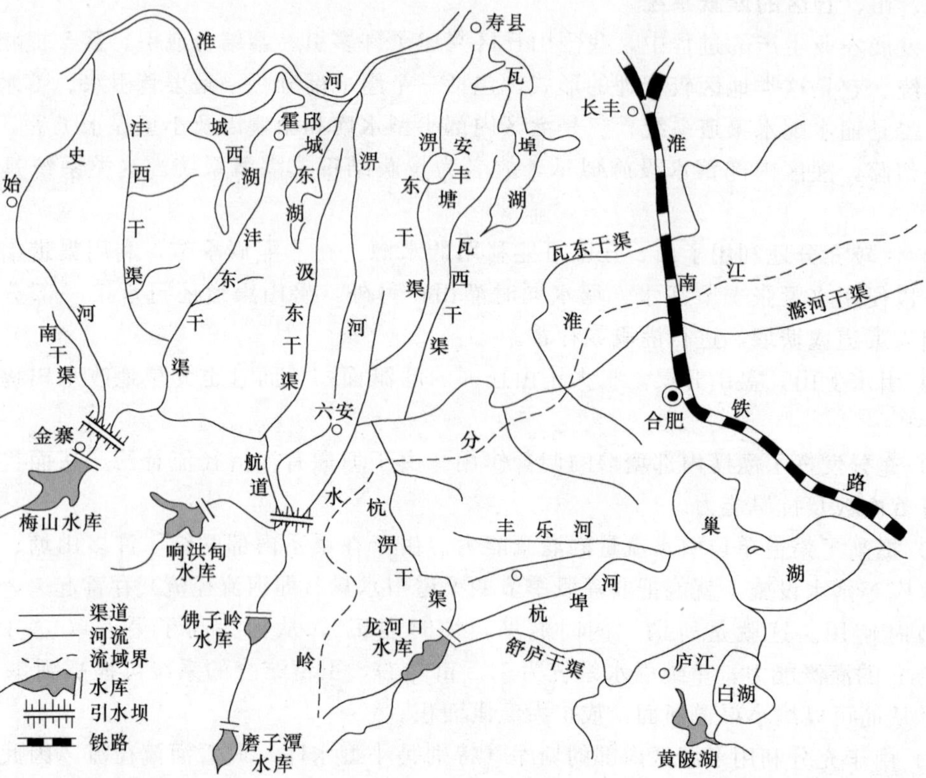

图 9-2　安徽省淠史杭灌区示意图

山、丘区引蓄结合的灌溉系统中渠系的规划布置与第四章所述的一般原则和方法基本相同，但要注意以下二点。

1. 灌溉渠道要与灌区塘、库采取合理的联结形式

渠道与塘库应该根据其所在位置、高程和充分发挥引蓄作用的原则加以联结。在塘（库）高渠低的情况下，高塘只能调蓄本身集水面积上的地面来水，对渠道起补给水量的作用，但是，渠水无法自流流入高塘（库）。当渠首为引水枢纽而且河流径流洪、枯变化较大时，在非灌溉季节，也可利用抽水机自渠道抽水灌塘（库），以备灌溉期灌田。在塘（库）低渠高的情况下，渠与塘（库）联结后，低塘（库）能够承纳并调蓄经由高渠注入的灌溉水或外区地面水，并灌溉塘（库）以下的田亩，但是低塘（库）一般无法再将库水送回高渠灌溉高地。除非在非灌溉期塘（库）已由渠道引水充蓄的情况下，有必要时，也可用抽水机自塘（库）抽水济渠，借以灌溉高地。

在塘（库）渠高差不大时，渠道与塘库的联结，应尽量避免直接穿过塘（库）。否则，会使塘（库）水位随渠水位变动，破坏了塘（库）的调蓄作用，且在灌田时又需先充满水库才能向下游输水，影响及时灌溉。只有在渠水位以下的塘库容积不大或渠线确实不易绕过塘库时才允许渠道穿塘。

2. 要考虑灌区内部中小型水库的反调节作用

引蓄结合的灌溉系统由于内部存在蓄水设施，其流量推算除了像一般渠系一样要考虑一定轮作制度下的最大灌水率及灌溉面积以外，还要考虑蓄水设施的调蓄制度。在蓄水设施中，由于塘堰的抗旱能力较低，一般只有10～30d，所有灌溉面积仍需由渠道供水，故在确定渠道设计流量时，不考虑它的调蓄作用。灌区内中小水库的调蓄作用应在确定渠道设计流量时加以考虑。这种反调节作用可使渠道流量的变幅比一般引水渠道减小，使设计流量值减小，从而使渠道断面减小。此外，引洪渠道的设计流量按引洪要求确定；可承纳山坡径流的盘山渠道，其设计流量应包括入渠的山坡径流，而且其下游断面不一定比上游断面小，这与常规渠道的断面向下游逐渐减小的情况不尽相同。

二、山、丘区灌溉系统的水文水利计算

要合理开发利用山丘区灌溉水资源，必须做好水文水利计算。本节主要涉及塘堰、河坝、小型水库供水量的分析与计算以及大、中、小蓄水工程的联合演算。

（一）塘堰供水量的分析与计算

塘堰供水量是指塘堰每年能供作物灌溉的总水量，以向每亩灌溉面积提供的水量表示（m^3/亩），塘堰供水量要在调查的基础上进行估算。目前常用下列方法：

1. 复蓄次数法

复蓄次数是指塘堰提供的灌溉水量为其有效容积的倍数。塘堰供水量可用不同年份塘堰的复蓄次数进行估算，如：

$$W=NV \tag{9-1}$$

式中 W——灌溉季节塘堰供水量，m^3/亩；

V——单位灌溉面积上塘堰有效容积，一般为100m^3/亩，管理较好的灌区可达150～200m^3/亩；

N——塘堰复蓄次数，小者0.5左右，大者2.0左右，可实地调查并参考表9-1

所列数字确定。粗略计算时可取以下数据，一次降雨 50～80mm 可蓄满半塘，即 $N=0.5$；一次降雨大于 80mm 可蓄满整塘，即 $N=1.0$ 等。

表 9-1

项　目		湖南	湖北	
复蓄次数	孤立塘堰	0.7～1.2	丰水年或平水年	1.5～2.0
			中旱年	1.0～1.5
			干旱年	0.5～1.0
	结瓜塘堰	1.2～1.5	比孤立塘堰大	0.5～1.0

2. 抗旱天数法

塘堰的抗旱天数综合反映了塘堰供水能力的大小，通过对干旱年份塘堰抗旱天数 t 和作物田间耗水强度 e(mm/d) 的调查，也可估算塘堰平均供水能力 W(m^3/亩)。

$$W=0.667te \tag{9-2}$$

如灌区较大，塘堰供水量的分析和计算应分区进行。

(二) 小型河坝引水量估算

从河坝引水不外两种作用，一是跨流域开渠引水，补充骨干蓄水工程水源的不足；二是在灌区内部开源节流，直接从小河筑坝引水灌田，以减轻骨干工程的负担。

河坝月引水量取决于截引面积的大小，年径流及其分配过程和引水渠的断面尺寸，可用下式表示：

$$W_{引}=\frac{1}{10}Fy\eta \tag{9-3}$$

式中 $W_{引}$——引水渠月可引水量，万 m^3；

F——河坝与引水渠拦截的集雨面积，km^2；

y——月径流深，mm；

η——径流利用率，与月径流量的大小、引水渠的大小及沿渠土质有关。

如果需要历年的河坝引水量，则可按上法进行逐年的计算。

(三) 小型水库供水量的估算

在兴利库容已定的情况下，小型水库在计算年份所能提供的灌溉用水量与灌区的水量调配方式及水库在灌区的位置有关。一般来说，位置较低的水库更能调蓄水量，所能提供的灌溉水量也就更多一些。为了叙述的方便，将在下面的具体调配计算方法中说明。

(四) 引、蓄结合灌溉系统的水量调配计算

引、蓄结合灌溉系统的水量调配计算是指一个灌区，一个水系内或跨流域的水利系统中各项工程所能提供的水量的联合调配计算。

为了充分发挥系统的引蓄作用，这类系统的水量调配应尽量做到：①在充分调蓄并利用当地径流的前提下，调引外区（或其他流域）水量；②最大限度地调蓄水资源和满足综合利用的要求，在优先满足灌溉用水的前提下，做到一水多用，先用后耗；③充分发挥渠、库、塘的作用。为了使渠道输水均匀，一般小型库塘担负用水高峰（峰荷），中型水库担负次用水高峰（腰荷），大型水库担负常年供水（基荷）。

由于水利系统中地形条件、水源分布、工程布局及管理体制的差异，水量调配方式也有所不同，一般有下列两类。

1. 分片包干

所谓分片包干，主要是指灌区内的中、小型水库和引水、提水工程采取分别划定灌溉面积，自成小型灌溉系统，单独进行水量平衡计算，不与骨干工程联合运用，不承担反调节任务。这在大、中型蓄水工程的规划阶段采用较多，以便留有充分余地，供管理运用阶段扩大效益或协调规划阶段所预料不到的矛盾。

【例 9-1】 某骨干水库灌区灌溉面积为 95 万亩，灌区内中、小型水库分片包干的灌溉面积为 5 万亩，骨干水库及塘堰供水的灌溉面积为 90 万亩，求此灌区的水量平衡。

解 该灌区水量平衡计算（骨干水库供水过程计算）见表 9-2。

表 9-2　某灌区某年水量平衡计算表

日期		综合净灌水定额 $m_净$ /(m³/亩)	灌区净灌溉用水量 $M_净$ /万 m³	塘堰供水量 W		渠道净供水量 ($M_净-W$) /万 m³	骨干水库供水量 /万 m³	备注
月	旬			m³/亩	万 m³			
(1)		(2)	(3)=(2)×A	(4)	(5)=(4)×A	(6)=(3)−(5)	$(7)=\frac{(6)}{\eta_{渠系}}$	
4	中	39.2	3530	43.2	3883 {3530	0	0	库灌面积 $A=90$ 万亩，$\eta_{渠系}=0.65$。(4) 栏塘堰供水量中，6、7、8 三个月的旬分配采取相对集中使用的原则并参考灌区内小型水库同年的径流分配过程而定
	下							
5	上	22.4	2020		353	1667	2565	
	中							
	下	50.0	4500	14.7	1323	3177	4888	
6	上	20.1	1810	3.11	280	1530	2354	
	中	55.1	4960	14.0	1260	3700	5692	
	下	29.4	2650	4.44	400	2250	3462	
7	上	30.8	2770	3.86	347	2423	3728	
	中	44.4	4000	24.4	2196	1804	2775	
	下	33.6	3020	8.74	787	2233	3435	
8	上	7.0	630	1.89	170	460	708	
	中							
	下	25.2	2270	7.66	690	1580	2431	
合计		357.2	32160	126	11694	20824	32038	

关于塘堰提供的水量，可用两种方式从灌溉用水量中扣除，一是径流随到随用；二是集中在用水紧张时期使用，以削减用水高峰。表 9-2 内 4 月中旬第一次用水属于集中用水，将第一年用水期末（9 月）至本年用水期前（4 月上旬）塘堰来水集中于早稻泡田使用，使水库可以延期开闸供水。而在 6—8 月用水季节，则考虑了月内相对集中使用，从而在一定程度上削减了 6 月中旬及 7 月中旬的用水高峰。

由于塘堰分布在全灌区，放水直接进入田间，不必考虑渠道输水损失，所以塘堰供水量应从灌区净灌溉用水量中扣除。塘堰供水不足部分由骨干水库供水，这一部分应考虑从水库放水至田间各级输水渠道的输水损失。

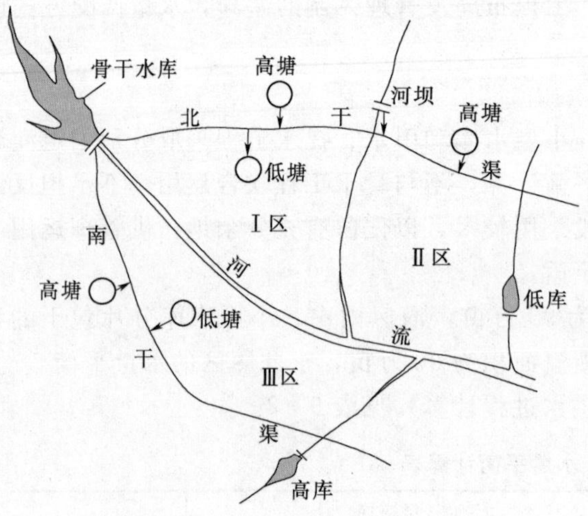

图 9-3　灌区分片平衡示意图

2. 联合运用

今以某灌区为例摘要说明如下：

某灌区水利设施、工程指标及平衡片的划分如图 9-3 所示。以下对该灌区进行水量调配计算，推求水库供水过程线。

第一步：根据该灌区水利设施的分布及自然地理条件，将灌区划分为如下三类：

1）塘坝区。本区水利设施简单，仅有塘坝等小型蓄水工程。

2）高库区。本区除塘堰供水外，还有位置高于渠道的水库，这些水库的水可通过渠道向灌区输送。

3）低库区。本区除有塘坝外，还有位置低于渠道的水库，这些水库既能蓄水灌田，又能接受干支渠的来水进行充蓄。

第二步：进行塘坝区（第Ⅰ区）调配计算，即首先使用河坝来水（即小型引水工程）和坡面径流，有余水则可供低塘充蓄或作弃水，如不够则先由低塘，后由高塘供水，如仍不够，则需骨干水库调配。

第三步：进行低库区（第Ⅱ区）调配计算，即当河坝、坡面径流、低塘、高塘仍不能满足本区用水时，首先由低库调节本区河川径流供水，如低库库容大，当地水源不足以充蓄时，则需骨干水库供水充蓄，以发挥低库的调节作用；如低库在骨干水库供水充蓄后，仍不能满足本区供水的要求，其不足部分也应由骨干水库调配。骨干水库向低库充蓄时，力求干渠供水均匀。

第四步：进行高库区（第Ⅲ区）调配计算，即当河坝、坡面径流、低塘及高塘供水后，仍不能满足该区用水，则由高库调配本区的河川径流予以补充。高库调节后，若有余水，用来充蓄低处塘库，不能随便弃水。高库若不能满足本区用水，则需骨干水库加以调配。

第五步：进行全灌区水量调配计算，在灌区三个分片（即Ⅰ、Ⅱ、Ⅲ区）进行水量调配计算以后，汇总各片的缺水总和，即为骨干水库供水过程。

事实上，许多灌区不一定能划分为这样典型的三类平衡区，常常以渠系为分区单位进行水量调配计算，所得水库及塘坝等的供水量，不仅可作为骨干水库兴利调节计算的依据，还可作为用水管理的参考。

对于大型灌区，各分区还可能包括一些中型水库，其调配计算原则及方法与上述小型水库相同，只是由于许多中型水库的兴利库容都定得比较大，具有多年调节性能，因此，在灌区水量调配计算中，中型水库的运用，就存在两种调配方式：一是作年调节运用，即每年放空水库。在丰水年份，水库多余水量用以扩大灌溉面积或充蓄塘堰，减轻骨干大库的负担，使之多存蓄水量，更好地发挥多年调节性能；而在枯水年份，由于水库、塘堰干涸，则集中由大库向全灌区供水。这种运用方式，对于水源缺乏的大库可以采用；二是作多年调节运用，即中型水库在丰水年也只灌溉既定的灌溉面积，不放空水库，枯水年份也能分担一些大库的负担，但由于中型水库蓄水损失大，且处于某一用水单位的范围之内，不如大库统一配水合理。这种调配方式适用于水源充沛的大库，且与目前的管理体制相适应，故采用较多。

至于灌区内的抽水灌溉工程，可分为高灌区和低灌区，高灌区位于渠道以上，只能由渠道或其他水源供水。若由渠道抽水，抽水灌区的灌溉面积应计算在水库灌区以内；若由其他水源抽水，则抽水灌区的灌溉面积应从水库灌区扣除，相当于分片包干的调配方式。低灌区位于渠道尾端，其水源可为湖泊或河流，渠道也可自流控制这部分面积。因此，在一般丰水年份可由水库供水，以减轻群众的电费负担。而在干旱年份，为了保证上游灌区供水，抽灌区应单独进行水量平衡计算，从水库灌区扣除这部分抽灌面积，亦相当于分片包干的调配方式。

应当指出，按上述两种调配方式计算所得的水库供水过程线，只是某一个计算年份的水库供水过程，如果要用长系列法进行年调节计算或用时历法进行多年调节计算，必须推求历年的水库供水过程，方能与历年水库来水过程相配合，进行水库调节计算，求得水库的兴利库容。

3. 骨干水库的调节计算及方案比较

（1）骨干水库的调节计算。求得设计年或历年的骨干水库供水过程后，即可按骨干水库的调节性能进行年调节或多年调节计算，确定水库兴利库容。

通过以上的调节演算，确定了一种供水方案情况下的水量调配方案与兴建工程的配置、数量及规模等，给方案比较提供了依据。

（2）进行方案比较，确定最优方案。对各种不同的调配方案及相应的工程之间进行经济和技术比较，最后确定经济上合理、技术上可行的最恰当的调配方案，在这方面，可以广泛采用系统工程的理论及其优化技术。

进行方案比较时，一般可采用以下择优准则：①综合利用效益最高；②总库容最小；③提水动力最小；④工程量最小；⑤灌溉面积最大；⑥淹没损失最小；⑦其他。

三、水土保持

山区和丘陵地区，由于地面坡度较大，如果森林被砍伐，天然覆盖遭到破坏，或垦殖后耕作技术不合理，就会使地面保水能力降低，引起雨水的大量流失。由于雨水对土壤的冲击、浸润与冲刷作用，必然使土壤和成土母质遭到破坏，并随水分流失。这种水分和土壤流失的现象，叫做水土流失，而水对土壤的破坏作用，一般叫作水蚀，在一定的条件下，风力对表层土壤也起很大的破坏和迁移作用。有时对水土流失的理解也包括这种风蚀在内。西北黄土高原区、黄土深厚、植被稀疏、土质疏松、沟壑密布、坡陡沟深、气候干旱、暴雨集中，是我国水土流失最严重的地区，也是黄河泥沙的主要来源地。南方山区、丘陵区一般地面覆盖较好，水土流失较轻，但由于暴雨多，强度大，如植被遭到破坏，也会引起水土流失现象，特别是南方某些红壤地区，水土流失现象也较严重。

水土的大量流失，给农业生产带来很大危害，引起地力减退，产量降低，在水利方面，由于水土流失，引起河流、水库和渠道的淤积，加重了洪、涝、旱灾、影响水利资源的开发利用，给水利工程的建设和管理带来许多困难。如黄河中游大量泥沙流入下游的平缓河道，使下游河床淤积抬高，形成“悬河”，致使河堤容易决口，洪水泛滥成灾。如果在多沙河流上修建水库，则水库严重淤积。例如，陕西省全省每年平均淤积库容约 3000 万 m^3。另外，泥沙淤积渠道，严重妨碍行水。例如，陕西省的人民引泾渠，三十多年来，每年正当灌溉的关键时刻，常因含沙过大，停水 20d 以上，最多的达 36d，减少灌溉 60 万亩次。此外，水土流失对厂矿、交通和城镇等带来的危害和损失也是严重的。

(一) 影响水土流失的主要因素

一般分为自然因素和人为因素两类。

1. 自然因素

(1) 降雨。雨滴对土壤的冲击力和由降雨形成的地表径流对土壤的冲刷力，是产生土壤流失的主要动力。降雨总量、降雨强度和降雨量分布都对水土流失有影响，而以降雨强度对水土流失的影响为最大，在其他条件相同时，降雨强度越大，径流量越大，冲蚀能力越强，因而水土流失量也越大。

(2) 土壤。土壤是地表径流的破坏对象，水土流失量的大小，一方面决定于径流对土壤的冲刷作用，另一方面也决定于土壤的抗蚀性能。质地黏重的无结构土壤，其透水性差，在降雨情况相同时，它容易形成较大的地表径流，因而径流对土壤的冲刷破坏作用也较大。松散无结构的土壤，抵抗雨滴的打击和径流冲蚀的能力均较差，因此，这种土壤的水土流失也较大，随着土壤的流失，腐殖质含量的减少，结构较差的底土层露出地面，土壤的抗蚀能力也随之降低，水土流失进一步发展的可能性也就越大。

(3) 地形。地形条件是影响水土流失的重要因素之一，地面坡度，坡长均直接影响径流的流速和水土流失量的大小。地面坡度越陡，流速越大，土壤流失量越大。随着坡度的加大，汇集水量的增加，冲刷能力也随之增强，因而，土壤流失量也急剧增加。

(4) 植被。植被覆盖可以保护土壤免受雨滴的冲击，减少土壤结构的破坏；可以截留大量的水分，减少地表径流，增加地面的粗糙度，减缓径流的流速，从而可以降低水流的冲蚀能力；植物的根系还能增加土壤的有机质，提高土壤的肥力，改善土壤的结构和增加土壤的抗冲能力，因此，植物覆盖越好，土壤流失量越小。

森林防止水土流失的作用是非常巨大的，林区由于林木枝叶的保护作用、林内草木丛生、枯枝落叶的覆盖和根系对土壤结构的有利影响，使水土流失一般能得到较好的控制。

上述各种因素不是彼此孤立而是互相影响、互相依赖的。覆盖植物的生长，在很大程度上决定于降雨和土壤条件，而植物覆盖又影响着土壤物理性状、径流形成和土壤侵蚀；而径流的侵蚀作用又影响着地形的变化和土壤条件等。因此，在探讨各种因素对水土流失的影响时，必须全面地、综合地进行分析和研究，才能制订正确的措施和取得良好的效果。

2. 人为因素

陡坡开荒、破坏森林、不合理的耕作方式和不合理的放牧等，都会破坏地表土壤和植被，使表土遭受冲刷，造成水土流失。

应该指出，人为因素是影响水土流失的重要条件。不合理的经营活动，会使自然条件恶化，加速水土流失；而合理的经营方式，则可以改善自然条件，减少或制止水土流失。

水土保持工作即是防止水土流失，改造不利自然条件的一项根本措施。

在一定的自然因素组合下，在具体的地段上，年土壤流失的总量应是一定的。这一性质说明，可以建立一种数学方程来估算年土壤流失量。这种数学方程的形式有很多，如多元函数式、多元线性回归式、多元非线性回归式等。另外，还有一种多元（因子）连乘式，表达形式最简单，也比较通用，其基本形式如下：

$$A=RKLSCP$$

式中 A——单位面积的土壤流失量，$10^2\,t/km^2$；

R——降雨因子；

K——土壤侵蚀因子；

L——坡长因子；

S——坡度因子；

C——耕作和管理因子；

P——辅助性保护措施因子（梯田耕作，等高耕作等）。

通过试验，可以求得这些因子对侵蚀的影响及其与土壤流失量之间的定量关系，从而可以利用上述方程估算土壤的流失量。

我国许多水土保持试验研究单位应用各地区有关试验站的典型小流域实测水文资料，以降雨、地形、土质和植被等因素的特征值为参数，建立了一些产沙量回归方程，这些方程在一定适用范围内，具有一定的精度。

（二）水土保持措施

水土保持是改变山区丘陵区自然面貌，减少自然灾害，促进农林牧业全面发展的一项十分重要的工作。水土保持的工作任务艰巨，范围广阔，它涉及农、林、牧合理安排，上下游统筹兼顾，山、水、田、林、路统一部署等一系列问题。要搞好水土保持工作，一定要有一个科学的水土保持规划。

水土流失治理措施必须按流域、按山系大面积进行统一规划，对山、水、田、林、路综合治理。规划中要注意当年与长远相结合，大中小工程相结合，治沟与治坡相结合，生物措施与工程措施相结合，在积极开展水土保持工作的同时，促进农林牧业的发展。水土保持措施一般分为以下各类。

1. 小流域综合治理

小流域综合治理是治理大面积水土流失的一项全局性的工作。小流域是江河水系中的基本集水单元，流域大小是相对的，大至江河，小到毛沟。这里所说的小流域指有人群参与的，包括一个或多个行政村在内的山丘区小流域。小流域综合治理是一项复杂的系统工程，它集合了自然生态、社会经济等多方面的内容。小流域综合治理的目的在于用最少的劳动耗费，获得最大的生态经济效益，以实现环境优美、经济繁荣的目标。

（1）小流域综合治理规划。编制小流域综合治理规划，要用小流域生态经济系统理论作指导，以建立优化的、以多年生经济植物为核心的小流域生态经济系统为目标，必须坚持贯彻“预防为主，防治管结合，因地制宜，综合治理，重点突破，积极推进”的水土保持方针，防止水土流失，改善生态环境，恢复、维护和提高土地生产力。

制定小流域综合治理规划是一项涉及多学科、多部门、多层次、多因素的知识密集型系统工程。虽然目前各地所采取的规划方法不尽相同，但运用系统工程方法编制小流域综合治理规划，是今后发展的方向，运用系统工程方法编制小流域综合治理规划的核心是建立数学模型，通过计算机处理，提出多种总体优化方案，作为科学决策的依据。

(2) 小流域综合治理设计。小流域综合治理防治体系设计必须在小流域综合治理规划的基础上，坚持工程措施、林草措施、耕作措施相结合的原则、建立小流域防治体系，发挥其群体作用，才能收到预期的效果。坡面防治体系要做到坡面径流最大限度的就地渗蓄，集中使用，提高土壤含水率，增强农、林、牧地的抗旱能力。沟道综合防治体系的设计要从上游到下游，从沟头到沟口，从毛沟到干沟，从沟岸到沟底，全面布置，层层设防，分类治理，因地制宜。坡面工程措施，是通过在坡面上沿等高线开沟、挖坑、筑埂，修成不同程度的台阶，用改变微地形的办法，起到蓄水保土的效果。造林种草是小流域综合治理的组成部分，是改善生态环境，增强经济效益的主要途径，必须在小流域综合规划的基础上，根据小流域的特点和当地具体情况，科学配置林草措施。

关于小流域治理模式，应遵循生态经济规律，坚持区域性、整体性、开放性原则及环境保护原则。在总体模式的控制下，可有下列子模式：林、粮、草主体种植模式；桑基鱼塘模式；有机废物循环利用模式；生物群体主体结构模式以及种植、养殖、加工一体化模式等。

2. 坡面工程措施

(1) 水平梯田。修筑梯田是山区丘陵地区最主要的一种水土保持措施，也是建设基本农田的主要形式之一，梯田有水平梯田和坡式梯田（也称波式梯田）两种。坡式梯田系田面向外（顺原有地坡）倾斜，它的水土保持效果较差，多在南方坡地的林地上采用，水平梯田的田面基本水平或向内微倾，水土保持的效果好。水平梯田对一般降雨可就地拦蓄，土壤也不会被冲走，暴雨时也可拦蓄大部分径流。控制大部分泥沙，基本上可以达到水不出田，泥不下坡。水平梯田的粮食产量比未治理的坡地粮食产量有大幅度的提高，高者可达1～3倍。因此，对坡地平行开垦种植，一般都应修成水平梯田，以保持水土。

梯田的规格，主要指田面宽度，田坎高度和田坎坡度，这三者是相互关联的。梯田规格的确定，要根据原来的地面坡度和土壤情况而定，同时也要考虑施工和机耕的要求。田面宽度不能太窄和太宽，太窄了机耕不方便，田坎占地多；太宽了平土量太大，耗费劳力多，保熟土困难。田坎高度要根据土质好坏、坡度大小和机耕要求确定。据陕北经验，田坎以不高于3m为宜。田坎需修成一定的侧坡才能稳定，一般70°左右为宜，田坎越高，侧坡应越缓。田坎内缘还应高出田面0.2m左右作为田埂，以便蓄存雨水。

梯田有被较大暴雨冲坏的可能，在修筑梯田时，除加固田埂或砌石做埂外，还必须修建防洪、排水设施。如果在整片梯田上部有较大集雨面积，则应在梯田上部开挖截流沟，拦截山水，并将其引入泄水的沟道或蓄水池中，在田块内侧（靠上一级梯田的一侧），并修建坡地的排水输水系统，将梯田的地表径流输送到蓄水池或山沟之中。排水输水沟比降一般取1/100～1/150，不大于1/50，否则容易冲毁沟坝，造成新的水土流失。此外，还应对梯田的取水措施、输配水系统等同时做出规划。

(2) 水平条田。水平条田是地面坡度平缓的塬区基本农田的形式之一，也是塬面主要水土保持措施之一。水平条田的田面形状规整，田面宽度和长度均比水平梯田大，它主要沿等高线方向布设，成水平长条形农田。水平条田可把大部或全部降雨拦蓄在土壤里，可防止地表径流冲刷，是抗旱保墒和根治洪水危害的有效措施，也为灌溉和机耕提供了有利条件。

水平条田的地块宽度应根据有利土地平整、机耕和灌溉等要求，按地形坡度陡则田块窄、坡度缓则田块宽的原则确定。田块长度主要根据农业机械化程度而定，目前以200～300m为宜，随着机械化程度提高，可两块连成一块，使长度达400～600m。

3. 沟道工程措施

（1）淤地坝。在沟里筑坝，滞洪拦泥，固定沟道，变荒沟为良田，这种坝叫淤地坝，淤成的地叫坝地。

在一个小流域内，对淤地坝的布设应进行统一规划，以便做到费工少、收效大；能拦蓄较多的洪水泥沙，淤成较多的坝地；并保证安全生产，尽快实现沟底川台化、水利化。在进行坝系规划时，应注意沟坡兼治，以一个小流域为范围，全面制定治坡与治沟规划，此外，还应注意从上下游、干支沟全面考虑，因地制宜布设淤地坝，形成一个生产、拦泥、防洪、灌溉的完整坝系。

淤地坝的密度和高度有密切的关系，坝体高则坝数少，密度小；坝体低则坝数多，密度大。一般应根据沟底比降，沟道地形以及坝间川台相接的原则来确定。坝地是靠落淤形成的，但落淤后的坝地又受洪水的威胁，因此，必须注意做好坝地防洪工作。坝地防洪最重要的措施是加强坡面治理，可从根本上减少洪水的威胁。但在治坡取得显著成果以前，可以因地制宜地采取防洪措施。例如，用某一些已成坝地进行农业生产。在一条沟的若干坝都已淤出坝地的情况下，可以采取轮蓄轮种，蓄种相间，交替加高各淤地坝的防洪措施。当下游坝蓄洪，上游坝生产时，应在上游坝地修建排洪沟，以便将洪水排到下坝拦蓄（图9-4）。而对于坝系已经形成、治坡较好的情况，可以在坝地建立排水滞洪系统，以部分洪水漫地滞涝，部分洪水下排。

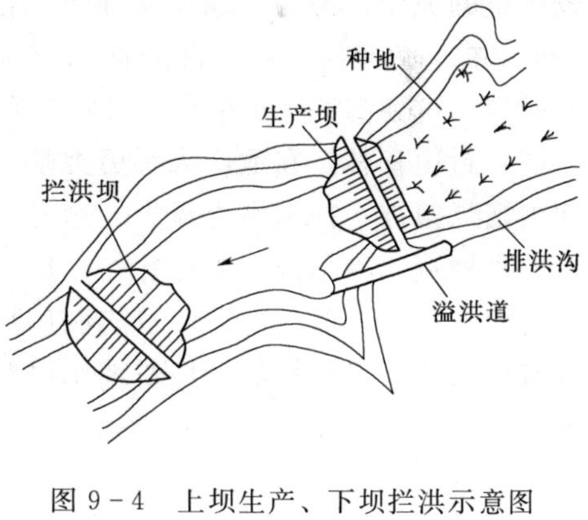

图9-4 上坝生产、下坝拦洪示意图

（2）谷坊。谷坊是在小沟中分段修建的小坝。它可以减缓沟底和水流比降，拦截径流和泥沙，从而固定沟床，防止两岸崩塌，淤出的台状土地可种植林木和作物。

谷坊有土谷坊、石谷坊、枝梢谷坊、插柳谷坊及其他混合材料修建的谷坊等。土谷坊坝体全部用泥土筑成，坝高一般多在1～5m。石谷坊的坝用石块砌筑而成，坝高也多为1～5m，但较土谷坊牢固，造价比土谷坊高，技术要求也较高，适于在溢洪流量较大，沟口狭窄的地方建造。枝梢谷坊坝身用树木枝梢和泥土或块石修筑，坝高一般为1～3m，适于在集雨面积不大，沟床坡降较陡、不便于修筑土石谷坊的侵蚀沟中建筑。插柳谷坊是在沟底打入若干排柳桩，柳桩成树后即可起到缓流留淤的作用。

谷坊规划设计，应注意正确选择坝址。坝址应选在沟底平缓，口小肚大，基础好的地方，以节省工料，并拦截较多的径流和泥沙。保证谷坊安全的一个重要工作是正确选择谷坊溢流口的尺寸、形状和位置，使过堰洪水的流速不致超过材料的允许流速。根据各地修建谷坊的经验，在沟中修建谷坊时，要自上而下层层修建，节节拦截径流和泥沙，分段控制水土流失。为了更有效地防治沟道侵蚀和山口崩塌，最好能一次修成谷坊群。

（3）其他措施。为了避免集中水流的冲刷，而使沟头继续延伸，常采取沟头防护措施。在沟头上方的一定距离内筑堤挖沟（一道或数道）拦蓄径流，使其不能入沟。在来水量大和蓄水容积不足的地方，也可采取带有消能设备的泄水式沟头防护，将来水引导至集中地点下泄入沟。

引洪漫地是利用从河流、山沟、荒坡地流下来的肥沃泥水淤漫耕地、荒滩和砂地、用以改良土壤、提高作物产量和扩大耕地面积的一种水土保持措施。用这种方法不但可以服务于农业生产，还可起到拦蓄径流和泥沙、削减洪峰等水土保持作用。

4. 林草措施

造林种草是水土保持的生物措施，它既能改变小气候，又能减少地表径流，防止土壤冲刷，保持水土。根据陕北无定河流域1971—1974年的观测资料分析，造林种草可以减少径流30%～80%，减少土壤冲刷可达90%。大面积的水土保持工作单靠工程措施几乎是不可能完成的，它必须与林草措施相配合。造林种草也是增加经济收入的一个有效途径。造林种草的具体措施有以下几种：

（1）沟坡造林。沟坡造林应因地制宜选择合适的树种，分别配置于沟坡的不同部位，如峁顶、坡面和沟底等，以便迅速收到最好效果。

沟坡造林的整地形式可因地制宜采用水平沟、水平阶和鱼鳞坑等几种形式。水平沟多用于不平整的坡地，沿等高线开筑，呈“品”字形排列，一般沟深0.3～0.5m，上口宽0.5～0.8m，底宽0.3～0.4m，沟长4～6m，沟间距离上下2m，左右1m。水平阶多用于比较平整的坡面，沿等高线里切外垫，作成1m左右的小台阶，外高里低，呈倒坡形，阶距2m左右。鱼鳞坑用在较陡坡面及支离破碎的沟坡上，沿等高线挖成月牙状，呈“品”字形排列。坑埂高0.3m左右，坑底为倒坡。

（2）封山育林。在地广人稀劳力缺乏的地区，大力推广封山育林育草，能够在较短的时间内恢复植被，控制水土流失。这是一种费工少，收效快的治理措施。

（3）种草。种草采用草田轮作，可以增加肥料和柴草。它是一种花工少、见效快的水土保持措施。在一般条件下，首先利用现有荒山、荒坡种草，随着农业生产的不断发展，可以有计划地逐步退耕部分坡耕地用以种草，实行草田轮作、草田带状间作等合理的耕作制度。

第二节　南方平原圩区的治理

我国南方圩区主要是指沿江滨湖的低洼易涝地区以及受潮汐影响的三角洲地区，这些地区均系江湖冲积平原，土壤肥沃，水网密布，湖泊众多，水源充沛，加上一般年份雨量丰富，所以自古以来，劳动人民就在江河两岸和沿湖滩地筑堤围垦，形成了大面积的水网圩区。

这一地区的特点是地形平坦，大部分地面高程均在江、河（湖）洪枯水位之间，每逢汛期，外河（湖）水位常高于田面，圩内渍水无法自流外排，往往渍涝成灾；特别是在大水年份，还常决口泛滥，严重影响农业生产。湖区地下水位较高，有的农田甚至常年冷浸，对旱作和水稻生长极为不利。另外由于降雨不均，也经常出现干旱。

中华人民共和国成立后，初则大力修堤建闸，联圩并垸，保证了防洪安全；继则在巩固堤防的同时，又广泛修建排灌系统，内排外引，并实行治河撇洪，计划围垦，大大减轻了洪涝威胁和扩大了耕地面积；以后在确保防洪的前提下，又大力发展机电排灌，进一步提高了圩区除涝、抗旱的能力。目前，平原圩区有较大一部分土地能够旱涝保收，已成为我国农业生产的重要基地。同时在水利灭螺、消灭血吸虫病方面也取得了很大成绩，从根本上改变了这种地区的历史旧面貌。

平原圩区的治理主要包括防洪、除涝排渍和灌溉等。下面将对圩外防洪和圩内除涝灌溉两个方面介绍其规划经验和方法。至于圩区排渍与第七章介绍的农田排渍措施相同，本章从略。

一、平原圩区的防洪规划

平原圩区防洪规划，应合理安排蓄、泄、分（撇）等项综合措施，正确处理流域和地区、干流和支流、上游和下游以及洪、涝、旱等各方面的矛盾，进行统一规划和综合治理，以抗御设计洪水。主要的措施可分为整修堤防、联圩并垸、分洪蓄洪以及治河撇洪等几个方面。

1. 整修堤防

（1）拟定堤防防洪标准。堤防防洪标准的高低，取决于堤防所保护地区的重要性、历史洪水灾害情况及政治影响等条件，可参照表 9－3 选定。

表 9－3　防　洪　标　准

防护对象			防洪标准［重现期/a］
城　镇	工矿区	农田面积/万亩	
特别重要城市	特别重要工矿区	500	＞100
重要城市	重要工矿区	100～500	50～100
中等城市	中等工矿区	30～100	20～50
一般城镇	一般工矿区	30	10～20

注　1. 对洪水泛滥后可能造成严重灾害的一些城市、工矿企业和重要粮棉基地，其防洪标准可根据上表适当提高，或由国家作出专门规定。
2. 交通运输及其他部门的防洪标准可参照有关部门的规定办理。
3. 防洪要求较高而一时难以达到者，可采取分期提高的办法。

目前，在进行堤防规划时，一般用实际年法（如长江干堤按 1954 年洪水位标准）和频率法两种方法确定具体的设计标准。

滨海平原圩区的海堤，以防御台风暴潮为主，其设计标准各省均有具体规定。

（2）堤防间距和堤顶高程确定。在确定的堤防标准中，如规定了防御某一设计洪水位，则现有堤防应有的堤顶高程可按下式计算：

$$z=H+h+\Delta$$

式中　z——堤顶高程，m；

H——设计洪水位，m；

h——波浪爬高，m，可参照有关水工建筑物教材；

Δ——安全超高，一般为0.5～1.0m。有些设计把 $h+\Delta$ 统称为超高，对于干堤常取1.5～2.0m。

如果标准中规定的是要防御设计洪峰流量，则需通过河道洪水演算，推算出控制断面上的设计洪水位后，再按上式计算。

新修堤防或者扩宽堤防，都将遇到选定合理堤距及堤高的问题，对于同一洪水，采用不同的堤距及相应的堤高，都可使其通过，但却有不同的技术经济效果。正确的规划，必须拟定几个不同的堤距、堤高，经过技术经济比较，以确定合理的方案。

(3) 堤防标准断面的确定。堤防标准断面的拟定，应综合考虑堤防作用、堤高、堤基、当地材料、风浪、水流速度、交通要求等各方面的情况，选择确保安全、节省土石方量的断面型式和尺寸。

堤顶宽主要考虑堤身稳定和交通要求，一般为3～5m。堤防边坡主要决定于土壤性质、防御的水位高程及持续时间和风浪等，一般为1：2.5～1：3.0，具体的可参见有关设计规程。

2. 联圩并垸

将面积较小、布局不规则、堤身矮小、防洪标准低、堤线很长的圩垸合并成较大的圩垸，称联圩并垸。

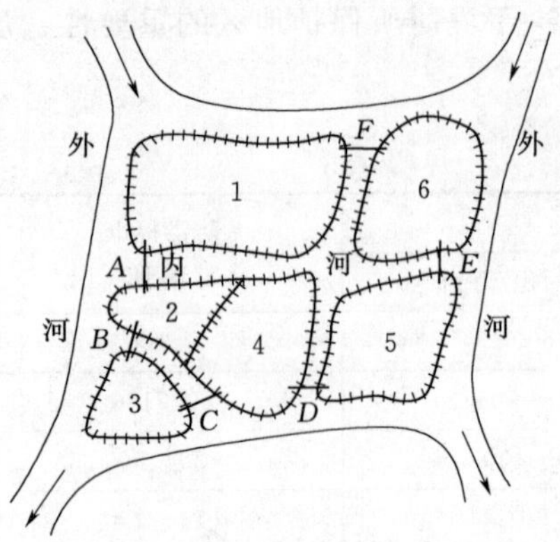

图9-5　联圩并垸示意图

新中国成立后，水网圩区普遍采取联圩并垸的办法，把不影响泄洪的支流汊河，用筑堤或建闸的方法予以堵塞，将沿河两岸分散的小圩联成一个大圩。如图9-5所示，将 A、B、C、D、E、F 各处堵口筑堤或建涵修闸，将原来的6个小圩联成1个大圩，使原来小圩的部分外河，变成了大圩的内河。南方平原圩区自中华人民共和国成立以来的治水过程，基本上就是联圩并垸的过程，这一措施对湖区防洪除涝和农业生产的发展起着极为重要的作用，主要有：①缩短堤线，减轻防洪负担；②增加圩内水面面积，提高滞涝能力；③缩短堤线，减少透过圩堤的入渗水量，有利于控制圩内地下水位；④堵塞了支流汊河，干河可以集中水流冲刷河床，防止淤积，改善防洪和通航条件。

联圩并垸规划的主要内容，有分析原有河道泄洪能力，拟定联圩方案，计算联圩后外河泄洪能力及提出围堤加固整治计划等。联圩涉及圩内和圩外水系的调整改造问题，如果处理不当，会带来一些不利影响。例如河道堵塞过多，会抬高洪水位，加重防洪和排涝困难；河道水流集中，将加剧河道冲刷；同时航道改变、过船等建筑物加多，可能给交通带来不便；联圩以后，对闸、站等建筑物和排涝系统，也须作适当调整，不然会产生不少矛盾。因此，联圩不应只看作是局部工程，须以流域规划为依据。

关于联圩规模的大小，要因地制宜。圩外河流洪枯水位变幅小的，其防洪任务较小，联圩规模宜小些。例如江苏太湖流域，洪枯水位变幅仅1.0～1.5m，当地认为联圩后圩垸面积以3000～5000亩为宜。而湖南、湖北、安徽、江西等省，由于外河洪枯水位变幅一般为7m以上，防洪任务重，有些地区每年维护堤防用工按人口平均达20～30工日，占生产总用工的20%左右。因此，这些地区倾向于大联圩方案，其规模一般在几万亩至十几万亩甚至几十万亩。广东省从考虑防洪、防咸（防止海水入侵）和控制地下水位出发，也倾向于大联圩方案。另外，联圩时要处理好干、支流及上、下游左、右岸的关系。一般应先强干、后塞支，即先加强干流泄洪能力，再筑闸控制和堵塞支流，并且不要轻易堵塞主要河道和河流入海口门。

3. 分洪与蓄洪垦殖

分洪蓄洪是江河中下游一项极为重要的战略性防洪措施。目前，江河中下游主要靠堤防保护着两岸农田以及城镇工矿。但现有堤防只能防御一定标准的设计洪水，一旦发生特大洪水，我们必须有计划地采取分洪蓄洪措施，牺牲部分圩区，借以增大行洪断面或蓄洪容积，确保江河沿线广大圩区的安全，把洪水灾害限制在最小范围之内。

长江中下游平原地区，沿江两岸沟通大小湖泊数以千计，面积约达3万km^2，这些湖泊对调节长江洪水，具有一定的作用。新中国成立后，长江中、下游先后兴建了荆江、大通湖、武湖、华阳河、白湖等一系列蓄洪垦殖工程。所谓蓄洪垦殖，就是通过建闸，对江湖分开控制，使在一般年份，江水不能入湖，湖泊水位低，有利于垦区除涝排水，扩大耕地面积；遇到大水年份，湖泊汛前水位低，调洪容积较大，可以较多地滞蓄超过江河安全泄量的洪水。这种既利于防洪又利于生产的措施，被称为蓄洪垦殖工程。

分洪蓄洪工程的规划，应包括原有河道泄洪能力的分析，分洪蓄洪区的选择，分洪蓄洪工程（进洪、排洪闸、分洪道、蓄洪区围堤、安全区等）的布局，各项工程的联合控制运用方案，控制断面上水位流量的推求，各项具体工程规模的拟定以及方案选择所必需的技术经济论证等。

分洪蓄洪工程规划应在河流流域规划的基础上进行，同时注意以下各点。

1）分洪区的位置应该尽量选在被保护地段的上游，以发挥最大的防护作用；

2）尽量选择圩内地面高程低，蓄洪容积大，淹没损失和堤防费用少的地区分洪。这样，分洪效果显著；同时，蓄洪淤淀的结果，抬高了老垸的地面高程，改善了今后的垦殖条件；

3）在工程布局上要抓住主体工程（如分洪闸、分洪道、蓄洪区等）的规划和它们之间的联合运用，使各项工程的作用充分发挥。

4. 撇洪

拦截山坡或河流上游的洪水，使之直接自流泄入江河（或海洋），不再流入平原农田或湖泊的工程措施。这是我国平原圩区防洪除涝的一项成功经验。其主要作用有：①撇洪可使河流与湖泊或圩垸分开，实现洪、涝水分家，以减少湖泊或圩垸的集水面积和相应来水，为改善沿湖农田除涝排水和计划围垦湖滩创造了条件；②撇洪可达到等高截流、高低水分排的目的，减少圩区抽排的面积、设备和费用。据南方各省经验，每撇去1km^2的集水面积，就相应节省20～40kW的电排设备；③有些撇洪沟可以结合通航和灌溉，还有利于消灭钉螺和血吸虫等。撇洪工程不仅效益显著，而且还具有占地少、移民少，工程（主要为土石方）需要材料较小和便于分期施工等优点。这一措施在南方各省已广为采用。图9-6为湖北省汉北河撇洪工程示意图。

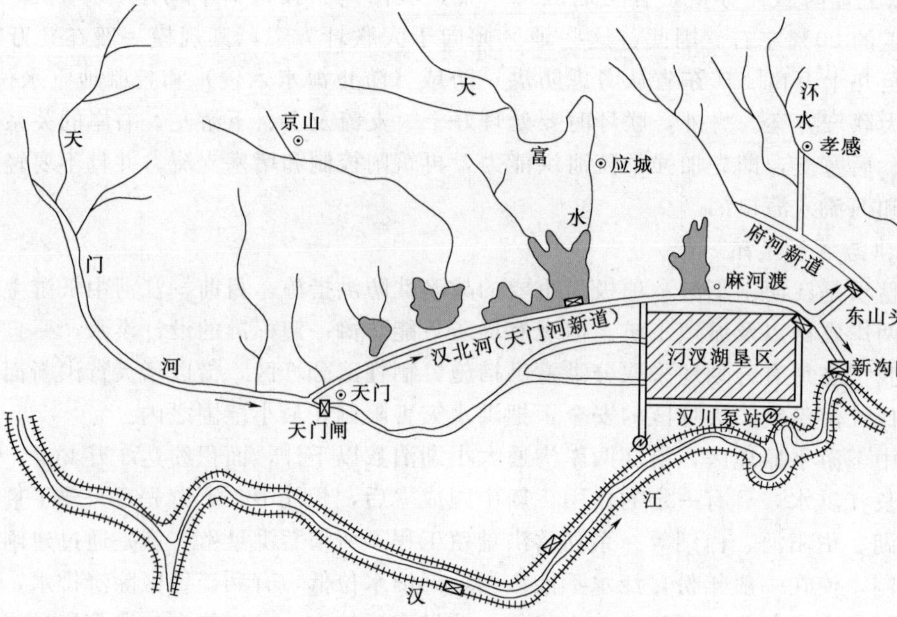

图9-6 湖北省汉北河撇洪工程示意图

撇洪工程主要包括撇洪沟（河）及其上的溢洪、泄洪建筑物等。撇洪工程的规划设计内容有：选择撇洪沟（河）的线路，计算沟、河设计洪水，分析外河（或海洋）设计水位，确定沟道及其堤防断面尺寸和建筑物规模等，其具体规划设计方法和一般河道基本相同。

撇洪沟的设计标准要与当地除涝标准和工程规模相适应。一般以抵御十年一遇洪水为宜。规模较大，位置重要的工程，标准可提高一些。撇洪沟（河）均以24h暴雨产生的洪峰流量作为设计依据。但撇洪沟达到十年一遇标准不是指撇洪沟的设计过水断面必须通过十年一遇的洪峰流量，而是要求在发生频率为十年一遇24h暴雨时，撇洪沟能够单独或配合其他溢洪、蓄涝和机电提排等措施保证平原圩区不成涝。通常在撇洪范围内，应按实际情况，尽可能增加一些满足滞蓄洪水的塘、库和湖泊，做到以撇为主和撇蓄结合。撇洪沟设计流量的拟定，一般分以下两种情况：①以设计洪峰流量为撇洪沟的设计流量；②以设计洪峰流量的一部分作为撇洪沟的设计流量，而洪峰的其余部分，则通过撇洪沟上在适当地点设置的溢洪堰或泄洪闸排入湖泊或圩区，暂时滞蓄或由排水泵站抽走。

撇洪沟的设计流量一般较大，为了使设计的断面和沟道土方量不致太大，常选用较大的沟底比降和较大的设计流速，为防止沟道局部冲刷，断面要采取防冲措施。

二、圩区内部的除涝灌溉规划

圩区人民经过长期的生产实践，创造和积累了不少除涝灌溉规划方面的经验，主要有：

1. 分片排涝，等高截流

圩区地面虽平坦，但还有一定的高差，尤其是面积较大的圩区。由于地形高差大，各处自流排水的机会不同，如果不做统一规划，让高地的水流入低地，再统一外排，必然增加低地排涝的负担，甚至引起高、低区之间的排水纠纷。因此，等高截流，分片排涝，高水高排，低水低排，已成为湖区治涝的一条重要经验。

图 9-7 中的圩区，根据地形条件和高低分排的原则，划分成两个排水区，即一个高排区和一个低排区。在高、低区之间的分界处，布置两条高排沟（又称截流沟）分别将高排区的涝水由 *B*、*C* 两处排水闸分散排出。低排区由低排沟在 *A* 处排水。沿堤线 *F*—*B*—*A*—*C*—*G* 画一纵剖面，如图 9-7（b）所示，由图可见，当外河水面低于位置 1 时，高地的涝水即可由 *B*、*C* 闸自流排出，如果不实行高低分排，高地的涝水统由较低的排水闸 *A* 外排，则只有当外河水面低于位置 2 时才能自流排水。从而可见，外河水面在 1 和 2 之间停留的时间，便是高低分排后高地所增加的自流排水时间。

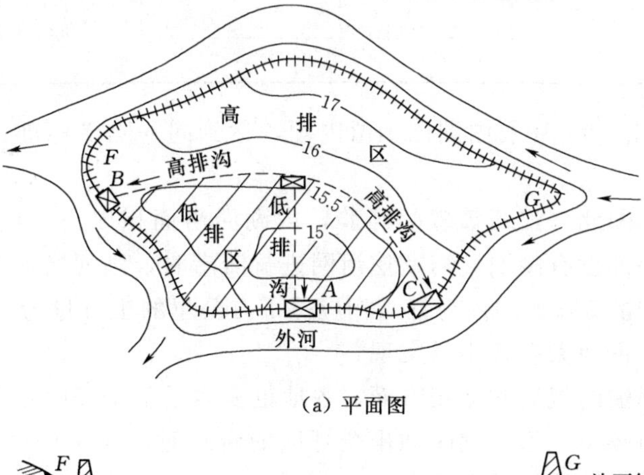

(a) 平面图

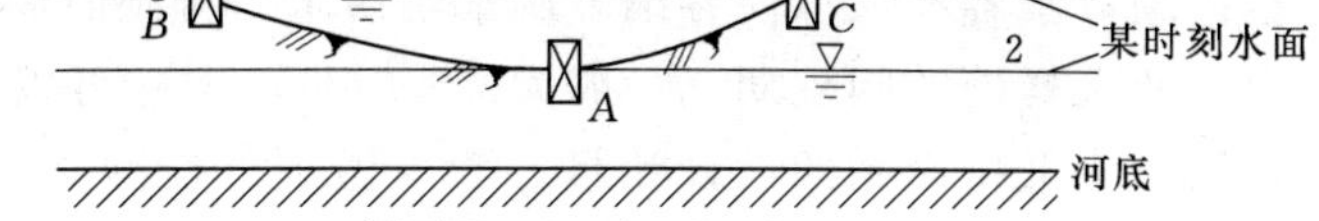

(b) 剖面图

图 9-7　圩区高低分排示意图

2. 留湖蓄涝，排蓄结合

平原湖区在外江水位高于圩内地面高程时，排水系统及排水闸不能自流外排，此时应充分利用圩内原有的湖泊洼地，滞蓄闭闸期间的全部暴雨涝水或部分涝水以降低抽排流量，这是圩区行之有效的重要除涝措施。

但是随着农业生产的发展，许多地区的湖泊已大部围垦成农田，留下的湖泊很小，有的甚至全部垦殖。因此，在这些地区应当一方面适当退田还湖，留足蓄涝湖泊，或设置预备湖进行滞涝垦殖，即大水年滞涝，小水年垦殖；另一方面也可开挖排水河网，以分散的河网辅助或代替集中的湖泊进行滞涝。

圩区内保留部分湖泊面积用来滞涝的问题，是规划中讲究经济效益的问题，它对减少排涝装机的作用是十分显著的。这里可以引用下面的资料说明。

今以 $1km^2$ 的排水面积为例，计算两种不同情况所需排涝站的装机和投资（表 9-4）。这两种情况是：①无内湖滞蓄；②有内湖滞蓄。设内湖面积占排水面积的 10%（称湖泊率或水面率），蓄水深按 1.0m 估计；则 $1km^2$ 排水面积上有 10 万 m^3 的蓄水容积。

表 9-4　$1km^2$ 排水面积所需排涝站的装机和投资比较表

项目	单靠电排无内湖滞蓄	电排与内湖滞蓄相结合（湖泊率 10%）	备　注
来水量/m^3	136.5×10^3	136.5×10^3	1. 设计暴雨为十年一遇一日暴雨 136.5mm，三日排完； 2. 机电日运转以 24h 计； 3. 平均设计扬程按 11m 估算； 4. 每千瓦装机按 752 元估算； 5. 机电效率 η 为 0.8
滞蓄水量/m^3	0	100×10^3	
排水量/m^2	136.5×10^3	36.5×10^3	
排水流量/(m^3/s)	0.53	0.141	
计算装机/kW	57.5	15.3	
投资/万元	4.32	1.15	

从表 9-4 可以看出，留 10%内湖比不留内湖，达到同一除涝标准，所需的排水装机相差 4 倍之多。

根据江苏、湖南、湖北、江西等省的经验，内湖滞涝面积以占圩区总面积的 10%～15%为宜。如果圩区内部没有湖泊，需新挖河网进行滞涝时，则河网的滞涝水面面积应当小些，以占圩区总面积的 5%～10%为宜（相应每平方公里的土方量为 10 万～20 万 m^3），否则河网土方量过大，占地太多，不易实现。

在平原圩区滞涝湖泊的规划和运用方面，各地也积累了不少经验，介绍如下：

在排涝站排水能力较小，不能同时抽排全圩区的涝水时，应采用“先排田、后排湖”的排水方法，即先由排涝站抢排低田涝水，让高田涝水先入湖存蓄；待低田排完后，再将湖中蓄水排出，腾空内湖蓄水容积，以便容纳下次暴雨涝水。排湖时间不受作物允许耐淹时间的限制，只决定于两次暴雨的间歇期（一般为 7～15d），这样可以增加全圩区一次暴雨后的总排水时间，从而降低排涝站的设计流量。为了做到“控湖排田”，滞涝内湖应当建闸控制。

3. 力争自排，辅以抽排

在汛期，圩区的外江（河）水位一般高于地面，圩区自流排涝机会少，加上圩区内部的滞涝河湖有限，因此单靠自流外排与内湖滞涝，一般仍不能免除涝灾威胁，需要辅以抽排。但是，为了尽量减少抽排设备和抽排费用，在规划和管理时，必须采取一切措施尽量利用和创造自流排水的条件。

1）在设置排涝站的同时，要修建自流排水涵闸或保留原有排水涵闸。

2）根据圩区具体情况，分别研究采用集中建闸、分片设站或合站分闸等有利于各地自排的布置方式。

3）为了合理规划排涝站，在尽可能创造自排条件和减少抽排面积的同时，还要处理好外排与内排的关系，对外排站和内排站进行合理的布局。外排站是直接把圩区涝水排出外江（或外湖）的抽水站，又称一级站。内排站是将农田涝水排入内河（或内湖）的抽水站，由内排站抽入内河、内湖的涝水，经河湖滞蓄后，再由外排站排出外江、外湖。内排站实际上是外排站的第二级，故又称二级站。对于面积较小的圩区，一般只设外排站，而对于面积较大的圩区，则以采取内排站与外排站相结合布置的方式为宜，即由外排站控制一定的内水位，使大面积较高农田的涝水，能自流排入内河（湖），少数低洼农田设内排站。对于大面积圩区，如果只设外排站，不设内排站，这时圩区的内河（或内湖）涝水位必须控制在低田的田面以下，由此就导致：①大面积排水扬程增大；②相对降低了内河（或内湖）调蓄水位，减少了调蓄容积，从而加大了抽排流量或增大了装机容量，对排水干沟来说，也将增大底宽与工程量；③内河经常处于较低的水位，缩短了自流抢排时间。相反，如果只有内排站而没有大中型集中的外排站，圩区内河、湖水位无法控制，达不到除涝目的。所以大面积圩区，应当采取内排站与外排站结合布置的方式。二级站（内排站）的排水面积和装机容量，占整个区域和一级站（外排站）的比例，应通过方案比较，选择排涝和控制地下水位效果最好和总装机容量较小的最优方案。

4）要利用圩内河湖汛期滞涝，汛后自排。

5）抓住汛期外江（河）水位短期回落的时机进行自流抢排等。

6）滨海圩区的排水，应尽量利用落潮机会进行自流抢排。在地势特别低洼或距排水口较远的地区，则应建立抽水站排除涝水。

4. 以排为主，排灌兼顾

为了达到控制地下水位的目的，圩区排水沟和灌溉渠尽可能建立两套系统做到“排灌分开”。而对于排涝站的布置，则要求尽可能做到排灌结合，以节省工程费用和发挥工程最大效益。

5. 全面规划、综合治理

圩区水面积一般较大，是发展养鱼以及莲藕的良好场所，可适当考虑发展水产养殖。不少圩区还利用湖泊，人工培养珍珠。

规划和修建排灌系统，应同时考虑沿沟渠植树造林和结合布置道路系统，使沟、渠、路、林成为一个完整系统，既发展多种经营，又便利生产和生活。此外，还应考虑防治血吸虫病，注意配合灭螺工作。

滨海地区一些农田土壤含盐量较高，称为咸田（即滨海盐碱土）。部分咸田由于缺乏淡水水源，每年遭受不同程度的咸潮为害，生产很不稳定。在这些地区，一方面防止咸害，另一方面须引蓄淡水，解决农田灌溉和人畜饮水问题。

综上所述，平原圩区的除涝排水系统，一般包括撇洪沟、湖泊、河网、抽水站和排水闸（或挡潮闸）等工程措施，共同承担着规定设计标准的除涝任务，并兼顾其他综合利用的要求。而系统中每一项工程的规模和布局都和其他工程措施的规模和布局有着紧密的联系，如果能让各项工程合理配合，都处在最优的状态下工作，便可获得最大的除涝效益。因此，无论是各项措施的规模还是它们的布局甚至运行调度，都存在最优化问题，即每一项工程措施的规模如河湖水面率、抽排站最优装机容量、排水闸最优闸宽等都应在整个系统最优化基础上求得。但要解决这样一个复杂的问题，用常规的规划方法是很难完成的，而系统工程和电子计算机的推广应用，为解决这一问题提供了条件。近年来，国内已开始应用系统工程的理论和方法研究了洞庭湖地区、江汉平原四湖地区以及沿江滨海地区等圩内除涝排水系统的规划、扩建改建以及最优水面率等问题，取得了满意的成果。实践证明，系统工程用于灌溉排水系统的规划设计和管理运行等方面具有很大的优点，有待进一步研究和推广。关于这方面的内容，可参考《灌排工程最优规划与管理》等文献。

三、圩区河道（网）水利计算

圩区治水措施基本上是天然人工河道（网）的新建、改建和整治，这些都离不开河道（网）的水利计算。例如整修堤防中堤距和堤顶高程的确定，联圩前后的河道（网）泄洪能力或水位变化的复核与拟定，新开河道（网）和修建撇洪沟，规划分洪道、减河以及除涝排水河道（网）等，都要进行河道（网）的水利计算。

（一）河道（网）水利计算的任务和内容

圩区河道（网）水利计算的任务是根据规划要求，拟定治理措施和方案，选定设计标准，推求设计流量和设计水位，确定河道（网）及有关排水闸、抽排站的工程尺寸，为方案比较等提供依据。

前已述及，圩垸是指围有河道并建有堤防保护的区域。圩垸以外的河道（网）称外河（网），圩垸内的河道（网）称内河（网），不同的河道（网），其任务和水利计算内容是有区别的。一般地说，外河网主要承担防洪、排涝、航运和灌溉等任务。河道过水能力由防洪要求确定，其水利计算通常包括：根据上游和区间来水进行河道洪水演算，以推求各河段设计洪水，并计算相应的设计水面线，确定堤顶高程和堤距等，其中主河槽断面尺寸还要考虑航运和排渍等要求；内河网主要承担排涝滞涝和控制地下水位任务，兼顾通航、养殖、灌排两用的河网还起引水灌溉作用。河网布置和纵横断面设计要满足上述要求。一般骨干河道的断面大小，主要由排涝滞涝任务确定，而深度主要由控制地下水位和通航要求确定。另外，圩内常有一定湖泊滞蓄涝水，内河网与外河连接处建排水闸和抽排站，因而内河网计算应考虑河网、湖泊、排水闸和抽排站的联合运行。

（二）河道（网）水利计算的方法

圩区河道（网）水利计算方法与河道水流特性有关。感潮圩区的河网，其水流为非恒定流，其流速随时间和沿程的变化都较大，因而须按明渠非恒定流计算；而一般圩区，即非感潮圩区的河道（网）水流，有恒定流和非恒定流两种情况，但这类河道（网）非恒定流的流速，随时间和沿程变化都较小，可以近似地看作恒定流，因而这些圩区的河网，常按恒定均匀流或恒定非均匀流计算。

1. 一般圩区河道网水利计算

主要指沿江滨湖的非感潮圩区。这类圩垸内地面高程常低于汛期外河水位，圩内要有一定河网或湖泊容积蓄水，涝水经滞蓄后再由抽排站排出；或利用外河水位短期回落，由排水闸抢排。根据河道（网）所承担的主要任务，确定其水利计算方法。

（1）以排除涝水为主的河道（网）。对于河道河底有一定比降，流向基本稳定，主要起输水作用的骨干河道（网），其各河段的设计流量一般可根据设计排涝模数乘以排水面积确定。而当河道与湖泊相连时，则须通过水文计算确定由斗（农）沟进入骨干河道（网）的设计入流过程，然后进行河道洪水演算，推求各河段设计洪水过程，以其洪峰流量作为河道设计流量；并且在求得入湖径流过程后，进行湖泊调节计算，确定湖泊下游泄流河道的设计流量。当河道出口处需建排水闸和抽排站时，该河道的排水能力要与闸、站的设计流量相适应。

（2）以滞蓄涝水为主的河道（网）。当圩区地形很平直，河道（网）中骨干河道河底比降很小（甚至为零），水流流向不定，河道（网）滞蓄能力较大时，可将河道（网）概化为一个等容积的湖泊。通过水文计算，确定进入河道（网）的设计洪水过程，并对湖泊进行蓄涝、排涝演算，求得在设计标准下不同河网尺寸的滞蓄水量和相应的闸、站设计流量与工程规模。

不论采取哪种算法，都要组合若干种布置方案，通过技术经济比较择优选取。

2. 滨海圩区河道（网）水利计算

滨海感潮地区的河道水流为不恒定流，可采用法国科学家圣·维南于1871年提出的明渠不恒定流偏微分方程组进行计算：

$$\left.\begin{aligned} &\text{连续方程} & \frac{\partial Q}{\partial x}+B\frac{\partial z}{\partial t}=0 \\ &\text{动量方程} & -\frac{\partial z}{\partial x}=\frac{u^2}{C^2R}+\frac{u}{g}\frac{\partial u}{\partial x}+\frac{1}{g}\frac{\partial u}{\partial t} \end{aligned}\right\} \tag{9-4}$$

式中 Q——流量；

z——水位；

u——断面平均流速；

R——水力半径；

g——重力加速度；

B——水面宽；

x——流程坐标；

t——时间坐标。

此方程反映了一个河段中各水力要素之间的关系，是明渠不恒定流的基本方程。利用这一方程，可以在一定边界条件下求解河道（网）各指定断面的水位、流量（或水深、流速）等。由于河网是由许多直河段通过汊口连接而成的，汊口的水流状态由汊口连接方程表示，故感潮河网的水力计算主要是求解由直河段的圣·维南方程，汊口连接方程和已知边值的边界方程所组成的联立方程组。当河道上设有挡潮闸时，方程组还包括过闸流量方程。求解圣·维南方程的方法有特征线法、差分法等，由于电子计算机的应用，求解河网不恒定流方程组的方法正在不断发展。

感潮河网的水力计算，是在已知河道尺寸条件下进行的，一般是针对各种河网布置方案，假定不同河道断面尺寸进行计算。由于河网中河道众多，不可能针对每条河道进行计算，必须对实际河网进行概化。概化的方法有两类，一是区间径流的概化，二是计算模型的概化。

（1）区间径流概化。只对河网中较大的骨干河道进行计算，而对那些调节容积不大的河网，可将其参加计算的水流，概化为一旁侧入流过程，分别注入不同的计算河道，作为区间径流修正。

（2）计算模型的概化。当河网调蓄容积较大，而水系紊乱，并夹有分散小湖时，可将整个河网根据地形、河道分布、堤防和道路等情况，概化为一个个小湖泊，中间由河道相连接。假设每个小湖只有水位变化，没有水流流动；而连接河道只有流量变化，无调节作用，故称分片平湖法。由概化湖泊的连续方程和概化河道的动量方程组成基本方程组。

河网布局和尺寸与圩区其他各项工程措施，如排水闸、抽排站、湖泊等的布局和规模有关，除少数情况外不宜单独加以确定。随着系统分析和电算技术在圩区规划中的应用，河网水利计算可与湖泊、排水闸、抽排站等其他措施的水利计算结合进行，并在总体最优基础上选择河网的布局与规模。

以上介绍的是圩区河道（网）水利计算。实际上，无论是圩区或山丘区，南方或北方，进行农田水利规划全都离不开河道（网）整治及其水利计算，以上内容同样适用于其他地区。

四、排水闸的规划计算

排水闸的规划计算任务是确定排水闸闸底高程、闸孔宽度和闸顶高程等。排水闸闸孔尺寸的大小与闸底高程有关，为了阐述方便，先从确定闸底板高程开始。

1. 闸底板高程的确定

闸底板高程主要根据排水闸的任务来确定。从满足排空内湖涝水或满足远处低洼农田降低地下水位的要求而言，闸底板高程可以与闸前排水干沟的沟底高程齐平。而闸前沟底高程可由最远处低洼农田田面高程并考虑降低地下水深度、各级沟道比降 i 和局部水头损失 Δz 等逐级推算而得，如图 9-8 所示。

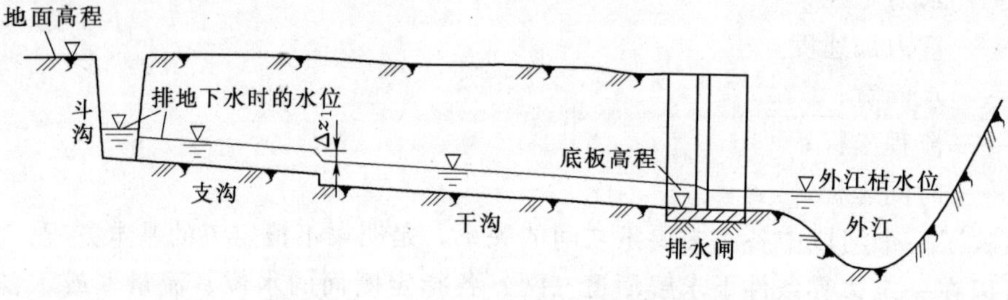

图 9-8　排水闸底板高程推算示意图

在最后选定闸底板高程时，还需结合闸孔宽度一并考虑。这是因为在排涝流量一定的情况下，如果底板高程定得低一些，闸前的水深 H 就大，过水能力也大，因此闸孔宽度就可以减小；反之，底板高程定得高一些，闸孔宽度就要大些。此外，还要注意闸基地质情况，避免由于闸底开挖过深而导致施工上的困难。

2. 闸孔宽度的确定

平原地区排水闸有以下两方面的排涝任务：一是抢排汛期涝水，即当汛期外江（河）水位短期回落、区内涝水有可能自流外排时，应尽量抓紧时机将涝水抢排出去；二是在汛后排除涝水，在有蓄涝内湖的情况下，应使内湖水位在一定时间内降低到规定高程。闸孔宽度应根据上述两项排涝流量设计。但在实际上，由于汛期抢排任务比较紧迫，时间性强，抢排任务总是大于汛后排涝任务，所以排水闸的闸孔宽度主要是按汛期抢排流量确定的。

根据有无蓄涝湖泊（或洼地），计算闸孔宽度的途径可分以下两种：

（1）无湖泊（或洼地）蓄涝的情况。有些平原地区缺乏蓄涝内湖（或洼地）或者虽有蓄涝内湖，但容积较小，滞蓄作用不大。在这种情况下，由于暴雨所产生的全部涝水要求在规定时间内（即作物允许耐淹时间内）及时地排走，故当外江水位高于内河水位时，应采取提水排水；而当汛期外江水位短期回落，内涝积水有可能自流外排时，则应尽量争取抢排。排水闸的闸孔宽度，应根据一次暴雨所产生的设计排涝流量（抢排流量）和相应的闸上、下游水位计算确定。在抢排情况下，闸上、下游水位差较小，过闸水流状态一般为宽顶堰淹没出流，故闸孔净宽度 B 可按下式计算：

$$B=\frac{Q}{\sigma_s \varepsilon m\sqrt{2g}H_0^{3/2}} \tag{9-5}$$

或

$$B=\frac{Q}{\varepsilon\varphi h\sqrt{2gz_0}} \tag{9-5'}$$

式中 σ_s——宽顶堰淹没系数；

ε——侧收缩系数；

m——宽顶堰流量系数；

φ——流速系数；

z_0——闸上、下游水头差（H_0-h）。

必须指出，按水利计算求得的闸孔宽度，还必须根据水工建筑物的要求（结构及闸下消能等）对其单宽流量进行校核，以便最后确定闸孔尺寸。

（2）有湖泊滞蓄的情况。长江中下游有些地区湖泊容积较大，在确定这些地区的排水闸设计流量和相应的闸孔尺寸时，就需要考虑湖泊的滞蓄作用，进行蓄涝、排涝演算。通过蓄涝、排涝演算，并可同时确定或校核湖泊的最高蓄涝水位。

关闸期内湖蓄水过程可按下列水量平衡方程式计算：

$$V_{t+1}=V_t+\Delta V=V_t-\frac{1}{2}(Q_t+Q_{t+1})\Delta t+R \tag{9-6}$$

式中 V_t、V_{t+1}——任一时段初及时段末内湖蓄水量，万 m^3；

ΔV——在时段 Δt 内，入湖水量（自农田排入湖中的水量及降落在湖面上的雨量）与出湖水量（湖泊水面蒸发量和自湖泊取用的灌溉水量以及提排水量等）之差；

Δt——计算时段；

Q_t——时段初排水闸的排水流量；

Q_{t+1}——时段末排水闸的排水流量；

R——时段内湖泊集水面积（包括湖泊本身）上由降雨产生的径流量。

如果按式（9-6）逐时段进行计算，即可得出湖泊蓄水量的变化过程，再根据湖泊水位-容积关系曲线，可以得出相应的湖水位过程线。这样一直计算到湖水位与外江水位相平为止，此时湖泊水位亦即最高蓄水位。此后外江水位将低于湖泊水位，即可开闸排水。以上就是湖泊蓄涝演算的过程。

开闸排水过程的计算，属于排涝演算的内容。它的目的是确定排水闸闸孔的尺寸或校核已建排水闸是否能满足排涝要求。通过排涝演算确定排水闸闸孔宽度，一般总是首先初步选定某一闸孔宽度，然后进行排涝演算，如果选定的尺寸不能满足排涝要求，就需再行选定，直至满足排涝要求为止。

3. 闸顶高程的确定

排水闸闸顶高程应根据排水闸所在河段的防洪标准确定：

闸顶高程＝设计洪水位＋风浪高＋安全超高

一般不得低于两侧原有堤防的堤顶高程，有时还应考虑河道洪水位的可能抬高值（如淤积、联圩等）。至于挡潮排水闸的规划计算，其任务要求基本上与一般排水闸相同，只是它位于感潮地区，受潮汐影响很大，因此水利计算应按不恒定流理论进行，并应考虑潮汐对于关闸壅高的影响等。

五、电排站的规划

电排站规划包括电排站站址选定和设计装机容量的确定等。

电排站站址要服从圩区治理规划的需要，根据圩区自然条件（地形、地质、水系等）和社会经济状况（行政区划、水利、输电、交通等）拟定各种方案，择优选定。

电排站设计装机容量的确定，包括确定排涝设计流量和设计扬程两部分。

（一）机电排涝设计流量的确定

根据圩垸内具体条件应分别采用不同的方法。

1. 全面抢排（即排田）情况

这种情况是圩垸内一般只有分散的湖泊、河网和沟港。一遇暴雨，圩内全部面积上的总产水量，除田间滞蓄和沟、港、湖泊滞蓄一部分外，均需由电排站在规定的排涝时间内抢排出去，故机电排涝设计流量可按下式计算：

$$Q=\frac{1000[A_1(P-h_1)+A_2CP]-1000^2A_3h_3}{3600tT} \qquad (9-7)$$

式中 Q——电排设计流量，m^3/s；

A_1——圩内水稻田面积，km^2；

A_2——圩内旱地、道路、村庄等面积，km^2；

A_3——圩内河、港、湖泊水面面积，km^2；

P——设计暴雨量，mm；

T——排水天数，d，根据电排设计标准确定；

t——每天开机小时数，一般电排为20～24h，机排为18～20h；

C——旱荒地次暴雨径流系数，随地区而异，各省水文站均有观测总结资料可供选用；

h_1——排水临界期内稻田允许滞蓄水深，mm，即该时期水稻耐淹水深减去适宜灌水深度，随作物品种和生长期不同而异，各地区可根据试验和调查资料确定，一般取30～50mm；

h_3——河网、湖泊平均滞涝水深，一般为0.6～1.0m。

2. 全部自流入湖、无抢排面积的情况

这种情况是圩垸的内湖沟港容积较大，位置较低又较集中，可以调蓄来自全部排水面积上的设计暴雨径流，不存在不经湖泊调蓄、需要直接抢排的面积，此时排涝设计流量即为排湖流量。在满足一定除涝标准的条件下，排湖流量的大小取决于蓄水容积的大小和允许排湖时间的长短。

排水演算可采用图解法或列表计算法，两者计算原理是相同的，下面仅介绍当内湖蓄水容积已知的情况下，如何用图解法确定设计排水流量的大小。

图解的步骤如下：首先绘制累积产水深度曲线。各时段产水深度等于各时段降雨深度乘以暴雨径流系数。设计暴雨深度过程线一般采用排涝标准所规定的设计频率（五年一遇～十年一遇）长历时的暴雨总量（如 7d～15d～30d），按典型的成涝雨型进行分配求得。将各时段的产水深度逐日累积起来，即可绘出累积产水深度曲线，如图 9－7 中 $OABC$ 线。

其次，确定起排水位和相应的起排内湖容积所能调蓄的产水深度 U_0（以 mm 计），即

$$U_0=\frac{V_0}{1000A} \tag{9-8}$$

式中 V_0——内湖死水位至起排水位间的调蓄容积，m^3；

A——总排水面积，km^2。

然后在曲线 $OABC$ 上找出纵坐标等于 U_0 的地方，如图 9－9 得出 D 点（如果降雨开始就起排，抽排线应从 O 点开始作起）。再自 D 点作不同排水深度的放射线与累积线相割，取其中一条放射线与 $OABC$ 线所夹的最大间距（垂距）恰恰等于内湖容积能调蓄的产水深度 U（$U=\frac{V}{1000A}$，V 为内湖起排水位至调蓄水位间的调蓄容积，以 m^3 计），这条射线的斜率即为设计排湖流量，从起排时间 D' 至两线的交点 C 对应的时间 $T(D'T)$ 即为排湖时间。

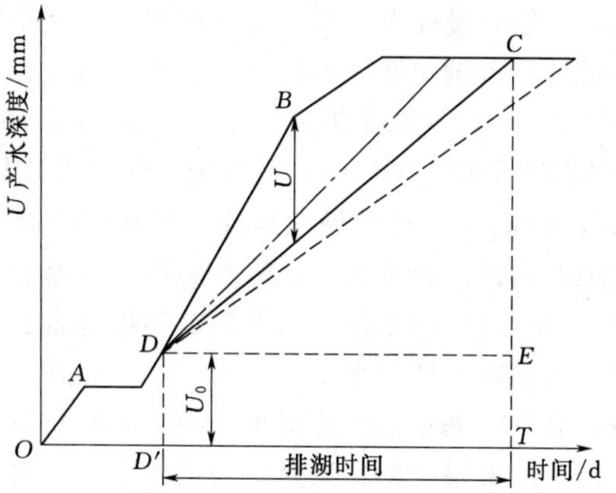

图 9－9 累积产水深度曲线

3. 控湖排田，先排田，后排湖的情况

（1）排田装机容量大于排湖装机容量。这种情况是圩垸利用湖泊蓄积高地涝水，不能入湖的低地涝水先由电排站抢排出外河（称排田），待低地涝水排完后，再将蓄在湖泊的高地涝水提排入外河（称排湖）。如果排田装机大干排湖装机，则排田流量就作为电排站设计流量。

计算这种情况的电排站设计流量，首先必须确定留湖（河）面积，计算出河、湖蓄涝容积和高程，并据以划分自流入湖（高排区）面积与抢排（低排区）面积。其具体方法是根据地形资料，绘制内湖水位-容积曲线和圩田高程-面积曲线，将圩田高程-面积曲线转换为圩田高程-产水量曲线（计入湖泊本身产水量）。此线与湖泊水位-容积曲线的交点高程，即为内湖正常蓄涝水位。而交点高程（另加一定的输水水头损失）以上的面积为自流入湖面积，以下为抢排面积，如图 9－10 所示。

这样确定的自流入湖面积，其涝水恰好能滞蓄在内湖中。此时，电排站设计流量仍可

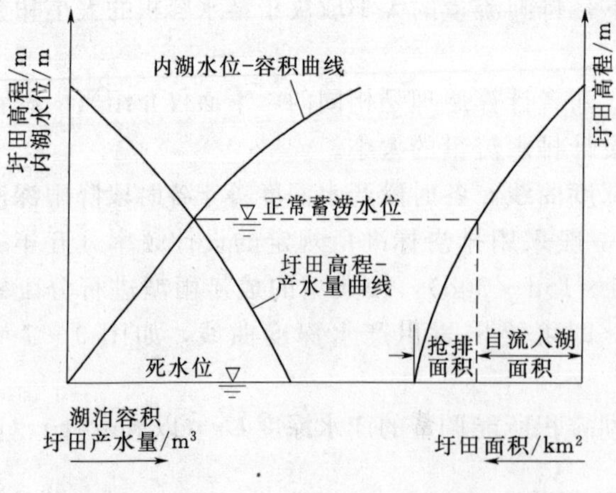

图 9-10　抢排面积和自流入湖面积图介法

按式（9-8）来计算，但排水面积不是全圩区的面积，而是抢排面积，式中水田、旱地、河湖、沟港面积也应按抢排区范围进行统计。

（2）排湖装机容量大于排田装机容量。当圩垸抢排面积较小，湖泊沟港容积较大，大于控制面积总产水量的80%以上时，排湖装机往往大于排田装机。此时电排站的设计排水流量则取决于经过湖泊调蓄后的排涝水量大小。

（二）电排站设计扬程的确定

电排站的任务是将圩田（或低洼排水区）或内湖、内河存蓄的涝水按规定的排水天数排至外河（江），因此电排站的上、下水位也称为内、外水位。电排站的内水位，一般有设计内水位、最高内水位和最低内水位（控制地下水要求的水位）；外水位则有设计外水位和设计最高外水位等。将设计外水位与设计内水位之差加上相应的管路损失（约15%～20%）作为设计扬程，即 $H_{设}=h_{设、外}-h_{设、内}+h_{设、损}$；将设计最高外水位与设计内水位之差加上相应的管路损失，作为设计最高扬程（或称校核扬程），即 $H_{校核}=h_{最高、外}-h_{设、内}+h_{最高、损}$。设计扬程是选择水泵的依据，而设计最高扬程则用以校核水泵是否将发生汽蚀和电机是否超载。现将各种内、外水位的确定方法介绍如下。

（1）设计内水位。即水泵运转期经常出现的内水位，用以作为选泵的依据。若根据排田要求确定设计内水位，则采用一般低田（90%～95%田面涝水可以自流排入排水沟）的地面高程减去排水沟沿程水头损失和建筑物水头损失等求得；若根据排湖要求确定设计内水位，则采用内湖、河允许最低水位（养鱼、植莲要求留1.0～1.5m水深）和最高蓄涝水位的平均值减排水沟沿程水头损失和建筑物水头损失等求得。

（2）最高内水位。根据设计暴雨径流全部不能排除时所造成的涝水位高程来确定，用以决定电机层楼板高程或机房挡水高程。

（3）最低内水位。它是确定水泵安装高程的依据。要满足以下两方面的要求：①预降蓄涝容积水位的要求，最低降至调蓄容积的死水位；②作物对降低地下水位的要求，一般按大部分耕地高程减去作物的适宜地下水埋深（盐碱土地区为地下水临界深度）再减0.2～0.3m。上述水位考虑渠道水头损失推算至前池，取其中较低者为设计最低内水位。

（4）设计外水位。它是选择水泵的依据。一般采用排水临界期较常出现的外河水位进行分析，即根据历年外河水位资料，选排涝期内按排涝天数平均的高水位进行频率计算，然后按设计频率确定设计外水位。在排田情况下，可采用临界期一定频率（五年一遇或十年一遇）的一日、三日或五日（与排水天数相应）的平均最高水位作为设计外水位。在排湖情况下，由于排水天数较长，可达15～20d，一般采用与设计暴雨同一典型年的外河水位作为设计外水位过程进行排水演算。

对受潮汐影响的外水位，原则上可按上述方法确定，但应考虑潮汐影响。一般取相应于设计排涝天数的平均半潮位。

(5) 设计最高外水位。用以决定水泵的校核扬程。一般取相应设计标准的年最高水位或排涝期间外河最高水位的平均值作为设计最高外水位。

(三) 设计装机容量与机组机型的选定

一般先根据设计流量和设计扬程确定水泵型号和需要台数，然后以校核扬程检验电动机是否超载和水泵是否汽蚀。通常按下列公式计算水泵的有效功率 $N_{效}$ 和水泵的轴功率 $N_{轴}$ 以及动力机所需要的配套功率（即设计装机容量）$N_{配}$。

$$N_{效}=\frac{\gamma QH}{102}(\mathrm{kW}) \tag{9-9}$$

$$N_{轴}=\frac{\gamma QH}{102\eta}(\mathrm{kW}) \tag{9-10}$$

$$N_{配}=K\frac{N_{轴}}{\eta_{传}} \tag{9-11}$$

上三式中 Q——排涝设计流量，m^3/s；

H——设计扬程，m；

γ——水的容重，$\gamma=1000kg/m^3$。

η——水泵的效率，标记在水泵的性能曲线上，也可按表格的数据取值。

$\eta_{传}$——机械传动效率，%；

K——动力机备用系数。

第三节 北方平原地区的综合治理

北方平原地区，泛指淮河、秦岭以北的广大平原地区和地势比较开阔的山间盆地。这些地区年降雨量较少且年内分配不均，经常发生干旱和洪涝灾害；由于蒸发量大，土壤中又含有一定盐分，不少地区还受到土壤盐碱化的威胁。长期以来，当地人民为了发展农业生产，同自然灾害进行了不断的斗争，特别在新中国成立后大力整修河道，加固堤防和广泛修建灌溉排水系统，大大提高了防洪、抗旱和除涝的能力，目前许多地区已达到粮食自给有余。为了进一步发展农业生产，必须搞好农田水利建设，提高现有工程的治理标准，加强水利管理工作。以下分别介绍这一地区的特点和治理措施。

一、北方平原地区的特点

我国北方平原，地域辽阔，各地的自然特点不同，发展农业的水利条件差异很大。

1. 黄淮海平原

黄淮海平原包括黄河下游南部的淮北平原和北部的海河平原，是我国重要农业区之一。海河平原多年平均降雨量一般为 500～600mm，年降雨变化幅度很大，干旱年份最少仅有 200mm，丰水年份最多可达 1000mm 以上。降雨量在季节上的分布也不均衡，因而经常出现干旱年份和干旱季节。汛期雨量集中，又常以暴雨形式出现。此时上游山区洪水暴发，平原地区河床宣泄不及，经常受到洪水威胁。低洼地区排水不畅，容易发生渍涝灾害。这些地区土壤和地下水中常含有一定盐分，干旱季节蒸发强烈，在地下水位埋深较小的地区，又容易发生土壤盐碱化，而且有的地区已存在部分盐碱化土地；由于上游水土流失，河水含沙量很大，不仅使下游河道淤塞，水位抬高，加重汛期洪涝威胁，同时泥沙淤积也给灌溉引水配水造成严重困难。一些多沙河流由于多次溃决迁徙，造成平原地区岗洼起伏，纵横交错，排水困难，更加重了渍涝和盐碱化威胁。综上所述，洪、涝、旱、碱(指土壤盐化或碱化)、淤等均为发展本区农业生产的重要障碍，这种地区常称为易旱、易涝、易碱地区。区内地面水源不足，虽有一定的地下水资源，但不能满足灌溉用水需要，一部分地区存在有矿化度较高的浅层地下咸水，不能直接利用作为灌溉水源。

淮北平原以及黄河以南的部分地区，其多年平均降雨量为700～850mm。由于本区地势低洼，地形平缓，原有河道断面浅小，排水不畅，一遇较大暴雨，容易形成洪涝灾害。本区虽然年降雨总量较多，但由于4—6月作物需水量大，降雨稀少，河流水源不足，因而也容易发生干旱。这一地区地下水水质良好，除北部地区外，土壤一般盐碱化威胁并不严重。本区洪、涝、旱是农业生产的重要障碍，常称为易涝、易旱地区。

2. 东北平原

东北平原包括北部的松嫩平原和南部的辽河平原，也是我国的重要农业地区。辽河平原的自然条件与海河平原近似。松嫩平原降雨量为500～600mm，但气温较低，冰冻期长，适宜于农作物生长的季节短，干旱威胁较小。该平原的二、三级阶地，表层覆盖着不同厚度的黄土质黏土，透水性差，容易形成上层滞水。不少地方存在积水洼地。地区地下水一般矿化度不高，但含有苏打成分。这样的气候条件与水文地质条件，有利于沼泽土和苏打盐渍土等的形成。松嫩平原农田水利的重点是防洪、排涝和沼泽土、苏打盐渍土的防治；夏季有可能有短期干旱，需要灌溉。西辽河地区受内蒙古干旱气流的强烈影响，干旱和风沙的威胁较重。

3. 冀北、晋、陕河谷盆地

这些地区大部分属于黄土地区。各盆地之间，气候有较大差异，长城以北、气温低，无霜期短，农作物只能一年一熟；长城以南，气温较高，农作物可二年三熟或一年两熟。这些地区周围的山区、丘陵区和黄土阶地，水土流失严重，下游河流挟带大量泥沙，给平原地区的灌溉引水造成困难。暴雨时容易引起山洪暴发，危害农业生产。由于降雨量较少，干旱和土壤盐渍化威胁普遍存在。盆地中普遍沉积了深厚的河流冲积物，一般地下水赋存条件良好。从山前到盆地中心，地下水埋藏变浅，矿化度升高，有的地方出现地下水溢出，溢出带及其下游一定范围内，土壤有沼泽化和盐渍化现象。

4. 宁蒙河套平原

宁蒙河套平原地区年雨量为200～250mm，属于干旱荒漠气候。由于有黄河灌溉之利，水源丰沛，所以自古是重要的粮食生产基地。但由于灌溉与排水系统不完善，管理制度不健全，灌溉水大量渗入地下，灌区次生盐渍化严重，对该区农业生产发展威胁极大。

5. 西部内陆盆地

这部分地区从贺兰山以西起，包括甘肃的河西走廊、青海的柴达木盆地、新疆天山南北的塔里木盆地和准噶尔盆地等。由于地处大陆内地，周围受高山阻隔，气候特别干燥，属干旱荒漠地带。除兰州、塔城和伊犁谷地外，年雨量均不足200mm；最干旱的塔里木盆地，年平均雨量在50mm以下；有些地方终年无雨。这里的河流主要以高山融雪为水源，下游以内陆湖泊为归宿，或没入沙漠中。湖泊没有出口，其主要的排泄出路是蒸发，所以形成大量的咸水湖。冲积平原上部地区，地下水埋藏较浅或出露地面，水质尚好。处于冲积平原下游的盆地中部，往往为沙漠地带，该处地下水的矿化度一般较高。这类地区在水利建设上首先要发展灌溉，没有灌溉就没有农业；并且在发展灌溉的同时，还须注意防止次生盐渍化。

二、综合治理的原则与治理措施

1. 治理原则

北方平原地区广大群众在与洪、涝、旱、碱等灾害长期斗争实践中加深了对自然规律的认识，创造和积累了丰富的经验，总结本区治水的基本经验，可概括为以下治理原则。

(1) 因地制宜，旱、涝、碱综合治理。北方平原地区虽然具有许多共同特点，但由于所在的自然地理位置和气象条件的差异，各地存在的问题是不相同的。正如前面所述，西北地区的主要问题是干旱和土壤盐碱化，淮北平原的主要威胁是易涝易旱，华北、东北等地则旱、涝、碱问题同时存在。即使在同一地区，不同部位，由于地形地貌条件、水文地质条件和水源分布情况不同，存在的问题也有很大的差异。例如，山前平原和平原河道的上游地区地势较高，排水通畅，涝碱威胁并不严重，干旱问题则比较突出；冲积平原和河流中下游平原坡水区，干旱现象虽有所减轻，但涝碱威胁则较上游加重；沿河湖洼地和滨海地区，地势低洼，排水不畅，涝碱问题则是地区的主要矛盾，因此，必须根据各地区不同的部位的具体条件，因地制宜，分区治理。

洪、涝、旱、碱的产生均与地区的水分状况有关，它们之间又存在着紧密联系。例如，华北地区，春旱严重，土壤墒情不足，干旱使夏作物播种期延迟。由于生长期推后，汛期到来时，作物尚在苗期，容易受涝，因而春季的干旱常使雨季涝灾加重。盐随水来，盐随水去，洪涝补充地下水，盐分随地下水向下游汇集，干旱季节，又随土壤水上升至地表，水分蒸发消失，而盐分则积聚在土壤表层，因此，洪、涝、旱又是发生土壤盐碱化的根源之一。由于旱、涝、碱之间存在着互为因果、互相制约的关系，单一的治理措施，不仅不能全面解决治水与改土问题，在一定的条件下，反而会产生不良后果。例如单纯解决干旱问题，片面强调灌溉而忽略防碱，有灌无排，或灌溉不当，将会引起地下水位的上升，招致土壤盐碱化；片面强调灌溉蓄水，忽视排水，也容易加重洪涝灾害。又如为了除涝治碱，片面强调排水降低地下水位，而忽视蓄水保水，土壤墒情不足，干旱问题就会突出。因此，平原易涝易碱地区对洪、涝、旱、碱等各种灾害必须综合治理。

(2) 全面规划，正确处理排、灌、蓄关系。在进行地区综合治理规划时，必须根据工农业用水需要，对地面水的利用和地下水的开发进行全面规划。总的原则应是充分利用地面水和合理开发地下水。在规划中应根据地区地面水和地下水资源的分布情况统筹安排。在水源严重不足的地区，还须适当引用外区来水。

为了充分利用降雨水、地面水和地下水等各种资源，北方平原地区的治理，必须采用沟渠、水井和坑塘等多种水利设施，取长补短，互相配合。例如沟、渠与河流相通，源远流长，便于引水灌溉和除涝排水，但根据防渍治碱的要求，沟渠水位应控制在地面以下一定深度，利用村边坑塘蓄水，不占耕地，工程量小，与沟渠连通，可以互相补充，充分发挥排、灌、蓄、滞的作用。沟渠、坑塘引水蓄水灌溉，容易抬高地下水位，不利于除涝、防渍和治碱，但沟渠、坑塘却有引渗补给地下水，增加水井出水量的作用。在有浅层地下淡水的地区，利用水井抽水灌田，一方面补充地面水源的不足，另一方面又可以腾空地下库容，起到除涝防碱的作用。所以，机井在易旱易涝易碱地区兼有灌溉、排水、防渍和治碱等多种效益，并对调蓄利用地面水和地下水资源起着重要作用，在各项水利设施中居于重要地位，因而搞好机井建设，做到井渠结合，对北方平原的许多地区具有十分重要的意义。

由于旱、涝、碱综合治理对排水、蓄水和灌溉的要求之间存在一定的矛盾，在实践中必须正确处理三者之间的相互关系。例如，利用泄洪、排涝河道和沟渠建闸蓄水灌溉的地区，在规划设计中，闸门应有足够的尺寸，以保证河道防洪除涝能力；在管理运用中，必须拟定河道沟渠的防洪、除涝、蓄水制度和水量调配方案，并责成有关部门严格执行；在有地下咸水的易碱地区，利用河道和沟渠蓄水时，还要解决灌溉蓄水与除涝排咸之间的矛盾，雨季沟网应以排涝和蓄涝为主，旱季则应蓄排分开。部分沟道以排咸为主，除短期可以允许引蓄外水灌田外，大部分时间应保证用来排除地下咸水。以引水或蓄水灌溉为主的沟道，水位亦应控制在一定的深度以下，以防止土壤产生次生盐碱化。地下水库的规划设计和管理运用，也同样需要正确处理排、蓄、灌的关系。汛前通过井灌发挥井排的作用，降低地下水位，腾空地下库容，蓄存汛期雨水和地表入渗水量，但在水位超过作物防渍允许的最高水位时，多余地下径流则需通过沟渠和水井排除。

此外，应当指出，为了做到旱、涝、碱兼治，治水改土结合，达到农业增产的目的，水利措施还必须与农业措施、林业措施等密切配合。

2. 治理措施

北方平原地区的治理，同样必须首先确保防洪安全，本着蓄泄兼筹，因地制宜的原则，在上游山区开展水土保持、兴建水库控制洪水的基础上，采用疏浚河道、整治堤防、利用洼淀（湖泊）蓄洪、增辟新河分洪等措施，全面解决地区的防洪问题。北方平原防洪措施与南方圩区基本相同，本章不再介绍。下面将北方平原按其自然地理条件分为三类地区，分别介绍除涝防洪以外的各种治理措施。

（1）山前平原和平原河道上游地区。在山前平原和平原河道上游，地势较高，排水条件较好，渍涝威胁并不严重，但干旱问题比较突出。这类地区，如果地面水源比较丰富，而地下水资源相对较少（例如两河冲积扇间地带）时，应充分利用地面水源，以发展渠灌为主。在有条件的地区应采用自流灌溉系统，而当地下水质良好，降雨入渗和山区地下径流补给充沛时，则应优先开发地下水，以发展井灌为主，而将地面水输送至下游缺水地区使用。

在以渠灌为主，而地下水质又符合灌溉要求的地区，可以利用渠灌入渗补给地下水的水量，发展井灌，实行井渠结合。这样，一方面可以用井灌补渠灌之不足，节约地面水资源，扩大渠灌面积；另一方面也可以通过井灌，增加地下水的消耗，降低地下水位，起到井排的作用，达到防止土壤过湿和避免土壤盐碱化的目的。

由于北方降雨量较小，许多地区地下水的天然补给量不能全部满足灌溉用水要求，因此，在以井灌为主时，必须采取措施拦蓄地表径流，增加降雨对地下水的补给，一般年份应不允许有地表径流外排，但为了保证特大暴雨年份不发生渍涝现象，应修建由排水沟道和坑塘组成的排水蓄水系统。在采取上述措施后，如仍不能满足灌溉用水要求时，为了保证长期供水，还应采取人工回灌措施，引蓄汛期或汛后河流来水补充地下水源。

山前平原地区，除修建井渠结合灌溉系统外，为了排除暴雨径流，控制地下水位和预防土壤盐碱化，还应建立排水系统。

在地上水源有保证，不需要利用沟渠蓄水，且地面有一定坡降，水位控制条件较好，地面排水比较通畅的地区，一般可以采用灌排分开的自流灌溉排水系统。如河南省白沙灌区、薄山灌区、河北省石津灌区、陕西省泾、洛、渭灌区等均属于这种类型。

（2）冲积平原和河流中下游平原坡水地区。本区地面坡度平缓，地下水位较高，涝碱威胁一般较山前平原和河流上游地区严重。在一些地面水源充足，排水条件较好的地区，采用灌排分开的形式，修建独立的自流灌溉排水系统，通过排除涝水和控制地下水位，起到除涝防渍和防止土壤次生盐碱化的作用。通过灌溉系统引取河水进行自流灌溉或冲洗压盐，并在排水系统的作用下达到改良土壤和淡化地下水的目的。

有些地区，因土壤盐碱化威胁比较严重，为了防止土壤积盐，采用挖方渠道进行引水配水，并使渠道水位经常保持在地面以下一定深度，通过提水灌溉农田。由于采用挖方渠道，因此可以将灌溉渠道与排水沟道结合使用成为一套系统。

发展井渠结合、地面水地下水联合运用的灌溉系统是黄淮海平原地区水利建设的成功经验，这一经验对解除旱、涝、碱威胁和合理利用水资源，调节控制地下水位具有关键作用，对北方冲积平原具有普遍的意义。井渠结合的灌溉系统有两种主要形式。一种是以渠灌为主的井渠结合形式，地面水是主要的灌溉水源，井灌可以起到控制地下水位和补充灌溉水源的作用。多用于灌区的上部或靠近河流的地面水比较充足的地区，井灌的开采量主要决定于控制地下水位的要求。黄淮海平原每年3—4月蒸发强烈，降雨稀小，是土壤易于积盐的临界时期，在此时期通过采用适宜的井灌和渠灌用水量的比例，应使地下水位控制在防止土壤返盐的深度（轻质土2～2.2m，黏质土1.2～1.4m）。7—9月为雨季，这一时期湿润年份降雨量可达300～400mm，为了拦蓄利用入渗的雨水，应通过井灌在雨季到来之前使地下水位降低至地面下3～5m；为了防止渍涝威胁，在汛末应使地下水埋深控制在地面以下0.5～0.8m。雨季以后至来年春季返盐季节以前，在井灌井排的作用下使地下水再回降至控制返盐的深度。在井渠结合条件下这一地区要求地下水动态如图9-11所示。为了满足要求的地下水动态，河南省引黄人民胜利渠灌区在每年7—10月地下水最高水位阶段至次年春季，均停止渠灌而采用井灌，加速地下水位的回落以防止返盐；在渠灌期，则利用井灌满足由于支斗渠下游不能及时灌溉或由于土质、耕作技术、作物种类的差异，所造成的特殊需水要求；7—9月3个月旱涝交错，为了解决灌溉与除涝之间的矛盾，一般不进行渠灌。当出现小面积干旱时，则利用井灌解决，由于采用了井渠结合，促进了农业生产的发展。

井渠结合灌溉系统的另一种形式是，以井灌为主利用沟渠引蓄地表水补充地下水源的灌溉系统。这种形式多用于灌区的下游部分。在这一地区灌溉季节地表水源缺乏，主要利用浅层地下水进行灌溉。由于春季大量开采地下水，造成地下水位的急剧下降，为了补充地下水源，汛期（或汛后）在不致影响防洪和排涝的前提下，应尽量利用河道、沟渠（干、支沟）、坑塘、洼淀（湖泊）引蓄河流来水和本区降雨径流，对地下水含水层进行回灌，以供旱季灌溉。

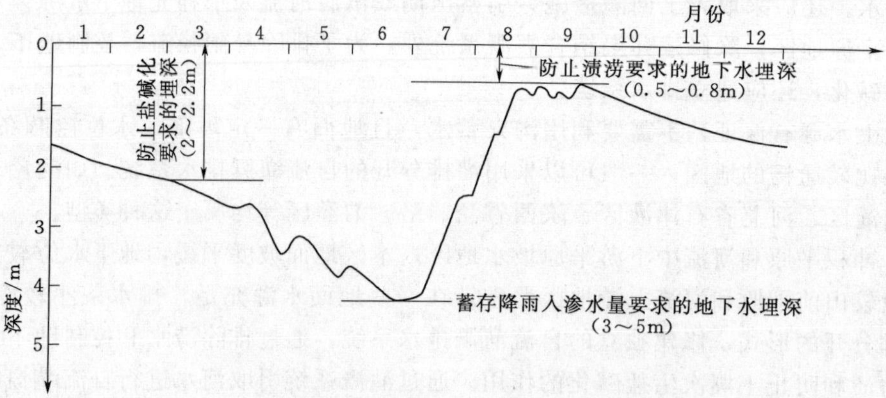

图 9-11　井渠结合条件下适宜地下水动态示意图

近年来，我国华北平原的部分地区，利用河道建闸蓄水发展渠灌，结合蓄水引渗补充地下水，并利用地下水发展井灌取得了一定效果。但应当指出，北方平原地区，干旱缺水问题比较突出，在大面积利用河道蓄水灌溉时，对河流来水必须进行科学分析，并应根据水源条件对灌区的布局和规模进行全面规划。在充分利用地表水，合理开发地下水的情况下，如仍不能满足用水要求的地区，还应适当引用外区来水，为农业生产创造必要的条件。由于这一地区骨干河（沟）道除满足排涝、滞涝、防渍、排咸、控制地下水位，改良土壤和淡化地下水的要求外，还有引蓄外水，进行灌溉的任务，因此，常采用挖方渠道，且具有较大的深度和断面。一般干沟深度常在 4～5m 以上。根据防渍改碱要求，沟内水位并应保持在地面以下一定深度，为了做到分级蓄水，分级排水，使雨季涝水蓄泄自如，旱季灌水调配灵活，地下咸水有排泄出路，骨干沟道应联通成网，以便一处有水，可以由多条沟道滞蓄和分泄。在地势低洼（或洪水顶托）和沟渠涝水不能自流外排时，则通过抽水站抽排。由于沟沟相通，涝水可以分散到几个抽水站排除，因此，可以大大增加排水能力。

骨干河网的布置应尽量利用天然河道或已有的排水沟，并在原有基础上予以加深、展宽，为了适应蓄水要求应在保证排水通畅的前提下，适当减小比降。在地形平缓的地区，主要蓄水沟道（支沟）可以垂直等高线布置。为了减少工程量和交叉建筑物，骨干河网还应和县内主干公路结合布置，在可能条件下，应尽量利用现有公路沟修建。

支沟间距视蓄水要求而定，间距过大，蓄水量小；间距过小，土方量增加，建筑物增多。根据河北静海县经验，骨干蓄水沟道（相当于支沟）深度为 4～5m，底宽 7～10m，间距 3000～4000m，斗沟深度为 3.5～4.5m，间距为 1000～1500m。这一地区虽然总的说来地势比较平缓，但内部高程仍有差异，为了做到按高程分级蓄水、分级排水、灌溉时蓄而不碱，排涝时合理调度，沟渠分散泄水，抽水站负担平衡，在支斗沟上必须设置节制闸。

沟渠的布置应考虑尽量缩短排水路径，加大排水速度，增加利用河流低水时期自流抢排的机会。在地势低洼需要抽水排水的地区，抽水站应尽量做到排灌两用。

沟网地区一般采用抽水灌溉。为了提高抽水设备的效率，并便于管理，有时采用集中提水，在斗渠以下修建统一的灌溉渠系，与排水沟道分开形成两套系统；有时采用分散提水的方式，由小型抽水站抽水至灌溉农渠；井渠结合地区，自沟网抽水与沟边机井抽水可以共用一套设备。

(3) 沿河沿湖洼地和滨海平原地区。这类地区的地形平缓，地势低洼，汛期内有暴雨径流汇集，外受洪水或潮水顶托，容易渍涝成灾；干旱年份或干旱季节还受到旱灾威胁；沿河低洼盐碱地区和滨海地区，土壤盐碱化问题比较严重。

为了做到遇涝排水，应采取截岗圈圩，挖沟排水，建闸建站等措施，在沿河沿海应多设排水出口，做到内外分开，高低分开，高水高排，低水低排，利用落潮和外河低水时机通过水闸自流抢排；在无自流排水条件地区，则利用机电排灌站，进行抽排，排除涝水，降低地下水位，以达到除涝防渍的目的。

为了做到遇旱有水，在当地地面水源充足地区，应修建灌溉系统和抽水站，以便引水灌田。在当地地面水源不足需利用河道和沟道引水、蓄水的地区，常采用排、灌、蓄结合的沟网系统；在地下水质较好的地区，应利用地下水发展井灌，实行井渠结合。

沿河低洼盐碱地区和土壤盐碱化问题严重的滨海地区，在有灌溉水源的条件下，应在水平排水或竖井排水的基础上，冲洗压盐、种稻洗盐，利用高含沙量的河水放淤改碱，并结合农业措施改良土壤，淡化地下水。在有淡水来源的地下咸水地区，还应利用明沟、竖井排除咸水，或利用水井抽取地下咸水与淡水混合进行灌溉；在水资源缺乏地区应利用微咸水进行灌溉，降低地下水位，腾空地下库容，以拦蓄入渗雨水和人工回灌的淡水，补充地下水资源，达到排咸补淡，逐步改造咸水的目的。

由上可见，本地区的综合治理措施，除考虑预防土壤盐碱化和改良盐碱地的要求以外，与南方平原圩区的治理基本相同，故本节不再详述。以下着重论述预防土壤盐碱化和改良盐碱地的水利措施。

三、预防土壤盐碱化和改良盐碱土的水利措施

1. 预防灌区土壤盐碱化的水利措施

灌区土壤次生盐碱化产生的原因，主要是由于灌水量过多，排水量不足，地下水动态的平衡遭到破坏，造成地下水位的抬高而引起的。因此，预防灌区土壤次生盐碱化，关键在于控制地下水位。一方面应采取水利、农业综合措施，减少地下水的来水量，另一方面，在地下水位较高地区，应加强地下水监测，及时采取排水措施，降低地下水位。

(1) 加强灌溉管理，实行合理用水。土地不平整，灌水技术不良，造成大量深层渗漏补给地下水，是招致地下水位抬高的主要原因。为此，必须搞好土地平整工作，采用合理的灌水方法和技术，避免大定额灌水，防止深层渗漏。

种稻面积分布不当，也是引起相邻旱作区地下水位上升，招致土壤盐碱化的原因，因此，灌区对水稻种植区位置应合理安排。一般水稻的种植应集中在地势较低、土质比较黏重的地区，避免水旱作物插花种植，以防稻田渗漏影响旱作区的地下水位。在水、旱田交界处，应修建有效的截渗沟，拦截稻区的地下渗流。

灌区应制定合理的灌溉制度，减少灌水次数，缩短渠系输水时间和采用防渗措施，以减少渠道的渗漏量。

(2) 修建完整的灌溉排水系统。灌区在修建灌溉系统时必须考虑排水问题，以防止出

现或加剧渍涝和土壤盐碱化的发生和发展。对灌区内排水系统应做好管理养护维修工作，防止坍塌淤塞，保证排水通畅。

(3) 实行井灌与渠灌结合。在具有良好的地下水含水层而水质又适于灌溉的地区，应利用水井开采地下水进行灌溉，实行井灌与渠灌相结合，以减少渠灌的引水量，控制地下水位上升，起到排水的作用。在地面水源比较充足的地区，井渠结合的方式应以渠灌为主，以井灌补充渠灌之不足，在这类地区，渠灌水量和引水次数与井灌面积的大小和布局，均应根据控制地下水位的要求确定。

预防土壤盐碱化除水利措施外，还应采取农业、林业等综合措施。这方面的内容，可参考土壤与农作学教材。

2. 改良盐碱地的水利措施

土壤盐碱化程度不同，其改良措施也不相同。

在轻度及中度土壤盐渍化地区，如无灌溉条件且雨量较多时，可以采取修建排水系统、修筑畦田、平整土地和利用雨水压盐，并结合种植耐盐作物，种植牧草和绿肥等农业措施，改良利用盐碱土。有灌溉条件的地区，在修建排水系统的基础上，可采用适当加大灌水定额的方法，结合灌溉促进土壤脱盐，达到改良利用的目的。

在重度盐渍化土地，一般可以采用冲洗排水的方法进行改良。由于冲洗排水需要的水量大和改良的周期长，在土壤含盐量高，透水性弱的地区可以采用排水种稻洗盐的方法，将改良与利用结合起来。在靠近高含沙量河流两岸，可以采用放淤改良轻重程度不同的盐碱化土壤。

对于轻度碱化土壤，可以采用种植绿肥和增施有机肥料，结合加大灌水定额进行改良。对于较重的碱化土壤，则需要采用种稻结合施用化学处理（如石膏等）加以改良。

以下对冲洗、种稻和放淤等改良盐碱土措施，分别进行简要介绍。

(1) 冲洗改良盐碱土。

1) 冲洗脱盐标准。土壤中的盐分，有时形成固体结晶聚集在土壤表层；有时存在于土壤水中形成含盐溶液。冲洗即是通过灌水将土壤中各种状态的盐分转化为自由溶液中的盐分，并自土壤中排除。除在表层土壤含盐量过高且透水性极弱的情况，有时采用地表明水冲洗排盐外，一般均采用向下冲洗的方式，由入渗的冲洗水将盐分带向深层，经由排水沟（或暗管）排除。

冲洗后应使一定深度的土壤中含盐量降低到耐盐限度以内，以便作物能够正常生长。土壤中允许的最高含盐限度随作物种类和土壤中盐分组成而异。对氯化物盐土，棉花的耐盐能力（即允许含盐量）为干土重的0.3%，小麦为0.2%，苜蓿$<$0.2%。对氯化物硫酸盐土，棉花，小麦和苜蓿可分别提高到0.4%、0.4%和0.3%。

冲洗脱盐深度一方面应满足作物生长需要，另一方面也要防止土壤再度返盐。在作物根系活动层较深或气候干旱的地区，应采用较大脱盐深度；反之，可采用较小深度。

我国各地采用的脱盐深度，一般为0.6～1.0m。冲洗后允许的最高含盐量和达到这一含盐量的深度，一般称为脱盐标准。有关冲洗脱盐标准、冲洗技术等内容，已在《土壤与农作学》教材中论述，以下着重探讨冲洗定额和冲洗改良盐碱土地区的田间灌溉排水系统。

2）冲洗定额。为达到脱盐标准，每单位面积上所需的冲洗水量即是冲洗定额（以m^3/亩计）。冲洗定额的大小与冲洗前土层含盐量、盐分在土壤中的分布状况、冲洗脱盐标准、土壤理化性质、冲洗水的水质以及水文地质条件和排水条件等有密切关系。由于影响因素十分复杂，冲洗定额的大小最好根据田间试验资料确定。在缺乏试验和调查资料的情况下，也可以采用下式估算：

$$M=m_1+m_2+E-P \tag{9-12}$$

式中 M——冲洗定额；

m_1——在计算冲洗层内，冲洗以前的含水量与田间持水率的差额；

m_2——为冲走计划层内过多盐分所需要的水量；

E——冲洗期内蒸发损失量；

P——冲洗期内可利用的降雨量。

当E与P两项大致相等时，冲洗定额计算式可简写为

$$M=m_1+m_2 \tag{9-13}$$

$$m_1=W_n-W_0 \tag{9-14}$$

式中 W_n——计划冲洗脱盐层的田间持水量；

W_0——冲洗前计划层的含水量。

第二部分水量m_2的计算方法，可分为两类：

a. 以经验系数为基础的计算方法。目前常见的计算方法，多属于这一种，我国最常用的是以土壤含盐量为指标的排盐系数法。其计算式为

$$m_2=667H\gamma(S_0-S)/K \tag{9-15}$$

式中 S_0——冲洗前的土壤含盐量（以占干土重的%数计）；

S——冲洗后要求达到的含盐量（以占干土重的%计）；

γ——土壤容重，kg/m^3；

H——要求冲洗脱盐深度；

K——排盐系数，即每$1m^3$冲洗水所能冲走的盐量，kg。

K值大小主要与冲洗前土壤含盐量、土壤物理性质、地下水埋深、冲洗技术以及排水沟间距有关，常根据试验确定。例如，根据山东打鱼张灌区试验资料，K值与初始含盐量S_0和排水沟间距的关系如图9-12所示。试验地区为胶泥沙壤质滨海氯化物草甸盐土，排水沟深度为2.0～2.5m。

b. 以溶质运移理论为基础的计算方法。近20年来，溶质运移（或弥散）理论得到了迅速发展，随着电子计算机的广泛应用，运用这种理论解决盐分运动问题有着广泛前途，以下作简要介绍。

土壤中盐分常通过对流和水动力弥散（机械弥散）而运移。水动力弥散又由分子扩散和机械弥散两部分组成。此外盐分在土壤中还有化合、分解、溶解、沉淀、吸附和离子交换等化学反应，与生物系统也有相互作用，但盐分运移主要是通过对流和弥散。

盐分在土壤中的分子扩散符合费克（Fick）第一定律，其通量J_d等于溶液的梯度与盐分在土壤中扩散系数D_s的乘积：

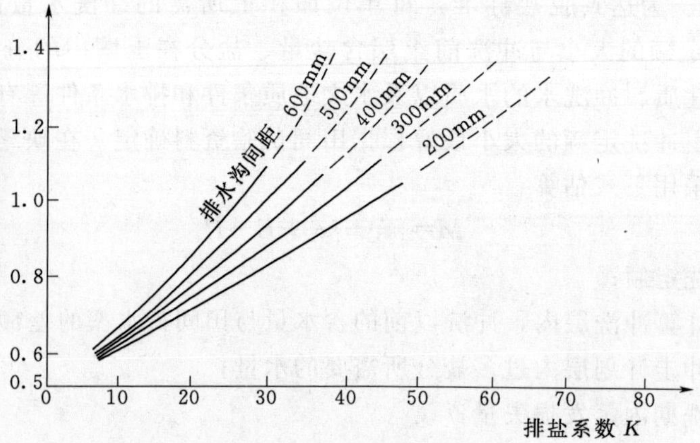

图 9-12　排盐系数与初始含盐量和排水沟间距的关系图

$$J_d = -D_s \frac{\partial C}{\partial z} \tag{9-16}$$

式中　C——盐溶液的浓度；

D_s——盐分在土壤中的分子扩散系数；

z——水流方向坐标。

盐分随水分在土壤孔隙中运动的过程中，由于孔隙介质在微观上相互交错，形成盐分逐步分散的现象，这种现象常称为机械弥散，由于机械弥散而引起的盐分通量 J_h 也同样具有与扩散相同的形式：

$$J_h = -D_h \frac{\partial C}{\partial z} \tag{9-17}$$

式中　D_h——盐分在土壤中的机械弥散系数，其大小与平均孔隙流速成正比，即

$$D_h = \lambda |v|$$

z——水流方向坐标。

由于分子扩散和机械弥散所引起的盐分通量 J_D 为

$$J_D = -[D_s + D_h(v)]\frac{\partial C}{\partial z} = -D\frac{\partial C}{\partial z} \tag{9-18}$$

其中
$$D = D_s + D_h$$

对流是指溶液运动时，同时携带着盐分运动，其通量 J_c 等于溶液浓度与土壤水流通量 q 的乘积，即

$$J_c = qC \tag{9-19}$$

在水动力弥散和对流共同作用下盐分总通量为

$$J = -D\frac{\partial C}{\partial z} + qC \tag{9-20}$$

根据质量守恒原理，溶质储存量在时间上的变化率，在数量上等于通量在空间上的变化率，但符号相反，即

$$\frac{\partial(\theta C)}{\partial t} = -\frac{\partial J}{\partial z} \tag{9-21}$$

将式（9－20）代入，得

$$\frac{\partial(\theta C)}{\partial t}=\frac{\partial}{\partial z}\left(D\frac{\partial C}{\partial z}\right)-\frac{\partial(qC)}{\partial z} \tag{9-22}$$

式中 q——土壤水流通量，即土壤的渗透速度。

在土壤含水达到饱和（$\theta=\theta_s$），且初始含盐浓度上下基本均匀（浓度 $C=C_0$），冲洗水含盐浓度为 C_1，冲洗下渗水孔隙流速（在土壤孔隙中的流速）为 v 的情况下，若开始冲洗后表层含盐浓度瞬时降低至冲洗水的浓度时，方程式（9－22）及其定解条件为

$$\frac{\partial C}{\partial t}=\overline{D}\frac{\partial^2 C}{\partial z^2}-v\frac{\partial C}{\partial z} \tag{9-23}$$

初始条件

$$C(z,0)=C_s \tag{9-24}$$

上边界条件

$$C(0,t)=C_1 \tag{9-25}$$

下边界条件

$$C(\infty,t)=C_0 \tag{9-26}$$

式中 $\overline{D}=\dfrac{D}{\theta_s}$——饱和弥散系数；

v——土壤水孔隙速度，$v=\dfrac{q}{\theta_s}$。

式（9－23）的解为

$$\frac{C-C_0}{C_1-C_0}=\frac{1}{2}\left[\operatorname{erfc}\left(\frac{z-vt}{2\sqrt{\overline{D}t}}\right)+e^{\frac{vz}{\overline{D}}}\operatorname{erfc}\left(\frac{z+vt}{2\sqrt{\overline{D}t}}\right)\right] \tag{9-27}$$

若水动力弥散系数 $\overline{D}$ 已知，在初始含盐浓度为 C_0，冲洗后要求达到的含盐浓度 C 和脱盐深度 z 一定，孔隙速度 v 已知时，式（9－27）中仅有一个未知数 t（冲洗持续时间），将入渗速度 $v\theta_s$ 乘以要求的冲洗时间，即得冲洗定额 m_2。在冲洗过程中表层含盐浓度并非瞬时降低至冲洗水浓度，且在渗入水的含盐量已知的情况下，同样可有冲洗定额的计算公式。

在土壤比较黏重时，土壤的较大孔隙可有溶液流通，微孔中的溶液则不能流动，仅依靠质量交换作用自非流通的微孔向流通孔隙转移。在这种情况下，盐分运移基本方程可写成

流通区
$$\frac{\partial C}{\partial t}=\frac{\partial}{\partial z}\left(D\frac{\partial C}{\partial z}\right)-\frac{\partial}{\partial z}(v_m C)-\frac{\theta_{im}}{\theta_m}\frac{\partial C_{im}}{\partial t} \tag{9-28}$$

非流通区
$$\theta_{im}\frac{\partial C_{im}}{\partial t}=\alpha(C-C_{im}) \tag{9-29}$$

式中 α——质量交换系数；

C——流通区溶液浓度；

C_{im}——非流通区溶液浓度；

θ_{im}——非流通孔隙与土壤总体积之比，θ_{im} 一般为一常量；

θ_m——流通孔隙与土壤总体积之比，$\theta_m=\theta-\theta_{im}$；

v_m——流通区孔隙流速。

在剖面上初始含盐浓度 C_0、θ_{im}、v_m、D 和冲洗水含盐浓度 C_1 已知的情况下，对式（9-28）和式（9-29）同样可利用解析解或数值解，求得达到一定脱盐标准和脱盐浓度的冲洗定额 m_2。

在黏质土地区，土壤颗粒的表面有一定的吸附作用。吸附在土粒表面的溶质不能流动，但吸附相的离子可以和溶液中的离子交换，若单位体积土壤颗粒表面的吸附相溶质的浓度为 S，则离子交换速率可用下式表示：

$$\frac{\partial S}{\partial t}=K_aC-K_dS \tag{9-30}$$

上式反映吸附相和自由溶液中溶质交换的动态过程，即动力吸附过程，式中 K_a，K_d 分别为液相向固相和固相向液相转化的速率常数。如果离子交换是瞬时完成的，即达到均衡吸附，则$\frac{\partial S}{\partial t}=0$，则式（9-30）可写成

$$S=K_PC \qquad K_P=K_a/K_d \tag{9-31}$$

饱和土壤在均衡吸附的情况下，由于液相溶质存在的空隙为饱和含水率 θ_s，固相溶质所在的体积与土体之比为 $1-\theta_s$，因此，在吸附作用下单位时间单位体积溶液中溶质浓度减少的速率为

$$\frac{1-\theta_s}{\theta_s}\frac{\partial S}{\partial t}=K_P\frac{1-\theta_s}{\theta_s}\frac{\partial C}{\partial t} \tag{9-32}$$

考虑吸附作用时水动力弥散方程式（9-23）可写为

$$\frac{\partial C}{\partial t}=\overline{D}\frac{\partial^2 C}{\partial z^2}-v\frac{\partial C}{\partial z}-K_P\frac{1-\theta_s}{\theta_s}\frac{\partial C}{\partial t} \tag{9-33}$$

移项得

$$\left(1+K_P\frac{1-\theta_s}{\theta_s}\right)\frac{\partial C}{\partial t}=\overline{D}\frac{\partial^2 C}{\partial z^2}-v\frac{\partial C}{\partial z}$$

或

$$R_d\frac{\partial C}{\partial t}=\overline{D}\frac{\partial^2 C}{\partial z^2}-v\frac{\partial C}{\partial z} \tag{9-34}$$

式中：$R_d=1+K_P\frac{1-\theta_s}{\theta_s}$，称为阻滞系数。

由于 $R_d>1$，其值越大，溶液浓度的变化越缓慢，因此，在冲洗条件下吸附具有延缓脱盐的作用。在黏质土壤中存在着非流通孔隙时，其水动力弥散方程式为式（9-28），比较式（9-28）和式（9-33）可以看到，二者形式是相同的，表明非流通孔隙也同样具有延缓土壤脱盐的作用。为此，在黏质土地区，为了提高冲洗效率，一般应采用间歇冲洗方式，即一次灌水后，待田面落干，地下水位下降至一定深度后，再进行下一次灌水。一次灌水量的大小，视土质和初始含盐量而定。一般轻质土一次冲洗水量小，重质土冲洗水量大。间歇期的长短，需结合气温、地下水埋深和土壤质地确定。土壤越轻，间歇期越短；土壤越重，间歇期越长，一般间歇期为 2～8d。

3）冲洗改良盐碱土地区的田间工程。排水是冲洗改良的前提，为了达到冲洗脱盐的目的，必须有良好的排水系统。在冲洗（灌水和降雨入渗）过程中，排水明沟（暗管）的任务是保证整个地段冲洗水有足够的下渗速度，并使入渗的总水量达到冲洗定额，以保证土壤脱盐和地下水淡化。在冲洗压盐以后，排水沟的任务则是加速地下水位的回降，并使其控制在一定深度，以减少地下水的蒸发，防止土壤再度返盐。

冲洗改良盐碱土地区的田间排水工程，包括控制地下水位的农沟和冲洗前临时修筑的毛沟。在灌水和降雨淋洗的情况下，排水沟对土壤脱盐的影响范围与土壤质地和排水沟深度有关。盐碱土地区排水沟的深度和间距的确定，已在本书第七章田间排水部分介绍。

在冲洗改良盐碱土地区，如排水沟间距较大，在距排水沟较远处，冲洗过程中地下水会上升至地表。冲洗水将受到地下水的顶托，不仅使入渗减缓，冲洗时间加长；同时在排水地段的不同部位，由于入渗强度相差悬殊，脱盐效果也有很大差异，靠近排水沟处入渗水量过大，造成冲洗水的浪费，而排水地段中部则因入渗强度过小，达不到冲洗脱盐要求。为此，在排水地段应采用分区冲洗灌水的方法，将地段分为三区，中心区、过渡区和沟边区。冲洗首先自中心区开始，由于入渗的冲洗水到达地下水后可向两侧扩散，在中心区脱盐达到一定程度后再将冲洗灌水范围扩大到过渡区，一定时间后再扩展到整个灌水地段。这种冲洗方法不仅可以达到整个地段脱盐均匀，且可避免冲洗水浪费。除采用分区灌水的方法外，为加速土壤脱盐，在冲洗改良阶段，可采用深浅沟相结合的方法，即在深沟控制地段，加开深度为1m左右的临时毛排。待土壤脱盐后再行填平。根据山东打渔张灌区资料，冲洗灌水后田面灌水量需2～6d才能渗完，而有毛排的地段，仅需1d左右。在土壤原始含盐量为1%～2%，采用冲洗定额320m^3/亩冲洗后，土壤脱盐至0.2%～0.3%的土层深度，在距毛排（深1m，间距150m）20m、50m、75m处分别为100cm、80cm、40cm，如图9－13所示。这表明毛排对加速土壤脱盐具有重要作用。根据该灌区六户试验站资料，在砂壤土地区毛排深度为1m时，其间距可采用150m，在土壤黏重地区可采用100m。

由于洗盐时用水量大，冲洗用的毛渠流量应大于一般灌溉时的流量。根据山东经验，毛渠流量以50～70L/s为宜。利用井水冲洗压盐时，毛渠流量视水井的出水量而定。冲洗时灌水畦田大小与地形有关。地形平坦的地区一般畦长50～100m，宽7～15m，畦埂高度30～40cm。冲洗前，应耕翻、晒垡和平整土地，保证冲洗效率。

冲洗改良盐碱土地段的毛排和毛渠布置应尽量采用相间布置形式，这样既可两边灌水，减少毛渠的长度，同时又可使渠道渗漏水起到洗盐的作用。

（2）放淤改良盐碱土。利用含沙量大的河水（如我国的黄河和永定河等）进行放淤，改良涝洼盐碱砂荒地，是我国北方农民创造的成功经验。放淤形成的淤泥层，可以改善土壤的物理性质，增加土壤养分；放淤时大量淡水下渗，可以起到冲洗压盐和改良盐碱土的作用；放淤可以抬高地面，改造涝渍砂荒；在高出地面的地上河的堤背放淤，还可以起到固堤的作用。

放淤应选择在水量充足，含砂量大和含黏粒多（粒径小于0.005mm）的季节进行。

淤区田间工程包括放淤格田，田间灌排渠系和淤区临时控制性建筑物等。放淤格田的大小和布置形式，应根据地形和引水流量而定，如山东省采用的放淤格田（淤区）的面积

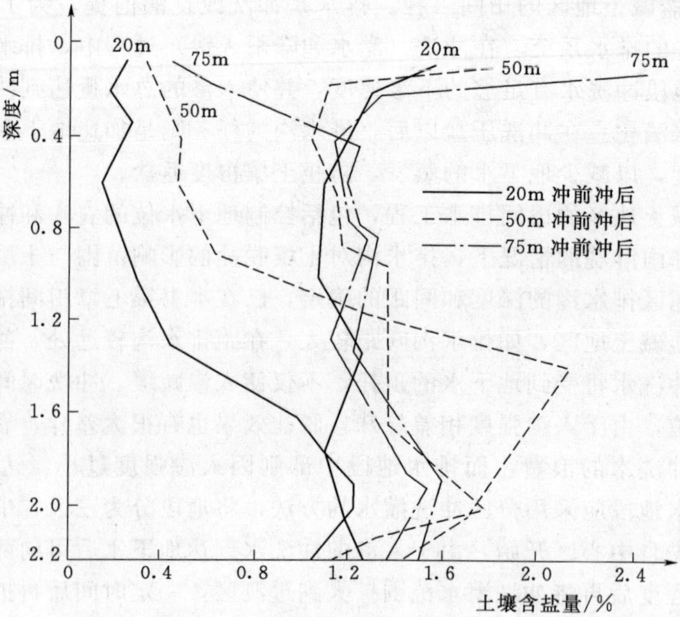

图 9-13　与排水沟不同距离处冲洗前后脱盐过程

自 200～300 亩至 1500～2000 亩不等。在动水放淤和动静水结合放淤时，格田一般采用长方形，其布置形式有两种：一种是长边垂直于放水渠道，退水直接入排水沟或下游灌溉渠道，如图 9-14（a）所示；另一种是长边平行于放水渠道，退水仍回原放水渠道，如图 9-14（b）所示。

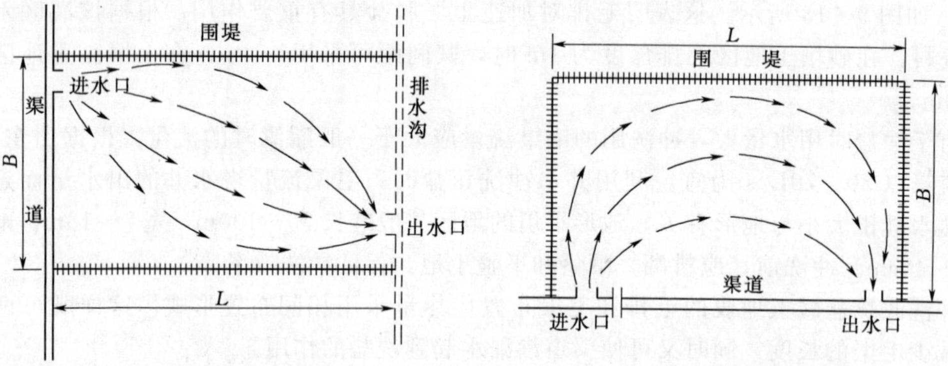

图 9-14　放淤格田布置形式示意图

灌区的面积应与引水流量相适应。如果面积大、流量小、放水时间长，主流槽延伸困难，泥沙不能运送，落淤就不均匀；反之，面积小、流量大、主流槽占淤区面积的比例大、沉积层砂多泥少、放淤质量也难保证。据山东省菏泽地区经验，$1m^3/s$ 控制的淤区面积，以 100～150 亩为宜。长方形放淤格田规格，可根据下式近似计算：

$$L=\frac{KQ}{B\omega} \tag{9-35}$$

式中　L、B——格田长度和宽度，m；

Q——引水流量，m^3/s；

ω——泥沙沉降速度，m/s，要求沉落在落区的 0.005mm 粒径黏粒沉降速度为 0.000023，m/s；

K——系数，一般取 1.4。

实际应用上，格田长度主要取决于地形条件，在长度确定后，则根据格田长度和引水流量用式（9-35）计算格田宽度。

放淤区淤层厚度，视放淤的目的和任务而定，根据各地经验，一般为 0.3～0.5m。为使落淤均匀，格田放淤水深应为 1～1.5m。放淤前应修筑围堤和控制建筑物，以保证放淤工作顺利进行。围堤高度为 1.5～2.0m，超高应不小于 0.5m，顶宽 2～3m。控制建筑物如进水口、出水口等多为临时性建筑物，故落差小时，可用柳梢作成；落差较大时，出水口可采用 1∶3 白灰黏土滚水坝，下设消力池，用铅丝网柳条捆块石筑成。

淤区田间排水系统应根据地形条件，格田宽度和当地对排水沟间距的要求综合规划。例如，当要求的排水沟间距为 300m、格田宽为 100m 时，可采用三个格田为一组的形式，建立田间排水系统（图 9-15）。田间排水沟的开挖应与修筑围堤结合进行，一般在围堤外侧取土，挖沟筑堤，以防与淤区相邻的地块产生盐碱化。

为了保证放淤质量，必须掌握泥砂运行规律，采取多口引水、导流送淤、低引高泄、先静后动、以清顶浑、倒灌回淤等措施。

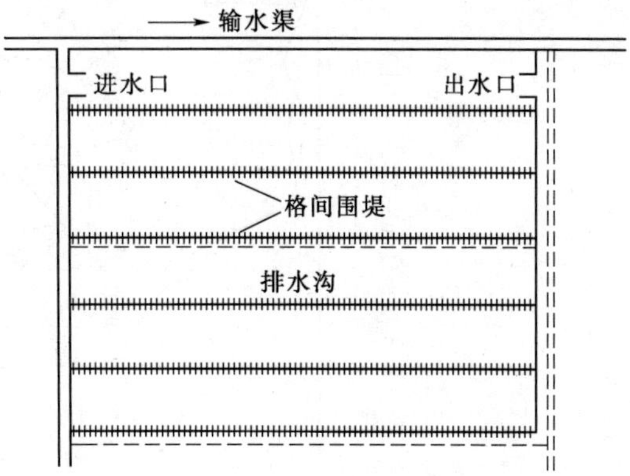

图 9-15　淤区田间排水系统

（3）种稻改良盐碱土。由于种稻改良盐碱土的方法多用于土壤含盐量大、地势低洼、土质黏重、地下水位高的地区，泡田后地下水位往往上升至地面（或接近地面）。在这种情况下，如无排水措施，势必影响泡田水和灌溉水下渗，阻碍土壤脱盐和地下水淡化。排水沟可以保证田面有一定的入渗速度，因而具有促进土壤脱盐和地下水淡化的作用。田块距沟越远，田面水入渗速度越小（田面水入渗速度分布曲线如图 9-16 所示）。为了加速土壤脱盐和地下水的淡化，对稻作区内排水沟的规格应有一定的要求。在土壤含盐量相对较小和经泡田冲洗后当年即可种稻的地区，由于常年种稻，土壤不断脱盐，根据一些地区的经验，农排深度可采用 1.5～2.0m，间距可达 200m 以上。在土质黏重，且土壤原始含盐量大的重盐碱土地区，为了加速土壤脱盐，常采用深浅沟相结合的田间排水系统。毛排深度一般可采用 0.6～0.8m，间距为 40～80m，随着土壤脱盐和地下水的淡化，毛排间距可以逐渐加大。例如河北滨海地区土质黏重、且含盐量大，第一年种稻采用末级排水沟间距为 15～20m，第二年采用 30～40m。宁夏引黄灌区土质较轻，采用毛排间距 70～100m。辽宁省盘锦农场，重盐碱地采用毛排间距 25～30m，中盐碱地采用 33～35m，轻盐碱地采用 40～50m。图 9-17 表示打渔张灌区种稻改良盐碱土地区土壤脱盐过程，种稻前表层土壤含盐量为 3%以上，3 月末泡田后，降低至 0.5%以下，在生长后期经过几个月的入渗

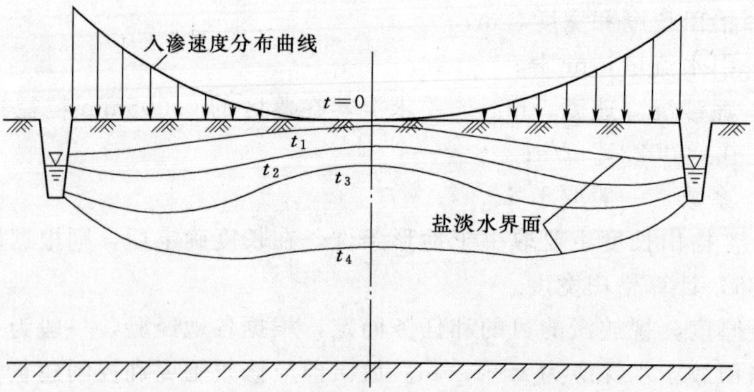

图 9-16　地下水淡化过程示意图

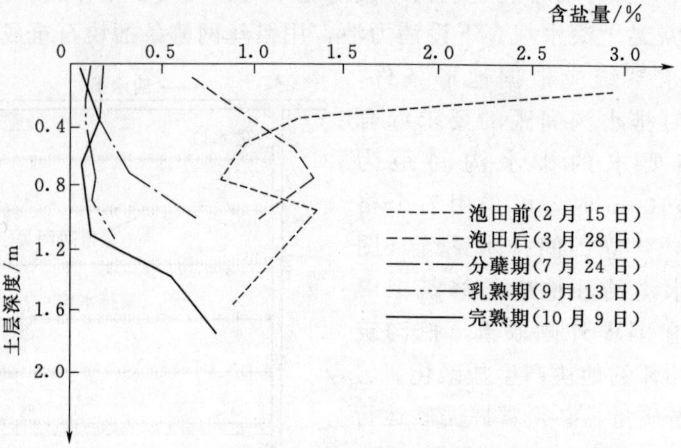

图 9-17　稻田土壤脱盐过程

淋盐，水稻收割前使 1m 土层内含盐量降低至 0.1%左右。

种稻改良盐碱土地区，田间灌排渠系通常采用相间布置的形式，如图 9-18 所示。毛渠水位一般应高出地面 0.15m。

在盐分较轻的地区，为了节约土方、减少占地，毛渠可以采用灌排两用的布置形式（图 9-19），格田一般为长方形或正方形，面积 1～3 亩为宜。

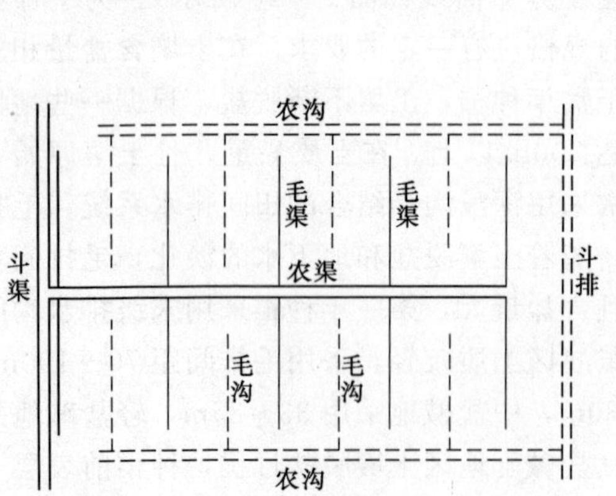

图 9-18　田间工程排灌相间布置图

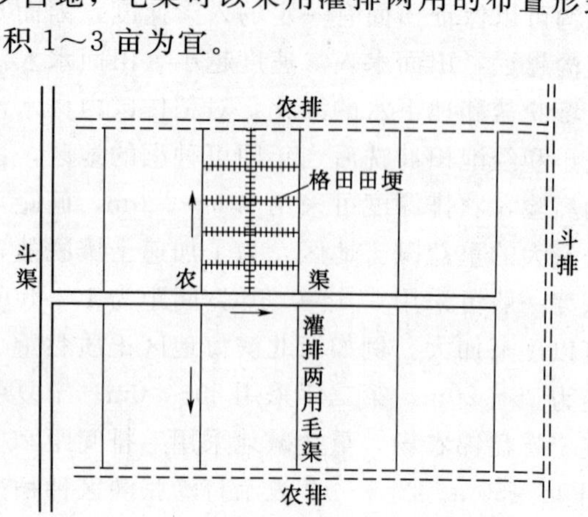

图 9-19　灌排两用毛渠平面布置图

由于种稻地区灌溉水的长期渗入，不仅使表层土壤脱盐，也将使地下水不断淡化。在有排水的情况下，地下水淡化过程如图 9－17 所示。在形成一定厚度淡水层后，就可以种植旱作物或实行水旱轮作。在水旱轮作条件下，其排水沟的沟深和间距可以参照旱作地区排水沟要求确定。

除稻田内部排水设施外，为了防止种稻引起邻近地区地下水位的上升和返盐，在稻田周围，还必须修建截渗排水沟。根据我国山东和河南等地资料，在无排水条件下稻田影响范围可达 400m 以上，一般为 200～300m；长期种稻，影响范围还要更大。排水沟越深，影响范围越小。我国各地稻田对邻近旱作区地下水的影响范围和引起土壤返盐的范围见表 9－5。

表 9－5　稻田对邻近地区影响范围表

地　点	山东省打渔张灌区				河南省原阳县	宁夏灵武农场			河南省小河农场
土壤质地	黏土	砂壤			砂壤	轻壤			轻壤
截水沟沟深/m	1.5	2.1	1.0	无沟	0.4	无沟	1.3	1.7	1.7
对地下水显著影响范围/m	200	100	100	250	300	400	90	110	200
引起土壤返盐范围/m	无	50	80	150	—	200	—	—	＜180
地下水矿化度/(g/L)	1.6	4.0	4.0	4.0	1.7	2.0	—	—	4.5

自表 9－5 可以看到，土质越黏重，截水沟深度越大，影响范围越小；种稻时间越久，影响范围越大。为了避免引起稻田附近地区土壤返盐，种稻区周围修建的截水沟深度应不小于旱作地区的排水沟深。

第十章　灌溉排水管理与环境

灌溉管理和排水管理是灌区管理工作的两个重要方面。灌溉排水管理的主要任务是通过对各种工程设施的管理运行，充分利用水资源，合理调配灌、排水量，开展试验研究，实行科学用水和排水，促进农作物高产稳产；并采取经济措施，搞好经营管理，发挥工程最大效益。灌排管理包括工程管理、用水管理、生产管理与组织管理四方面内容。工程管理主要是渠系工程的检查、观测、养护、维修、改建、扩建和防汛、抢险等。只有做好工程管理，使渠系工程配套完善，并不断提高工程质量，才能保证工程安全运行，才能实行科学用水管理。用水管理主要指灌、排水量和流量的调配以及灌、排水时间的安排等，它对充分发挥灌、排工程效益，促进农业生产起着重要作用。生产管理指灌区内结合工程管理，用水管理开展的综合利用、多种经营以及水费征收等工作。它是充分利用水土资源和灌排工程设施创造财富，增加收入，从而促进工程管理和用水管理的必要环节。组织管理是指建立与健全专业的与群众性的灌区管理组织，配备管理人员，才能完成工程管理、用水管理和生产管理的任务。可见在这四方面管理之中，工程管理是基础，用水管理是中心，组织管理是开展这些工作的组织保证，生产管理则是促进、巩固与发展以上三种管理的重要手段，它们彼此联系，相互促进。由于灌溉排水管理工作的内容十分广泛，本章只能择其主要部分加以叙述。

第一节　灌 溉 用 水 管 理

灌溉用水管理是整个灌溉管理工作的中心环节。用水管理工作的好坏，直接影响灌溉工程的效益和农业的增产。用水管理的主要任务是实行计划用水。

计划用水就是有计划地进行蓄水、取水（包括水库供水、引水和提水等）和配水。无论是大、小灌区，都要实行计划用水，做好用水管理工作。实行计划用水，需要在用水之前根据作物高产对水分的要求，并考虑水源情况，工程条件以及农业生产的安排等，编制好用水计划。在用水时，视当时的具体情况，特别是当时的气象条件，修改和执行用水计划，进行具体的蓄水、取水和配水工作。在用水结束后，进行总结，为今后更好地推行计划用水积累经验。计划用水是一项科学的管水工作，要进行认真的调查研究与分析预测，要充分地吸取当地先进经验，做到因地制宜和简便可行。只有这样，计划用水才能得到贯彻和推广。

一、用水计划的编制

用水计划是灌区（干渠）从水源取水并向各用水单位（县、乡、队或农场）或各渠道配水的计划。它包括灌区取水计划和配水计划两部分，现将这两部分的编制方法分述如下。

（一）水源取水计划的编制

取水计划由全灌区的管理机构编制，它是在预测计划年份各时期（月、旬）水源来水量和灌区用水量的基础上，进行可供水量与需要水量的平衡分析计算。通过协调、修改，确定计划年内的灌溉面积、取水时间、各时期内的取水水量、取水天数和取水流量等。对于水库灌区，其取水计划就是水库的年度供水计划。以下仅扼要叙述引水（或提水）灌区取水计划的编制方法。

1. 河流水源情况的分析和预测

渠首可能引取的水量取决于河流水源情况及工程条件。因此，应首先分析灌溉水源。在无坝引水和抽水灌区，需分析和预测水源水位和流量；在低坝引水灌区，一般只分析和预测水源流量；对于含沙量较大的水源，还要进行含沙量分析和预测。

（1）水源供水流量的分析与预测。主要是确定计划年内的径流总量及其季、月、旬（或五日）的分配，即水源供水水量或流量的过程。目前采用的方法主要有成因分析法、平均流量法和经验频率法等几种。

成因分析法是利用实测资料，从径流成因上分析一些气象、水文因素与水源径流的关系，建立相关图（例如，建立降水径流相关曲线等），据此再按选定的各阶段气象、水文（如降水）资料来确定河流的径流过程。

平均流量法系根据多年实测资料，按日平均流量，将大于渠首引水能力的部分削去，再按旬或五日求其平均值，作为所拟定的水源供水流量，方法较简易，多用于中小型灌区。

经验频率法中以采用分段假设年法或分段实际年法较多，其阶段的划分，一般根据作物生长期、气候变化情况以及水源年内变化规律，将全年划分为2～3个阶段，或只分析全年中某一个阶段。如北方划分为春灌、夏灌等，南方的水稻灌溉期，可划分为泡田期、生育阶段灌溉期等。分段假设年法系将该阶段内多年实测流量，按旬或五日平均后依递减顺序排列，取相应于所选频率的旬或五日流量，作为该阶段内各旬（或每五日）的水源供水流量。分段真实年法系将历年该阶段的平均流量依递减顺序排列，取所选频率的年份，以该年内各旬（或每五日）平均流量作为水源供水流量。

（2）河源含沙量的分析与预测。对于从多沙河流引水的灌区，为了防止渠系淤积，在超过允许限度的高含沙量时，往往要停止引水或进行其他安排（如引洪淤灌等），故要分析和预测不同含沙量的出现次数、日期及延续时间。其分析方法，可以采用分段真实年法，也可采用与水源流量相同年份的含沙量资料。

（3）渠首可能引取流量的确定。低坝引水灌区，当水源供水流量大于渠首引水能力时，即以渠首引水能力为可能引入流量；当河源供水流量小于渠首引水能力时，即以水源供水流量为可能引入流量。无坝引水和抽水灌区，还要根据水源水位与引取流量的关系来考虑各阶段可能引取的流量。若有几个相邻的灌区在同一河流上引水，要根据统一安排的河系分水比例来确定各灌区的引水流量。

2. 计划引取水量的确定

通过分析和预测，确定了渠首可能引取的水量和灌区灌溉需要的水量后，将两者进行平衡分析，最后可确定计划引取水量的过程。

在平衡分析中，若某阶段可能的引取流量等于或大于灌溉需要的流量，则以灌溉需要的流量作为计划的引取流量；若可能的引取流量小于灌溉需要的流量，就需要通过以下各种措施调整用水。最后确定计划的引取流量过程，要使任何阶段的计划引取流量不大于可能的引取流量。采用的措施如下：

(1) 调整灌水时间和灌水定额。在水源供水不足时，可将某种作物的部分面积提前一些或推迟灌水；或是在水源充足时适当加大灌水定额，供水不足时适当减小灌水定额。

(2) 挖掘潜力，充分发挥其他水源的作用。如做好渠道防渗、实行轮灌以提高水的利用率；充分利用灌区塘堰水、地下水和回归水等一切水源，以补充水源的不足。

(3) 配合农业措施，合理安排作物。如推广省水、高产的优良品种或安排不同品种的作物等，以减少用水量或是错开用水高峰，避开水源供水不足时的大量用水。

（二）灌区配水计划的编制

灌区向各级用水单位配水的计划，一般是在每次灌水之前由相应的上一级灌区管理机构分次地编制。通常是根据渠系或用水单位的分布情况，将全灌区划分成若干段（或片），在各段、片进出口设立配水站、点，由灌区管理局（处）按一定比例统一向各管理段、片配水；各管理段、片再向所辖各配水点配水。编制配水计划，就是在全灌区的灌溉面积、取水时间、取水水量和流量已确定的条件下，拟定每次灌水向配水点分配的水量、配水方式、配水流量（续灌时）或是配水顺序及时间（轮灌时）。

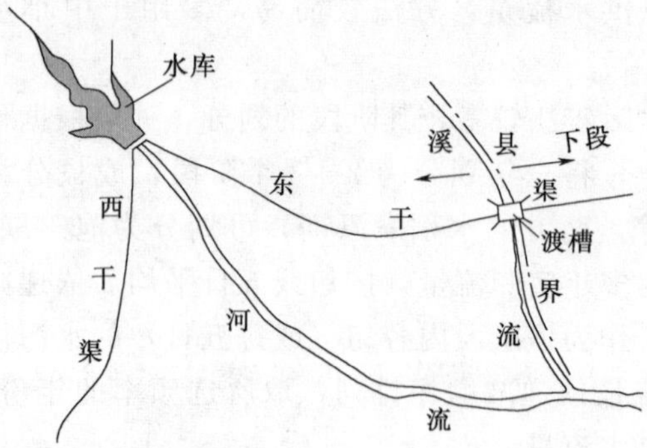

图 10-1　某灌区干渠及配水点布置示意图

1. 配水水量计算

(1) 按灌溉面积的比例分配。例如，某水库灌区，其干渠布置示意图如图 10-1 所示，灌区总灌溉面积为 6.22 万亩，有东、西两条干渠，东干渠控制面积为 4.20 万亩，西干渠为 2.02 万亩。东干渠控制的面积大，且跨两个乡，因此，又将东干渠分为上、下两段配水。上段控制面积为 2.55 万亩，下段控制面积为 1.65 万亩。在西干、东干的渠首处设立①、②两个配水点，在渡槽处（乡的界线）设立第③配水点，控制东干下段。

以该年第一次灌水为例，若这次灌水干渠的取水量为 450 万 m^3，则按灌溉面积的比例分配水量，计算如下：

西干应配水量　　$W_{西}=\frac{2.02}{6.22}\times450=146$(万 m^3)

东干应配水量　　$W_{东}=\frac{4.20}{6.22}\times450=304$(万 m^3)

东干下段应配水量　　$W_{东下}=\frac{1.65}{4.20}\times304=120$(万 m^3)

按灌溉面积的比例分配水量，计算方法简便，缺点是没有考虑灌区内作物种类和土壤的差异，成果比较粗略。我国南方灌区多以灌溉水稻为主，比较单一，因此多采用这种方法。

在按灌溉面积分配水量的方法中，实际上把渠道输水损失的水量也按灌溉面积进行了分配，这在干、支渠输水损失较大、渠道长度与其控制的灌溉面积不相称时，计算的成果不太合理。此时，最好在按灌溉面积配水的基础上，考虑输水损失的修正。

（2）按灌区毛灌溉用水量的比例分配。如果灌区内种植多种作物，灌水定额各不相同。在这种情况下，就不能单凭灌溉面积分配水量，而应考虑不同作物及其不同的灌水量。通常，采用的方法是先统计各配水点控制范围内的作物种类、灌溉面积以及灌水定额等；再加以综合，计算出毛灌溉用水量；最后按各配水点要求的毛灌溉用水量比例，计算出各点的应配水量。

在图 10－1 的例子中，若第一次配水的基本情况见表 10－1，则按此法计算的配水量比例见表 10－2。

表 10－1　　某灌区各配水单位第一次配水基本情况

配水单位	灌溉面积/万亩	综合灌水定额/(m^3/亩)	灌区内部引蓄工程可供水量/万 m^3	渠系水利用系数
东干渠	4.20	80	90	0.70
西干渠	2.02	70	30	0.75
东干上段	2.55	80	50	0.69
东干下段	1.65	80	40	0.72

表 10－2　　某灌区东西干渠配水量计算表

配水单位		灌溉面积/万亩	综合灌水定额/(m^3/亩)	田间净灌溉用水量/万 m^3	内部工程可供水量/万 m^3	渠道净灌溉用水量/万 m^3	灌溉水利用系数	要求的渠道毛配水量/万 m^3	配水百分比/% 计算值	配水百分比/% 采用值
(1)		(2)	(3)	(4)＝(2)×(3)	(5)	(6)＝(4)－(5)	(7)	(8)＝(6)/(7)	(9)	(10)
东干渠	东干上段	2.55	80	204	50	154	0.69	223	63.6 $\left(=\frac{223}{223+128}\right)$	64
东干渠	东干下段	1.65	80	132	40	92	0.72	128	36.4 $\left(=\frac{128}{223+128}\right)$	36
东干渠	合计	4.20	80	336	90	246	0.70	351	70.3 $\left(=\frac{351}{351+148}\right)$	70
西干渠		2.02	70	141	30	111	0.75	148	29.6 $\left(=\frac{148}{351+148}\right)$	30
全灌区合计		6.22		477	120	357		499		

若第一次放水的水库供水量为 450 万 m^3，则

西干渠应配水量　$W_{西}=\frac{30}{100}\times450=135$(万 m^3)

东干渠应配水量　$W_{东}=\frac{70}{100}\times450=315$(万 m^3)

东干下段应配水量　$W_{东下}=\frac{36}{100}\times315=113$(万 m^3)

在我国北方，灌区内各部分的作物种类及其种植比例往往差别较大，一般多采用

此法。

2. 配水流量和配水时间的计算

(1) 续灌条件下配水流量的计算。在续灌条件下，渠首取水灌溉的时间就是各续灌渠道的配水时间，不必另行计算。编制配水计划的主要任务，是把渠首的取水流量合理地分配到各配水点，即计算出各配水点的流量。

配水流量与配水水量的计算方法一样，有按灌溉面积分配与按毛灌溉用水量分配两种方法。如图 10-1 及表 10-1、表 10-2 的算例中，如果第一次灌水时渠首的取水流量为 6.00m³/s，则按灌溉面积比例计算配水流量的结果如下：

西干渠配水流量 $$Q_{西}=\frac{2.02}{6.22}\times 6.00=1.95(m^3/s)$$

东干渠配水流量 $$Q_{东}=\frac{4.20}{6.22}\times 6.00=4.05(m^3/s)$$

东干下段配水流量 $$Q_{东下}=\frac{1.65}{4.20}\times 4.05=1.59(m^3/s)$$

按毛灌溉用水量比例（表 10-2）计算配水流量的结果为

$$Q_{西}=\frac{30}{100}\times 6.00=1.80(m^3/s)$$

$$Q_{东}=\frac{70}{100}\times 6.00=4.20(m^3/s)$$

$$Q_{东下}=\frac{36}{100}\times 4.20=1.51(m^3/s)$$

(2) 轮灌条件下配水顺序与时间的确定。在轮灌配水的条件下，编制配水计划的主要内容是划分轮灌组并确定各组的轮灌顺序、每一轮灌周期的时间和分配给每组的轮灌时间。

轮灌顺序的确定，要根据有利于及时满足灌区内各种作物用水要求，有利于节约用水等条件来安排轮灌的先后顺序。在这方面，我国一些用水管理较先进的灌区，有以下一些经验：

1) 先灌远处，后灌近处，尽量保证全灌区均衡供水。

2) 先灌高田、岗田，后灌低田、冲垅田。由于高田、岗田位置高，渗漏大，易受旱，且当地水源条件一般较差，故应先灌。此外，高田、岗田灌溉后的渗漏水和灌溉余水流向低田、冲垅田，可以再度利用。

3) 先灌急需灌水的田，后灌一般田。

4) 根据市场经济原则，按缴付水费的具体情况确定配水的先后顺序。

轮灌周期简称轮期，是轮灌条件下各条轮灌渠道（集中轮灌时）或是各个轮灌组（分组轮灌时）全部灌完一次总共需要的时间。每次灌水可安排一个或几个轮期，视每次灌水延续时间的长短及轮期的长短而定。例如，某次灌水，延续时间为 24d，每一轮期为 8d，则这次灌水包括 3 个轮期，即对于每条渠道或每个轮灌组要进行三轮灌溉。轮期的长短主要应根据作物需水的缓急程度而定，这与作物种类和当时所处的生育阶段有关，同时也受到灌水劳动组织条件和轮灌内部小型蓄、引水工程的供水和调蓄能力的影响。一般，每一轮期约为5～15d。作物需水紧急，灌区内部调蓄水量能力小，则轮期要短，约5～8d；反之，轮期可稍长，约8～15d。

轮灌时期指在一个轮期内各条轮灌渠道（集中轮灌时）或各个轮灌组（分组轮灌时）所需的灌水时间。对于各条轮灌渠道（或是各个轮灌组）轮灌时间的确定，也是按各渠（或各组）灌溉面积比例或毛灌溉用水量比例进行计算。

3. 配水计划表的编制

根据全灌区（或干渠）配水方式，计算出各配水点的配水水量、配水流量或配水时间（轮灌时间）后，就可以编制配水计划表，其一般格式见表10－3。

表10－3　某灌区第一次、第二次灌水干渠配水计划表

灌水次数、日期、历时	第一次，6月2—10日，共8d17h				第二次，7月6—15日，共10d整			
配水方式	续灌				轮灌			
渠首取水流量/(m^3/s)	6.00				4.00			
渠道名称	西干	东干			西干	东干		
配水比例/%	30	70	上　段	64	30	70	上　段	64
			下　段	36			下　段	36
配水量/万m^3	135	315	上　段	202	104	242	上　段	155
			下　段	113			下　段	87
配水流量/(m^3/s)	1.80	4.20	上　段	2.69	4.00	4.00	上　段	4.00
			下　段	1.51			下　段	4.00
配水时间	8d17h				3d	7d	上　段	4d12h
							下　段	2d12h

二、用水计划的执行

编制用水计划，只是实行计划用水的第一步。更重要的是贯彻、执行用水计划。为此，还必须具备或创立一些基本条件，其中最主要的是要建立和健全各级专业和群众性的管理组织以及搞好渠系工程配套。此外，在放水前还应做好以下各项准备工作：

1）加强思想教育，提倡团结用水、节约用水，建立各种用水制度，如渠系引水制度、涵闸启闭制度和水量交接制度等。

2）将编制的用水计划及时报上级审批，并印发通知各受益单位，通过各种形式广泛宣传，发动群众贯彻执行。

3）做好渠道和建筑物的检查、整修工作，发现问题及时妥善处理。

4）做好各控制点的量水工作，如检查量水建筑是否完整，量水设备是否齐全、精确，特别要做好各级量水员的技术培训工作，使其掌握各种量水方法。

5）做好田间灌水的准备工作，如修好田埂，筑好沟、畦等。

在放水、用水的过程中，管理人员要深入灌区及主要渠段进行调查研究，了解水源情况，检查工程状况和用水情况；掌握旱情变化和灌水进度等，发现问题及时处理。

在一般情况下，对已定好的用水计划不得任意更动。如果放水时实际的气象、水源、灌溉面积等条件与计划出入较大，则应调整、修正用水计划，但必须通过认真的分析、研究和充分地协商讨论，且要通过一定的审批手续。每次用水结束后，应进行计划用水工作的小结，全年用水结束后应进行总结。

1981 年，水利电力部根据我国灌区管理状况拟订了《灌区管理技术经济指标》，作为考核和评价国家管理的灌区管理工作的依据。这些指标包括引用水量，灌溉面积，水的利用系数，灌溉效率和灌溉模数（灌水率），灌溉定额，工程设备完好率，收入和支出，主要农作物产量等 8 项。对于省（自治区、直辖市）水利主管机关和灌区管理单位则要求参照上述 8 项指标，制订具体的灌区管理技术经济指标，用实际成果与计划相比，当年水平与过去相比，条件类似的灌区互相评比，以促进灌区管理水平不断提高。

第二节　排　水　管　理

在灌区中，排水管理和灌溉管理具有同等重要的位置。特别在南方圩区，排水管理尤为重要。如果重灌轻排，不仅灌溉达不到预期的增产效果，而且会引起地下水位上升，招致土壤盐碱化或使作物遭受渍害。因此，重视并做好排水管理工作，对充分发挥灌溉工程效益、促进农业增产具有重要意义。

排水管理的主要任务是：①正确地控制运用排水系统；②养护维修各级排水沟道和建筑物，保证排水系统的通畅；③及时排除涝水，免除作物受淹、减产；④降低和控制地下水位，排除土壤渍水；在有盐碱化威胁地区，防治土壤盐碱化；⑤做好灌区地下水盐动态的观测和分析。

排水系统中的各级沟道和建筑物，都是按照一定的设计标准设计的。例如，排涝是按照一定频率的暴雨径流设计排水沟道和建筑物过水能力的；治碱、防渍则是按照控制地下水位的要求，确定各级沟道的水位的。因此，在排水系统的管理中，必须按照设计要求进行控制运用。如果发生超标准的非常情况，则应采取相应措施，既要保证工程安全，又要尽量减轻灾害损失。做好排水管理工作，首先要健全管理组织，建立责任制度，加强巡视和经常性的养护维修工作。此外，每年要制定岁修计划，对各级沟管进行整修、清淤，每隔 3～5 年制定大修计划，对严重损坏的建筑物进行彻底修理，恢复其功能。明沟维修的重点是：防止雨水冲蚀沟道边坡。对已坍塌的边坡，要及时维修，经常清除沟中杂草和淤泥，定期检查排水涵闸的启闭设备，防止操作失灵。暗管的维修重点是防止管道淤塞。对已淤塞的管道，要采取清淤措施，必要时要挖开管道进行清淤。

地下水盐动态的观测和分析，是评价排水系统是否正常工作的重要手段，也是进行灌区水量平衡不可缺少的依据。为了定期监测地下水位和水质的变化情况，在灌区应设置观测井网。在明沟的出、入口处也要安设量水设备，定期测定沟中的流量和水质。根据观测的地下水位和水质资料，以及排水流量、灌溉用水量、降雨量等，就可以定期进行灌区水量平衡计算，分析灌区地下水盐变化动态，发现问题，找出规律，为排水系统的管理运用提供科学依据。

第三节　灌　排　试　验

灌排试验是一项为农业高产服务的水利、农业综合性科学试验工作，是寻求增产、省水和省工的合理灌排方法与制度，探索农田耗水规律以及先进的分水和配水方式等的途径，同时还为农田水利工程的规划设计和管理运用提供资料。

灌排试验的内容很多，一般可归纳为田间灌溉试验、田间排水试验和用水管理试验3类，以下分别加以介绍。

一、田间灌溉试验

田间灌溉试验主要包括作物灌水方法试验、灌溉制度试验和田间耗水量试验等。

（一）灌水方法和灌溉制度试验

1. 试验的基本方法

这类试验一般采用小区对比的方法，即把试验田划分若干个小区，各个小区内作物的品种、种植密度、耕作及其他农业措施和田间管理均相同；只是根据试验的目的要求，把灌水方法或灌溉制度的试验，形成不同的对比“处理”。测定各小区的作物产量、植株性状、土壤性状、田间小气候及排灌情况等，并将观测成果按处理统计，从而对比分析出各处理之间的差异情况，并根据它判定合理（高产、省水和省工等）的灌水方法或灌溉制度。

在灌溉制度对比试验中，对于水稻田，主要是根据田面水层的控制标准，湿润程度，晒田方式，后期落干时间以及灌水、排水与施肥、除草等农业措施的配合方式等条件，采取不同的处理。对于旱田，则主要根据不同的土壤含水率上、下限或是不同的灌水次数、时间与定额采用不同的处理。此外，也常进行一些专门性的试验，如不同水温（水库表层水和下层水、塘堰水、井水等）或不同水质（污水、磁化水等）的灌水试验等。

以上所述，均系单因素对比试验，即各处理之间除了灌水方法或灌溉制度一种因素有所差异之外，其他因素均相同，但有时为了解决一些综合性问题，还需安排多因素的对比试验。

2. 试验的处理与重复

1）选定处理，使当前生产水平与今后发展的水平相结合，调查当地群众先进的灌水方法或灌溉制度，选出一两种作为基本处理；再安排代表当前生产水平的灌水方法或灌溉制度作为对照处理。

2）从简单到复杂，从单因素试验发展到多因素试验。单因素试验是最简单的对比处理，试验简易，成果比较明确，推广较易；由于单因素试验不能探求各种措施配合后的综合效果，故还应逐步开展多因素试验。

3）掌握主要矛盾，先抓住质的差别。为使成果对比比较鲜明，处理之间的差别不能过小，处理数目不必过多，首先考虑各处理质的差别，进一步才考虑量的比较。在不同量的处理之中，首先要明确生产中采用的一般量和高低两个极端量的范围，然后在此范围内安排几个处理。各处理量的差别要恰当。如差别太小，处理间的成果差异不超过操作的误差范围，就难于得出正确成果；而差别太大，又不易找出规律。

重复就是一个试验处理同时进行的次数。每个处理在田间同时布置了几个小区，则称为几次重复。重复设置的目的，是为了提高试验准确性。因此即使对试验场地经过非常严格的选择，但仍然不可避免土壤肥力的不均匀性。增加重复次数，能够减少土壤肥力差异和其他基础条件或措施的差异所造成的误差，提高成果的可靠性；而且，通过不同重复间的差异，可以估算出试验的误差，这是鉴定与正确分析试验结果所必需的数据。根据一些试验成果的分析经验，田间灌溉试验的重复次数不宜少于三次，实践中可根据试验地块大小、试验要求精度和土壤差异等情况决定重复次数的多少。当条件受到限制时，宁可安排的处理少一些，或是小区面积小一些，也要安排重复试验。

3. 试验场地的选择与小区的布置

对田间对比试验的场地需进行周密选择，选择时应注意以下几点：

1）代表性要强。试验场地的气象、水文、地形、地貌、地质、土壤、水文地质和农业生产条件能代表所在灌区的一般情况，而且试验场地内各处的土壤及其肥力、水文地质等条件差异要尽量小。

2）不受特殊地貌、水系及人为等条件的影响。场地避免在特高、特低处或灌区的边远地段，不邻靠河流、湖泊、水库、塘堰、大道、密林等，以免试验成果受这些特殊条件的影响。一般最好选在大片田块中间，四周均是种植同类作物。试验场地不要距村镇道路过近，以避免孩童玩弄、损伤仪器和畜禽践踏。

3）水利条件较好，交通方便。试验场地最好处于水源能保证、灌排系统较健全的地方，以免因缺水或排灌不及时影响试验。

4）与当地其他农业方面的试验田、样板田结合起来。这样能更好地学习、总结运用和提高群众的丰产经验，也有利于试验成果的推广。

试验场地附近还应有气象观测场，其位置亦应统筹考虑。应选在开阔平坦之处，附近不应有任何妨碍空气流通的阻碍物，如高墙、树林、建筑物等，必要时可在不同处理地段附近设置辅助性气象观测场。田间小气候的观测场设在试验田地内。

小区的布置，除符合上述要求外，还应注意其面积和形状。一般对低矮作物，每个试验小区面积可采用0.05～0.2亩；植株高大作物，小区面积可采用0.2～0.5亩。中间示范性试验的小区面积宜大于0.5亩。如采用喷灌方法进行试验，小区面积应增大至0.5～1.0亩。试验小区的形状采用矩形，长宽比可为2～6，小区长边应顺着土壤差异方向布置。

4. 试验资料的整理和分析

试验资料的整理、分析是总结试验成果的基础，在试验中及时整理和分析资料，还可以及时发现问题，指导以后的试验工作。

对于灌水方法及灌溉制度试验，除了要调查、测记试验场地和试验方法的基本情况以外，重点是要在整个试验中进行气象及田间小气候、试区土壤水分或田面水层、作物及土壤性状等几个方面的专门观测。

（二）田间耗水量试验

田间耗水量试验的任务是测出作物在采用不同灌水方法时各生育阶段及全生育期的腾发量和渗漏量（对旱作物仅为腾发量），阐明各种影响因素与耗水量的关系，寻求作物的需水规律，为灌区用水管理及规划设计提供依据。

1. 水稻耗水量试验

水稻田间耗水量包括腾发量与渗漏量。影响腾发量与渗漏量的主要因素不同，为便于分析和应用成果，腾发量及渗漏量需分别测定。

水稻田间耗水量的测定有筒测、坑测和田测3种方法。筒测法及坑测法系将水稻种植在有底的测筒及测坑内进行试验，田测法则直接在试验田内进行观测。由于测筒内作物生长环境及需水条件与大田实际情况差异较大，所测得的腾发量与产量成果往往与实际情况不相符合。水稻田间耗水量试验最好以田测为主，在试验田内直接测出耗水量（腾发量与渗漏量之和），而辅以坑测法。从测坑（图10-2）内测出腾发量，两者测定值之差即为渗漏量。

图10-2　水稻耗水量试验（田测为主，辅以坑测）

灌溉试验规范中把测定作物需水量的测坑和测筒统称为蒸渗器。

对蒸渗器应有一定的技术标准：不漏水，导热性低，耐冻，结构牢固，形状规整；对于测坑，坑壁在地面以上部分应是薄壁，壁顶总面积不应超过坑内土壤表面积的5%，测筒不宜小于0.36m^2，测坑不宜小于4.0m^2；蒸渗器内装土深度宜在0.8～2.0m范围内，根据试验作物容根层深度确定；蒸渗器内土层下面应设滤层，厚0.2cm以上，滤层底部应设侧向排水管，附有调节装置；向蒸渗器内灌水，应使器内的土壤湿润均匀。

耗水量测定，一般是与灌溉制度试验结合，即针对一种最优的灌溉制度与农业措施的处理，测定各生育阶段及全生育期的腾发量和耗水量。有时为了探求不同条件下的需水规律，则可以安排不同品种、不同灌溉制度、不同农业措施（种植密度、施肥等）的处理，进行腾发量和耗水量的测定。

2. 旱作物耗水量试验

对于旱作物，耗水量试验主要在于测出腾发量。其测定方法也有筒测、坑测和田测3种。除了专门研究需水变化规律以外，一般不用筒测法。由于旱田无需观测渗漏量，故在地下水埋深较大（大于2～3m）、作物耗水不受地下水补给影响的农田中，一般只需用田测法。在地下水埋深小于2～3m的农田中，为了避免地下水补给的影响，需用坑测法。测坑设在农田中，坑在地面以下的深度视作物而定，如棉花则为1～1.5m，小麦则为0.6～1.0m。为了使坑内土壤水分条件与大田情况接近，坑底应铺设滤水层（一般可用砂、碎石铺成），并设置可以开、关的排水底孔。测坑材料与水稻田测坑基本相同。有条件时，坑外应设地面径流池，用以计算坑内有效雨量。

无论是田测或是坑测，均是在其中选择3～5个位置，测定土壤含水率。每个位置上，在根系吸水层深度范围内，自地表起每隔10～20cm为一个测点。定期（5d或10d一次）观测各位置上、各测点的土壤含水率；在灌水前后、降雨前后加测。无灌水及降雨时，可用前后两次测定的土壤含水率之差计算出该时段内腾发量。若两次测含水率之间有降水，则需加上有效降水量才是腾发量。有效降水量为降雨量减去地面径流量和深层渗漏量。观测此两项需要有特定的设备，否则较难测准。故一般应根据天气预报或当时天气变化情况，尽量能在降雨前加测土壤含水率，取得降雨前、后土壤含水率资料。这样，可使计算时段内的腾发量，不受降水的影响。从播种到收割各阶段腾发量的总和，即为全生育期腾发量。

二、田间排水试验

各地农业实践表明，雨后及时排除田面积水和降低地下水位，并在作物各生育阶段将地下水位控制在适宜限度以下，是夺取高产的一项极重要措施。因此，在许多地方，特别是许多平原地区，需要开展田间排水试验，以便进一步研究田间排水的标准和措施，为规划、设计田间排水系统和建设高产稳产基本农田提供依据。

田间排水试验主要包括两类：一类为排水标准试验，其中主要是作物耐淹（即耐涝）试验和适宜地下水埋深（耐渍）试验；另一类为排水效果试验，其中主要是田间排水沟（管）深度、间距试验和不同类型排水设施的效果试验。除此，还可根据当地需要解决的特殊问题，安排一些专门性的排水试验。

（一）排水标准试验

田间排水标准包括地面水排水标准和控制地下水标准，它是规划布置排水沟（管）的最主要依据。地面排水标准即耐淹标准，通过耐淹试验确定；控制地下水位的标准即耐渍标准，通过适宜地下水埋深试验确定。

1. 作物耐淹试验

采用观测试验与大田调查相结合的方法。对于旱作物，主要用坑测或筒测法进行观测。在筒（坑）内种植作物，针对各个生育阶段，根据不同的田面积水深度和历时，安排成几种处理，测记各处理作物生育性状和产量，与正常（不受淹）条件进行对比，分析不同阶段内田面积水深度及历时对作物生育和产量的影响，探求出作物各阶段的耐淹标准，即不影响产量的田面积水深度与相应历时的数值。

对于水稻，该观测试验宜在小区中与灌溉制度试验结合进行，即在灌溉制度试验的几种处理之外，再安排几个淹水较深（相应安排不同的历时）的处理。同样，最后分析各阶段淹水深度与历时对水稻生育及产量的影响，探索耐淹标准。

无论是旱作物或是水稻，筒（坑）与小区的试验成果应和受淹大田的调查成果对照分析，最后得出符合各地实际情况的耐淹标准。各种作物的耐淹标准可见第七章表7-1。

2. 适宜地下水埋深试验

该试验也称作物耐渍试验。通常，也应采用测坑的观测试验与大田的观测调查相结合的方法。

设置若干个可以人为控制地下水位的测坑，坑内种植试验作物。在各生育阶段内，将各测坑控制不同的地下水埋深作为不同的处理（一般宜采用3～4个处理，每处理2～3次重复），各处理的农业技术措施相同。在试验过程中，观测各处理的作物生育性状、产量以及土壤性状。在作物生育性状中，除地上部分性状外，应测定根系状况：土壤性状方面，主要测定根系活动层内土壤的含水率、温度、养分含量、有毒物质（如硫化氢、氧化亚铁等）含量以及土壤氧化还原的指标（如氧化还原电位）等。大田观测调查，就是对于某种作物，针对地下水埋深不同的大田，观测和调查这些田块的地下水埋深、土壤性状以及作物产量等。根据测坑以及大田中作物、土壤性状的观测成果和产量，可以分析地下水埋深对这些因素的影响，并进一步分析论证不同土壤条件下各个生育阶段的适宜地下水埋深。一些作物要求的地下水埋深可见本书第七章表 7-3。

（二）田间排水效果试验

1. 田间排水沟（管）深度与间距试验

田间排水沟（管）的深度与间距，直接影响降低和控制地下水位的效果、沟（管）的施工与管理工作量以及占地面积等。沟深与间距又相互有关，如控制地下水位的标准固定，沟深越大，则间距可以越大。这一试验的目的，是寻求既能符合控制地下水位标准又是占地少和施工、管理工作量小的沟深与间距。

在试验大田中，将不同的沟深与间距安排成几种处理，观测对比各处理对于降低地下水位的作用，并分析计算各处理的占地面积、工程量等，从而可以选出适宜的一组沟深与间距。设计处理时，可以根据当地田块规格、土质、地下水埋深等条件，采用一种沟深、数种间距；也可以采用一种间距、数种沟深；还可以采用沟深、间距均不相同的综合处理，针对各处理，观测地下水位及作物生长情况。

地下水位用观测井观测。竹管、瓦管、铁管、塑料管和水泥管等均可做成观测井，其中竹管与瓦管较为经济适用。埋设观测井应注意在井下部钻孔部分的四周和底部填入一些粗砂和碎石或煤渣，以防止泥沙随地下水进入井管；井的上部用黏土捣实，并用砖石或混凝土砌成井台，以防止地面水直接渗入；井管底应比历年最低地下水位低 0.5m 左右，井口高出地面 0.2～0.3m。

根据两排水沟之间地下水面线中间平缓、两侧倾陡的特点，各测井间距不等，离排水沟 2～3m 处设一井，其余井距顺序为 5m、10m、20m 等，离排水沟越远，井距越大，离排水沟最远的测井，最好在两排水沟之间的中点。

平时，应定期（5～10d 一次）观测地下水位；在降雨或灌溉后或其他因素使地下水位变化较大时，应该每天观测一次。根据这些观测成果，可绘制地下水埋深过程线（图 10-3），并用它来分析在不同的深沟、间距条件下排水沟控制地下水位的作用。

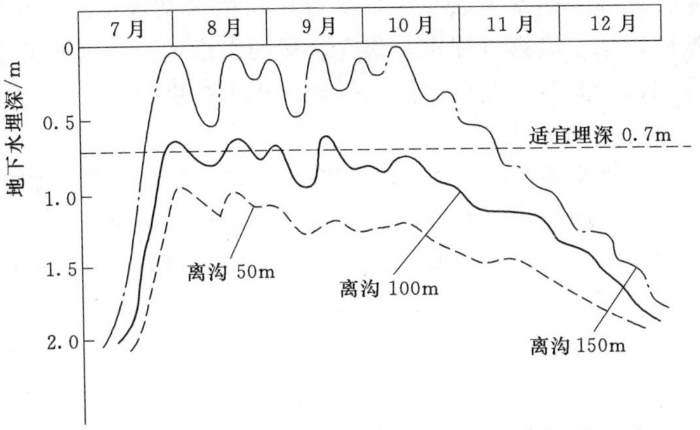

图 10-3　排水沟（沟深 2m）一侧地下水埋深过程线

在试验中，可以针对各次较大的降雨，系统地观测各测井的地下水位升落过程，计算雨后最大上升高度与回落至允许埋深处的历时（回落历时），并绘成曲线，如图 10-4 所示。用它来分析在不同的沟深、间距条件下排水沟降低地下水位的作用。

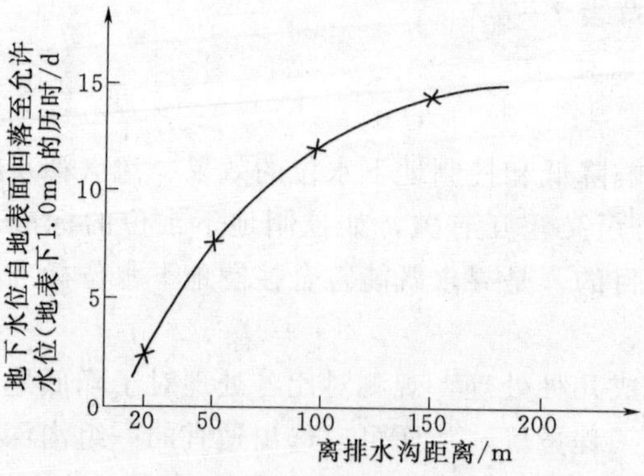

图 10-4　离排水沟不同距离处地下水位自地表回落 1.0m 的历时

在需要排水的地区，作物生长情况与排水沟影响范围直接有关；在有效的影响范围内，作物生长正常；在影响不大的范围内，作物生长受到抑制；在无影响的范围内，作物严重减产甚至不能生长。故应在各生育阶段观测和调查作物的生长情况，至少在播种后要观测出苗情况，收获前观测植株性状，并进行产量考察。根据这些观测和调查成果，可以分析排水沟的有效影响范围。将不同沟深和间距条件下排水沟控制地下水位作用的成果与排水沟有效影响范围成果等进行综合分析，并考虑占地面积及施工、管理工作量，从而可以提出合理的排水沟沟深和间距。

2. 不同类型排水设施的效果试验

主要是明沟与暗管排水效果的对比试验。在暗管排水中，为了选择管的形式和材料（如鼠道、瓦管、灰土管和塑料管等），也可进行各种暗管排水效果的对比试验。在试验中，主要是观测和分析比较明沟与暗管（或是各种暗管）对于降低及控制地下水位、减少土壤水分、促进作物生长发育和增产的作用。其观测试验与资料分析的方法，与排水沟深度和间距试验相同，只是将不同沟深和间距的对比处理改为明沟与暗管对比或是各种暗管之间的对比而已。

三、用水管理试验

用水管理方法的试验内容较多，一般应包括如下内容。

1. 计划用水试点

选择一条渠系配套齐全的支渠或斗渠，实行计划用水试点工作，调查实际灌溉面积，拟定灌溉制度，按照计划水量进行配水，研究合理的水量调配制度和配水方法、渠水和塘堰水的配合利用等问题，为今后在全灌区推行计划用水提供经验。

2. 各级渠道水利用系数的测定

用流量测算渠道水利用系数时，主要是测定渠道首、尾的流量。施测时，必须尽量保持渠道流量的稳定，沿渠的分水口都要关闭。为了满足精度要求，测流的渠道应有一定的长度。当渠道流量 $Q<1.0\text{m}^3/\text{s}$ 时，渠长不小于 1.0km；$Q=1.0\sim10.0\text{m}^3/\text{s}$ 时，渠长不小于 3.0km；$Q=10.0\sim30.0\text{m}^3/\text{s}$ 时，渠长不小于 5.0km；$Q=30.0\sim100.0\text{m}^3/\text{s}$ 时，渠长不小于 10.0km。

3. 渠道的防渗试验

研究当地各种防渗措施的防渗效果（实测防渗前后的渠道渗漏量）、适用条件、规格和施工方法等。

4. 田间量水、放水建筑物试验研究

调查研究在实践中运用较好而且比较先进的田间量水、放水建筑物，统计和分析其用料、造价、优缺点及适用条件，测定其量水公式中采用的各种系数。此外，还应研制自动化、半自动化、遥测和遥控等现代化量水、放水建筑物等。

第四节 灌溉排水系统管理现代化

随着我国市场经济的发展以及农业转向优质、高效、高产和生产体制的改革等，灌溉排水工作的管理变得更加复杂；加上水资源日趋紧张，综合利用供需水矛盾增加，因此必须进一步加强灌溉排水系统的集中管理，实现管理现代化，以求获得系统的最优运行，充分发挥工程的效益。

实现灌溉排水系统管理现代化，除了建立严密的管理组织，制定严格的规章制度以外，主要是应用现代化工程技术和建立管理运行信息系统。现分别简述如下：

一、建立严密的管理组织和严格的规章制度

根据国内外经验，任何灌溉系统都必须首先建立机构健全、分工明确、协调一致的管理组织，才能进行有效的现代化管理。管理体制的具体形式，各国尽管不同，但一般均实行专业管理和群众管理相结合、统一管理和分级负责相结合的形式。

关于灌区运行（用水）管理的组织系统要根据灌区的自然特点及其任务要求加以制定，其一般形式如图 10－5 所示。

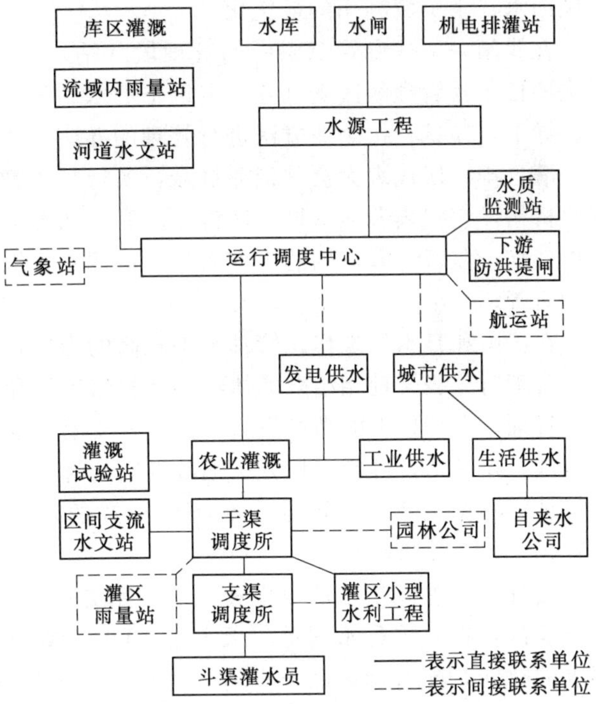

图 10－5 灌区运行（用水）管理组织框图

在我国，视灌区面积大小，专业管理组织通常设管理局（处）、管理段（区）和管理站等 2～3 级。其任务是在统一的计划安排、规章制度、技术规范、定额指标和调度运行的指导下，使系统的各个环节能够在时间上、空间上互相协调配合，取得最好的经济效益。例如四川都江堰灌区，灌溉面积近千万亩，其渠系分为干、支、斗、农等各级渠道，分别承担着灌区各片的引水、配水和用水 3 种基本环节。为了实行灌区集中调度，灌区相应设立了局、处、站三级，分别管辖着相应层次的一组渠道和一片灌区，形成了三层控制结构，如图 10－6 所示。

在图 10－6 中，最低一级（即第一层）的某一管理站可以根据由本站管辖的诸用水户所提出“用水计划”，编制本站的“时段配水计划”，并参照水源流量、水文气象和农作条件等方面的实际情况，在所管辖的范围内合理调度。它要尽量满足随时变化的农业用水要求以及工业用水等，还要做到本站管辖范围内水、土资源的最优利用。但是，站一级（或称层）的用水、配水优

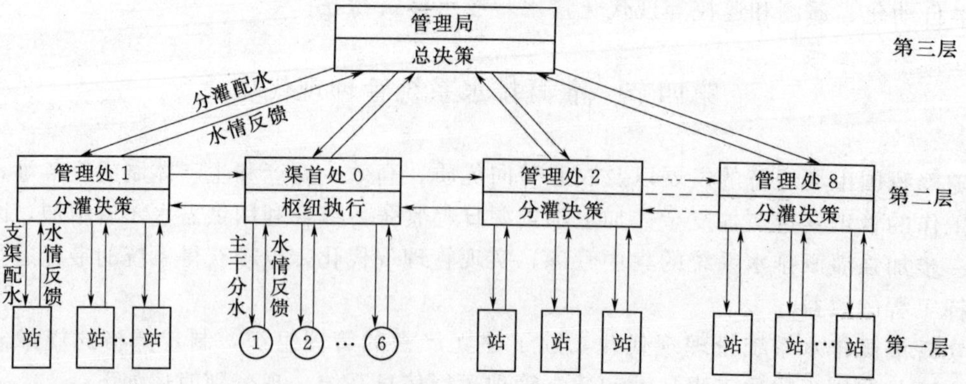

图 10－6　四川都江堰灌区三层控制运行结构图

化，只能根据处一级在指定时段配给它一定流量（在支渠进水口）的条件下来实现。而第二级（或称层）的某一管理处，其任务是要协调下属各站之间的用水、配水计划以达到本处范围内的水、土资源的最优利用。但它的用水、配水优化，又须根据管理局在指定时段配给它一定流量（在干渠进水口）的条件下来实现。至于最高一级（即第三层）的管理局，则是根据随时变化的渠首引水流量，协调各处之间的用水和配水，以求整个灌溉系统范围内水、土资源利用的最优化。

在我国，上述专管组织中的管理段（站），往往也可以由群众管理，成为群管组织，其主要任务是管理灌区支（斗）渠以下的水利设施。近几年来，有些管理单位在主管上级的领导下，还试行按企业方法进行管理的办法。

灌（排）区代表大会是依靠群众，实行民主管理的重要形式，它也是灌区管理工作的权力机构，它代表着灌（排）区群众的利益和要求，制定各项管理制度，审议专管机构的工作计划，监督专管机构的工作人员，协调专管机构和群众机构之间的矛盾以及群管之间的矛盾等。

在美国和日本等现代化管理水平较高的国家，其灌区一般也实行专管与群管相结合，统一管理与分级管理相结合的体制，即枢纽工程和总干渠（或干渠）由国家或地方政府兴建并管理，支渠以下的灌排设施，则由该支渠范围内农户联合组织起来的农民（群众）机构管理。在日本，群管机构分土地改良区、管理区和管理班三级。为了处理专管组织与群管组织的协调关系，一般也设有不同形式的管理协调机构，以商讨用水管理中的重要事宜。

在日本，灌溉用水的申报和制定配水方案的手续较严格，职责较分明。例如日本的群众灌区，在要求配水前的一天上午 10 时，管理班长应将本班需灌地块的面积和要求配水的时间，向管理区区长申请。各管理区区长要在 12 时前将本管理区的需水量，各支渠管理班的不同地块面积和要求配水时间，集中送到土地改良区。土地改良区汇总各管理区的申请，于当天 14 时报送各管理事务所。各管理事务所汇总有关土地改良区的申请，于当天 16 时前交水资源公团管理所转总管理所。总管理所根据需水量和水源情况，制定配水方案下达，并向水源管理所、渠道管理所发出放水及引水指示。各分水点按配水方案规定的流量，调整闸门，按计划引水灌溉。日本丰川灌区的用水申请和配水计划下达程序与此相同，只是各级汇总上报申请的时间分别为2d前的12时、14时和16时，配水计划1d做一次，流量每日调整数次。所以没有现代化的信息传递、反馈、遥测遥控和计算机系统，是难以做到的。同样，没有严密的组织和严格的规章制度也是实行不了的。

灌排系统管理中的规章制度包括各种管理工作的条例规定，各种管理人员的岗位责任制以及各种管理法规等，种类繁多，不拟一一列举。所以有了严格的规章制度，就可使每一项管理工作，每一处工程设施，每一片灌区，每一台设备和仪器，都可按章办事，都有专人负责，现代化的信息系统和计算机系统方能照章运转，保证管理现代化的顺利实现。

二、灌区用水管理中现代化管理技术

在技术比较先进的国家里，都十分重视灌排系统的技术改造，不少灌区应用了遥测、遥控和自动控制技术，实现了优化配水系统化管理。我国有些灌区，如都江堰灌区和江都抽水站群等，也已开始进行技术改造，实行优化调度和自动控制。灌区实行现代化管理不仅是提高管理效率，而且能保证管理质量，它能给灌区带来巨大的经济效益。

优化配水技术通常定义为从水源经配水系统直到田间适时适量供水，以尽量满足作物需水的要求，其目的就是通过制定渠系最优配水方案，使农作物在一定气候、土壤和农业耕作等条件下获取最大增产效益，即在灌溉水源充足时，使灌水在时间上和水量上都能满足整个灌区作物需水要求；在缺水时，则应针对需要优先配水的用水单位或经济价值高的作物进行优先配水，以便获得灌溉水量的最优经济效果。

优化配水的技术和功能可归纳为三方面：一是应用系统分析的原理和方法（如线性规划、非线性规划和动态规划等），以使有限供水量在数量和次数上的分配，取得最大的经济效益；二是应用模拟技术，模拟灌溉系统管理运行中的所有过程及其运行结果，然后在多方案基础上择优；三是借助微型计算机提高调度能力，将较长时段（如季、月）的配水计划改为短时段（按旬、五日或每日）的配水计划，使配水计划更符合实际。总之，灌溉是一项影响因素十分复杂的随机控制系统，它面对的又是许多各自独立的管理对象或用水单位，因此制定灌区优化计划时，需要应用系统论、控制论和信息论等有关知识，并编制各种程序，应用计算机存储、传递资料和信息，进行数字处理和决策运行，并实现自动控制等。

实行现代化管理的灌区，一般从渠系到各分水点，要安装遥测、遥控装置，并设立中央管理所，由中央管理所集中监测，并发布指令，遥控闸门启闭，进行分水和配水。

灌区用水管理中的遥测、遥控装置，包括三部分：受监视、控制的终端部位的测量、控制装置；传递各种数据的操作指令的信息传递装置；数据处理及发出操作指令的处理装置。

这三部分装置，要求协同动作，精度相同。三部分中出现任何不协同，都不能有效地发挥作用。

(1) 测量、控制装置。遥测的内容有雨量、水位（在管道则为压力）、流量（或流速）、闸门开度（或回转角）及各自的上下限警报点值等。探测器包括电阻、电压、电流的测定仪器和脉冲信号发生器等。通过变换器将原始记录变成计测量，向中央监测站传送，在中央监测站输入计算机，按规定程序，进行数据处理，并在键盘上进行操作。

(2) 传送装置。该装置分无线传送、有线传送或两者结合的传送方式，选择采用哪一种方式是根据中央监测站和计测站的地形地势、测站数量以及传送数据的连续性，间歇时间，控制的频繁程度，电流使用情况（电源条件）等所构成的装置费用决定的。有线传送方式适于连续测定和多测站同时收集和控制。但以电缆为主的设备费很高。无线传送方式适用于各站非同一电源和定期收集数据。

(3) 处理装置。处理装置的主体是电子计算机。从各测站传送来的各种原始资料，在这里输入电子计算机。由计算机按既定的程序进行处理，计算出各种需要数据；并在日报的基础上编出月报、季报和年报；再将各种基本资料，按既定的程序，组织配水，并发出操作指令。

三、管理运行中的信息系统

灌区管理中的信息系统是以计算机为手段，以数据库为核心，以现代软件工程技术和信息技术为基础的综合系统。整个灌区以发挥其最大效益为目标，围绕科学用水，对原始数据的采集，以及水源水量、输水配水、需水等各项信息处理，工程技术管理，乃至人事、财务管理等进行全面的科学化、现代化管理。整个系统可包括以下几个子系统：

1) 综合信息采集子系统。

2) 水资源管理子系统。

3) 工程技术子系统。

4) 蓄水预报子系统。

5) 计划用水子系统。

6) 实时监测子系统。

7) 人事、财务子系统。

整个系统可由一台超级微机（小型机）作为服务器，与数台（根据子系统数目确定）微机组成一个计算机网络。综合信息通过采集系统送入小型机，经过小型机加工、处理后，其他各子系统可通过计算机网络对综合信息实现共享，从而使灌区的整个管理工作初步实现管理科学化、现代化。

计算机信息管理系统的总体结构图如图 10-7 所示。

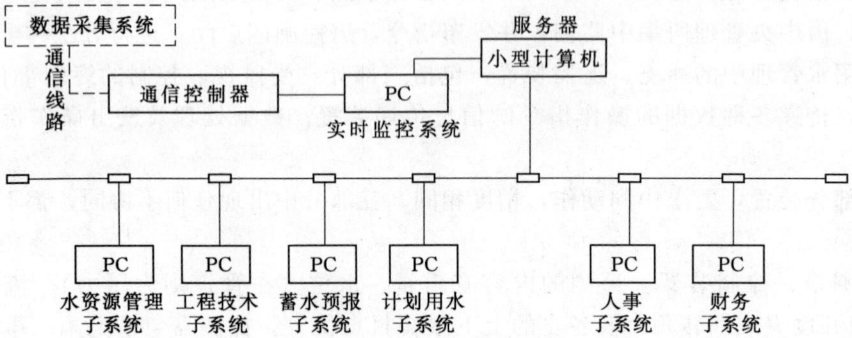

图 10-7　计算机信息管理系统总体结构

第五节 灌 区 环 境

随着农业生产的迅速发展以及灌区开发强度和深度的加大，水利工程对环境影响的程度越来越大。这种影响既包括对灌区环境的有利方面，也由于规划、设计和管理不善引起灌区环境的某些恶化。大致概括可见表 10-4。

表 10-4　　灌溉排水对环境的影响

		有 利 影 响	不 利 影 响
水土资源方面	灌溉	改善灌区土壤水分状况；改善小区气候；促进水资源综合利用，如发展水产养殖、小水电、航运、供水和旅游等	引起灌区地下水位上升和土壤盐碱化；过量抽取地下水引起地下水位下降和形成区域性下降漏斗、地面沉降，沿海地区则海水入侵；引蓄水工程会减少下游水量或引起河流断流；高含沙水源则引入大量泥沙，淤塞渠道
	排水	改善土壤水、气、肥、热条件；改良盐碱土和渍害低产田；增加土地利用率	过量排水引起土壤干旱或地下水位下降过甚；污染下游地区
环境卫生方面	灌溉	改善乡镇人民供水卫生条件；绿化、美化环境，增添风景	可能引起某些疾病的传播；盲目围垦，缩小河、湖水面积，影响生态环境；在水库发展养殖和旅游，引起水质污染
	排水	消灭钉螺，防治血吸虫病，改良渍、涝田，改善农业生产条件	排污引起环境污染；规划不合理会引起"涝水搬家"，降低上、下游地区的除涝标准；修筑水库引起周边地区地下水位上升
社会经济方面	灌溉	提高和增加粮食及其他作物的产量，增加灌区人民收入；促进多种经营的发展；提高灌区人民文化水平	占地、淹没、移民问题；缺乏水资源的统一规划，引起水资源分配不均和上、下游、左右岸的水利纠纷；引起"灌区搬家"，造成不必要损失
	排水	提高和增加农作物产量，增加收入；改良渍、涝田，扩大耕地面积	

我国大部分灌溉工程兴建于五六十年代，至今已运行三四十年。灌区环境问题日益突出，引起了人们的关注。因此，研究引起灌区环境恶化的原因以及维护灌区环境的措施具有重要意义。

一、引起灌区环境恶化的原因

引起灌区环境恶化的原因主要有两方面：一是规划、设计上的原因；二是管理、运行上的原因。

（一）规划、设计方面的原因

1）对水资源缺乏统一的规划，引起灌溉水源不足、灌溉面积衰减或水利纠纷。

在缺乏统一的流域规划情况下，在河流上游修建水库，开始时估算的来水量是有保证的，但后来由于在水库上游、承雨面积范围内任意修建中小型水库，拦截径流，致使水库的承雨面积日益缩小，来水量相应减少，严重影响工程的设计灌溉效益。例如，河北省的岳城水库就属于这种情况。水库建成以后，在上游库区集雨面积范围内修建了不少中小型水库和引水工程，致使长期以来水库难以蓄满，灌溉用水量不足。另外，在河流上修建引水工程，同样会出现类似问题。当一个工程建成以后，如在其上游无计划地陆续修建其他引水工程，截取大量水量，则将使下游已建成的引水工程引水量不足，影响其设计灌溉面积。例如，河南红旗渠建成以后，上游河北省又修建了引水工程，致使红旗渠的水量逐年减少，引起水利纠纷。

在利用地下水灌溉的地区，由于缺乏统一的地下水开发利用规划，任意打井，成井密度和抽取水量超过允许的开采量，以致引起地下水位大幅度下降，形成区域性的地下水下降漏斗，严重影响机井的出水量，轻者多次更换水泵，重者使成井报废和引起大面积土层沉陷，沿海地区还可能引起海水入侵。

2）对淹没的库区和移民工作缺乏妥善的规划和安置。

在五六十年代修建的水库；一般对淹没区和移民工作缺乏完整的规划。在工程规划书中仅有一笔淹没损失的赔偿和移民费用，而对移民的生产、生活没有作妥善安排。这使许多移民的经济收入没有显著改善，又再度迁回最高洪水位下的库区定居和生产，给水库的蓄水带来不利影响和形成一些长期不安定因素。

3）修建水库后引起周围地区地下水位的抬高和渍害加重，特别是修建的平原水库问题更为严重。

4）重灌轻排，重建轻管，致使许多灌区的排水系统不健全，特别是缺乏田间排水系统。大雨时排水不畅，引起洪灾，平时灌区地下水位过高，影响作物正常生长，或因长期渍害而引起减产。

5）绝大部分灌溉渠道都没有按防渗渠道设计，渗漏水量大，不仅浪费水量，并引起灌区地下水位上升，造成灌区土壤盐碱化和渍害。

6）对从含沙量较大的河流取水，对防止泥沙进入灌区缺乏长期的规划和具体的工程措施，以致进入灌区的泥沙过多，淤塞渠道和沙化农田。

7）在沿江滨湖地区盲目围垦，缩小河湖面积，影响生态环境。

（二）管理、运行方面的原因

1）灌溉用水管理不善，缺乏严格用水制度，且灌水技术粗放，致使灌溉水大量浪费，补给了地下水，使地下水位抬高，招致土壤盐碱化和沼泽化。

2）缺乏完整的灌区用水、配水计划。灌区上中游供水较充分，灌区下游和边远地区往往供水不足或不及时，致使灌区受益不均衡。

3）在有盐碱化威胁的灌区，由于大量引取地面水，而忽视对地下水的开发利用，引起灌区地下水位上升和土壤盐碱化。此外，在引黄灌区，因随水而引入大量沙泥，还造成渠道淤塞，农田沙化。

4）在灌区内施用大量化肥和农药，随灌溉水而入渗土壤和地下水中，使土壤和地下水污染，给作物生长和人畜用水带来不利影响。

5）缺乏对水质监控和管理制度。有的水库在库区范围内兴办带有污染性的工厂，或是在库内过量养殖，投放大量动物粪便饲料，或是兴办水上旅游的机船密度过大，机油和排泄物污染水域等。灌区内也有因兴办乡镇企业将未经处理的废水大量排入灌排渠道、塘堰和低洼地区，尤其是在乡镇企业特别发达的地区，已成为严重公害。

6）少数城郊灌区，利用未经处理的污水和工业废水进行灌溉，使土壤和作物严重污染，影响人民健康。

7）缺乏主管灌区环境的部门。灌区管理机构中没有这一业务，灌区内有关地方政府也未予重视，致使灌区环境恶化、水质污染现象日益严重。

二、维护灌区环境的措施

（一）在规划设计方面

1）必须根据统一的流域规划，兴建新的水库或引水灌溉工程，务使已经有关部门批准的水源得到切实的保证。如果在一条河流上有数个水库或上下游、左右岸有数处引水工程，必须根据统一的流域规划合理分配引用水量，严禁任意建坝蓄水和抽引河水。

2）对拟建水库的淹没土地和移民问题，不仅在规划设计中应列出相应费用，同时应提出开发性移民规划，并在兴建水库以前建立开发性移民示范区，切实落实移民安置规划，使开发示范区内的人民生活条件不低于淹没区，并应有所改善。

3）在规划设计书中，应对兴建水库以后对周围地区地下水位的影响做出评估，并提出相应的对策，特别对兴建平原水库更应慎重。

4）对大面积利用地下水灌溉的井灌地区，对机井密度、开采强度等应做出全面规划，严禁在计划外随意开挖机井或加大抽水强度。

5）在北方地区兴建灌溉系统，包括引黄灌区，在规划上必须贯彻地表水和地下水联合运用的原则，实行井渠结合灌溉，以控制引取的河水量，保持灌区地下水位均衡，防止土壤盐碱化和减少进入灌区的泥沙量。

6）必须贯彻灌排并重的原则，特别要重视排水系统的规划设计，健全田间排水系统，并使排水出路畅通。

7）在规划设计灌溉工程时，对干、支渠道应尽量按衬砌渠道设计，不仅可以减少渠道输水损失，免使沿渠两岸土地遭受渍害，而且可以减少渠道占用农田。

8）引取高含泥沙量水进行灌溉时，在渠首必须采取有效防沙措施，并加大渠道纵坡，尽量把细沙运到田间。

9）合理整治沿江滨湖的圩垸和闸、站、排水系统。

10）做好农村居民生活用水和乡镇企业用水规划，保证农民有清洁的饮用水，并防止乡镇企业的废水污染水资源。

（二）在管理方面

1）加强灌区计划用水，合理分配灌溉水量，在防止水量浪费的同时，要保证上下游用水均等，受益均衡。

2）开展渠道防渗工作和推广节水灌溉技术，防止因大量渗漏损失而抬高地下水位，引起土壤盐碱化和渍害。

3）重视完成渠系配套工作，特别是排水系统的配套，以使大雨时农田不积水成涝，并能控制地下水位，保证作物正常生长。

4）切实执行井渠结合灌溉，一方面严格控制入渠水量和泥沙，另一方面防止过量抽取地下水，以维持灌区地下水位的均衡和改良盐碱土壤。

5）在灌区和库区范围内，建立水情水质监测站，定期对水库水质和灌区水质进行监测，特别要防止工厂和乡镇企业对水质的污染。

6）做好已建水库的移民善后工作，协助其发展生产和经济。

7）对有血吸虫病或疟蚊繁殖的地区，做好水利灭虫、灭蚊工作。

8）在库区和灌区内大力开展绿化和美化工作，把兴修水利和改善环境结合起来。

9）在水库发展养殖和旅游业，必须采取有效措施，保护水质，防止水污染。对以供水为主的水库，必要时禁止养鱼和旅游。在水库集水面积内禁止兴建有污染性的工厂企业。

10）加强水法宣传和法制教育，防止水事纠纷。

参 考 文 献

[1] 郭元裕主编．农田水利学．第二版．北京：水利电力出版社，1986
[2] 武汉水利电力学院农田水利教研室编．农田水利学．北京：水利电力出版社，1980
[3] 武汉水利电力学院农田水利教研组编．农田水利学．北京：中国工业出版社，1961
[4] A. H. 考斯加可夫著．陈益秋译．土壤改良原理．北京：中国工业出版社，1965
[5] 张蔚榛主编．地下水非稳定流计算和地下水资源评价．北京：科学出版社，1983
[6] 雷志栋，杨诗秀，谢森传．土壤水动力学．北京：清华大学出版社，1988
[7] D. 希勒尔著．土壤和水——物理原理和过程．华孟，叶和才译．北京：农业出版社，1981
[8] Hillel. D. Applications of soil physics. Academic press，1980
[9] Marvin E. Jensen. Consumptive use of water and Irrigation Water requirement. 1973
[10] J. R. Rydzewski，C. F. Ward. Irrigation Theory and practice. London：Fenthch press，1989
[11] 陈大雕，林中卉编著．喷灌技术．第二版．北京：科学出版社，1992
[12] 傅琳，董文楚，郑跃泉编著．微灌工程技术指南．北京：水利电力出版社，1988
[13] Claude H. pair. Sprinkler Irrigation（Fifth edition）. The Irrigation Association，1983
[14] Б. М. Лебедев. Дождевдльные Мащины Стеория и Конструкции. Мащиностроение，1965
[15] Marvin E. Jensen. Design and operation of Farm Irrigation Systems. ASAE，1980
[16] 水利电力部、灌溉排水渠系设计规范（SDJ 217—84）（试行）．北京：水利电力出版社，1984
[17] 房宽厚，赖伟标合编．农田灌溉与排水．北京：水利电力出版社，1993
[18] 沙玉清．冲淤平衡稳定渠道设计方法．水利学报，1959（4）
[19] 陕西省水利科学研究所编．渠道防渗．北京：水利电力出版社，1976
[20] 陕西省水利水土保持厅．U 形渠道．北京：水利电力出版社，1986
[21] 山东省水利厅科教处编．低压管道灌溉．济南：山东科学技术出版社，1985
[22] 日本国农林水产省构造改善局．日本土地改良工程规划设计规范．管道输水工程设计部分（1988 年 3 月改定）．中国灌溉排水技术开发培训中心与日本国际协力事业团译印．1994
[23] 水利水电部水利水电规划设计院．中国水资源利用．北京：水利电力出版社，1989
[24] 农牧渔业部环境保护科研监测所编．灌溉水质标准研究．北京：农业出版社，1985
[25] 刘肇祎，郭元裕主编．灌排工程系统分析．北京：水利电力出版社，1988
[26] 沈佩君等．灌溉设计保证率的优选及其经济论证．武汉水利电力大学学报，1994（5）
[27] 水利部农村水利与水土保持司，水利水电科学研究院．南方地区改造渍害田排水技术指南．1991
[28] 水利部．农田排水技术规程（南方农田暗管排水部分）SL 15—90．北京：水利电力出版社，1990
[29] Van Schilfgaarde ed. Drainage for Agriculture，American Society of Agronomy，Inc. 1974
[30] 国际土地开垦和改良研究所著．排水原理和应用，Ⅰ，Ⅱ，Ⅲ，Ⅳ．朱忠德等译．北京：农业出版社，1983
[31] Smedema L. K.，Rycroft D. W. Land Drainage. planning and design of agricultural drainage design. Batsford Ltd. London，1988
[32] 水利电力部水利水电规划设计院和长江流域规划办公室主编．水利动能设计手册——治涝分册．北京：水利电力出版社，1988
[33] 郭元裕等．提排区除涝设计标准的经济论证与优选．水利学报，1995
[34] 王铁生编著．长藤结瓜灌溉系统的水利计算．北京：水利电力出版社，1984

[35] 陕西省水土保持局编．水土保持．北京：农业出版社，1973
[36] 江苏省水利厅．圩区的规划和治理．北京：水利电力出版社，1978
[37] 郭元裕主编．南方圩区除涝系统最优扩建规划．北京：水利电力出版社，1989
[38] K. Mahmood. and V. Yevjevich. Unsteady flow in open channels. Fort collins，colorado. USA. 1975
[39] 许志方主编．灌溉计划用水．北京：中国工业出版社，1963
[40] Marvin E. Jensen. The Impact of Irrigation and Drainage on the environment. the Netherlands. 1993
[41] 郭元裕主编．灌溉工程最优规划与管理．北京：水利电力出版社，1994